国家林业和草原局研究生教育“十三五”规划教材
中国林业科学研究院研究生教育系列教材

森林资源信息管理

陈永富　刘鹏举　于新文　编著

中国林业出版社

图书在版编目(CIP)数据

森林资源信息管理/陈永富，刘鹏举，于新文编著. —北京：中国林业出版社，2017. 1
国家林业和草原局研究生教育“十三五”规划教材 中国林业科学研究院研究生教育系列教材
ISBN 978-7-5038-8882-3

Ⅰ. ①森… Ⅱ. ①陈… ②刘… ③于… Ⅲ. ①森林经营-研究生-教材 Ⅳ. ①S750

中国版本图书馆 CIP 数据核字(2016)第 319829 号

国家林业和草原局生态文明教材及林业高校教材建设项目

中国林业出版社·教育出版分社

策划编辑：刘家玲 康红梅 **责任编辑**：肖基浒 范立鹏
电 话：(010)83143555 **传 真**：(010)83143516

出版发行 中国林业出版社(100009 北京市西城区德内大街刘海胡同 7 号)
E-mail：jiaocaipublic@163. com 电话：(010)83223120
http：//lycb. forestry. gov. cn
经 销 新华书店
印 刷 三河市祥达印刷包装有限公司
版 次 2018 年 6 月第 1 版
印 次 2018 年 6 月第 1 次印刷
开 本 850mm×1168mm 1/16
印 张 25. 25
字 数 599 千字
定 价 60. 00 元

中国林业科学研究院研究生教育系列教材
编写指导委员会

《森林资源信息管理》编著人员

陈永富　　刘鹏举　　于新文

编写说明

研究生教育以培养高层次专业人才为目的，是最高层次的专业教育。研究生教材是研究生系统掌握基础理论知识和学位论文基本技能的基础，是研究生课程学习必不可少的工具，也是高校和科研院所教学工作的重要组成部分，在研究生培养过程中具有不可或缺的地位。抓好研究生教材建设，对于提高研究生课程教学水平，保证研究生培养质量意义重大。

在研究生教育发达的美国、日本、德国、法国等国家，不仅建立了系统完整的课程教学、科学研究与生产实践一体化的研究生教育培养体系，并且配置了完备的研究生教育系列教材。近 20 年来，我国研究生教材建设工作也取得了一些成绩，编写出版了一批优秀研究生教材，但总体上研究生教材建设严重滞后于研究生教育的发展速度，教材数量缺乏、使用不统一、教材更新不及时等问题突出，严重影响了我国研究生培养质量的提升。

中国林业科学研究院研究生教育事业始于 1979 年，经过近 40 年的发展，已培养硕士、博士研究生 4000 余人。但是，我院研究生教材建设工作才刚刚起步，尚未独立编写出版体现我院教学研究特色的研究生教育系列教材。为了贯彻落实《国家中长期教育改革和发展规划纲要(2010—2020 年)》《教育部 农业部 国家林业局关于推动高等农林教育综合改革的若干意见》等文件精神，适应 21 世纪高层次创新人才培养的需要，全面提升我院研究生教育的整体水平，根据国家林业局院校林科教育教材建设办公室《关于申报“普通高等教育‘十三五’规划教材”的通知》(林教材办〔2015〕01 号，林社字〔2015〕98 号)文件要求，针对我院研究生教育的特点和需求，2015 年年底，我院启动了研究生教育系列教材的编写工作。系列教材本着“学科急需、自由申报”的原则，在全院范围择优立项。

研究生教材的编写须有严谨的科学态度和深厚的专业功底，着重体现科学性、教学性、系统性、层次性、先进性和简明性等原则，既要全面吸收最新研究成果，又要符合经济、社会、文化、教育等未来的发展趋势；既要统筹学科、专业和研究方向的特点，又要兼顾未来社会对人才素质的需求方向，力求创新性、前瞻性、严密性和应用性并举。为了提高教材的可读性、易解性、多感性，激发学生的学习兴趣，多采用图、文、表、数相结合的方式，引入实践过的成功案例。同时，应严格遵守拟定教材编写提纲、汇稿、审稿、修改稿件、统稿等程序，保障教材的质量和编写效率。

编写和使用优秀研究生教材是我院提高教学水平，保证教学质量的重要举措。为适应当前科技发展水平和信息传播方式，在我院研究生教育管理部门、授课教师及相关单位的共同努力下，变挑战为机遇，抓住研究生教材“新、精、广、散”的特点，对研究生教材的编写组织、出版方式、更新形式等进行大胆创新，努力探索适应新形势下研究生教材建设的新模式，出版具有林科特色、质量过硬、符合和顺应研究生教育改革需求的系列优秀研究生教材，为我院研究生教育发展提供可靠的保障和服务。

中国林业科学研究院研究生教育系列教材

编写指导委员会

2017 年 9 月

序

研究生教育是以研究为主要特征的高层次人才培养的专业教育，是高等教育的重要组成部分，承担着培养高层次人才、创造高水平科研成果、提供高水平社会服务的重任，得到世界各国的高度重视。21 世纪以来，我国研究生教育事业进入了高速发展时期，研究生招生规模每年以近 30% 的幅度增长，2000 年的招生人数不到 13 万人，到 2018 年已超过 88 万人，18 年时间扩大了近 7 倍，使我国快速成为研究生教育大国。研究生招生规模的快速扩大对研究生培养单位教师的数量与质量、课程的设置、教材的建设等软件资源的配置提出了更高的要求，这些问题处理不好，将对我国研究生教育的长远发展造成负面影响。

教材建设是新时代高等学校和科研院所完善研究生培养体系的一项根本任务。国家教育方针和教育路线的贯彻执行，研究生教育体制改革和教育思想的革新，研究生教学内容和教学方法的改革等等最终都会反映和落实到研究生教材建设上。一部优秀的研究生教材，不仅要反映该学科领域最新的科研进展、科研成果、科研热点等学术前沿，也要体现教师的学术思想和学科发展理念。研究生教材的内容不仅反映科学知识和结论，还应反映知识获取的过程，所以教材也是科学思想的发展史及方法的演变史。研究生教材在阐明本学科领域基本理论的同时，还应结合国家重大需求和社会发展需要，反映该学科领域面临的一系列生产问题和社会问题。

中国林业科学研究院是国家林业和草原局直属的国家级科研机构，自成立以来，一直承担着我国林业应用基础研究、战略高技术研究和社会重大公益性研究等科学研究工作，还肩负着为林业行业培养高层次拔尖创新人才的重任。在研究生培养模式向内涵式发展转变的背景下，我院积极探索研究生教育教学改革，始终把研究生教材建设作为提升研究生培养质量的关键环节。结合我院研究生教育的特色和优势，2015 年年底，我院启动了研究生教育系列教材的编写工作。在教材的编写过程中，充分发挥林业科研国家队的优势，以林科各专业领域科研和教学骨干为主体，并邀请了多所林业高等学校的专家学者参与，借鉴融合了全国林科专家的智慧，系统梳理和总结了我国林业科研和教学的最新成果。经过广大编写人员的共同努力，该系列教材得以顺利出版。期待该系列教材在研究生培养中发挥重要作用，为提高研究生培养质量做出重大贡献。

中国工程院院士
中国林业科学研究院院长

2018 年 6 月

前　言

森林资源包括森林、林地、林木以及依托森林、林地、林木生存的野生动物、植物和微生物，是国家重要的战略资源之一。森林资源的数量多少和质量高低，反映了一个国家的自然资源条件和林业生产力水平，它不仅是国家自然资源的重要组成部分，还是国民经济发展、人们生活水平提高、民族文化繁荣昌盛、生态安全保障、生物多样保护的物种基础。

物质、能量和信息是构成客观世界的三大要素。物质、能量是基础，信息是神经网络、灵魂。通过信息了解物质和能量的存在状态和运动方式。森林资源信息是信息资源的重要组成部分，总是直接或间接地描述森林资源的状态和运动形式，是林业规划、决策的主要依据。森林资源信息可分为三类：第一类是森林自身的信息，包括各级经营单位森林资源的数量和质量，森林类型和各地类的空间配置，林龄和径级的分布、生长、枯损等动态信息；第二类是森林外部信息，包括林权、社会经济、自然条件、工程设备等信息；第三类是林业生产信息，包括与林业有关的道路、工程项目及育苗、造林、营林、采伐、加工的各项计划、报告、成本、实施效果等信息。

森林资源信息管理是森林资源管理与信息管理相结合的产物，它是利用各种方法和手段，运用计划、组织、指挥、控制、协调的管理职能，对森林资源信息进行收集、处理、存储、开发、利用提供服务的过程，以有效地利用人、财、物，控制森林资源按预定目标发展的活动。

本教材共10章，以森林资源信息管理的生命周期为主线，由森林资源信息管理的理论方法、森林资源信息管理系统设计开发和展望3个部分组成。第一部分包括5章，即森林资源信息管理概论、森林资源信息及分类与编码、森林资源信息采集、森林资源信息维护、森林资源信息开发与利用。第二部分包括4章，即森林资源信息管理系统需求分析、系统设计、系统开发和实施。第三部分是森林资源信息管理展望。

本书作者为陈永富、刘鹏举、于新文，在共同研讨编写提纲的基础上进行分工合作，陈永富主要负责第1、2章和3、4、5章的部分内容编写与全书统稿工作；

刘鹏举主要负责第 6、7、8 章和第 3、4、5、9 章部分内容的编写工作；于新文主要负责第 10 章和第 3、5、9 章部分内容的编写工作。

本教材是在参阅大量国内外相关文献资料的基础上，结合作者长期从事相关研究成果和现代信息技术而形成的。在编写过程中，中国林业科学研究院研究生部给予了直接组织指导和经费资助，中国林业科学研究院资源信息研究所鞠洪波研究员、陆元昌研究员、雷渊才研究员，北京林业大学吴保国教授、郑小贤教授、赵天忠教授，中国农业大学朱德海教授，中国科学院地理科学与资源所岳天祥研究员等对本书编写提出了宝贵的意见和建议。在此一并表示衷心的感谢。

出于我们的专业背景和视角，本教材的使用者主要设定为林学、计算机科学与技术应用、信息管理与信息系统应用等专业的研究生与本科生，以及从事相关专业的研究、管理和生产人员学习和参考，帮助他们掌握森林资源信息及分类与编码、采集、维护、开发与利用以及森林资源信息管理系统开发的理论、技术和方法，提高其实践能力。

由于本教材是首次编写，限于编者的经验和水平，书中难免存在不足之处，恳请读者批评指正，以便在今后的编写中不断改进。

编　者

2017 年 3 月 1 日

目　录

第1章 森林资源信息管理概论

森林资源信息管理是对森林资源信息在社会实践活动过程中的管理。它是利用各种方法与手段，运用计划、组织、指挥、控制和协调的管理职能，对信息进行收集、储存和处理并提供服务的过程，以有效地利用人、财、物控制森林资源按预定目标发展的活动。森林资源信息管理是一项系统工程，涉及的内容繁多，集多学科理论、方法于一体，经历了曲折、漫长的发展过程。本章主要介绍森林资源信息管理概念的形成与发展，我国森林资源信息管理现状、问题及产生的根本原因，森林资源信息管理的目的和意义、内涵和特点、目标和内容、学科基础和基本方法、原则和原理、模型和模式、系统和体系以及过程等内容。

1.1 森林资源信息管理概念的形成与发展

1.1.1 森林资源信息管理概念的形成

森林资源信息管理概念的形成得益于森林、资源、森林资源、数据、信息、信息资源、森林资源信息、管理、信息管理等相关概念的形成和发展。

(1)森林

森林作为陆地生态系统的主体，在地球上出现距今已有6亿年的历史。关于森林内涵的描述最早出现在中国西汉《淮南子》一书，其中称“木丛曰林”(中国农业百科全书编务委员会，1989)。但森林这个词则出现在近代，1903年俄国林学家G·F·莫罗佐夫提出森林是林木、伴生植物、动物及其与环境的综合体。之后有很多关于森林的定义，不同的国家、地区及组织，对森林的定义也各不相同，例如：在《中国农业百科全书·林业卷(下)》中定义：森林是以乔木为主体的一种生物群落(中国农业百科全书编务委员会，1989)；在《森林法实施条例》中定义：森林为乔木林和竹林(林业部，2000)；联合国粮农组织(FAO)规定：森林的连续分布面积0.5 hm^2、郁闭度10%、树高5m以上；在《中国森林资源连续清查技术规定》中规定：森林包括乔木林、竹林和红树林及特别规定的灌木林，连续覆盖面积大于等1亩①，郁闭度大于等于0.2[郁闭度达

---

① 1亩=1/15公顷，下同。

不到0.2，但已到成林年限且生长稳定，保存率达到80%(年均降水量400mm以下地区为65%)以上人工起源的林分]的片林、林带(国家林业局，2014)。据不完全统计，全世界有几十种森林的定义，尽管定义的具体指标有所不同，但森林定义的要素是一致的，包括连续分布面积、密度和高度。

(2)资源

人类对资源概念的理解也是不断变化和发展，《辞海》对资源的解释是："资财的来源，一般指天然的财源。"联合国环境规划署对资源的定义是："所谓资源，特别是自然资源是指在一定时期、地点条件下能够产生经济价值，以提高人类当前和将来福利的自然因素和条件。"马克思在《资本论》中说："劳动和土地，是财富两个原始的形成要素。"恩格斯的定义是："其实，劳动和自然界在一起它才是一切财富的源泉，自然界为劳动提供材料，劳动把材料转变为财富。"通过归纳，资源是指一切可被人类开发和利用的物质、能量和信息的总称，它广泛地存在于自然界和人类社会中，是一种自然存在物或能够给人类带来财富的财富。或者说，资源就是指自然界和人类社会中一种可以用以创造物质财富和精神财富的具有一定量积累的客观存在形态。

(3)森林资源

长期以来，森林和森林资源的概念在林学界与生态学界之间存在分歧，生态学界认为森林和森林资源是一回事，林学界则认为森林和森林资源不同。我国在《森林法实施条例》中将森林资源定义为森林、林木、林地以及依托森林、林木、林地的野生动物、植物和微生物(林业部，2000)。广义的森林资源是指一定区域内以乔木为主体的生物群落(植物、动物、微生物)、非生物(土地、水、矿产、空气、光等)的总称。狭义的森林资源是指以乔木为主体的生物群落。

(4)数据

在信息科技中，数据是用来记录客观事物数量、性质、特征的抽象符号。数据的形式可以是文字、图像、数字，但往往不能给出具体含义。如单纯给出"2016"这4个数字符号时，可以认为是一组数据，并不能从中知道其具体含义。

(5)信息

信息在我国古代释为消息的意思，最早出现在南唐李中《暮春怀故人》诗中，有"梦断美人沉信息，目穿长路倚楼台"之语句；之后在宋陈亮《梅花》诗中有"欲传春信息，不怕雪埋藏"；《水浒传》第四回中有"宋江大喜，说道：'只有贤弟去得快，旬日便知信息'"。日文中为"情报"，我国台湾称之为"资讯"，在英文、法文、德文、西班牙文中均是"information"。作为科学术语最早出现在哈特莱(R. V. Hartley)于1928年撰写的《信息传输》一文中，但没有给出具体定义。20世纪40年代，信息的奠基人香农(C. E. Shannon)给出的信息是指用来消除随机不确定性的东西。此后许多研究者从各自的研究领域出发，给出了不同的定义。在《信息管理学教程》第四版中定义信息是客观世界中各种事物的运动和变化的反映，是客观事物之间相互关系和相互作用的表征，表现的是客观事物运动和变化的实质内容(杜栋，2007)。关于什么是信息，目前还没有统一的定义，一般认为：信息是对客观事物属性的反映，是经过加工处理或解释的对经营管理活动有影响的数据。如"2016"当其表示一个具体的年份时，则它的含义是公元 2016 年，从而消除了人们对该数据的其他理解。故有人将数据与信息的关系比作原材料与成品的关系。同时应该指出：数据和信息两者都是相对的概念，在不同的管理层次中，它们的地位是交替的，即对于某个部门(或人)来说称得上信息的事物，对于另外部门(或人)来说可能只是一种原始数据，这正如某个加工部门的成品只能是另一部门的原材料一样。尽管如此，由于数据与信息的这种相互关系以及它们具有的相似表达形式，在不甚严格的场合，往往不予区分。在实际工作中，测定的多为数据，记录后变成为信息。因为记录后都对数据进行了解释。

(6)信息资源

信息资源一词最早出现于沃罗尔科的《加拿大的信息资源》一书。狭义的信息资源是指信息本身或信息内容，即经过加工处理，对决策有用的数据。开发利用信息资源的目的就是为了充分发挥信息的效用，实现信息的价值。广义的信息资源是指信息活动中各种要素的总称，“要素”包括信息、信息技术，以及相应的设备、资金和人等。

(7)森林资源信息

森林资源信息是信息资源的重要组成部分，华南农业大学的颜文希(1982)在“应用小班类型中心抽样建立场级森林资源连续清查体系(Continuous Forest Inventories，简称 C. F. I 体系)”中正式提出森林资源信息一词，但也没有给出具体的定义。方陆明(2001)在“森林资源信息管理的发展”一文中定义森林资源信息是一种表达和控制森林资源运动状态和方式的数据，只要有森林资源它就存在，反映了信息绝对性和普遍性，而不同区域的森林资源的存在方式又有所不同，反映了信息的相对性和特殊性。森林资源信息可分为三类：第一类是森林自身的信息，包括各级经营单位森林资源的数量和质量，森林类型和各地类的空间配置，林龄和径级的分布、生长、枯损等信息；第二类是森林外部信息，包括林权、社会经济、自然条件、工程设备等信息；第三类是林业生产信息，包括与林业有关的道路、工程项目及育苗、造林、营林、采伐、加工的各项计划、报告、成本、实施效果等信息。

(8)管理

根据管理学家摩根·威策尔(Morgen Witzel)的研究，“管理”一词首先出现在英国 16 世纪晚期的莎士比亚时代。后来，意大利、法国也出现了管理方面的词。在英语里，“管理”这个词很长时间泛指对事物的控制和指导，而不管是个人事务还是集体事务。从 17 世纪开始，成百上千本出版物的书名里都有“管理”这个词，其意义从农业、林业、医疗保健、儿童教育到监狱等，包罗万象。而到 17 世纪中期时，这个词也应用于商业和金融事务。管理的定义有多种，以下为几种较典型的定义。

“科学管理之父”弗雷德里克·泰罗(Frederick Winslow Taylor) 认为：“管理就是确切地知道你要别人干什么，并使他用最好的方法去干”。在泰罗看来，管理就是指挥他人能用最好的办法去工作。

诺贝尔奖获得者赫伯特·西蒙(Herbert A. Simon) 对管理的定义是：“管理就是制定决策”。

彼得·德鲁克(Peter F. Drucker)认为：“管理是一种工作，它有自己的技巧、工具和方法；管理是一种器官，是赋予组织以生命的、能动的、动态的器官；管理是一门科学，一种系统化的并到处适用的知识；同时，管理也是一种文化。”

亨利·法约尔(Henri Fayol) 在其名著《工业管理与一般管理》中给出管理概念之后，产生了整整一个世纪的影响，对西方管理理论的发展具有重大的影响力。法约尔认为：管理是所有的人类组织都有的一种活动，这种活动由五项要素组成的：计划、组织、指挥、协调和控制。

斯蒂芬·罗宾斯给管理的定义是：指同别人一起，或通过别人使活动完成得更有效的过程。

综上所述：管理是为了实现某种目的而进行的决策、计划、组织、指导、实施、控制的过程。

(9) 信息管理

管理对象包括人、财、物、时间和信息五大类，随着信息的产生和应用，信息管理成为人类社会发展的重要管理内容。信息管理有多种定义，英国学者马丁认为：信息管理是与信息联系的计划、预算、组织、指导、培训和控制的活动。德国学者施勒特曼等认为：信息管理是对信息资源和相关信息过程进行的规划、组织和控制(杜栋，2014)。中国学者王万宗认为：信息管理就是为各行各业部门搜索、整理、存储并提供信息服务工作。综合来看，信息管理(information management，IM)是人类为了有效地开发和利用信息资源，以现代信息技术为手段，对信息资源进行计划、组织、领导和控制的社会活动。

(10) 森林资源信息管理

森林资源信息管理是信息管理的时代产物，20 世纪 80 年代，北京林业大学主持实施了森林资源信息管理系统的研发工作(赵方，1988)，从此，掀开了森林资源信息管理的历史新篇章。方陆明等(2003)在《信息时代的森林资源信息管理》一书中定义森林资源信息管理为对森林资源信息进行管理的人的社会实践活动过程，它利用各种方法与手段，运用计划、组织、指挥、控制及协调的管理职能，对森林资源信息收集、存储、加工、提供使用服务的过程，以有效地利用人、财、物控制森林资源按预定目标发展的活动。森林资源信息管理一般分级进行，分为战略决策层管理、森林经营层管理和作业层管理。每个管理层有不同的决策问题，需采集、处理不同等级的信息。

1.1.2　森林资源信息管理的发展

1.1.2.1　森林资源信息管理发展阶段

虽然森林资源信息管理概念的正式提出是近几十年的事，但作为森林资源信息管理的实际工作却有相当长的历史。随着科学技术的发展，特别是信息技术的快速发展，使森林资源信息管理能力和水平显著提高。森林资源信息管理的发展经历了从无到有、从低级到高级、从简单到复杂、从单一到综合、从 PC 到 WEB、从局部到整体、从小数据到大数据等一系列变化。按照森林资源信息管理技术手段的变化，将森林资源信息管理的发展分为三个阶段。

1) 第一阶段：以手工为主的森林资源信息管理阶段

在 20 世纪 50 年代以前没有计算机，人类对森林资源信息的管理以手工为主，借助纸、笔、算盘等一些简单的介质和工具，通过手工完成各种信息的测定、记录、组织、统计、分析和服务等。

(1) 基于巡游和文献记载的森林资源信息管理

最早的森林资源信息获取方式主要是巡游，一些官宦、文人墨客等在巡游过程中看见茂密的森林，发表感想，加以记载。如清朝康熙皇帝在多次东巡过程中，记载了东北森林状况，曰“丛林密树，鳞次栉比，阳景罕曜。如松柏及各种大树，皆以类相从，不杂他木”；康熙四十八年(1709)，方式济探望被流放黑龙江的父亲，途经东北茂密的森林，在龙沙纪略中记载：“松柞数千围，高穷目力，穿林而行，午不见日，石色斑驳，若赵千里画幅间物。”在远古的地理专籍《山海经》就曾有过始兴森林的记载；南北朝诗人范云咏歌这里的林木景色说：“南中有八树，繁华无四时，不识风霜苦，安知零落期?”《书经》中写到“兖州，豫州贡漆，青州贡松，徐州贡桐，扬州贡筱、镑、橘、柚，荆州贡……柏。”到了春秋战国时期有了正式的森林调查，《周礼》中叙述：“地官大司徒掌建土地之图，周知九州地域广轮之数。辨其山林、川泽、丘陵、坟衍、原湿之名物，而辨其邦国都图之数；制其几疆，而沟封之，设其社稷之堪，而树之田主，名以其野之所宜木，逐以其社。”当时实行“三岁则大计群吏之治，以知民之财、器、械之数，以知田野、夫家、六畜之数，以知山林、川泽之数”，即每 3 年进行一次森林资源清查。已经认识到山林资源是会发生增减的，因而制定了 3 年清查一次的制度。这时期山林测量工具也有较好的发展。西周之商高，精通用具之道，他指出：“平距以正绳，偃距以望高，覆距以测深，卧距以知远”，实际上是一种相似三角形原理，我们今天用的测高仪仍是这种原理。这些都从不同程度反映了人们积极利用各种方法了解地域大小和不同区域所生长森林资源的多少，以便合理取用林木和治理山林。

(2) 基于专门仪器的森林资源信息管理

从秦汉魏晋南北朝至清代前期(公元前 221—1841)，在这跨越 2000 年的历史长河中，测量工具拐尺的问世和计算工具算盘的发明，促进了森林资源信息的采集与处理的发展(图 1-1、图 1-2)。明末清初，贤士郭维经在研究树木干围、材长与材积的关系基础上，发明了量干围测杉木材积的办法，即“龙泉码”，只要量出木材的围径，便可知道它的体积，这就是“龙泉码”的科学性和实用价值，因而在大江南北流行三百多年，成为世界上最早的原木材积表，直到 1954 年国家实行公制检尺才停止使用。由于科技水平的限制，未能进行全国性森林资源调查工作。

图 1-1 拐尺

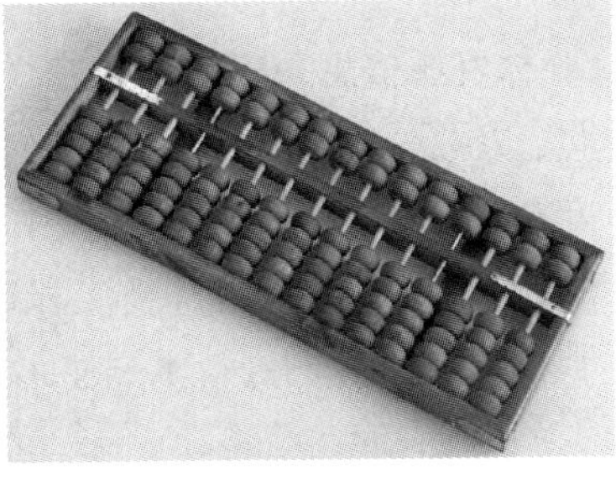

图 1-2 算盘

(3)基于专门机构的森林资源信息管理

到清代后期，森林资源信息的采集从一般的巡游发展成有专门部门组织专门人员进行考察。例如，咸丰十年(1860)，西方列强凭借船坚炮利敲开了中国的大门，俄日两国相继侵入东北地区，为了激励清朝统治者认清边疆形势、奋起抵抗外来侵略者，刑部候补主事何秋涛编纂了史地著作《朔方备乘》，此书中的《艮维窝集考》则详细记录了考察东北地区主要森林的名称、方位、四至，等等；日俄战争之后，日本占领我国东北地区，大肆掠夺东北地区的森林资源，并进行多次森林资源考察，光绪二十八年(1902)，作新社出版了《白山黑水录》，光绪三十三年(1907)，日本参谋本部出版了《满洲地志》，描述了东北森林的广大，并考察了各地的森林分布情况，并有具体的森林分布面积记录(方陆明等，2001，2003；张文涛等，2010)。

(4)基于专门报道的森林资源信息管理

森林资源信息从一般的文献记载发展到专门的森林资源信息公报和调查报告。1925年(“民国”十四年)，在云南省政府实业司编印的《云南实业公报》第四十一期上发表了“云南林业概况”的报告，其中有“云南各属公私有森林一览表”，表中开列了云南7个县的公私有森林面积。其实这是自1922年(“民国”十一年)八月以来，各县三年造林数字的统计，有关云南森林资源的数字记载，这是第一次。之后的1937、1941、1944、1945、1946等多次发表云南森林资源数及经营数据(刘德隅，1984)。

(5)基于规范的森林资源信息管理

森林资源信息采集从局部走向整体，森林资源信息采集更加规范化。1932年民国政府颁布了《森林法》。1929—1932年，政府对全国的苗圃面积、育苗株数、森林面积、宜林地面积和造林面积按区省进行了调查统计。1942年5月，政府颁布了《国有林区初查及复勘实施办法》，对林区初查内容、林况、地况、社会状况和利用现状等调查内容和制绘图表的要求作了明确的规定，1947年，综合各方面调查资料及农林部各林区勘查报告统计所得：我国森林资源总面积为$8\ 412 \times 10^4 hm^2$，但联总农业处统计却为$5\ 039 \times 10^4 hm^2$，二者相差十分悬殊。同样，因为科技水平的限制难以进行系统性的全国范围内的森林资源清查，所进行的森林资源调查十分粗放。

2)第二阶段：计算机辅助手工的森林资源信息管理阶段

20世纪50~80年代，是森林资源信息管理体系、技术、方法形成和完善，现代信息技术引入并辅助手工管理的时期。

(1)森林资源信息采集体系建立

19世纪以前，森林资源信息的采集主要采用目估法，19世纪才出现实测法。到20世纪20年代之前，森林资源调查基本采用：地面测量的方法测绘地图，从而求算森林面积和编绘林业专题图；用目测法和带状标准地实测法，以推算森林的蓄积量。20世纪60年代前森林资源调查技术基本形成了分别以德国、美国为代表的两大体系。

以德国为代表的西欧体系。第二次世界大战之前，以德国为代表的基本上采用全及的逐个小班调查和代表性选样型的求算森林蓄积量的方法，按小地域进行调查，然后通过累积的方法取得大地域或全国的森林资源数据和图件。这种调查体系实际上是森林经理调查体系，也就是今天我们称之为森林资源规划设计调查体系（二类调查体系）。第二次世界大战后民主德国于1961—1974年采用的是大范围数据统计的抽样调查方法；联邦德国则直至1984年才明确规定使用抽样调查方法。

以美国所代表的北美与北欧体系。美国的森林资源调成体系建于1928年，每10年完成一次，采用三阶抽样设计：第一阶为航空相片和卫星图像样地，主要用于获取辅助信息进行分层，将样地分为林地和非林地；第二阶为地面调查样地，抽样强度接近5km的网格密度，全国约37.7万个样地，其中只有林地样地才设置固定样地进行调查，主要调查因子包括立地和林分状况、每木调查、生长、枯损和采伐情况等，全国约有12.5万个林地样地；第三阶样地为第二阶样地的一部分，每16个二阶样地中选取1个，全国共约2.4万个，这些样地除了要进行第二阶样地中的因子调查外，还要在植物生长季节进行树木和树冠情况、土壤数据、地衣群落和臭氧损害等更多生态因子方面的调查（邓成等，2012）。

其他国家的森林资源调查抽样设计大多采取系统抽样的方法，例如，加拿大、芬兰、瑞典、日本和印度。法国采用了三阶分层抽样，瑞士采用了二阶分层抽样，澳大利亚采用了多阶分层抽样。苏联在20世纪30~50年代主要采用目测体系调查方法，在大部分边缘林区采用航空目视和航片目视判读调查，60年代才开始研究试验以数理统计为基础的抽样调查方法（邓成等，2012）。森林航空调查技术产生于20世纪20年代。1921年，苏联图尔斯基（Turski，Mitrofan Kyzimich ）首次提出了用航空相片进行森林调查（白降丽等，2005）。

我国的森林资源调查最早开始于1950年林垦部组织的甘肃洮河林区森林资源清查，1951年开始进行大规模的森林资源调查工作，主要使用导线、卷尺、卡尺、经纬仪、罗盘仪和角规等工具，采用导线测量、标准木和标准地实测等方法，控制调查面积；利用方格法区划林班、小班，设置带状标准地，进行每木检尺计算森林蓄积。对地形复杂地区采用自然区划和人工区划相结合的方法进行调查。1953年年底，我国全套引进苏联航空测量与调查设计技术，先后建立了8个森林经理调查队，以及航空测量、航空调查和综合调查队等单位，从而建立了以航空相片为手段，目测调查为基础的森林调查技术体系，并先后在东北、西北、西南及南方的主要林区进行过大面积森林资源航空调查（白降丽等，2005）。1963—1965年，我国引进了抽样调查方法，以数理统计为理论基础的抽样技术，在全国广泛推广分层抽样调查方法。随后又进行了多种抽样调查方法的试验和应用，如两阶和多阶抽样、回归估测、双重回归抽样等调查方法，并取得成功，从而使我国森林资源调查技术提高到一个新水平，在调查精度、质量、效益等方面均取得显著成效。20世纪70年代，考虑到以往森林资源调查方法，都是一次独立性调查，前后期调查结果缺乏连续性、可比性，得不到确切的资源消长变化动态信息。1973年，农林部在湖北省咸宁市召开全国林业调查规划工作会议，提出将林业调查分为全国森林资源清查和宜林荒山荒地清查，森林和造林规划设计调查，伐区、造林、营林作业设计调查；1977年，林业部决定在全国建立森林资源连续清查体系。首先在江西省组织了全国试点工作，取得成功后，于1978年开始，先后在全国各省（自治区、直辖市）全面展开。这种清查是以省（自治区、直辖市）为总体，以数理统计理论为基础，根据预定精度要求，按系统抽样原则，在地面设置固定样地，精确进行测定。每5年为一间隔期，进行重复调查，能准确获得森林资源现状和森林资源消长变化动态信息，掌握资源变化规律，分析林业经营效果，预测森林资源变化趋势。到目前为止，我国一直采用这套森林资源连续清查体系，并完成了8次连续清查工作。1982年，正式将我国的森林资源调查分为国家森林资源连续清查、森林资源规划设计调查和作业设计调查三类。1994年颁布了《国家森林资源连续清查技术规定》，1996年颁发了《森林资源规划设计调查主要技术规定》。

(2)信息技术在森林资源信息管理中广泛应用

1956年，世界上第一台计算机的诞生，为森林资源信息处理、分析提供了技术支持。20世纪50年代初美国就开始使用计算机进行森林资源数据处理。60年代，苏联、日本和联邦德国等国家也相继使用计算机进行森林资源数据的处理。

从20世纪70年代开始，森林资源信息管理开始使用微机单机，并逐渐使用网络。据统计，在1985—1988年间，美国林业和森工部门使用IBM－PC微机及其兼容机和PC/MS－DOS操作系统的用户占83%，使用Apple系列微机和Apple DOS操作系统的用户占17%，有的用户同时采用两种机型。当时使用的软件编制语言主要有BASIC、FORTRAN、PASCAL和DBASEⅢ。我国最早所用的计算机包括1981年发布的PC 1500袖珍计算机，CPU：LH5801（8bit CMOS CPU，兼容Z80），主频1.3MHz；内存：3.5K（PC1500A具有8.5K）；显示器：液晶7×156单色点阵LCD；操作系统：ROM BASIC；电源：6V。1982年，林业部调查规划设计院与电子工业部15所共同在PEIJXC－512上开发建立了森林资源数据库系统，拉开了森林资源计算机数据处理的序幕(洪伟等，1984；杨廷奎等，1986)。从1983年开始，各地调查规划院陆续购置了微型计算机，用于对各类森林资源调查数据的处理，主要型号有：S/09，PB－700，APPLE以及IBM－PC等；主要使用BASIC语言编制双重点估计蓄积量和生长量程序、二类调查统计程序、地位指数表程序，以及多种数据处理系统，并开展了计算机辅助设计（洪伟等，1984；杨廷奎等，1986；陈平留等，1985；藤起和等，1985；杜中柱等，1985）。1985年后，随着数据库管理技术及信息系统的发展，一方面利用DBASE和FOXBASE建立面向各层次的森林资源数据库管理系统；另一方面拉开了森林资源信息管理系统应用的序幕。1988年，实现了我国第一个“森林资源管理信息系统”MIS(董乃钧等，1988)。

遥感技术的产生和发展，极大地丰富了森林资源信息采集的渠道和内容。1972年，美国发射了第一颗地球资源卫星(ERTS)，拉开了航天遥感的序幕；1975年，发射了第二颗，改名为Landsat，以后又发射了Landsat3～8。随着航天遥感技术与计算机技术的飞速发展，20世纪70年代后期，地球资源卫星收集数据在我国林业上也开始使用。1977年，我国利用卫星照片进行了西藏森林资源清查。80年代初，建立了遥感试验场，开展了森林波谱、MMS数据的图像处理与森林自动分类技术的应用性试验。80年代中后期，开展了应用卫星遥感信息进行宏观森林资源动态监测技术方法研究，其后，通过对TM遥感资料在图像几何精纠正、波段合成、影像放大和配注千米网等技术的研究，已形成批量制作1/5万或1/10万标准地形图分幅的影像图件的技术能力，逐渐使航天遥感技术走向实质性的应用。山西林业部门应用陆地卫星TM，CCT磁带，经计算机专题提取信息对关帝山林区森林进行分类；内蒙古林业勘察设计院用TM卫星照片进行阿木尔林业局森林资源二类复查；黑龙江汤旺林业局二类调查中，利用卫星TM假彩色影像代替航片，进行森林判读分类、区划设计，加上野外勘察验证，快速区分森林小班，完成抽样调查与转绘制图。

我国林业除了应用美国的 MMS 数据、TM 数据和法国的 SPOT 卫星数据外，我国的国土资源卫星、气象卫星和测视雷达也在林业方面得到应用。而美国 1980 年开始执行 AGRISTARS 计划，即"应用航天遥感的农业和资源清查系统"。该计划包括八个项目，第七项是再生资源调查，重点是国有林清查和分类。

在这一时期，森林资源信息的测定、记录、统计、分析虽然仍以借助纸、笔、测绳、罗盘仪等传统的仪器设备为主的手工作业，计算机的功能也比较弱，只能进行一些科学计算和数据处理，遥感图像空间分辨率也不高，一般不超过 30m，但在计算机和卫星遥感的辅助下，大大提高了森林资源信息管理的工作效率、丰富了森林资源信息采集的途径和内容，增强了森林资源信息的时效性。

3）第三阶段：人工辅助计算机的森林资源信息管理阶段

自 20 世纪 90 年代以来，森林资源信息管理体系规范与改进提高，计算机、遥感、地理信息系统、全球定位系统、网络、激光等技术在森林资源信息管理中的应用不断深入，现已成为森林资源信息管理的技术主体。

（1）森林资源信息采集体系优化

美国从 20 世纪 90 年代开始，在原有森林资源清查体系的基础上，开展了森林健康调查，用于监测和评价森林健康状况和森林发展的可持续性。1998 年，其《农业研究推广与教育改革法案》提出设计一个综合森林资源清查与分析及森林健康监测的森林资源清查与监测体系，全国采用统一的核心监测指标与标准，每 5 年提交一次调查监测报告。从 2003 年开始，采用新的森林资源清查与监测体系，该体系是一个年度清查体系，全国采用统一的三阶抽样设计，每个州每年调查 20% 左右的固定样地，取代原来每年调查若干个州的固定样地，后来根据实际情况，西部地区由于交通较困难，每年完成 10% 的森林资源清查样地调查，东部地区每年完成 20% 的森林资源清查样地调查，全国每年至少完成 20% 的森林健康监测样地调查，每 5 年提供州级和国家级的分析报告，每年各州提供简要年度报告，并完成网站在线数据的年度更新。

从 20 世纪 80 年代到 90 年代，德国的森林资源监测体系也发生巨大变化，由早期的单一森林资源调查发展为森林资源、森林健康和森林土壤与树木养分三方面的调查。一是森林资源清查，周期为 10 年，1986—1988 年联邦德国开展过一次，2001—2002 年开展了德国统一后的第一次真正全国范围的清查。二是森林健康调查，从 1984 年开始，每年进行。三是森林土壤和树木营养调查，周期为 15 年，1987—1993 年开展第一次，2006—2008 年开展第二次。3 种调查的周期和内容均不相同，综合起来就构成了德国森林资源监测的技术体系。德国的森林资源调查抽样体系分为三个层次：第一层次称为大规模森林状态监测调查体系，是以高斯—大地坐标系为基准建立的系统性网状抽样调查样地体系；第二层次称为森林生态系统强化监测调查体系，在森林地区建立固定观测样地进行；第三层次是由一些集中的研究场地构成的研究森林生态系统过程一般问题的调查体系。其国家森林清查与我国森林资源连续清查一样，采用按一定间距设置固定样地的抽样方法进行，但在具体样地布设以及调查方法上存在一定区别。

如固定样地 53% 间距为 4km × 4km，26% 为 2. 83km × 2. 83km，21% 为 2km × 2km；样地为 150m × 150m 的方阵，在方阵四角各设 1 个角规样点和 5 个半径分别为 1m，1. 75m，5m，10m，25m 的同心圆样地，在角规样点、同心圆样地、方阵边线进行相应调查。

2003 年，我国国家林业局森林资源管理司组织有关专家对 1994 年颁布的《国家森林资源连续清查技术规定》进行了修订，调查内容包括土地利用与覆盖(包括地类、植被类的面积和分布)、森林资源(包括森林、林木和林地的数量、质量、结构和分布，森林按起源、权属、龄组、林种、树种的面积和蓄积，生长量和消耗量及其动态变化)、生态状况(包括森林健康状况与生态功能，森林生态系统多样性，土地沙化、荒漠化和湿地类型的面积和分布及其动态变化)三个方面。进一步确立了连续清查在林业和生态建设中应发挥的作用和发展方向。调查方法不仅有固定样地调查方法，还增加了遥感调查方法；调查样地除原来的 $667m^2$ 外，还在样地外侧设立了 4m × 4m 的样方。

(2) 现代信息技术在森林资源信息管理中被广泛应用

在现代信息技术的支持下，森林资源信息管理更加高效和多元化，传统的地面样地调查、小班调查结合遥感调查、GPS 调查以及自动测定记录。基于计算机和地理信息系统、网络平台开发生产和应用了一系列外业调查的掌上电脑(PDA)和森林资源信息存储、维护以及开发与利用的森林资源信息管理系统。

首先，遥感成为森林资源信息采集的重要手段。

遥感信息不断丰富，既有航空遥感，也有航天遥感；既有光学遥感，也有微波遥感；既有高分辨率遥感，也有中低分辨率遥感等。具体包括美国的 LANDSAT1 ~ 8，LK-NOS，QUICKBIRD；法国的 SPOT4 ~ 6；德国的 RAPIDEYE；加拿大 RADARSAT；欧洲的 ERS1 ~ 2；中巴资源卫星 CBERS；以色列的 EROS - AL；印度的 IRS-ID；俄罗斯的 RASOURS03；中国的“资源 1 ~ 2 号”、高分(GF1 ~ 4)；日本的 JERS、ADEOS 等。遥感图像空间分辨率从几厘米到上千米，时间周期从每天多次到数十天一次，波段从几个到数百个。遥感技术在森林资源一类调查、二类调查以及林业生态工程监测等过程中发挥越来越大的作用。

其次，计算机、网络和地理信息系统成为森林资源信息管理的主要支持平台。

早期的计算机在森林资源信息管理中，只能进行一些简单的计算和存储，一般只能完成属性信息的计算、统计和分析，没有空间信息处理的能力。进入 20 世纪 90 年代后，由于计算机硬件、软件支持能力的提升，网络和地理信息系统的应用和发展，使森林资源信息管理实现了从单一到综合、属性到空间、静态到动态、单向到多向、集中到分布相结合的转变。20 世纪 80 年代末，北京林业大学首先开发了基于 PC 计算机的甘肃小陇山森林资源信息系统，到 21 世纪初，北京、福建、江西等省(自治区、直辖市)已建立了基于 WEB 的森林资源信息管理系统。

第三，林业 PDA 的产生提高了森林资源信息采集的效率。

林业专用 PDA 是 20 世纪末 21 世纪初迅速发展起来的森林资源信息采集专门仪器，它不仅能导航、定位、求面积，还能实时进行各种测量因子值的数字化记录，也能进行各种属性数据和空间数据的现场检查纠错，提高了野外调查的工作效率和精度，减少了数据录入的繁琐室内工作。

(3)以森林资源信息为基础的应用系统蓬勃发展

以计算机、网络及“3S”为平台，森林资源信息为基础的森林资源经营管理系统快速发展，一批森林资源经营管理系统像雨后春笋快速形成和发展。例如，美国爱达荷州 Patlatch 公司在20世纪90年代早期就建立了基于地理信息系统的森林经营系统，可随时提供林地上的林木信息，采伐状况及显示林业专题图(赵尘，1995)。2002年后，美国火灾科学研究室重新设计和建立了基于 Internet 的野外火灾评价系统，同时与国家农业部、林业服务局等部门合作开发了火灾影响信息系统，实时提供森林防火方面的信息以及林火对动植物的影响。葡萄牙的森林资产管理信息系统；美国林务局和伊利诺伊大学联合开发的 Smart Forest，以 DTM 三维显示技术为基础，在各种林分信息支持下以不同视角模拟观察森林景观及其变化，从而使地图上抽象的数据与由三维空间的具体的真实世界(即林分)间建立联系，使得对森林资源的监测变得更为客观和真实(王伟，2004)。

1.1.2.2 森林资源信息管理发展趋势

随着信息技术日新月异的发展和森林资源信息需求的增加，森林资源信息管理正呈现以下四个方面的发展趋势。

(1)森林资源信息管理与科技、经济发展协调同步

当今世界，科技、经济、社会管理的协调发展成为管理的主要趋势。森林资源信息管理与科技、经济管理相互影响、相互促进。首先，都为管理服务，也都受管理限制，三者综合协调平衡的程度决定了森林资源经营管理水平。同时，森林资源经营管理人员素质和管理观念的强弱又都是影响制约森林资源信息管理、科技管理和经济管理发展速度的决定性因素；其次，森林资源经营管理若想提高管理水平，就必须做好市场预测、资源动态分析，从而选择最佳管理方案、应用高新技术，获取最大效益。而这一切，无疑都离不开高效、快速、准确的森林资源信息管理。总之，森林资源信息管理与整个科技、经济管理的协调同步的发展趋势，正顺应了世界管理范畴发展与演化的潮流。

(2)建立完整的森林资源信息管理理论体系

森林资源信息管理理论体系是指森林资源信息管理概念、原理的集合，是信息社会实践系统化的理性认识。为了建立森林资源信息管理理论体系，应开展以下两个方面的研究：

①哲学探讨　运用哲学思想研究和阐明森林资源信息管理的目的性、规律性、系统性、可行性、时空性、动态性和不平衡性等基本理论问题，逐步形成森林资源信息管理根本哲学思想，提高森林资源信息管理人员认识水平和思维能力。

②经验概括　在系统科学、信息科学、先进数学方法和计算机技术等现代科学理论、技术和方法的支持下，将森林资源信息管理实践经验予以系统的、科学的概括，整理和改造感性材料，用科学化、定量化语言描述，建立解决与处理森林资源信息管理问题的方法论体系，提高森林资源信息管理水平。

通过对森林资源信息管理实践的哲学探讨和经验概括，形成完整的森林资源信息管理科学理论体系，从而揭示森林资源信息管理的本质和客观规律，指导森林资源信息管理实践。

(3) 森林资源信息管理概念、模式和方法的规范化与标准化

如今，信息管理已经普及到信息实践活动的各个领域，人们对信息管理使用的语言符号、名词概念，以及管理模式、程序与方法，都应进行科学的界定，并逐步向标准化、统一化和规范化方向发展。在传统森林资源信息管理中，制定了一些相关标准、规范，但由于部门不同、单位不同、地区不同，其利益和重点也不同，标准规范中相互矛盾和冲突的条目不在少数。为确保森林资源信息管理质量，应从上至下全面统一森林资源信息管理观念，规范管理程序、模式和方法，从而将森林资源信息管理工作推向科学化轨道。

(4) 森林资源信息管理的手段与技术现代化

森林资源信息管理手段与技术现代化是指将现代科学技术手段和理论方法应用于整个森林资源信息管理（包括计划、组织、指挥、协调和控制）中。一方面不断采用现代信息技术，如计算机技术、网络技术、多媒体技术、数学模型、专家系统、知识工程等，提高森林资源信息采集、维护、开发与利用的能力和水平，建立智能化、网络化、技术集成化的森林资源信息管理系统；另一方面综合运用经济、行政、法律和社会心理等手段，有效提高森林资源信息管理水平。

1.2　我国森林资源信息管理现状

我国森林资源信息管理发展历史悠久，直到近几十年才得以快速发展，取得一系列成绩，也存在不少问题。

1.2.1　我国森林资源信息管理取得的成绩

我国在森林资源信息采集、维护、开发与利用的理论、技术、方法以及森林资源信息管理系统构建应用等方面取得一系列重要成果，为国家经济社会发展提供了重要的信息支持。

(1) 制定了森林资源信息管理相关规划和指南

虽然专门针对森林资源信息管理的规划还没有制定，但森林资源信息管理是林业信息化的重要组成部分。1987 年，在国家经济信息化浪潮指引下，成立了经济信息系统建设领导小组，同时成立了经济信息中心筹建办公室。1997 年，根据《国家信息化规划》《林业“九五”计划和 2010 年远景目标》和林业信息化建设现状，信息中心制定了《全国林业信息化总体规划》，其中明确指出“林业信息化是一个过程，它涵盖了信息系统建设、电子信息技术在林业行业各方面应用、信息产业等内容”。2009 年 2 月 3 日，国家林业局印发了《全国林业信息化建设纲要》和《全国林业信息化建设技术指南》（2008—2020）等。这一系列规划、指南为森林资源信息管理指明了方向。

(2)探索了森林资源信息管理技术

从20世纪80年代末开始，我国就开始陆续探索森林资源信息管理的先进技术，包括计算机技术、模型模拟技术、“3S”集成技术、面向对象技术、数据库技术、网络技术等，先后在国家森林资源连续清查信息管理、森林资源规划设计调查信息管理、森林灾害信息管理、森林资源经营信息管理中应用，收到了较明显的社会效益和经济效益。

(3)培养了森林资源信息管理人才

各级林业管理部门通过培训班等多种形式，提高各级领导干部对森林资源信息管理重要性认识以及计算机应用的能力和水平；在各级森林资源信息管理系统开发研究与应用过程中，培养了一批森林资源信息管理系统开发研究专门人才和应用的业务骨干；自1986年以来，各大专院校、科研院所纷纷成立信息专业、信息学院，开设森林资源信息管理专业课程，培养一大批本科生、研究生，为森林资源信息管理提供丰富的各层次人才。

(4)积累了森林资源信息

新中国成立以来，我国便开始进行大规模的森林资源调查，到20世纪70年代建立了十分完善的森林资源监测体系，包括国家森林资源连续清查(一类调查)、森林资源规划设计调查(二类调查)、作业设计调查(三类调查)。到目前为止，已完成8次一类调查；全国大多数国有林业局(场)、集体林区县都完成了二类调查，有的甚至完成了多次二类调查；各森林经营单位在进行各种作业设计前都要开展三类调查，积累了大量森林资源调查信息，而且这些信息几乎都实现了数字化管理。

(5)开展了森林资源信息管理的相关基础设施建设

虽然没有专门针对森林资源信息管理进行基础设施建设，但我国的公共信息化基础均能为森林资源信息管理服务。信息高速公路经过几十年的建设，已取得了瞩目的成就；“九五”期间主要完成了“八金工程”；九大计算机网络已成为我国的基础信息传输平台；国家公用信息网络覆盖全国各个城市，政府上网工程迅速推进，网上大学、网上图书馆开始出现，国家信息化发展战略、数字化产品发展战略、电子商务框架等都在加紧研究、制订。这一切都为森林资源信息管理提供了坚实的物理基础。

(6)构建了森林资源信息共享平台

21世纪初开始，信息共享受到国家的高度重视，国家科技部成立了条件平台总中心，在全国共建立23个科学数据共享平台中心，林业科学数据共享平台中心就是其中之一，该中心经过十多年的建设和发展，功能初步完善、内容日益丰富，具有一定的共享服务能力。

(7)开发了基于森林资源信息的应用系统

自20世纪80年代初以来，我国有关教学、科研、调查规划及生产单位先后开了一系列基于森林资源信息后的业务应用系统，如刘振英等(1995)开发了世行贷款国家造林项目信息系统，宋铁英等(1990)开发了森林资源决策支持系统。寇文正等(1993)研制了“国家林火管理信息系统”，成功地解决了林相图与地形图的配准与标准化问题，集模型库、数据库、图形库系统于一体，功能丰富，加强了林火信息管理及森林防火工作，提高了林火查找的决策能力。唐守正(1991)主持完成的“我国南方人工林国有林业局(场)森林资源现代化管理技术研究”课题，首先采用 C 语言开发了基于 DOS 操作平台的广西壮族自治区大岗山森林资源动态管理系统软件。鞠洪波等(1994)采用 C 语言开发了基于 WINDOWS 操作平台的广西壮族自治区国有林场管理辅助决策支持系统。

1.2.2　我国森林资源信息管理存在的问题

可以清楚地看到，我国在森林资源信息管理方面取得可喜成绩的同时，还存在很多问题，主要表现在以下几方面：

(1)森林资源信息管理思维方式滞后

现代森林资源信息管理要求运用系统论、信息论、控制论的理论和方法，从系统整体出发确定目标，通过信息表现和动态变化控制，将系统内部诸要素有机结合，形成优化结构，产生整体效益。传统森林资源信息管理思维方式尚未彻底改变，仍立足于某个侧面，单项治理，着眼于眼前、局部的经济效益，信息利用单向、单方面、单层次、线性、静态、低质，显然已经不能适应森林资源信息管理的实际需求。

(2)森林资源信息管理理论体系尚未完善

森林资源信息管理，并非仅仅是技术问题。事实上，森林资源信息管理体制的健全、政策法规的完善、标准规范的统一等理论问题也同样影响着森林资源信息管理功能的发挥。经过多年努力，我国虽已建立了一些森林资源信息管理政策法规、规章制度、标准规范，但纵观全局，尚未形成完整的理论体系。主要表现在森林资源信息管理层次混乱、功能分散、水平差异显著，标准规范各异，法律法规不健全等。

(3)森林资源信息管理的支撑能力不足

世界已经进入信息系统的管理和网络共享阶段，而我国森林资源信息管理仍然存在手工方式处理和数学模型分析。计算机技术的引进，也多限于单项事务处理，沿袭传统模式，以取得“数”为出发点和归宿，满足于手工工作的计算机实现。收集的信息很多，加工的信息很少；信息来源渠道混杂，获取方式不明确，接口不统一；纵向上层次关系复杂，横向上部门分割；历史信息多，现状信息少；单向信息多，综合信息少；原始信息多，衍生信息少；统计功能强，分析、预测、模拟、规划功能弱；信息孤岛多，信息共享少；同一部门同时拥有多套信息；应用软件的低水平重复。总的看来，我国森林资源信息管理所采用的方法和技术比较落后，与世界信息技术发展趋势相比存在一定差距。

(4)森林资源信息管理的效益不显著

信息管理的效益大小决定于信息创造的价值、信息使用频率、信息成本等诸多因素。我国的森林资源信息管理，往往局限于地区和部门，封闭自守，信息很少传递和共享，使用频率低；管理形式多为手工管理、静态管理，管理效率低下，创造价值有限；投入产出比低，信息采集、维护和开发的直接投入多，信息利用的效益少，特别是经济效益更加匮乏。因此，我国的森林资源信息管理，一直无法得到各级各层管理者的重视。

(5)森林资源信息管理水平参差不齐

在我国总体经济不足，各地方经济发展水平不同的情况下，导致我国森林资源信息管理水平参差不齐，主要表现在以下几方面：

一是有的地区、部门森林资源信息管理达到以计算机为主，人工为辅的阶段，而有的地区仍处于人工管理或计算机辅助人工管理阶段，有很多工作仍然采用手工操作，包括有关规划、计划完成、检查验收等信息仍然采用手工记录于纸质介质等。

二是有的地区森林资源信息网络化、系统化程度高，不仅实现计算机网络化管理，甚至达到手机的网络化管理。而有的地区森林资源信息管理平台落后，主要表现在有的单位虽然有网络、计算机及软件，但速度慢，影响传输效率；有的单位有计算机和软件，但缺乏合适的网络，无法实现网络化管理；有的单位有计算机，没有合适的管理软件；有的单位甚至连计算机也缺乏。

三是在一些经济发达地区，森林资源信息管理人才集聚；在一些经济落后的地区森林资源信息管理人才缺乏，由于条件艰苦、收入低等因素，难以聘用到懂计算机操作及其相关软件应用的专业技术人员，只能依靠本单位一些有一点计算机基础的人员勉强完成一些简单的信息管理工作。

(6)森林资源信息管理标准化水平低、共享性滞后

为推动森林资源信息管理标准化，有关林业管理部门、科研院所、大专院校的领导、专家、学者进行了大量的探索工作，制定了数字林业、林业科学数据共享等系列信息化管理标准规范。但受到管理体制、机制、信息化平台以及管理人员对信息化管理认识等多方面的影响，很多地方仍然采取各自为政，互不兼容的方式进行各自的森林资源信息管理，最终导致不同地区、单位、部门之间无法实现信息交流与共享，森林资源信息利用率低。导致很多林业生产、工程、科研项目在实施过程中不可避免地重复投入，造成巨大的人力、物力、财力的浪费。

1.2.3 我国森林资源信息管理问题产生的原因

我国森林资源信息管理存在问题产生的原因是多方面的，主要是：

(1)现行的体制机制障碍

我国森林资源信息管理过去受到计划经济影响较大，信息管理市场化水平低，森林资源信息管理主要面向各级政府部门，信息共享受到严重阻碍，经济效益差，信息管理者积极性不高，社会资本难以融入。森林资源信息的采集、维护、开发与利用等主要依靠国家投入，在国家经济综合实力不足的情况下，森林资源信息管理的技术、人才、设施设备都将受到严重影响。

(2)对森林资源信息管理的重要性认识不足

在我国，森林资源信息管理人员多数满足于信息收集与统计，向其主管部门提供一些统计信息、统计报表、统计报告等；缺乏对森林资源信息管理的综合、实时、准确、高效、动态性，为各种管理决策提供辅助支持的功能认识；对森林资源信息管理的认识普遍停留于表面，仅仅是满足于计算机的配备及一般的文字处理。目前甚至还有很多地方没有设立森林资源信息管理机构，即使成立也没有真正开展实质性的工作。

(3) 对森林资源信息管理概念认识不足

在很多人看来，森林资源信息管理就是计算机技术的简单应用，在森林资源信息管理过程中，重视森林资源信息的收集和数字化加工与统计，轻视森林资源信息的更新和开发利用，导致森林资源信息管理与森林资源经营管理业务脱节，森林资源信息管理系统开发的功能单一、可推广性不强、服务水平低。

(4) 宏观上整体规划与调控不足，微观上缺少详细的分析与设计

过去很长一个时期，我国森林资源信息管理的总体建设规划尚未最后成形，致使各地对今后森林资源信息管理的发展目标、策略、层次、结构、标准及实施途径、方法不明确。一方面，导致不同部门，为了满足其自身需要，解决信息统计问题，纷纷自主开发，没有统一标准，缺少系统、全面、规范的分析与设计，自成体系，为以后的资源信息共享留下极大隐患；另一方面，也出现了大量的重复开发现象，硬件资源设备浪费。直到“十二五”期间，国家林业局才正式颁发《全国林业信息化建设纲要》和《全国林业信息化建设技术指南》，以及林业信息化建设方案和加快林业信息化建设指导意见等。

(5) 森林资源信息管理的复合型人才不足

人是森林资源信息管理的主体，包括操作人、开发人、系统管理人和决策人，如图 1-3 所示。当前我国森林资源信息管具有一定的软硬件设备，但森林资源信息没有得到较好的开发利用，主要原因是森林资源信息管理人才严重缺乏，尤其缺少的是一批既懂业务又精通计算机且能指导森林资源信息管理的复合型人才。

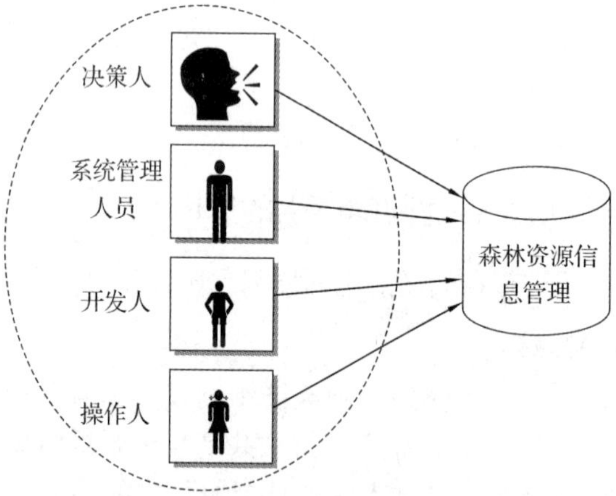

图 1-3　人与森林资源信息管理的关系

(6) 缺乏与森林资源信息管理相关的规范、标准、方法和技术

森林资源信息管理涉及社会、经济、环境、发展等诸方面内容，其覆盖面广、层次复杂，更由于森林生长的随机过程，其时间和空间的属性各异，资源、环境面面俱到，信息结构繁杂，名目众多，使管理过程尤为复杂，信息标准化工作极为重要。长期以来，为使管理规范化、有据可依、有理可导、有章可循、各林业主管部门做了很多信息标准化的工作，但由于时间、地域和管理职能上的差异，使得自成体系、自我封闭，国际标准、国家标准、行业标准、地方标准相互混杂，不利于宏观掌握和调控。

1.3 森林资源信息管理的目的和意义

1.3.1 森林资源信息管理的目的

世界是由物质、能量和信息构成的三位一体的有机体，物质和能量是基础，信息是神经网络、是灵魂，通过信息流了解物质、能量的状态和运动方式。森林资源信息管理的目的在于尽可能多地收集森林资源信息、快捷地传递森林资源信息、安全地保存森林资源信息、科学地开发森林资源信息、高效地利用森林资源信息，帮助了解森林资源的存在状态和运动方式，准确把握森林资源发生发展的客观规律，满足国家可持续发展战略决策、林业和生态建设、森林资源经营管理、国际合作与公众参与对森林资源信息的需要。

1.3.2 森林资源信息管理的意义

森林资源信息是林业规划、决策的主要依据，通过森林资源信息管理，为各种相关规划、决策提供及时、准确、全面的森林资源信息支持，保证各种相关规划、决策的科学性；促进森林可持续经营、林业可持续发展；提高森林的经济、生态和社会效益；有利于国家生态安全和自然、经济、社会的和谐发展。

1.4 森林资源信息管理的内涵与特点

1.4.1 森林资源信息管理的内涵

科技、经济、社会的发展，不仅要求森林资源信息管理与之相适应，而且还给予其巨大的动力和支持，丰富了森林资源信息管理的内涵。

(1)以可持续发展的信息观指导的管理

传统的信息观强调信息是一种战略资源，是一种财富，是一种生产力要素，而片面地认为促进经济发展就是它最大的作用，却没有把信息放在“自然—社会—经济”这一完整系统中加以全面考虑。正是在这种传统信息观的指导下，信息技术取得迅速发展的同时，却加剧了人类对物质、能源资源的开发和利用，导致了地球环境恶化和生态严重失衡，因此迫切需要突破传统信息观的局限，形成一种新的信息观——可持续发展的信息观，如图1-4所示。图1-5是传统的信息观与可持续发展信息观的关系。

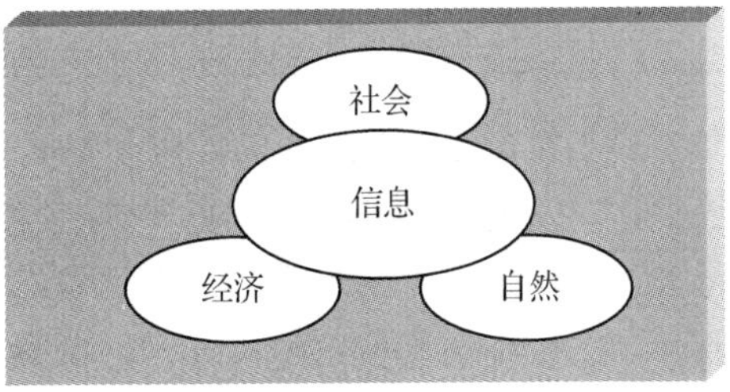

图1-4 信息是社会、经济和自然的反映

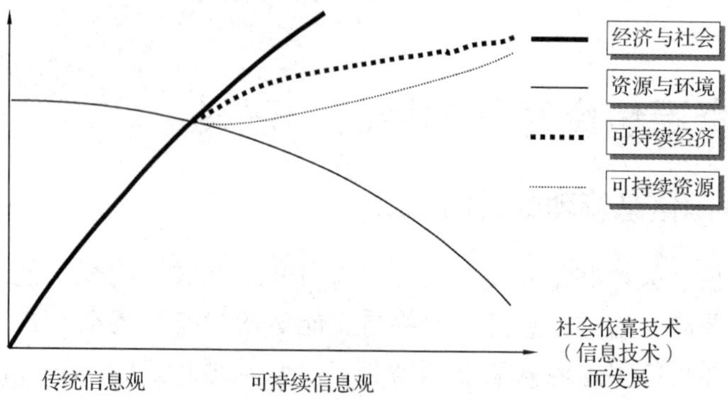

图 1-5　传统信息观与可持续发展信息观的关系

在森林资源信息管理中，森林资源信息是协调森林资源与社会、经济之间关系的纽带，而不是置环境和生态于不顾，片面为森林资源的开发服务。森林资源信息的滥用会带来森林资源的过度开发、森林生态系统严重失调，加重经济危机、资源危机和环境危机。树立可持续发展观的森林资源信息管理，有利于森林资源的合理开发和利用，可以将封闭的、僵化的森林资源管理引向开放的、活化的管理模式，并优化生产结构和劳动组合，将有限的森林资源进行合理配置，减少资源的不合理消耗。

(2) 为森林资源可持续经营服务的活动

可持续森林资源经营是今后一定时期内，发展森林资源的唯一选择。与传统的森林资源经营相比，可持续的森林资源经营发生了巨大变革，具体见表 1-1。

表 1-1　传统森林资源经营与可持续森林资源经营比较

比较项目	传统森林资源经营	可持续森林资源经营
思维方式	从森林资源自身出发的单一思维方式	“社会—经济—自然”协调发展的系统思维方式
管理模式	以“木材”或“经济”或“环境”单项效益为中心的管理模式	综合的生态管理模式
指导思想	永续利用	可持续发展
出发点	森林	人地协调
立足点	现实	将来与公平
研究对象	木材利用	人类时空需要
过　程	强调阶段性	动态中平衡

从表 1-1 可以看出，以可持续发展为指导思想的森林资源经营综合考虑森林生态系统整体，发展了森林资源的内涵，拓宽了管理内容。森林资源信息管理的对象发生了巨大的变化，它不仅仅集中于森林资源本身，还必须考虑它的自然条件、环境，以及森林生态系统与其他系统的能量、物质、信息的交换。森林资源信息管理就理所应当地充当起辅助可持续森林资源经营决策的角色。

(3) 使知识经济下的知识管理成为其核心能力

知识经济的到来敦促森林资源信息管理具有知识管理的能力，并提供知识创新的机制。森林资源信息管理正面临着从“物”向“知识”的转变，要求根据计算机的智能推理知识，在广泛听取专家和社会(民众)的意见基础之上，实施对森林资源的全面管理。图 1-6 描述了森林资源信息管理从“物”到“知识”的变化过程。

在森林资源信息管理的低级阶段，森林资源管理创新者缺乏用以辅助决策的知识，根据专业人员提供的底层数据进行粗略的判断就构成了一个本应该十分复杂的决策过程。森林资源管理及其相关专家拥有丰富的专业知识，他们能从基础数据中利用计算机的智能推理获取知识，是“知其然者”。而真正的具有创新能力的领导者可以利用专家提供的知识进行创新，包括产品创新、思想创新和技术创新，是“知其所以然者”。森林资源信息管理的变化过程表现为从知道“有什么”到“怎么做”的过程，从处理数据和信息到管理知识的过程。

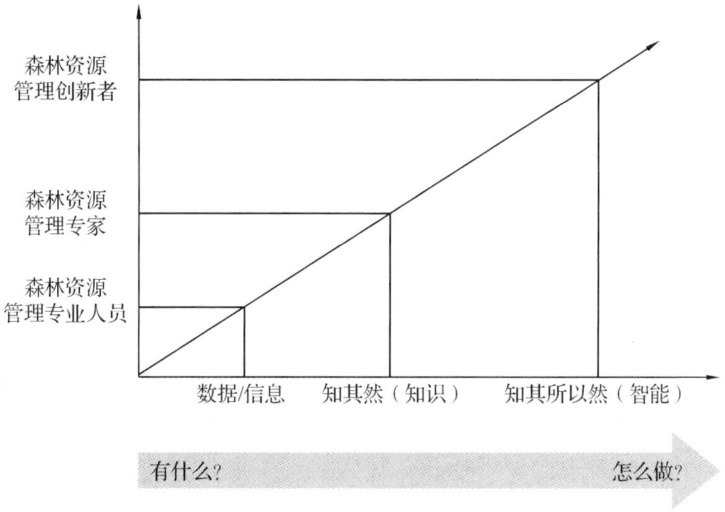

图 1-6 森林资源信息管理的变化过程

(4) 将森林资源信息管理融入数字地球之中

森林资源信息管理以森林这个自然对象为管理对象，在地理上的分布以及它的属性均可借鉴数字地球的基本思想，在林业信息基础设施上予以表达，从而为可持续发展服务，为“数字中国”添砖加瓦，而其自身必将从数字地球的超高级集成形态中受益。

(5) 系统集成是森林资源信息管理的新思路

森林资源信息管理以可持续发展为指导思想，必将体现自然科学与社会科学的集成；而其所属的林业系统是一个开放的复杂巨系统，应使用集成的方法来研究；森林资源信息系统的建设应以系统集成为指导思想。完全有理由说系统集成是森林资源信息管理的一种新思路，它不能简单地被认为是一门技术、一种方法或思想，应是思想、方法、技术等方面的一个集成体。

1.4.2 森林资源信息管理的特点

(1) 复杂性

森林资源的组成、结构、分布、变化的复杂，导致反映森林资源状态和运动方式的信息的复杂。在千变万化的社会、经济和环境之中，各方面的组成因子以及它们的相互关系、影响的变化，时刻综合地作用于森林资源，进一步增加了森林资源状态和运动方式的复杂性。森林资源状态及运动方式复杂性决定了森林资源信息管理是复杂的。

(2) 时空性

森林资源作为一种自然资源，既具有一定的空间分布特征，又有随着自然和人为的干扰，随着时间的推移，其空间格局发生变化的特征。反映森林资源的信息也具有这种时空特征。森林资源管理者通过森林资源信息管理来了解森林资源的过去、现在和未来。

(3) 综合性

森林资源信息管理不仅需要森林自身信息，还需要与之相关的自然条件、社会经济以及森林经营活动信息；森林资源信息管理不仅需要采集、维护森林资源信息，还需要对森林资源信息进行深入开发，综合分析，满足各种规划、计划和决策的需要。

(4) 不确定性

一是森林资源作为一种自然资源本身在不断地发展变化；二是应用于森林资源信息管理的技术、方法等也在不断地发展变化；三是森林资源信息需求在不断变化。森林资源信息管理的内容、技术、方法、需求、对象都存在巨大的不确定性。

(5) 非理想化

由于森林资源信息管理的不确定性，即使森林资源信息管理者期望其管理机制、体制、系统是理想的，但实际上是不可能。由于森林资源自身不断发展变化以及社会、经济、生态对森林资源需求的发展变化，导致森林资源信息管理只能做到更好，不能做到最好。

1.5　森林资源信息管理的目标和内容

1.5.1　森林资源信息管理的目标

(1) 总目标

实现森林资源信息的标准化、规范化、系统化、计算机化、智能化、网络化的高效管理，提高森林资源信息采集、处理、存储、分析、决策、集成、服务水平，满足不同层次、不同尺度、不同对象对森林资源信息的需求，促进我国信息化建设。

(2) 具体目标

①制定和应用森林资源信息管理标准规范，促进森林资源信息共享和交换，提高森林资源信息利用率。

②建立完善的森林资源信息库，为森林资源信息的科学管理和高效服务提供基础性平台。

③建立先进、实用的能够反映森林资源现状和消长动态的森林资源信息管理系统，

为国家可持续发展决策、林业和生态建设、森林可持续经营、国际合作与交流以及社会公众需求提供全面、系统、及时、准确的森林资源信息服务。

1.5.2　森林资源信息管理的内容

狭义的森林资源信息管理指森林资源信息本身的管理，包括收集、加工、存储、传递过程；广义的森林资源信息管理指森林资源信息活动诸要素的管理，包括信息、技术、人员、组织等的管理。森林资源信息管理的主要内容如下：

①森林资源信息内容及分类与编码管理　包括森林资源信息的具体内容，森林资源信息分类和编码的原则和方法。

②森林资源信息采集管理　包括森林资源信息采集的需求分析与组织，以及森林资源信息采集方法、技术和途径。

③森林资源信息维护管理　包括森林资源信息的更新、信息质量控制，以及信息安全保障。

④森林资源信息开发与利用管理　包括森林资源信息开发与利用的指导思想、方法、模式、策略、方式，以及森林资源信息统计、分析、检索和开发与利用效果评价。

⑤森林资源信息系统管理　包括森林资源信息需求分析、系统设计与开发、系统应用。

1.6　森林资源信息管理的理论基础和基本方法

1.6.1　森林资源信息管理的理论基础

森林资源信息管理是一项复杂的系统工程，涉及哲学、林学、信息科学、管理学和经济学等多学科理论。

(1)哲学

哲学是世界观和方法论，是关于世界的本质、发展的根本规律、人的思维与存在的根本关系、人类认识世界的根本方法的理论。

辩证唯物主义认为世界在本质上是物质的，物质是第一性的，意识是第二性的，意识是高度发展的物质——人脑的机能是客观物质世界在人脑中的反映。物质世界是按照它本身所固有的规律运动、变化和发展的，事物矛盾双方又统一又斗争，促使事物不断地由低级向高级发展。因此，事物的矛盾规律，即对立统一的规律，它是物质世界运动、变化和发展的最根本的规律。辩证唯物主义哲学，产生于人类的社会实践，作为世界观的理论体系，是对各门具体科学和人类各种实践活动的正确总结和概括，是关于自然、社会、人类思维的最一般规律的科学，它以整个世界为研究对象，回答的是有关整个世界一切事物的最普遍的问题。在科学发展的历史过程中，任何一门具体科学，只要涉及理论思维，就不免受其支配。森林资源信息管理无疑也是建立在辩证唯物主义哲学基础之上。

利用唯物辩证法的普遍联系规律、矛盾运动规律、质量互变规律、肯定否定规律等基本观点，从不同侧面研究森林资源信息管理各种事物的本质和现象、内容和形式、原因和结果、必然性和偶然性、可能性和现实性等内部和外部联系，掌握森林资源信息管理客观规律；在森林资源经营实践发展的基础上，由感性认识到理性认识，又由理性认识到实践：实践、认识、再实践、再认识，循环往复，最终使管理者获得准确、可靠、满意的信息。

(2) 林学

林学是研究森林的形成、发展、管理，以及资源再生和保护利用的理论与技术的科学，属于自然科学范畴，包括森林经理学、森林培育学、森林生态学、森林土壤学，等等。与森林资源信息管理最为直接的是森林经理学和森林生态学。

森林经理学是研究科学、有效地经营和管理森林资源的应用基础理论和技术的学科。具体讲是研究森林区划、调查、分析、评价，规划、计划、实施，生长、收获、决策、调控等理论、方法及技术的学科。森林经理学为森林资源信息管理提供信息采集内容、方法，分析与评价模型，应用需求等提供专业理论支持。

森林生态学是研究森林生物之间及其与森林环境之间相互作用和相互依存关系的学科，它将为森林资源信息管理提供森林资源信息统计、分析等专业理论支持。

(3) 信息科学

信息科学是研究信息运动规律和应用方法的科学，是由信息论、控制论、计算机理论和系统论相互渗透、相互结合而成的一门新兴综合性科学。其支柱为信息论、系统论和控制论。

①信息论　信息论是运用概率论与数理统计的方法研究信息、信息熵、通信系统、数据传输、密码学、数据压缩等问题的应用数学学科。信息论的研究范围极为广阔，一般分成 3 种不同类型，即：

a. 狭义信息论。是一门应用数理统计方法来研究信息处理和信息传递的科学。

b. 一般信息论。主要是研究通讯问题，但还包括噪声理论、信号滤波与预测、调制与信息处理等问题。

c. 广义信息论。不仅包括狭义信息论和一般信息论的问题，而且还包括所有与信息有关的领域，如心理学、语言学、神经心理学、语义学等。

信息论为森林资源信息管理的森林资源信息处理和传输提供理论和技术支持。

②控制论　控制论是研究各类系统的调节和控制规律的科学。美国科学家维纳 1948 年发表《控制论》一书，明确提出控制论的两个基本概念——信息和反馈，揭示了信息与控制规律。反馈是实现控制和使系统稳定工作的重要手段。对系统控制调节通过信息的反馈来实现。在森林资源信息管理中，建立信息的采集、处理与信息服务的反馈联系机制，保障森林资源信息管理的稳定性。

③计算机科学　计算机科学是研究计算机及其周围各种现象和规律的科学，亦即研究计算机系统结构、程序系统(即软件)、人工智能以及计算本身的性质和问题的学科。计算机科学理论主要包括：形式语言理论、程序设计理论、形式语义学、算法分析和计算复杂性理论。森林资源信息管理过程与计算机理论紧密相连，特别在开发设计森林资源信息管理系统时，计算机的各种理论(语言、程序设计和计算分析)时时刻刻支持着森林资源信息管理。

④系统论 系统论是研究系统的一般模式，结构和规律的学问，它研究各种系统的共同特征，用数学方法定量地描述其功能，寻求并确立适用于一切系统的原理、原则和数学模型，是具有逻辑和数学性质的一门科学。系统论的基本思想是把系统内各要素综合起来进行全面考察统筹，以求整体最优化。整体性原则是其出发点，层次结构和动态原则是其研究核心，综合化、有序化原则是其精髓。森林资源信息管理本身就是一个复杂的系统管理，系统论将为森林资源信息管理的综合性、有序性、整体性、层次性和动态性等方面提供理论技术支持。

(4)管理学

管理学是一门综合性的交叉学科，是系统研究管理活动的基本规律和一般方法的科学。它是适应现代社会化大生产的需要产生的，它的目的是：研究在现有的条件下，如何通过合理的组织和配置人、财、物等因素，提高生产力的水平。管理有五个基本原理，即系统原理、人本原理、责任原理、效益原理和伦理原理。管理学基本方法包括法律方法、行政方法、经济方法和教育方法；宏观管理方法、中观管理方法和微观管理方法；一般管理方法和具体管理方法；人事管理方法、物资管理方法、资金管理方法和信息管理方法；定性管理方法和定量管理方法等。

森林资源信息管理，属于管理科学范畴，是为了实现已确定的目标而不断地进行计划、组织、协调、指挥和控制的过程。森林资源信息管理过程中的规则、规划、组织、人事，以及业务活动各个环节及其相互协调，虽具有区别于其他管理的特点和规律，但归根结底，仍要遵循管理学的基本理论。

(5)经济学

经济学理论是人类社会发展到一定阶段的产物，是研究物质资料的生产、交换、分配、消费等经济关系和经济活动规律及其应用的理论。我国森林资源信息管理，多少年来只强调信息的社会公益性和服务性，并不重视信息的经济价值，经营信息的意识薄弱。这一方面抑制了管理人员的积极性、创造性；另一方面失去了森林资源信息的效益性和交流的经济特征，严重地妨碍了森林资源信息管理事业的发展。今天，在我国社会主义市场经济条件下，以经济学的理论为指导，研究森林资源信息管理领域的经济运动规律，为森林资源信息管理提供经济方面的理论依据。

另外，还有很多学科与森林资源信息管理相关，例如，森林培育学、森林保护学、森林利用学等也为森林资源信息管理提供信息更新和信息服务方面的理论支持。限于其相关性程度与篇幅所限，在此暂不赘述。

1.6.2 森林资源信息管理的基本方法

信息管理的基本方法有逻辑顺序法、物理过程法、企业系统规划法和战略信息规划法。森林资源信息管理作为信息管理的重要组成部分，信息管理的基本方法对森林资源信息管理仍然适用。

1.6.2.1 逻辑顺序法

把森林资源信息管理划分为调查、分类、登记、评价四个基本步骤：

第一步，进行切实的调查，摸清森林资源信息的情况，是森林资源信息管理的基础。

第二步，森林资源信息分类是森林资源信息管理的一个最基本的工作。

第三步，森林资源信息登记是一件具体而又烦琐的工作。

第四步，森林资源信息评价的目的是为了更好地使用森林资源信息。

1. 6. 2. 2　物理过程法

在生命周期的每一个阶段都有其具体工作，需要相应的管理。这里将森林资源信息生命周期的管理概括为以下四个方面：

①森林资源信息需求与服务　一方面，这是森林资源信息规划的问题，目的是明确森林资源信息的用途、范围和要求；另一方面，就是要为用户提供森林资源信息，支持他们利用森林资源信息进行管理决策。

②森林资源信息收集与加工　主要是通过已有渠道或建立新的渠道去收集需要的森林资源数据。将收集到的森林资源数据按照规定的要求进行处理，这时森林资源数据才成为真正的森林资源信息。

③森林资源信息存储与检索　将处理后的森林资源信息按照科学的方式存储起来，以便用户检索使用。存储并不是目的，而只是手段，检索才是存储的目的。

④森林资源信息传递与反馈　森林资源信息的作用在于为用户所接收和采用。如何使所需要的森林资源信息在需要的时候送到需要的用户那里，这是很值得研究的问题。

1. 6. 2. 3　企业系统规划方法

企业系统规划方法是通过全面调查，分析企业对森林资源信息需求，确定森林资源信息结构的一种方法。企业系统规划方法的基本原则如下：

①森林资源信息系统必须支持企业的战略目标。

②森林资源信息系统的战略应当表达出企业各个管理层次的需求。

③森林资源信息系统应该向整个企业提供一致的森林资源信息。

④森林资源信息系统应是先“自上而下”识别，再“自下而上”设计。

⑤森林资源信息系统应该经得起组织机构和管理体制变化。

进行企业系统规划工作大致有以下步骤：

一是准备工作。高层领导参与、各方面的人员配合参与；制订研究计划。

二是开始阶段。实施的第一项活动是研究组成员对企业情况的了解，了解内容包括企业高层领导对研究目标、预期成果、研究远景的介绍；系统分析员介绍收集到的资料，使研究成员熟悉有关资料；由各业务部门的负责人介绍本部门信息处理的历史、现状、主要活动、目前存在的问题与相关部门信息联系。

三是定义企业过程(核心步骤)。企业过程是指逻辑上相关的一组决策和过程的集合(管理企业资源)；识别企业过程，依据已有材料进行分析研究，尤其和有经验的管理人员商讨，从而进行识别、描述企业过程。

四是定义信息类。对前期所产生、控制和使用的信息进行识别和分类；信息类是指支持企业活动所必要的逻辑上相关的信息(信息类和企业过程间的内在联系，可采用过程/信息类矩阵来分析)。

五是分析当前业务与系统的关系。有了企业过程和信息类之后，还必须了解当前的信息处理工作如何支持企业活动。

六是定义森林资源信息结构。如何组织、管理这些信息，即将不同的信息类按逻辑关系组织成信息库，形成森林资源信息系统来支持企业过程。

1.6.2.4 战略信息规划方法

森林资源信息位于现代企业森林资源信息处理的中心；森林资源信息是相对稳定的，处理是多变的；全面地进行森林资源信息规划是系统建设的根本所在。战略信息规划的工作有三步：

第一步，进行业务分析，建立企业模型。由系统分析员向企业中各层管理人员、业务人员进行调查；在调查的基础上进行业务分析，分析企业的现行业务及逻辑关系；通过业务分析，建立企业模型。

第二步，进行森林资源信息分析，建立主题森林资源信息库。在具体操作上又可以分两个阶段，第一阶段是森林资源信息过滤，对大量来自系统内外的各种森林资源信息进行过滤，识别出对系统有用的森林资源信息；第二阶段是主题库定义，森林资源信息过滤之后，从全局出发，根据管理需求将森林资源信息按照不同的主题进行分类，然后定义每一个信息库。

第三步，子系统划分。根据主题信息库和业务分析，来规划新系统。整个系统划分为若干个子系统，子系统之间通过主题信息库实现森林资源信息的交换。

四种管理方法各有其特点。

①逻辑顺序法，从业务角度对森林资源信息按逻辑顺序管理。

②物理过程法，基于森林资源信息生命周期的过程管理。

③企业系统规划法，基于森林资源信息系统支持企业运行。

④战略信息规划法，基于战略性森林资源信息的规划管理。前两种方法侧重微观层面，后两种方法兼顾宏观和微观层面。

1.7 森林资源信息管理的原则和原理

1.7.1 森林资源信息管理原则

(1)可持续管理原则

可持续作为每一种人类管理的指导思想和发展目标，控制着每一个管理者、部门、单位的管理行为。森林资源信息管理从体制、机制、组织、机构、内容、方式、方法、标准、规范等方面要有延续性、扩展性和持续性。

(2)统一与协调性原则

森林资源信息管理是林业信息管理、区域信息管理的组成部分，森林资源信息管理本身又涉及森林资源管理的相关部门。因此，森林资源信息管理各部门之间要协调统一。另外，森林资源信息管理与国家信息管理、林业信息管理、区域信息管理之间要统一。

(3) 全方位服务与安全原则

森林资源信息管理不仅要提供全方位的森林资源时空信息服务，还要对不同层次、不同尺度、不同信息需求者提供全方位服务。同时，要保证森林资源信息存储安全、使用安全，实施有条件信息共享服务。

(4) 冲突协调处理原则

在森林资源信息管理过程中，普遍存在管理者、被管理者、森林资源管理各部门、人与自然等之间的冲突和矛盾，这些矛盾和冲突不能消除，只能通过森林资源信息的客观反应、科学分析与评价，采取适当的方式方法缓和冲突程度，维持系统的稳定性和效益的充分发挥。

(5) 标准化与规范化原则

标准化和规范化指将森林资源信息管理所涉及的概念、事物、方法、过程等的属性或特征信息，进行科学、系统地分类、加工和处理，与有关标准(包括国际标准、国家标准、行业标准、地方标准等)协调一致的同时，形成合理的科学分类体系。该原则利于森林资源信息交换和共享，可提高森林资源信息及信息处理的适用性、可靠性、科学性、系统性、综合性和一致性，充分发挥森林资源信息的实用效力、体现森林资源信息的使用价值。

(6) 一体化原则

一体化指以管理需求为中心，以森林资源信息为媒介，将森林资源信息管理中的信息流和物流、管理活动和职能、理论方法和技术集成起来，形成最优组合。该原则是为了适应现代管理发展形势，按管理过程及其信息流程，将有关的信息、方式、方法组成整体，追求综合效益、效率、能力最大化。

(7) 实用与科学性原则

实用性指研究应用的模式或系统，符合客观实际、运行稳定可靠、具备可操作性。该原则主要是为管理服务，突出用户，着重解决管理现存问题。科学化指应用的理论、方法和技术经过科学验证，适应现代化森林资源信息管理的要求。该原则可保证森林资源信息及信息处理的质量，具有一定的先进性。

1.7.2　森林资源信息管理原理

森林资源信息管理是指森林资源信息管理活动本身具有普遍意义的规律，从森林资源信息管理活动过程来看，研究森林资源信息源与信息组织、信息流与信息处理，以及信息宿与信息利用的基本规律是进行森林资源信息管理的基础。通过对森林资源信息源、信息流、信息宿的分析和森林资源信息的组织、处理、利用，使森林资源信息有序化、流向明确化、流速适度化、数量精约化、质量最优化。

1.7.2.1　森林资源信息源与信息组织原理

(1) 森林资源信息源

森林资源信息源，顾名思义，就是森林资源信息的来源，生产森林资源信息的根源，获取森林资源信息的渠道。森林资源信息源分布是一种客观存在，是长期森林资源信息运动的结果。了解森林资源信息源的类型对森林资源信息的组织具有重要的意义。根据森林资源信息源的分布及其变化规律性，明确森林资源信息收集的方向。

①按组织边界划分　可分为内部森林资源信息源和外部森林资源信息源。

②按时间标准划分　可分为一次森林资源信息源和二次森林资源信息源。

③按运动形式划分　可分为静态森林资源信息源和动态森林资源信息源。

④按数字化程度划分　可分为数字化森林资源信息源和非数字化森林资源信息源。

⑤按结构要素划分　可分为个人森林资源信息源、实物森林资源信息源、文献森林资源信息源、信息库森林资源信息源、组织机构森林资源信息源。

⑥按时代特征划分　可分为经典森林资源信息源(图书、期刊、科技报告、会议资料、标准文献、专利文献、学位论文、产品资料、档案)、现代森林资源信息源(信息库、光盘出版物、电子图书、电子报刊、电子会议录、微缩资料、多媒体和视听资料、网络信息等)。

(2)森林资源信息组织

森林资源信息组织就是对所采集的森林资源信息实施有序化的过程，是森林资源信息管理过程的核心内容之一。通过各种手法采集到大量的森林资源信息后，必须按照一定的原则和方法对森林资源信息进行加工整理，使之有序化，才便于森林资源信息的管理和使用。整序的主要方法是分类，森林资源信息分类的任务就是通过分类将各种森林资源信息能够归入适当的位置，把性质相同的聚在一个类里，性质相近的聚在相近的类里，性质不同的聚在不同的类里。

①森林资源信息组织内容　主要包括森林资源信息描述、揭示、分析三个方面。

②森林资源信息组织类型　内容组织。对采集的森林资源信息进行序化处理，将无序森林资源信息变为有序森林资源信息；人力组织。通过建立和健全与森林资源信息管理相适应的组织机构，实现森林资源信息的开发、利用、管理和控制。

③森林资源信息组织的基本要求　一是及时性，指时过境迁的森林资源信息要及时记录，有用森林资源信息要迅速采集；二是准确性，森林资源信息要准确无误地反映实际情况；三是适用性，森林资源信息不在于多，而贵在于适用，要“急决策之所急，供决策之所需”；四是经济性，取得森林资源信息需要付出代价，森林资源信息的及时、准确和适用性必须建立在经济性的基础之上。

森林资源信息组织是森林资源信息源可利用的重要条件，是森林资源信息源不断增值的内在依据。进行森林资源信息源研究，做好森林资源信息采集工作及初步的序化处理工作，是整个森林资源信息管理工作的基础性工作。如果在森林资源信息管理的具体活动开展之前，对森林资源信息的存在状态和运动状况一无所知，那么，肯定会使森林资源信息管理陷入盲目之中。

1.7.2.2　森林资源信息流与信息处理原理

(1)森林资源信息流

森林资源信息流是指从森林资源信息传播者到信息接收者之间的流动，森林资源信息流具有动态含义，它是一种定向运动着的森林资源信息所形成的流。森林资源信息流动方式有组织内部成员之间、部门之间、部门和成员之间的流，直接交流和间接交流，垂直流(上行、下行)和水平流(横向流)。

(2)森林资源信息处理

森林资源信息处理是从获取森林资源数据，将它们转变成森林资源信息，并进行适当加工，再提供给使用者的全过程，森林资源信息处理一般包括收集、加工、传递、存储、检索、使用、反馈等环节，最基本的环节是加工和传递。森林资源信息流经若干环节，每个环节都要对森林资源信息做一些处理。所以，森林资源信息流的运动过程，实际上又是森林资源信息处理过程。通过森林资源信息的处理，使森林资源信息流更加明确化。加强森林资源信息处理必须做好三方面的工作，即及时地收集、加工、传递森林资源信息；根据需要，提供准确、适用的森林资源信息；提高森林资源信息工作的经济效益和社会效益。

1.7.2.3　森林资源信息宿与信息使用原理

(1)森林资源信息宿

森林资源信息宿是相对于森林资源信息源而言的，是森林资源信息动态运行一个周期的最终环节。其功能是接收森林资源信息，并选择对自身有用的森林资源信息加以利用，直接或间接地为某一目的服务。森林资源信息宿决定于森林资源信息用户。

森林资源信息用户就是森林资源信息使用者。包括接受森林资源信息服务的人类个体或群体。作为森林资源信息用户应具备三个特征：即拥有森林资源信息需求；具备利用森林资源信息的能力；具有接受森林资源信息服务的行动。

森林资源信息需求就是指人们在从事各项实践活动的过程中，为解决所遇到的各种问题而产生的对森林资源信息的不足感和求足感。

森林资源信息行为是指为获取森林资源信息所采取的行动。

(2)森林资源信息使用

森林资源信息使用的主要方式有直接使用和间接使用，个人使用和组织使用。个人使用者主要包括科学研究人员、工程技术人员、管理决策人员、市场营销人员这四大类型；组织使用者包括不同层次的管理部门，如高层、中层、基层管理部门。从横向上还可以分为营造林部门、资源管护部门、财务部门、人力资源管理部门等。通过森林资源信息使用的分析，使森林资源信息更加精细化。

1.8　森林资源信息管理的模型和模式

1.8.1　森林资源信息管理的模型

森林资源信息管理是一项复杂的系统工程，在信息组织、分析、规划、决策、调控等一系列工作中，需要大量的模型支持，主要包括基本模型、数学模型和仿真模型三个方面。

1.8.1.1　森林资源信息管理的基本模型

森林资源信息管理基本模型主要包括概念模型、逻辑模型和物理模型。

(1)森林资源信息管理概念模型

概念模型描述一个系统的目标、主要功能以及概念级别上的结构。概念模型是对系统总体的、概念的和外形的描述，主要是回答系统为了什么而建，即反映系统的目标、使命、功能及边界。概念模型不能回答系统是如何利用信息资源来达到目的和完成功能的。总之，概念模型回答了系统要干什么的问题。

森林资源信息管理系统概念模型主要包括国家级、省级、县级、乡级四个层次和森林资源档案管理子系统、灾害管理子系统、经营管理子系统(造林管理子系统、抚育管理子系统、采伐管理子系统等)、电子政务管理子系统、信访管理子系统等多个专业信息系统组成，具体如图1-7所示。

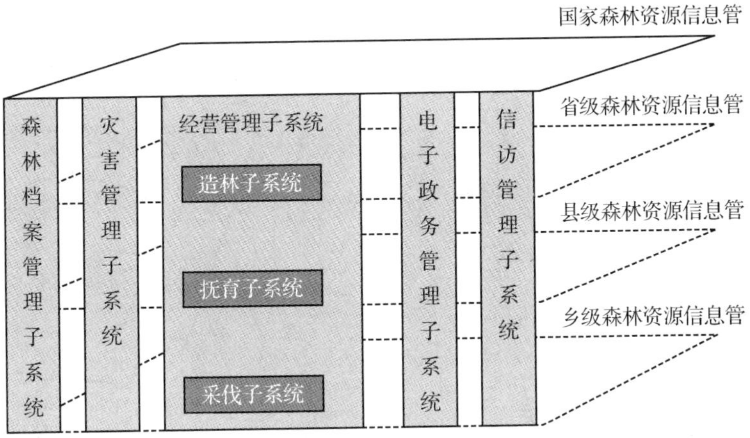

图1-7　森林资源信息管理概念模型结构

(2)森林资源信息管理逻辑模型

系统逻辑模型是对其逻辑结构的描述，为了达到系统目标要求的输出对应的输入，以及处理过程关系的描述。逻辑模型回答了系统怎么干的问题。

森林资源信息管理系统逻辑模型描述了森林资源信息管理系统的信息及信息流的逻辑关系，说明了森林资源管理职能和信息需求，森林资源信息组成要素以及他们之间的关系和信息流的过程，如图1-8所示。

森林资源信息管理系统的逻辑模型结构说明了信息及信息流整体的逻辑关系，它不能表明系统的整体功能，需要进行系统的详细设计，提出森林资源信息管理系统的物理结构，说明信息处理功能与信息管理系统结构(方陆明等，2003)。

(3)森林资源信息管理物理模型

物理模型设计的任务是描述信息系统功能实现的总体结构，对小系统主要是对软件系统进行详细设计。对大型系统主要包括三部分内容，即硬件系统、软件系统、其他配套设计，它是在概念模型和逻辑模型的指导下，在一定资源环境的约束下，提出各种物理配置。物理模型回答的是用什么来干的问题。

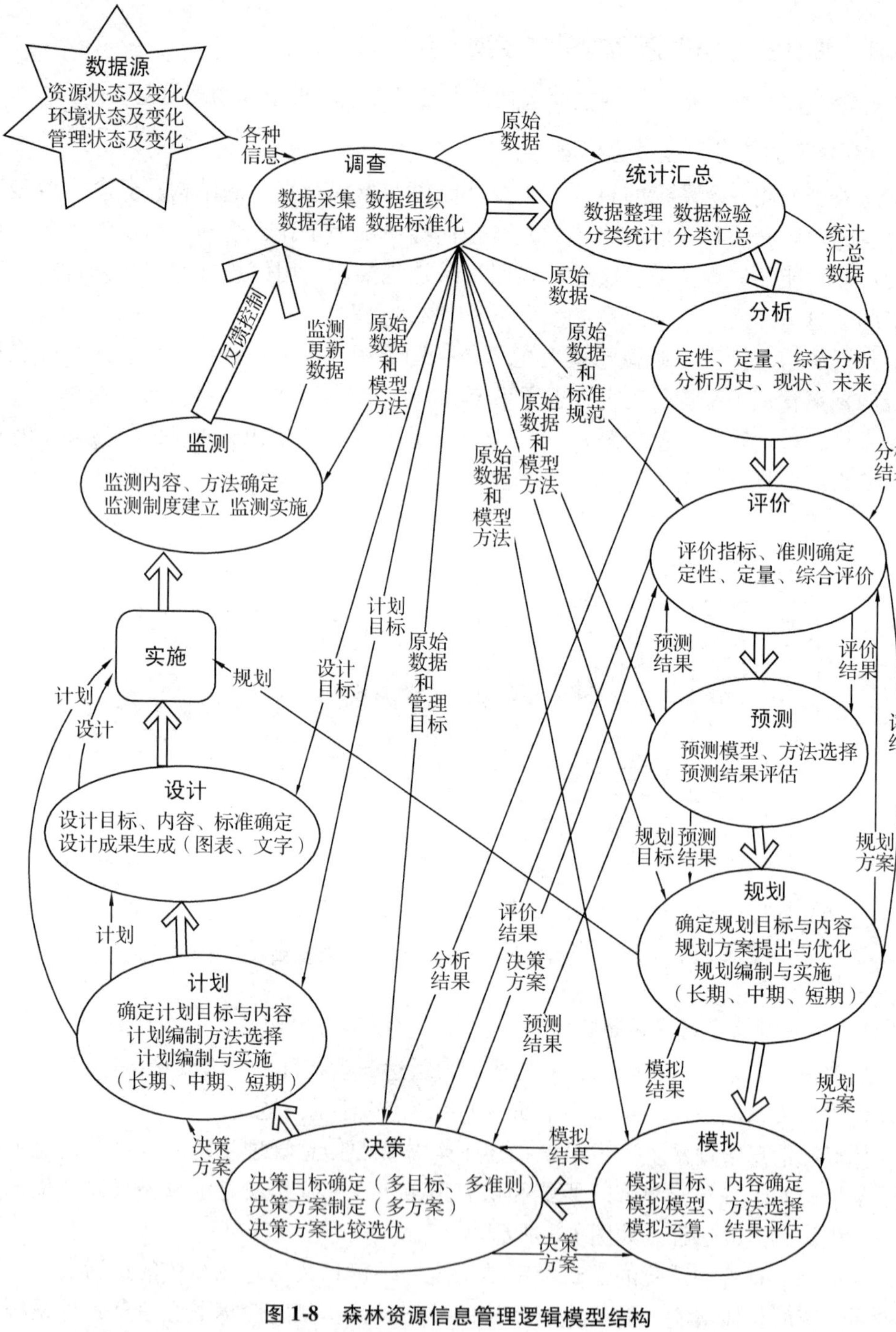

图 1-8　森林资源信息管理逻辑模型结构

森林资源信息管理系统物理模型是森林资源信息管理系统逻辑模型结构的物理化，把逻辑关系转化为便于实施的物理结构，是进行分析、归纳、审视、综合的过程，在逻辑结构的物理化需要从信息的输入、处理和输出三方面入手，确定它的基本功能，进而考虑管理者、组织、硬件和软件等组成，建立系统。森林资源信息管理物理模型的设计正如工程项目中的施工设计，每一个产出的实现过程要求交代清楚，包括信息变量、计算公式等，程序员依据物理设计直接进行程序编写工作，直到功能实现

(图 1-9)。

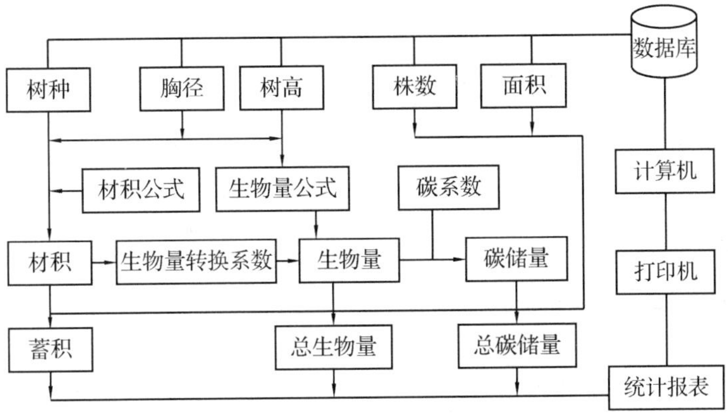

图 1-9 森林资源信息统计系统物理模型结构

1.8.1.2 森林资源信息管理的数学模型

数学模型是指用数学语言描述的一类模型。它可以是一个或一组代数方程、微分方程、差分方程、积分方程或统计学方程，也可以是它们的某种适当的组合，通过这些方程定量地或定性地描述系统各变量之间的相互关系或因果关系。除了用方程描述的数学模型外，还有用其他数学工具，如代数、几何、拓扑、数理逻辑等描述的模型。森林资源信息管理涉及众多的数学模型，主要包括以下三类。

(1)森林立地评价模型

从模型自变量可分为：

①基于林分优势高的立地指数模型 SI($H-A$，$H-D$)；

②基于林分标准蓄积量的立地指数模型 SI($V-A$)；

③基于环境因子的立地指数模型 SI(HB. TR. PD…)；

④基于气候因子的立地指数模型 SI(WD. SD. GZ…)。

从立地指数模型曲线可分为：

①单形立地指数曲线模型；

②多形立地指数曲线模型。

(2)森林结构、生长与收获估计模型

森林结构模型：

①径级、高级、龄级—株数分布模型(正态分布、韦伯分布等)；

②空间位置模型(角尺度等)。

按模型反映的对象：

①径生长模型(图 1-10)；

②高生长模型(图 1-11)；

③断面积生长模型；

④蓄积生长模型；

⑤进界生长模型；

⑥枯损模型。

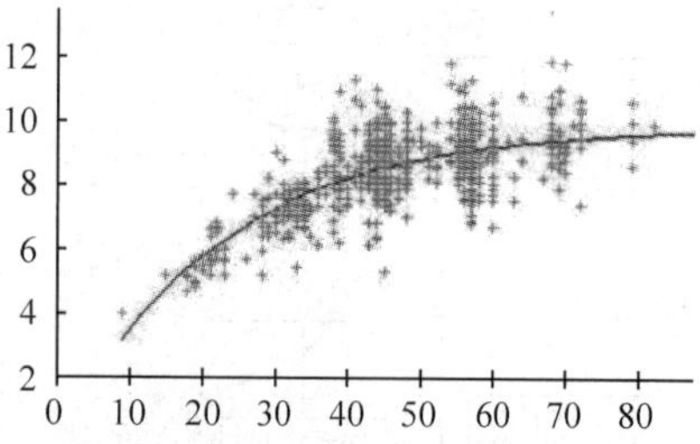

图 1-10　胸径生长曲线

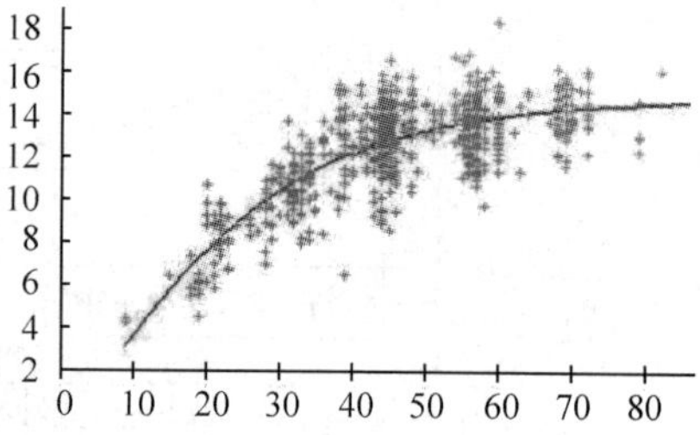

图 1-11　树高生长曲线

从模型反映的复杂程度可分为：
①全林分模型；
②径级模型；
③单株模型。

(3) 森林资产评估模型

从模型构建的数学基础可分为：
①净现值模型；
②期望值模型；
③市价模型。
从模型评估内容可分为：
①林地资产评估模型；
②林木资产评估模型。

1.8.1.3　森林资源信息管理的仿真模型

仿真模型是被仿真对象的相似物或其结构形式。通过数字计算机、模拟计算机或混合计算机上运行的程序表达的模型。采用适当的仿真语言或程序，物理模型、数学模型和结构模型一般能转变为仿真模型。森林资源信息管理中的仿真模型主要有以下四个方面：

①树木个体可视化模拟模型(图 1-12)；
②林分群体可视化模拟模型(图 1-13)；
③森林景观可视化模拟模型(图 1-14)；
④森林资源经营规划与实施过程可视化模型(图 1-15)。

图 1-12　树木个体可视化模型

图 1-13　林分群体可视化模型

图 1-14　森林景观可视化模型

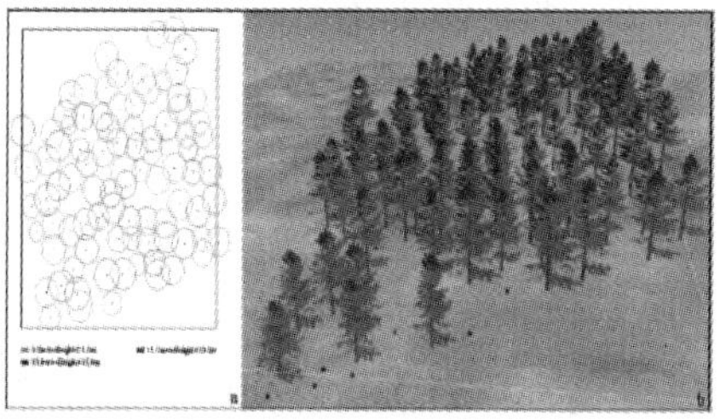

图 1-15　森林经营可视化模型

1.8.2　森林资源信息管理的模式

1.8.2.1　森林资源信息管理模式定义及特点

森林资源信息管理模式是指可以操作的标准形式，是根据需要和条件，融合森林资源信息管理思想、理论、原理、政策、法规、目标、方式、方法和技术等一切要素的综合体。森林资源信息管理的理论、方法和技术，最终由它来体现并转变为生产力。森林资源信息管理模式具有普适性和发展性。

①森林资源信息管理模式的普适性　森林资源信息管理模式是每一特定环境下的产物，是根据特定时间和环境要素的共有因素抽象出来的典型形式，这一典型形式不仅只局限于具体的每一载体身上，而且还适应于同一环境下、具有同一性质的事物身上，也就是说森林资源信息管理模式是抽象出来的，具有普遍适应性的形式。

②森林资源信息管理模式的发展性　任何事物都是不断发展的，当环境变化到一定程度，事物将发生质的变化，模式也要发生变化。

1.8.2.2　森林资源信息管理模式类型

根据研究，信息管理模式主要有 4 种典型类型，即信息独裁管理模式、信息无政府状态管理模式、信息民主管理模式和信息大使管理模式。这 4 种模式对森林资源信息管理同样适合。

(1) 森林资源信息独裁管理模式

森林资源信息独裁管理模式是指一些地方、部门、单位将森林资源信息特权集中在少数人手里，不能共享，不能交换。它是实施森林资源信息共享瓶颈的重要根源。

(2) 森林资源信息无政府状态管理模式

森林资源信息无政府状态管理模式是指一些森林资源信息被个人、单位、部门按照自己的需求，建立各自为政的信息“领地”或“地下”信息库，这些“地下”信息库建立在互不兼容的软硬件平台和应用系统的基础上，根本无法相互连通。这种无政府状态下固有的混乱等缺点对内部沟通和企业赢利造成了严重的破坏，甚至可能造成严重的森林资源信息泄露。2014 年，国家林业局某直属林业调查规划设计院曾有森林资源信息管理者，私自将存储森林资源信息的计算机与互联网相连，被国家安全部门发现并追究相关人责任的案例。

(3) 森林资源信息民主管理模式

森林资源信息民主管理模式指森林资源信息在可控状态下可以自由流动的管理模式。森林资源信息民主管理模式往往局限于一个区域或一个行业内部。例如，我国的森林资源一类、二类调查信息往往仅限于林业主管部门或林业科研院所、大专院校可以使用或部分使用。

(4) 森林资源信息大使管理模式

森林资源信息大使管理模式指森林资源信息通过网络延伸到林业行业以外的用户的管理模式。近年来，我国森林资源信息管理部门，为了使森林资源信息充分发挥其作用，节约资金，降低成本，提高利用效率，也在系统外通过网络、会议等形式，与广大森林资源信息使用者进行广泛的交流，听取森林资源信息使用者对森林资源信息、信息产品需求的意见。

1.9　森林资源信息管理的系统、体系与过程

1.9.1　森林资源信息管理的系统

森林资源信息管理系统是指由相互依赖的人、森林资源信息、信息技术、环境等若干组成部分相互结合的、具有特定功能的有机整体。

钱学森认为：可根据组成系统的子系统以及子系统种类的多少和它们之间关系的复杂程度，把系统分为简单系统和巨系统两大类。简单系统是指组成系统的子系统数量比较少，它们之间关系比较单纯，如一台测量仪器；若子系统数量非常大(如成千上万、上百亿、万亿)，则称巨系统；若巨系统中子系统种类不太多，且它们之间的关系比较简单，称作简单巨系统。如果子系统数量非常庞大，多达成千上万个，且种类繁多，相互关联、相互制约，其相互作用的关系又很复杂、并有层次结构，这就是复杂巨系统。图 1-16 是此种分类体系的结构图。

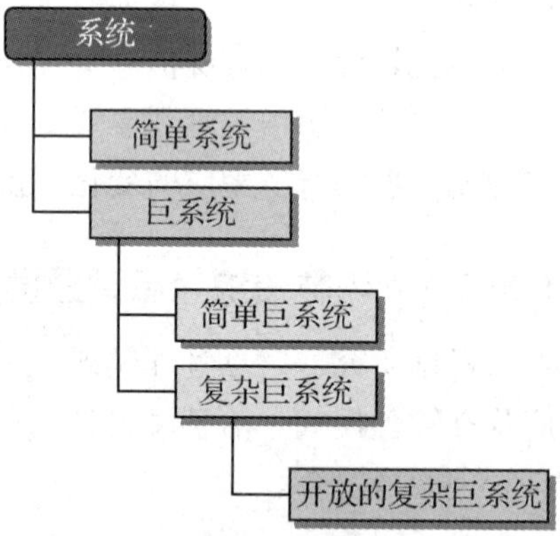

图 1-16　钱学森的系统分类体系

森林资源信息管理系统可以根据其组成的复杂程度分为简单系统、巨系统、简单巨系统和复杂巨系统。从全国来看，森林资源信息管理系统可以理解为一个复杂巨系统，它由各省(自治区、直辖市)、县(市、区、旗)、乡(镇)等成千上万的子系统构成。从省(自治区、直辖市)来看，森林资源信息管理系统可以理解为一个巨系统，由各县(市、区、旗)、乡(镇)若干子系统构成。从森林经营单位看，森林资源信息管理系统可以理解为简单系统。如果从森林资源信息管理计算机系统的功能组成也可以分为复杂系统和简单系统。

1.9.2　森林资源信息管理的体系

我国森林资源信息管理体系的构建，借鉴国内外森林资源信息管理体系的成功经验，结合我国森林资源信息管理的实际，依托国家现行林业行政管理体系，遵循“层次管理”“扁平化管理”和“金字塔式管理”准则。

1.9.2.1　森林资源信息管理体系框架

森林资源信息管理体系由组织体系、技术体系、标准体系和业务体系组成，其中组织体系是保障，没有组织机构、管理队伍和人才，一切森林资源信息管理工作就无从谈起；技术体系是核心，没有技术的创新和集成，管理水平就不可能提高；标准体系是基础，通过标准体系，统一森林资源信息内容和管理方法，确保森林资源信息管理的质量和安全；业务体系是森林资源信息管理的实践体现。森林资源信息管理的总体框架如图 1-17 所示。

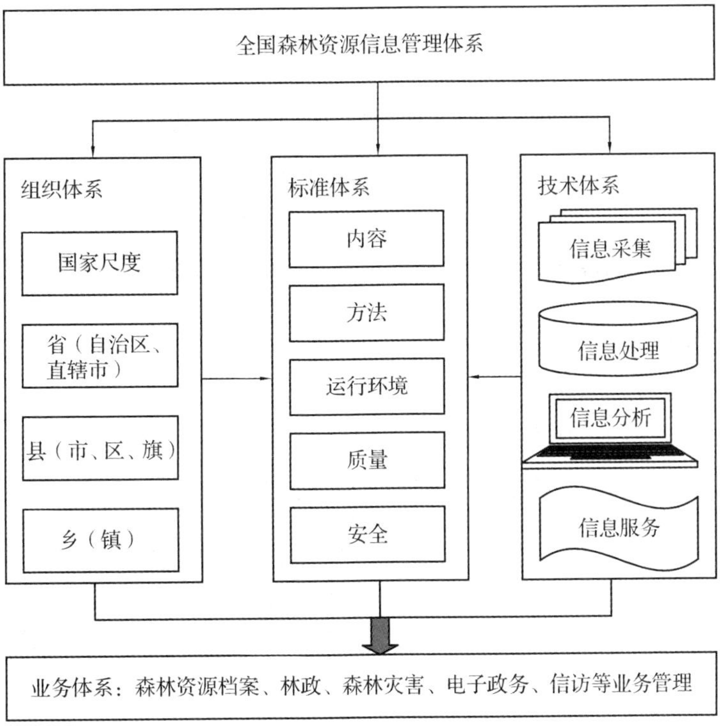

图 1-17　森林资源信息管理体系总体框架

1.9.2.2　组织体系

森林资源信息管理组织体系主要由国家、省(自治区、直辖市)、县(市、旗)、乡(镇)林业主管部门四个层次组成，依托现行各级林业行政主管部门，建立以国家、省、县、乡(镇)四级森林资源信息管理机构为主体的组织体系，实行分级管理负责制，建立健全各级森林资源信息管理机构、队伍和人才，明确各级机构的职责，具体结构如图 1-18 所示。

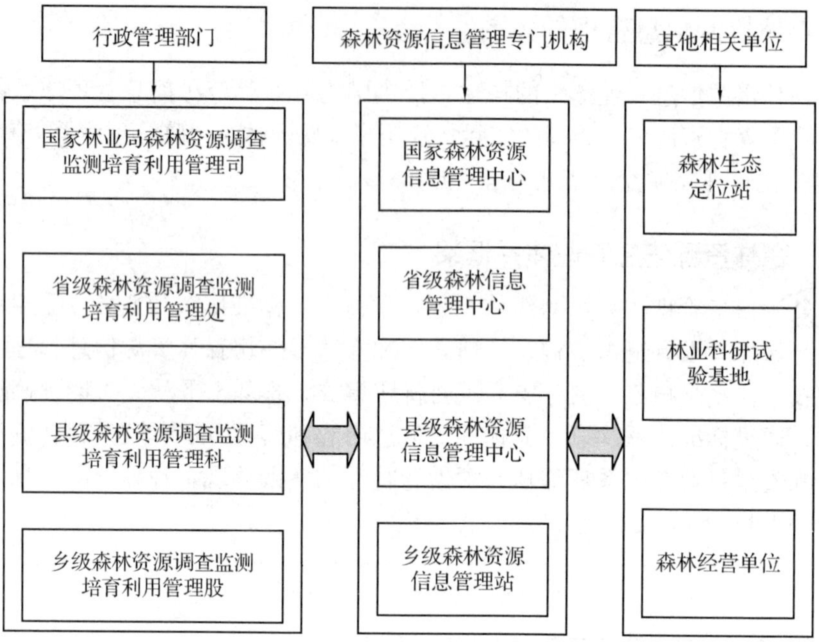

图 1-18　森林资源信息管理组织机构

建立各级森林资源信息管理专门机构(监测中心或信息中心)。在各级林业行政主管部门的直接领导下，主要负责森林资源信息规范、集成、存储、服务等工作。各级行政主管部门协助森林资源管信息管理专门机构负责组织有关森林资源信息采集、汇交等工作。

1.9.2.3　技术体系

森林资源信息管理的技术体系由三方面构成：一是信息采集技术；二是信息维护技术；三是信息开发利用技术(图 1-19)。

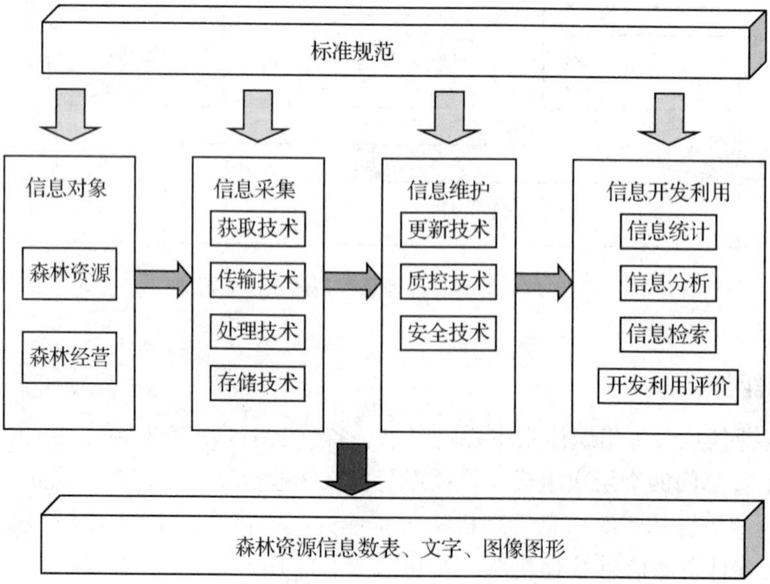

图 1-19　森林资源信息管理技术体系

1）森林资源信息采集技术

森林资源信息采集技术包括森林资源信息获取技术、传输技术、处理技术和存储技术。

（1）森林资源信息获取技术

包括森林资源调查和文献资料收集。

①森林资源调查技术　主要包括抽样技术、区划技术、量测技术。

a. 抽样技术主要是为了快速获取大区域森林资源及经营管理信息，采用随机抽样或系统抽样的方法，按照信息获取的精度要求，在调查区域内确定一定数量、大小和分布方式样地的技术。

b. 区划技术主要是为了准确获取区域类各种不同类型的森林资源信息，将调查区域划分为内部特征相同或相似的斑块，明确图斑边界的技术。

c. 森林资源信息量测技术主要包括对样地或图斑内的植物（乔、灌、草）的大小、高矮、形态、空间关系等以及地理环境（海拔、坡度、坡位、坡向等）进行测定记载的技术。

②森林资源文献资料收集技术　主要是检索技术。

（2）森林资源信息传输技术

主要包括古代的烽火台、飞鸽、击鼓等传输技术，近代的电话、电报传输技术，以及现代的网络、卫星通信等传输技术。

（3）森林资源信息处理技术

主要包括森林资源信息输入、编辑和输出技术。

（4）森林资源信息存储技术

主要有磁储存技术、微缩技术、光盘技术以及数据库和数据仓库技术，在森林资源信息获取之后，根据信息状态，建立信息库和信息仓库结构，将信息进行入库保存，形成基础信息库，并保存在磁介质、微缩介质以及光盘上。

2）森林资源信息维护技术

森林资源信息维护技术包括森林资源信息更新技术、信息质量控制技术和信息安全技术。森林资源信息更新技术包括属性信息更新技术和空间信息更新技术。森林资源信息质量控制技术包括森林资源信息问题及来源分析、质量评价和信息清洗技术。森林资源信息安全技术包括信息环境安全与信息操作安全等技术。

3）森林资源信息开发与利用技术

森林资源信息开发与利用技术包括森林资源信息统计分析技术和信息服务技术（主要是信息检索技术）。

完成信息存储之后，更重要的意义在于根据各层次用户的需求，通过采用合理分析技术手段，掌握森林资源的数量、质量和分布状况，以及发展变化规律。主要有逻辑分析、统计分析和系统分析等技术方法。

森林资源信息管理的最终目标是要建立系统化、网络化、智能化的信息服务体系，因此，为各级用户提供满意的信息服务是森林资源信息管理的落脚点。充分利用计算机技术、网络通讯技术等开展快捷、准确、方便、实用的信息检索、信息交换和信息发布。

1.9.2.4　标准体系

俗话说，没有规矩不成方圆。任何工作的开始，首先是规范该工作的各种行为，才能保证工作的成效。森林资源信息管理工作涉及的内容广泛、层次多，必须在科学、完善的标准规范约束下，才能达到森林资源信息管理的真正目的。森林资源信息管理标准体系由内容标准规范、方法标准系统运行、环境标准规范、质量管理标准规范和安全管理标准规范五个部分组成，如图 1-20 所示。

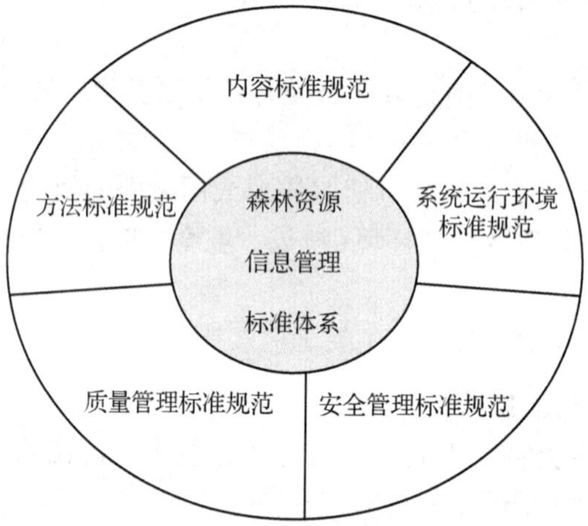

图 1-20　森林资源信息管理标准体系

(1) 森林资源信息内容标准规范

规范森林资源信息类别名称、层次关系、各类别的等级划分等。例如，林木信息的高、径、干形、材积、健康状况等，林分信息(蓄积、郁闭度、盖度、林层、混交度等)、林地信息(面积、土壤类型、土厚、土质等)、地理环境信息(海拔、坡度、坡向等)等。

(2) 森林资源信息采集方法标准规范

规范森林信息采集的方式、手段、仪器、设备。例如，数据是采用仪器测定还是目测；直径测定是采用围尺还是卡尺；树高测定是采用测高杆还是激光测高仪；森林郁闭度测定是采用望天法还是线段法等。

(3) 森林资源信息管理系统运行环境标准规范

规范森林资源信息管理系统的软硬件条件和技术参数，包括集中管理与分布式管理，不同层次的计算机性能、网络性能等。

(4) 森林资源信息质量管理标准规范

质量管理体系是组织内部建立的、为实现质量目标所必需的、系统的质量管理模式，是组织的一项战略决策。质量就是生命，只有可靠的质量保证，森林资源信息才有真正的应用价值。规范森林资源信息管理的质量包括信息采集质量、信息维护质量、信息开发与利用质量。确保森林资源信息的完整性、准确性，一方面要求在森林资源信息采集、维护和开发与利用过程的质量管理；另一方面要建立监督、检查的质量管理制度机制。

(5)森林资源信息安全管理标准规范

信息安全管理体系是组织在整体或特定范围内建立信息安全方针和目标，以及完成这些目标所用方法的体系。它是直接管理活动的结果，表示成方针、原则、目标、方法、过程、核查表等要素的集合。规范森林资源信息管理者要遵守职业道德，坚守岗位，尽职尽责，保证管理系统内的森林资源信息不泄露、不被破坏，按照规定要求，该提供的一定提供，不该提供就坚决不提供，更不能将系统内的森林资源信息用作商业行为，谋取私利。明确森林资源信息的使用范围，森林资源信息用户与森林资源信息管理机构之间签订森林资源信息使用安全保密合同。

1.9.2.5 业务体系

森林资源信息管理的业务支撑体系包括森林资源档案信息管理、林政信息管理、森林火灾信息管理、森林有害生物防治信息管理、林业电子政务信息管理、林业信息访问信息管理等。

(1)森林资源档案信息管理

利用传统的地面调查技术、现代信息技术(“3S”技术、网络技术、激光技术等)及时采集森林资源信息，收集已有森林资源文献资料信息，建立森林资源档案信息库，维护森林资源档案信息库，开发利用森林资源档案信息。

(2)林政信息管理

采用各种收集方法，采集林业法规管理、林地林权管理、采伐管理、木材运输、林业行政处罚和林政信息发布等信息。建立林政信息库，维护林政信息库，开发利用林政信息。

(3)森林火灾信息管理

通过遥感及地面定位等先进手段，调查森林资源火灾信息，收集已有森林火灾文献资料，建立森林资源火灾信息库，维护森林火灾信息库，开发利用森林火灾信息。

(4)森林有害生物防治信息管理

借助“3S”技术和方法采集森林有害生物灾害信息，收集相关文献资料，建立森林有害生物信息库，维护森林有害生物信息库，开发利用森林有害生物信息。

(5)林业电子政务信息管理

收集与森林资源有关的林业部门办公自动化信息，建立林业电子政务信息库，维护林业电子政务信息库，开发利用林业政府信息。

(6)林业信息访问信息管理

收集林业信息访问信息，建立林业信息访问信息库，维护林业信息访问信息库，开发利用林业信息访问信息。

1.9.3 森林资源信息管理过程

森林资源信息管理过程包括信息需求与服务、信息收集与加工、信息存储与检索、信息传递与反馈四个环节。

1.9.3.1　森林资源信息需求与服务

(1) 森林资源信息需求

森林资源信息管理过程是围绕用户需求的产生和满足而形成的闭环系统，研究和了解用户及其信息需求是森林资源信息管理机构开展信息服务的依据。森林资源信息需求包括森林资源信息内容、信息类型、信息质量、信息数量、服务方式、服务设施、服务质量等。

(2) 森林资源信息服务

森林资源信息服务是指森林资源信息机构针对用户的信息需求，及时地将森林资源信息提供给用户的活动。森林资源信息服务工作包括森林资源信息收集、整理、存储、加工、传递、提供和利用等活动。

1.9.3.2　森林资源信息收集与加工

(1) 森林资源信息收集

所谓森林资源信息收集是指为了更好地掌握和使用森林资源信息，对其进行的吸收和集中。具体讲就是按照一定的原则，根据事先设计的程序，采用科学的方法，通过有关的渠道，有计划、有步骤地汇聚、提炼森林资源信息的工作过程。

(2) 森林资源信息加工

所谓森林资源信息加工是指对收集来的森林资源信息进行去伪存真、去粗取精、由表及里、由此及彼的加工过程。

1.9.3.3　森林资源信息存储与检索

(1) 森林资源信息存储

森林资源信息存储是将森林资源信息保存起来，以备将来应用。

(2) 森林资源信息检索

所谓森林资源信息检索是指对森林资源信息的查找和调取工作，是根据用户的特点需求从大量的森林资源信息集合中获取所需森林资源信息的过程。

1.9.3.4　森林资源信息传递与反馈

(1) 森林资源信息传递

所谓森林资源信息传递是指通过森林资源信息的发送、传输、接受、跨越空间和时间把森林资源信息从一方传到另一方的过程。

(2) 森林资源信息反馈

所谓森林资源信息反馈是指森林资源信息接受者所收到或所理解的森林资源信息再反馈到森林资源信息发送者的反复过程。

思 考 题

1. 什么是森林资源信息管理?
2. 简述森林资源信息管理的内涵及发展历程。
3. 简述我国森林资源信息管理的问题及原因。
4. 简述森林资源信息管理主要科学基础和基本方法。
5. 简述森林资源信息管理的目标和内容、原理和原则、模型和模式。
6. 简述森林资源信息管理的系统与体系。

第2章

森林资源信息及分类与编码

森林资源信息反映森林资源的状态和运动形式，是森林资源信息管理的具体对象，了解和掌握森林资源信息、进行科学分类和编码是搞好森林资源信息管理的重要基础。本章将重点介绍森林资源信息分类与编码的概念及现状，森林资源信息内容及分类与编码的概念、现状、原则、方法，森林资源信息分类与编码标准实例。

2.1 森林资源信息内容

在我国森林资源信息管理过程中、森林资源信息的内容发生了一系列变化，表现出不同时期不一样，不同地方不一样，不同的调查方法不一样。例如，浙江省的林木档案信息包括15大项136小项，而河南为9大项76小项(李春干等，2015)。1994年，林业部颁布的《国家森林资源连续清查技术规定》规定的调查信息内容不包含生态状况信息；2003年，颁布的《国家森林资源连续清查技术规定》规定的调查信息内容包含生态状况信息。国家森林资源连续清查的信息没有空间分布信息，森林资源规划设计调查的信息包括空间分布信息。到目前为止，三类调查信息内容还没有统一规定，各地区、各部门、各单位根据需要而确定。森林资源信息主要来自森林资源调查体系：国家森林资源连续清查(一类调查)、森林资源规划设计调查(二类调查)、作业设计调查(三类调查)、专项调查以及林业生产、科研、教学等实践活动。本文主要介绍森林资源调查体系规定的有关信息内容。

2.1.1 国家森林资源连续清查信息

根据2014年国家林业局颁布的经修订的最新《国家森林资源连续清查主要技术规定》，清查信息内容包括三个方面，即

①土地利用与覆盖　包括土地类型(地类)、植被类型的面积和分布。

②森林资源　包括森林、林木和林地的数量、质量、结构和分布，森林按起源、权属、龄组、林种、树种的面积、蓄积，生长量和消耗量及其动态变化。

③生态状况　包括林地自然环境状况、森林健康状况与生态功能、森林生态系统多样性的现状及其变化情况。

具体包括13个大项210个小项的野外调查因子信息和72个统计表信息。

2.1.1.1 野外调查信息

(1)样地基本信息

样地基本信息共30项。即连续清查省、清查次数、总体名称、样地号、样地形状、样地面积、样地地理纵坐标、样地地理横坐标、样地间距、地形图图幅编号、卫片号、地方行政编号、林业行政编号、地(市、州)、县(市、旗)、乡(镇)、小地名、林业企业局、自然保护区、森林公园、国有林场、集体林场、调查员姓名、调查员工作单位、向导姓名、向导单位及地址、检查员姓名、检查员工作单位、调查日期和检查日期。

(2)样地定位与测设信息

样地定位与测设信息共31项，即样地号、驻地出发时间、样地测设时间、样地引点位置图(坐标方位角、引点磁方位角、引线距离、罗盘仪测定误差)、样地位置图、引点定位物(名称、编号、方位角、水平距)、样地西南角定位物(名称、编号、方位角、水平距)、引点特征说明、样地特征说明、样地引线测定记录(测站编号、方位角、倾斜角、斜距、水平距、累计)、样地周界测量记录(测站编号、方位角、倾斜角、斜距、水平距)。

(3)样地因子调查信息

样地因子调查信息共61项，即样地号、样地类型、纵坐标、横坐标、GPS纵坐标、GPS横坐标、县(局)代码、地貌、海拔、坡向、坡位、坡度、地表形态、沙丘高度、覆沙厚度、侵蚀沟面积比例、基岩裸露、土壤名称、土壤质地、土壤砾石含量、土壤厚度、腐殖质厚度、枯枝落叶厚度、植被类型、灌木覆盖度、草本覆盖度、灌木平均高、草本平均高、植被总盖度、地类、土地权属、林木权属、森林类型、公益林事权等级、公益林保护等级、商品林经营等级、抚育措施、林种、起源、优势树种、平均年龄、龄组、产期、平均胸径、平均树高、郁闭度、森林群落结构、林层结构、树种结构、自然度、可及度、森林灾害类型、森林灾害等级、森林健康等级、四旁树株数、杂竹株数、天然更新等级、地类面积等级、地类变化原因、有无特殊对待、调查日期。

(4)跨角林调查信息

跨角林调查信息共15项，即样地号、跨角地类序号、面积比例、地类、土地权属、林木权属、林种、起源、优势树种、龄组、郁闭度、平均树高、森林群落结构、树种结构、商品林经营等级。

(5)每木检尺信息

每木检尺信息共12项，即样地号、样木号、立木类型、检尺类型、树种名称、树种代码、胸径、采伐管理类型、林层、跨角地类序号、方位角、水平距。

(6)样木位置信息

样木位置信息共3项，即样地号、位置图、固定标志说明。

(7) 树高调查信息

树高调查信息共6项，即样地号、样木号、树种、胸径、树高、枝下高。

(8) 森林灾害情况调查信息

森林灾害情况调查信息共5项，即样地号、灾害类型、危害部位、危害株数、受害等级。

(9) 植被调查信息

植被调查信息共5项，即样地号、植被类型、植被名称、平均高、覆盖度。

(10) 下木调查信息

下木调查信息共4项，即样地号、下木名称、高度、胸径。

(11) 天然更新情况调查信息

天然更新情况调查信息共7项，即样地号、树种、高度小于30cm的更新株数、高度在30～50cm之间的更新株数、高度大于50cm的更新株数、健康情况、破坏情况。

(12) 复查样地内的变化情况调查信息

复查样地内变化情况调查信息共19项，即前期(地类、林种、起源、优势树种、龄组、植被类型)、本期(地类、林种、起源、优势树种、龄组、植被类型)、变化原因(地类、林种、起源、优势树种、龄组、植被类型)、有无特殊对待。

(13) 未成林造林地调查信息

未成林造林地调查信息共12项，即未成林造林地情况、造林年度、苗龄、初植密度、苗木成活率、抚育管护措施(灌溉、补植、施肥、抚育、管护)、树种、比例。

2.1.1.2 统计汇总信息

森林资源连续清查成果统计表共计72个，其中核心统计表33个共434个具体项，各项信息的具体名称见附件二，其他统计表39个。核心统计表作为各省(自治区、直辖市)连清的规范成果表。

(1) 核心统计表

表一、各类土地面积按权属统计表(23项)

表二、各类林木蓄积按权属统计表(9项)

表三、乔木林各龄组面积蓄积按权属和林种统计表(15项)

表四、乔木林各龄组面积蓄积按优势树种统计表(14项)

表五、乔木林各林种面积蓄积按优势树种统计表(14项)

表六、天然林资源面积蓄积按权属统计表(13项)

表七、天然乔木林各龄组面积蓄积按权属和林种统计表(15项)

表八、天然乔木林各龄组面积蓄积按优势树种统计表(14项)

表九、天然乔木林各林种面积蓄积按优势树种统计表(14项)

表十、人工林资源面积蓄积按权属统计表(15项)

表十一、人工乔木林各龄组面积蓄积按权属和林种统计表(15项)

表十二、人工乔木林各龄组面积蓄积按优势树种统计表(14 项)
表十三、人工乔木林各林种面积蓄积按优势树种统计表(14 项)
表十四、竹林面积株数按权属和林种统计表(10 项)
表十五、经济林面积按权属和类型统计表(9 项)
表十六、疏林地各林种面积蓄积按优势树种统计表(14 项)
表十七、灌木林地各林种面积按权属和类型统计表(9 项)
表十八、各类土地面积动态表(1)/(2)(7 项)
表十九、各类林木蓄积动态表(1)/(2)(7 项)
表二十、乔木林各龄组面积蓄积动态表(10 项)
表二十一、乔木林各林种面积蓄积动态表(10 项)
表二十二、乔木林针阔叶面积比重按起源动态表(8 项)
表二十三、乔木林质量因子按起源动态表(14 项)
表二十四、天然林资源动态表(7 项)
表二十五、天然乔木林各龄组面积蓄积动态表(10 项)
表二十六、天然乔木林各林种面积蓄积动态表(10 项)
表二十七、人工林资源动态表(7 项)
表二十八、人工乔木林各龄组面积蓄积动态表(10 项)
表二十九、人工乔木林各林种面积蓄积动态表(10 项)
表三十、林木蓄积年均各类生长量消耗量统计表(22 项)
表三十一、乔木林各龄组年均生长量消耗量按起源和林种统计表(27 项)
表三十二、乔木林各龄组年均生长量消耗量按优势树种统计表(26 项)
表三十三、总体特征数计算表(18 项)

(2)其他统计表

表三十四、乔木林各郁闭度面积蓄积按起源统计表
表三十五、乔木林各高度级面积蓄积按起源统计表
表三十六、乔木林各蓄积量级面积蓄积按起源统计表
表三十七、乔木林各龄组每公顷蓄积量按起源和林种统计表
表三十八、乔木林各群落结构和林层结构类型面积蓄积按起源统计表
表三十九、乔木林各树种结构类型面积蓄积按起源统计表
表四十、生态公益林各事权等级面积按权属和保护等级统计表
表四十一、商品林面积蓄积按权属和经营等级统计表
表四十二、用材林近成过熟林面积蓄积按权属和可及度统计表
表四十三、用材林近成过熟林各径级组蓄积按组成树种统计表
表四十四、灌木林地各林种面积按类型和优势树种统计表
表四十五、有林地各林种和亚林种面积按权属统计表
表四十六、有林地各类型面积按林种和自然度等级统计表
表四十七、有林地各类型面积按起源和生态功能等级统计表
表四十八、森林各类型面积按起源和森林健康等级统计表
表四十九、森林各灾害类型面积按灾害等级统计表

表五十、森林各灾害类型面积按起源和灾害等级统计表
表五十一、乔木林各龄组采伐消耗量按起源和林种统计表
表五十二、乔木林各采伐强度采伐消耗量按起源统计表
表五十三、乔木林转为其他地类的采伐消耗量按起源统计表
表五十四、林木各管理类型采伐消耗量按起源统计表
表五十五、林地面积按权属和森林类别统计表
表五十六、林地面积按坡位和坡度分类统计表
表五十七、林地面积按地貌和坡向分类统计表
表五十八、林地面积按大小等级统计表
表五十九、植被类型面积按大小等级统计表
表六十、湿地类型面积按保护等级统计表
表六十一、荒漠化土地面积按程度统计表
表六十二、沙化土地面积按程度统计表
表六十三、石漠化土地面积统计表
表六十四、非林地面积按权属统计表
表六十五、复位样地前后期地类转移动态表
表六十六、全部样地前后期地类转移面积动态表
表六十七、有林地面积转移动态表
表六十八、天然林面积转移动态表
表六十九、人工林面积转移动态表
表七十、地类变化原因分析表(一)
表七十一、地类变化原因人为因素分析表(二)
表七十二、地类变化原因其他因素分析表(三)

2.1.1.3 分布信息

森林资源分布信息包括样地点图、森林分布图、植被类型分布图、专题图等。

2.1.2 森林资源规划设计调查信息

根据2010年国家林业局颁布的《森林资源规划设计调查主要技术规定》，其调查信息内容包括5个基本内容和15个其他内容，涉及32个主要调查因子及8类其他调查因子。

2.1.2.1 基本内容

①森林经营单位的界线；
②各类土地的面积；
③各类森林、林木蓄积；
④自然地理环境和生态环境因素；
⑤森林经营条件、前期主要经营措施与经营成效。

2.1.2.2 其他内容

下列调查内容以及调查的详细程度，应依据森林资源特点、经营目标和调查目的以及以往资源调查成果的可利用程度，由调查会议具体确定。

①森林资源生长量和消耗量；
②森林土壤；
③森林更新；
④森林病虫害；
⑤森林火灾；
⑥野生动植物资源；
⑦生物量；
⑧湿地资源；
⑨荒漠化土地资源；
⑩森林景观资源；
⑪森林生态因子；
⑫森林多种效益计量与评价；
⑬林业经济与森林经营情况；
⑭森林经营、保护和利用建议；
⑮其他专项调查。

2.1.2.3 野外调查信息

为了获取上述森林资源信息，《森林资源规划设计调查主要技术规定》规定了32个主要野外调查因子和8个其他调查因子。

(1) 主要调查因子

我国实行分类经营之后，生态公益林和商品林的调查信息内容不完全相同，具体见表2-1。

表2-1 不同地类小班调查因子表

调查因子	乔木林	竹林	疏林地	国家特别规定灌木林	其他灌木林	人工造林未成林地	封育未成林地	苗圃地	采伐迹地	火烧迹地	宜林地	其他无立木林地	辅助生产林地
空间位置	1,2	1,2	1,2	1,2	1,2	1,2	1,2	1,2	1,2	1,2	1,2	1,2	1,2
权　属	1,2	1,2	1,2	1,2	1,2	1,2	1,2	1,2	1,2	1,2	1,2	1,2	1,2
地　类	1,2	1,2	1,2	1,2	1,2	1,2	1,2	1,2	1,2	1,2	1,2	1,2	1,2
工程类别	1,2	1,2	1,2	1,2	1,2	1,2	1,2		1,2	1,2	1,2	1,2	
事　权	2	2	2	2	2	2	2		2	2	2	2	
保护等级	2	2	2	2	2	2	2		2	2	2	2	
地形地势	1,2	1,2	1,2	1,2	1,2	1,2	1,2		1,2	1,2	1,2	1,2	
土壤/腐殖质	1,2	1,2	1,2	1,2	1,2	1,2	1,2		1,2	1,2	1,2	1,2	

(续)

调查因子	乔木林	竹林	疏林地	国家特别规定灌木林	其他灌木林	人工造林未成林地	封育未成林地	苗圃地	采伐迹地	火烧迹地	宜林地	其他无立木林地	辅助生产林地
下木植被	1,2	1,2	1,2	1,2	1,2	1,2	1,2		1,2	1,2	1,2	1,2	
立地类型	1,2	1,2	1,2	1,2	1,2	1,2	1,2		1,2	1,2	1,2	1,2	
立地等级	1	1	1	1	1	1	1		1	1	1	1	
天然更新	1,2	1,2	1,2				1,2		1,2	1,2	1,2	1,2	
造林类型									1,2	1,2	1,2	1,2	
林　　种	1,2	1,2	1,2	1,2	1,2								
起　　源	1,2	1,2	1,2	1,2	1,2	1,2	1,2						
林　　层	1												
群落结构	2												
自 然 度	1,2	1,2	1,2	1,2	1,2								
优势树种(组)	1,2	1,2	1,2	1,2	1,2	1,2	1,2						
树种组成	1	1	1			1	1						
平均年龄	1,2		1,2	1		1,2	1,2						
平均树高	1,2	1,2	1,2	1,2	1,2	1,2	1,2						
平均胸径	1,2	1,2	1,2										
优势木平均高	1												
郁闭度/覆盖度	1,2	1,2	1,2	1,2	1,2								
每公顷株数	1	1	1			1,2	1,2						
散生木				1,2	1,2	1,2	1,2		1,2	1,2	1,2	1,2	
每公顷蓄积量	1,2	1,2	1,2										
枯倒木蓄积量	1,2		1,2										
健康状况	1,2	1,2	1,2	1,2	1,2	1,2	1,2						
调查日期	1,2	1,2	1,2	1,2	1,2	1,2	1,2	1,2	1,2	1,2	1,2	1,2	1,2
调查员姓名	1,2	1,2	1,2	1,2	1,2	1,2	1,2	1,2	1,2	1,2	1,2	1,2	1,2

注：1 为商品林，2 为公益林。

(2)其他调查因子

——用材林近成过熟林小班(可及度，各径级组株数、蓄积量，商品用材树、半商品用材树和薪材树的株数、蓄积，材种出材量)。

——择伐林小班的直径分布。

——人工幼林、未成林人工造林地小班(整地方法、规格、造林年度、造林密度、混交比、成活率或保存率及抚育措施)。

——竹林小班(各竹度的株数、株数百分比)。

——经济林小班(蓄积量、各生产期的株数和生长状况)。

——一般生态公益林小班，下经理期有经营活动的一般生态公益林近成过熟林或天然异龄林小班应参照用材林近成过熟林小班的要求补充调查因子。森林经营集约度较高地区的所有一般生态公益林小班均应参照商品林小班进行调查。

——红树林小班，执行《全国红树林资源调查技术规定》(试行)。

——辅助生产林地小班，记载辅助生产林地及设施的类型、用途、利用或保养现状。

2.1.2.4 统计信息

森林资源二类调查统计信息分为13个表，共262项，各项的具体名称见附件三。

①各类土地面积统计表(32项)；

②各类森林、林木面积蓄积统计表(19项)；

③林种统计表(25项)；

④乔木林面积蓄积按龄组统计表(17项)；

⑤生态公益林(地)统计表(28项)；

⑥红树林资源统计表(19项)；

⑦用材林面积蓄积按龄级统计表(21项)；

⑧用材林近成过熟林面积蓄积按可及度、出材等级统计表(20项)；

⑨用材林近成过熟林各树种株数、材积按径级组、林木质量统计表(22项)；

⑩用材林与一般公益林中异龄林面积蓄积按大径木比例等级统计表(11项)；

⑪经济林统计表(19项)；

⑫竹林统计表(13项)；

⑬灌木林统计表(16项)。

2.1.2.5 分布信息

包括基本图、林相图、森林分布图、森林分类区划图等。

2.1.3 森林资源作业设计调查信息

三类调查信息主要包括造林调查信息、抚育调查信息和采伐调查信息等。国家对三类调查没有制定统一的技术规定，各地区、有关单位和部门根据自己的具体情况制定调查技术规定，根据有关作业设计调查材料归纳整理如下。

2.1.3.1 采伐作业设计调查信息

以湖南省林木采伐伐区调查设计技术规定为例，采伐调查信息主要包括以下几方面：

(1)伐区标准地林木调查信息

伐区标准地林木检尺信息主要包括伐区号、小班号、标准地号、树种、径阶株数、径阶出材率、径阶出材量、径阶材质。

(2)伐区角规样地调查信息

伐区角规样地调查信息主要包括伐区号、小班号、标准地号、树种、径阶断面积、径阶平均高、径阶形高、径阶每公顷株数、径阶出材率、径阶出材量。

(3)伐区面积调查信息

伐区面积调查信息包括伐区号、小班号、测站、方位角、斜距、水平距、闭合差、观察者、记录者、时间等。

(4)伐区简易调查信息

伐区简易调查信息包括伐区号、林权所有人、林权证号、县(市、区、旗)、乡(镇)、村、小班、林种、优势树种、起源、林龄、采伐类型、采伐方式、采伐面积、采伐树种1蓄积、采伐树种2蓄积、采伐蓄积合计、树种1出材率、树种2出材率、平均出材率、立地类型、更新方式、造林密度、设计人员、林权人等。

2.1.3.2 造林作业设计调查信息

(1)造林地区调查信息

包括地形、地貌信息，地质、水文信息，土壤信息，植被信息，立地信息，人工林及树种信息，社会经济信息七个方面。

①地形、地貌信息　坡形、坡度、坡向、地貌、泥石流条、平原地区是否河漫滩或阶地(一级或复级)。在土壤侵蚀地区及黄土地区应调查侵蚀状况、侵蚀强度和侵蚀沟发育阶段。在风沙地区应调查风蚀、风积现象，沙丘的固定程度、移动速度和方向，以及下伏地貌等。

②地质、水文信息　岩石矿物组成、结构和构造，风化能力及风化物性质，以及水系分布、水源状况、地下水埋深和水的矿化度等。

③土壤信息　土壤类型、土壤层厚度、颜色、质地、结构、紧密度、孔隙度、pH、新生体、侵入体、植物根系和母质等。

④植被信息　植物种、层次、高度、盖度、季相、生活强度和群落名称等的资料。

⑤立地信息　立地类型或立地类型组。

⑥人工林及树种信息　密度、成活率或保存率、年龄树高及高生长、树干直径、树冠直径和郁闭度等。取一定株数的标准木进行解析，测定生物量。

⑦社会经济信息　GDP、人均GDP、劳动力、文化水平、交通条件、通信条件、人均收入、来自林业的收入等。

(2)造林作业设计调查成果信息

包括调查统计表信息、专题图信息。

①专题图信息　包括平面图、分区图、植被图、土壤图和立地类型图。

②造林技术设计信息　造林树种，造林密度、树种组成、整地方法、造林方法和抚育措施等。需苗量、需工量及各项费用。最后编写设计说明书，其内容包括序言(调查设计目的和要求等说明)、社会经济概况、自然概况、造林技术设计、造林经费概算及效益估算、施工建设及所需物资材料等。

2.1.3.3 抚育调查信息

抚育作业设计调查信息。

包括抚育小班调查信息、标准地调查信息、抚育调查统计信息。

抚育小班调查信息包括小班号、小班空间位置(空间分布范围、中心点坐标、海拔、坡度、坡向、坡位)、权属、林种、起源、抚育范围、林龄、平均胸径、平均树高、材质等级、郁闭度、小班蓄积量、抚育类型、抚育方式、抚育强度、抚育时间、采伐蓄积量、出材量、小班立地类型等。

标准地调查信息包括标准地号、小班号、标准地面积、中心点坐标、海拔、坡度、坡向、坡位)、权属、林种、起源、胸径、树高、抚育范围、林龄、材质等级、郁闭度、抚育类型、抚育方式、抚育强度、立地类型等。

抚育调查统计信息包括包括乡(镇)、权属、起源、优势树种、总抚育(小班数、作业面积、采伐蓄积量、经济材出材量)、定株抚育(小班数、作业面积、采伐蓄积、出材量)、割灌除草(小班数、作业面积、采伐面积、出材量)、生态疏伐(小班数、作业面积、采伐蓄积、出材量)、生长伐(小班数、作业面积、采伐蓄积、出材量)、透光伐(小班数、作业面积、采伐蓄积、出材量)。

2.1.4 森林资源专项调查信息

森林资源专项调查主要有森林立地调查、土壤调查、更新调查、病虫害调查、林业数表编制调查、森林生长量调查、森林多效益调查、野生动物调查、典型造林调查、森林经营类型调查、林地征占用调查、乱砍滥伐调查等(詹昭宁,1986;李春干等,2015)。

2.2 森林资源信息分类与编码概述

2.2.1 森林资源信息分类与编码的概念和目的

分类是人类认识世界的工具,它把客观对象按照一定的概念组织起来,成为一个有条理的、便于理解的系统。编码对分类结果进行标识,以便计算机能够识别,所用的标识系统要能准确反映分类系统的逻辑关系,任何信息系统都必须有信息分类与编码体系,信息的存储、管理、分析、输出和交换都必须以其分类与编码为前提和标准。

森林生态系统纷繁复杂,要从大量复杂的观测信息中发现有用信息、认识客观世界,必须采用有效的森林资源信息采集和分析方法,而对森林资源客观实体和现象进行分类编码是其中最基础和有效的方法。

(1)森林资源信息分类与编码的概念

森林资源信息分类指在一定范围内,为了某种目的,以一定的分类原则和方法为指导,按照森林资源信息的内容、性质及管理者的使用要求等,将森林资源信息按一定的结构体系分门别类地组织起来,建立起一定的分类系统和排列顺序,并用一种易于被计算机和人识别的符号体系表示出来的过程。

森林资源信息编码是为了方便森林资源信息的存储、检索和使用，在进行森林资源信息处理时赋予森林资源信息元素以代码的过程。即用不同的代码与各种森林资源信息中的基本单位组成部分建立一一对应的关系。

(2) 森林资源信息分类与编码的目的

森林资源信息分类的目的有两个，一个是为科学研究界定比较清楚、明确的相关森林资源信息对象；二是为现实的森林资源信息管理活动明确比较明晰的森林资源信息管理对象，满足人们对不同类型的森林资源信息的利用需要。

森林资源信息编码的目的在于为计算机中的森林资源信息与实际处理的森林资源信息之间建立联系，提高森林资源信息处理的效率。

2.2.2　森林资源信息分类与编码研究与应用现状

(1) 森林资源信息分类与编码研究现状

森林资源信息分类与编码是森林资源信息管理的基础，长期以来，受到一些专家学者的高度关注，并开展了一系列相关研究。吴润等(2009)提出，根据森林资源信息的特点，森林资源信息可分为地类、森林类型、林况、工程信息和其他 5 个基本类型，并在基本类型的基础上划分小类。张茂震等(2005)提出，根据森林资源信息的特点和在林业生产管理活动中产生的阶段，森林资源信息可分为公共基础信息等 5 个基本类型，在基本类型的基础上划分大类，基本类型和大类是一个森林资源信息类型划分的基本框架，在此框架下进行信息实体类型以及实体时态特征的划分，同一实体来自不同采集时间或处于不同处理状态的信息应属于不同信息类型。张会儒等(2006)提出，森林资源信息可分为森林资源连续清查信息、森林资源规划设计调查信息、森林资源作业设计及实施信息、森林经营规划及分类区划信息和专题研究信息等 5 个基本类别。吴润等(2009)提出，非空间信息编码用 1 位数字作为实体的类标识码，在此基础上进行编码，采用层次编码和顺序编码相结合的方法，代码长度 4 ~ 11 位。最低层次信息的代码扩展方法是：新出现信息项时，接着原信息项按顺序进行编码。其他层次信息扩展时，在所属的层次上按原有的顺序编码。张会儒等(2006)提出，非空间信息的编码采用层次编码与顺序编码相结合的方法，用两位数字作为实体类标识码，如地类的标识码为01，单株林木信息的标识码为4，其他信息类的标识码为12 等，在此基础上对实体及实体特征值进行编码。因此，完整的代码由三部分组成，即类标识码 + 实体代码 + 实体特征值代码。对于只有一个实体的实体类，则代码构成为类标识码 + 实体特征值代码。实体特征值代码又分为一级特征码、二级特征码、三级特征码。各类代码的长度不等，总代码长度在 4 ~ 11 位之间。张茂震等(2005)提出，属性信息编码的结构可定为 3 段：大类码、实体码、信息特征码，即代码结构为大类码 + 实体码 + 信息特征码。前两段在系统中唯一标识实体，最后一段是实体属性特征，即实体取值的枚举，如权属是一个实体，其属性特征为国有、集体、个人等。吴润等(2009)提出，森林资源空间信息分类编码可以采用国家标准《基础地理信息要素分类与代码》进行编制。张茂震等(2005)提出，对《1:1 万、1:5 万、1:10 万地形图要素分类与代码》(GB 15560—1995)中植被这一大类的编码进行改造，除植被以外，其他编码均可在 GB 15560—1995 基础上直接扩充。

(2) 森林资源信息分类与编码标准规范应用状况

20世纪80年代后期以来，计算机技术在森林资源管理中得到了广泛应用，全国各类森林资源调查信息都采用了计算机管理，各种专题信息库应用系统先后建成，但有关森林资源信息采集、处理与共享的技术标准的制定相对较为滞后。在这过程中，国家林业主管部门组织国家林业局调查规划设计院、中国林业科学研究院、北京林业大学等单位编制过一些相关的分类与编码技术标准，包括《国家森林资源连续清查技术规定》《森林资源规划设计调查技术规定》《数字林业标准》以及由科技部支持编制的《林业科学数据共享标准规范》等。但由于这些规范基本上是针对某一个专题或一项调查制定的，在考虑信息编码时全局性不够，没有充分为信息共享提供空间。例如，现有的森林资源调查技术规定的编码标准，虽然有实体的特征分类代码，但没有实体本身类型标识代码。数字林业技术体系标准规范，虽然给出了信息实体类型标识代码，但在编码方法上存在有待改进的地方，如树种代码采用科、属、种的编码体系，代码太长，实际生产应用有一定难度。为适应林业信息化建设的需要，森林资源信息分类与编码体系仍需改进和优化。

2.3 森林资源信息分类

2.3.1 森林资源信息元素的定义、命名及标识

(1) 森林资源信息元素的定义

森林资源信息元素是指最小的不可再分的森林资源信息单元，是一类森林资源信息的总称。如树木年龄、树高等，相当于森林资源信息库中的一个字段。

(2) 森林资源信息元素的命名

森林资源信息元素命名的原则：用简明的词组来描述一个森林资源信息元素的意义和用途。

词组结构：修饰词 + 基本词 + 类别词。类别词最重要，基本词是修饰类别最重要的词，类别词和基本词都只有一个，修饰词可以有多个。例如，固定(修饰词)样地(基本词)编号(类别词)。

(3) 森林资源信息元素的标识

森林资源信息元素标识：用限定长度的大写字符串表示，可以是中文拼音的首字母或英文字的首字母组成的字符串。如森林类型(SLLX)。

森林资源信息元素名称与森林资源信息元素标识在组织、单位、部门内必须保持一致性，不能出现同名异义或同义异名的现象。

2.3.2 森林资源信息分类原则

森林资源信息分类原则包括科学性原则、系统性原则、可扩展性原则、兼容性原则、实用性原则。

(1) 科学性原则

使类别的划分符合森林资源信息的内涵、性质及使用与管理要求。选择森林资源信息的本质属性和特征作为分类的依据，使分类体系结构具有稳定性，以供人们方便使用。

(2) 系统性原则

分类结构中各类森林资源信息按照它们之间的相互联系排成一定的顺序，形成一个系统，既便于人们区分、识别森林资源信息，又便于人们从整体上去把握森林资源信息之间的关系。

(3) 可扩展性原则

随着科学技术的进步和社会经济的发展，人们可利用的森林资源信息量急剧增长，森林资源信息的类别和分类体系结构也应适应这种变化的需要，这就要求森林资源信息分类体系结构在原有的基础上有扩展的余地，其中包括新的类别的增补和在原有类别的基础上进行分解、细化。

(4) 兼容性原则

森林资源信息的分类是一个庞大而复杂的系统，这个大系统中存在着若干子系统，一些子系统之间存在着相互联系和信息共享问题。

(5) 实用性原则

由于森林资源信息的属性与特征的多样性，在实际生活中选择何种属性与特征进行分类还要考虑到人们实际应用的需要。

2.3.3　森林资源信息分类方法

适合于森林资源信息分类的方法有多种，概括起来主要有线分类法、面分类法和线面混合分类法 3 种。

1) 线分类法

线分类法又称等级分类法或层级分类法，是将初始的分类对象（即被划分的事物或概念）按所选定的若干个属性/特征作为分类的划分基础，逐次地分解成若干个层级类目，并编排成一个逐级展开、有层次的分类体系。

(1) 线分类体系结构

在线分类体系中，同层级类目之间存在着并列关系，称为同位类。一个层级类目经分解形成的下层类目，称为下位类。相应的被分解的类目称上位类。上位类与下位类的关系是隶属关系。同层级类目之间构成并列关系，互不交叉，互不重叠，每个下位层的类目只对应于一个上位层，如图 2-1 所示。

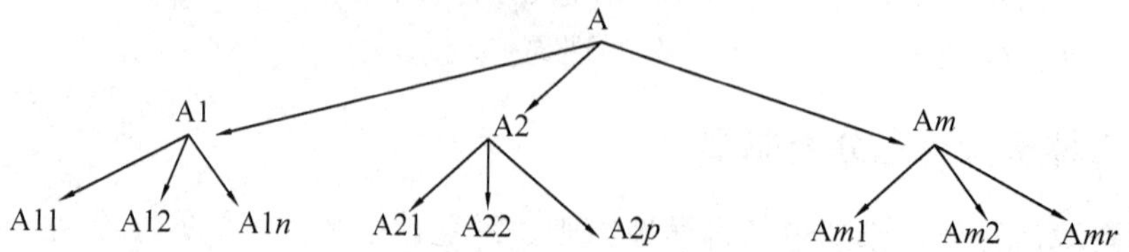

图 2-1　线分类结构图

(2)典型案例

在现行的森林资源信息分类体系中，有很多都是采用线分类方法，例如，我国的林业行政区划分类。表 2-2 河北省林业行政区划代码。

表 2-2 河北省林业行政区划代码(LY/T 1438～1441—1999)

编码	名称
13	河北省
139001	杨柳青林场
139002	孟栾国有林场
………	………
14	山西省
149001	山西省五台山经营局
149002	山西省管涔山经营局
………	…………

(3)线分类的优缺点

①优点　容量大。可容纳较多类目的信息；

结构清晰。采用树形结构较好反映类目之间的逻辑关系；

使用方便。既符合手工处理信息的思维习惯，又便于计算机处理。

②缺点　结构弹性较差。分类结构一经确定，不易改动；

效率较低。当分类层次较多时，编码的位数较长，影响数据处理速度。

2)面分类法

面分类法是将所选定的分类对象的若干属性或特征视为若干个“面”，每个面中又可分成彼此独立的若干个类目。使用时可根据需要将这些面中的类目组合在一起，形成一个复合类目。例如，表 2-3 中的林分因子分类。

表 2-3 林分因子分类

林分起源	龄组	林种	森林类型
1－天然 2－人工	1－幼龄林 2－中龄林 3－近熟林 4－成熟林 5－过熟林	1－用材林 2－防护林 3－经济林 4－薪炭林 5－特种林	1－针叶林 2－阔叶林 3－针阔混交林

代码 1421 代表天然成熟防护针叶林。

(1)面分类体系结构

面分类体系可以有多个面，每一面又可以有多个独立的类目，每个面内的独立类目数可以相同，也可以不同，面与面之间的类目可交叉组合成复杂的分类体系，如图 2-2所示。

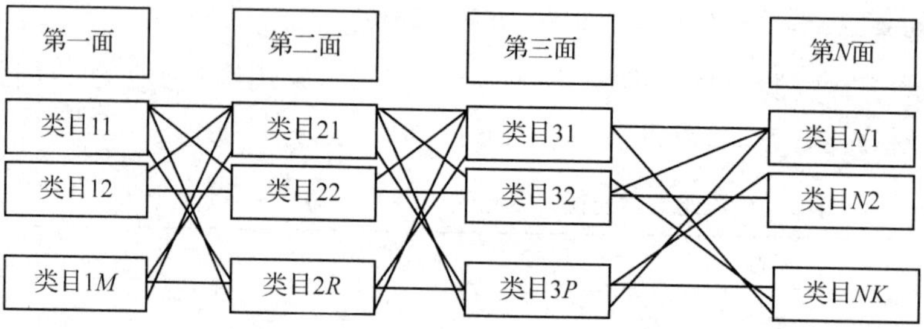

图 2-2　面分类体系结构

(2)面分类的基本原则

在选用面分类法时，应遵循以下几条基本原则：

①根据需要，选择分类对象本质的属性或特征作为分类对象的各个“面”；

②不同“面”的类目不应相互交叉，也不能重复出现；

③每个“面”有严格的固定位置；

④“面”的选择以及位置的确定，应根据实际需要而定。

(3)面分类法的优缺点

面分类的主要优点是：分类结构上具有较大的柔性，即分类体系中任何一个“面”内类目的变动不会影响其他“面”，而且可以对“面”进行增减，易于增、删、减。再有“面”的分类结构可根据任意“面”的组合方式进行检索，这有利于计算机的信息处理。

面分类的主要缺点是：不能充分利用编码空间，在面分类法形成的分类体系中，可组成的类目很多，但有时实际应用的类目不多，有的组成也无意义。用手工来组成信息类目比较困难。

3)线面混合分类法

线面混合分类是将线分类法与面分类法组合使用，以其中一种分类为主，另一种来补充的信息分类方法。例如，在林分信息面分类的基础上，对森林类型再进行线分类，见表 2-4。

表 2-4　在林分信息面分类基础上的森林类型线分类

代码	森林类型名称	代码	二级森林类型名称	代码	三级森林类型名称
1	针叶林	11	常绿针叶林	1101	油松常绿针叶林
2	阔叶林	12	落叶针叶林	1102	云杉常绿针叶林
3	针阔混交林			1103	柏常绿针叶林

在实际分类体系时，到底采用哪一种分类方法，要根据课题中需要解决的问题而定。在森林资源信息分类体系中，多采用线面混合分类方法。

2.4　森林资源信息编码

森林资源信息编码是对森林资源信息分类结果进行标识，以便计算机能够识别，所用的标识系统要能准确反映分类系统的逻辑关系，任何森林资源信息系统都必须有森林资源信息分类与编码体系，森林资源信息的存储、管理、分析、输出和交换都必须以其分类与编码为前提和标准。

2.4.1 森林资源信息编码的功能

对森林资源信息进行编码就是使森林资源信息的标识规范化的过程。森林资源信息编码具有鉴别、共享、专用含义、提高效率、安全保密、分类和排序等功能。

①鉴别 森林资源信息的标识唯一，便于分类鉴别，防止同名异义、异名同义现象发生。

②共享 森林资源信息的标识统一，便于森林资源信息交换与利用，实现更大范围的森林资源信息共享。

③专用含义 森林资源信息的标识明确，可以表达特定含义。由于某种需要，当采用一些专用符号代表特定事物或概念时，编码就提供一定的专用含义。

④提高效率 森林资源信息的标识简洁，可以提高森林资源信息处理的效率。

⑤安全保密 森林资源信息标识的形式与信息内容的对应关系可以人为设定，有利于森林资源信息的安全保密。

⑥分类 当分类对象按一定属性分类时，对每一类别设计一个编码 ，这时编码可以作为区分对象类别的标识。这种标识要求结构清晰，毫不含糊。

⑦排序 由于编码所有的符号都具有一定的顺序，因而可以方便地按此顺序进行排序。

2.4.2 森林资源信息编码原则

①唯一性原则 虽然一个编码对象可能有不同的名称，也可按各种不同方式对其进行描述，但在一个分类编码标准中，每一个编码对象有且仅有一个编码，一个编码只唯一表示一个编码对象。

②合理性原则 编码结构要与分类体系相适应。

③可扩充性原则 必须留有适当的后备容量，以便适应不断扩充的需要。

④简洁性原则 编码结构应尽量简单，长度尽量短，以便节省机器存储空间，减少编码的差错率，同时提高机器处理的效率。

⑤可识别性原则 编码尽可能反映编码对象的特点，有助于记忆，便于使用，实用性强。

⑥规范性原则 编码的类型、结构以及编写格式统一。

⑦稳定性原则 编码一旦确定，就不能随意改变。

2.4.3 森林资源信息编码方法

森林资源信息编码方法可有多种，首先分为符号编码法和符号含义编码法，符号编码法又包括数字型代码法、字母型代码法和数字与字母混合型代码法。符号含义编码法又分为无含义代码法和有含义代码法，无含义代码法再分为顺序代码法和无序代码法；有含义代码法再分为系列顺序代码法、数字化字母顺序代码法、层次代码法、特征组合代码法、矩阵代码法和复合代码法，如图 2-3 所示。

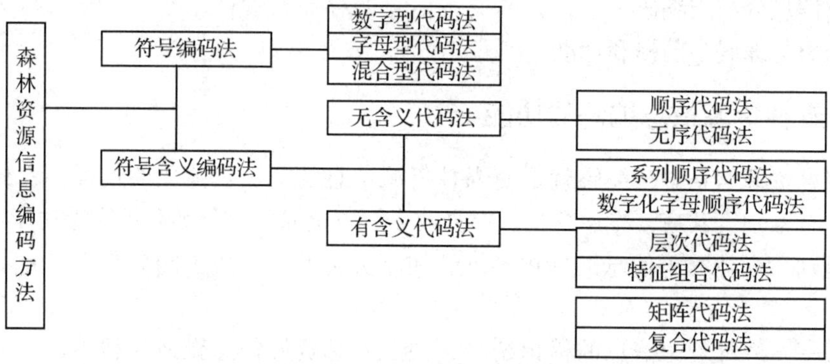

图 2-3　森林资源信息编码方法

(1) 数字型代码(数字码)

用一个或多个阿拉伯数字表示分类对象的代码。其优点是结构简单、使用方便，特别是排序很容易，易于向国内外推广；缺点是对分类对象属性与特征描述不直观，如大兴安岭林管局(239500)。

(2) 字母型代码(字母代码)

用一个或多个字母表示分类对象的代码。其优点是同样位数的字母型代码比数字型代码容量大，字母有 26 个，数字为 10 个；字母往往用拼音字母或首字母，便于识别，如林种(LZ)。缺点是对象数量较多时，或增补、修改代码频繁时，用字母型代码容易出现重复与冲突现象。

(3) 混合型代码

混合型代码(混合码)是由数字、字母或数字、字母、专用字符组合表达分类对象的代码。其优点是数字型和字母型代码的优点，具有良好的直观性与表达性，如中国森林植被类型中的兴安落叶松林(1a)。缺点是混合型代码组成复杂，造成计算机输入不方便、录入效率低、错误率高。

(4) 无含义代码

指组成代码的字符本身无实际含义的代码，代码只作为编码对象的唯一标识符，包括顺序码和无序码。

顺序码是将具有顺序的数字或字母赋予编码对象，是一种简单和常用的无含义代码。其优点是代码简短、使用方便、易于增补，如森林资源规划设计调查技术规定中的起源代码为：天然为 1，人工为 2。缺点是代码本身不包含编码对象任何其他信息，不便于识别。

无序码是将无序的数字或字母赋予编码对象的代码。其特点是代码无任何编写规律，通常靠机器产生的随机数赋予，此种代码仅表示编码对象是某约定的分类体系中的一个类目，在森林资源信息编码中不常用，但在日常生活中常见，如上网服务是常要选择的验证码。

(5) 有含义代码

指代码不仅作为编码对象的唯一标识，代替编码对象，而且提供编码对象的分类、排序与逻辑意义等信息的代码。包括系列顺序代码、数字化字母顺序代码、层次代码、特征组合代码、矩阵代码和复合代码。

系列顺序代码是一种特殊的顺序码，是将顺序代码分成若干段(系列)，并与编码对象的分类一一对应，给每段的编码对象赋予一定的顺序。例如，在国家森林资源连续清查技术规定中的坡度分级代码，1 为平、2 为缓、3 为斜、4 为陡、5 为急、6 为险。优点是能表示一定的森林资源信息属性或特征，易于添加。缺点是空码较多，不便于机器处理，不适应于复杂的分类体系。

数字化字母顺序代码是将编码对象按其名称的首字母顺序排列，然后按此顺序赋予以递增的数字代码。优点是容易归类，便于检索，适合于根据人名、机关名、单位名称以及地名来检索信息。缺点是新增代码调整困难，使用时间较短。这种方法在森林资源信息分类编码中不常用，但在其他分类中有用国，如：01 Apple(苹果)，02 Bananas(香蕉)，03 Cherries(樱桃)。

层次代码是按编码对象的从属层次关系为排列顺序的一种代码。编码时，将代码分成若干层级，并以分类对象的分类层级相对应。代码自左至右，表示的层级由高到低，每个层级的代码可采用顺序码或系列顺序码。优点是能明确表明编码对象的类别，有严格的隶属关系。代码结构简单，容量大，便于计算机汇总。缺点是当层次较多时，所用代码位数较多，弹性较差。比如林业行业标准《林业行政区划代码标准》(LY/T 1438～1441—1999)。采用三层六位数字的层级码，如图 2-4 所示。

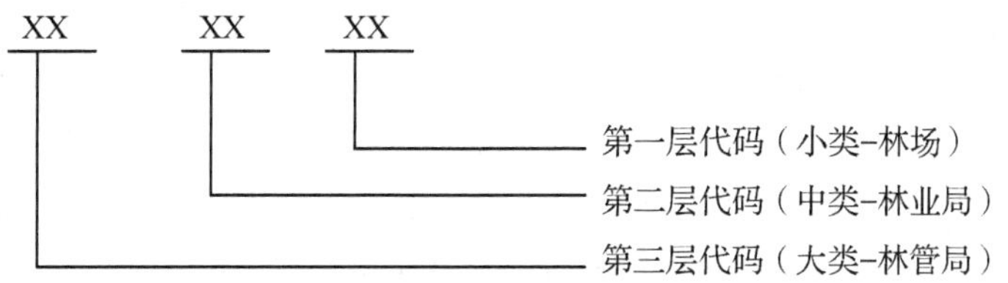

图 2-4 林业行政区划代码结构

特征组合代码是将编码对象按其属性或特征分成若干个面。每个面内的诸项属性或特征按其规律分别进行编码，面与面之间的代码没有层次关系与从属关系。使用时，按预先确定顺序，根据需要可将不同的面中代码组合起来以表示所代表的类目。优点是类目组合比较灵活，适于机器处理。缺点是利用率低，不便于求和汇总。树木分类的编码采用这种方法，见表 2-5。

表 2-5 树木分类代码

干形	树叶大小	树冠形状	树皮表面
1－通直	1－大	1－圆	1－光滑
2－弯曲	2－中	2－椭圆	2－纵裂
	3－小	3－不规则	3－块裂

代码 2322 代表树木弯曲小叶椭圆树冠树皮纵裂。

矩阵代码是一种建立在多维空间坐标位置基础上的代码，代码的值是通过赋予多维空间坐标的代码组合而成，或是通过赋予多维空间位置的序号而构成。如两维矩阵代码是通过赋予 X、Y 坐标的数值(序号)确定代码的值。优点是逻辑关系明确，也容易解释其含义。缺点是编制代码时较困难，需要考虑建立一定的逻辑关系。例如，对树木定位信息分类常采用矩阵方法，行为经度、列为纬度。

复合代码是由两个或两个以上完整、独立的代码组合而成。优点是使用灵活、应用面较广的代码类型，可以表示具有复杂分类和标识体系的事物。缺点是代码总长度较长。这种编码方法比较复杂，在森林资源信息分类编码中不常用，但在其他信息分类编码中有用，如美国的物资编目代码结构图(图 2-5)。

XX	XXXXXXXX	XX	XX
国家编码局数字码	物品识别代码	大类码	小类码

图 2-5　美国物资编目代码结构

2.4.4　森林资源信息代码设计

2.4.4.1　森林资源信息代码结构

森林资源信息代码结构是指构成森林资源信息代码的符号集、代码长度和符号排列规则。不同的代码结构有不同的符号集，如有的用数字，有的用字母，或则二者兼用。代码长度和符号排列规则是结构的关键属性，不同长度代表不同的信息量，一般来说，代码越长，信息量越大。但太长不利于记忆、理解和信息处理。在代码中，符号排列规则是信息表达的核心。在森林资源信息编码结构中，代码的符号集中一般有数字、字母，字母代码通常表达森林资源信息元素的特征，如腐殖质厚度(FZZHD)，看到代码，立即便知道代码的具体含义。数字代码通常表达该信息元素的等级，如厚腐殖质1，中腐殖质2，薄腐殖质3。代码的长度确定要根据森林资源信息的具体情况而定，为了减少对计算机空间的占用，一般能少则少。森林资源信息代码长度多少合适，则需要进行代码空间的分配计算。

2.4.4.2　森林资源信息代码空间的分配

代码空间简单地说就是可能编码的范围，即构成代码的符号集的大小，如某一代码长度为 2 位，数值型，则可知其代码空间为 90，即代码空间范围为 10 ~ 99。当对只具有单个属性的信息编码时，可以很少考虑代码空间的问题。而当信息具有多个属性类型时，则信息的代码空间需要作合理分配。如果代码空间划分不当，会造成各类信息的代码长度相差太大，这对代码的设计、管理带来许多不便。代码空间需根据实际统计出的信息种类多少来确定，设有 n 种信息类型，第 i 种信息类型有 S_i 个品种，若 n 种信息类型占用 M 个代码空间，则第 i 种信息占用的代码空间为：

$$m_i = M\sum_{i=1}^{n} S_i \tag{2-1}$$

式中，M 的大小与编码的详细程度有关，如果需要编码详细，则 M 值越大，反之越小。

例如，某植被调查对象有 4 个属性，每个属性分别有 100、2 000、2 000、1 900 个信息，合计 6 000 个。若以较合适的代码空间分配，每段后面适当留有余地，将代码空间可定为6 000×1.5 =9 000个，则4个属性的代码空间分别为150、3 000、3 000和2 850，代码空间分配起始地址为0、150、3 150、6 150～8 999。代码空间M的确定可视各属性划分详细程度以及未来可能的扩展划分来确定，一般可以给一个扩展系数，各段之间可以给不同的权重。代码空间M确定以后，根据式(2-1)计算m_i。在实际应用中，根据式(2-1)计算的结果还需要适当调整，留出一定的空间以应对调查对象特征和要求的变化。一般来说，预留空间的大小以现有品种的50%～100%为宜，但对于一些相对稳定的类型可以适当减少预留量。考虑分类的相关因素，在制定代码时，应考虑各信息之间的联系，将相近、相似的信息放在相邻代码段内(张茂震等，2005)。

2.4.4.3 编码错误类型及校验方法

1)输入代码时的错误类型及避免错误的方法

输入时可能产生的错误包括识别错误、易位错误、双易位错误、随机错误。

避免输入错误的方法——增加校验位法。在设计好的代码后，再增加一位(最低位)，作为代码的组成部分。增加的一位，即校验位。使用中没有特别意义。使用时应录入包括校验位在内的完整代码，代码进入系统后，系统将取该代码校验位前的各位，按照确定代码校验位的算法进行计算，并与录入代码的最后一位(校验位)进行比较，如果相等，则录入代码正确，否则录入代码错误，进行重新录入。

2)信息编码错误的校验方法与步骤

信息编码错误的校验方法有算术级数法、几何级数法和质数法。计算公式见式(2-2)～式(2-4)。

(1)算术级数法

设原代码为a_1，a_2，…，a_k，其中$a_k \in \{1, 2, \cdots, 9\}$，$k=1, 2, \cdots, n$：各码字对应的权值分别为$n+1$，$n$，…，则原代码的加权和为：

$$S = \sum_{i=1}^{n} (n + 2 - i)\, a_i \tag{2-2}$$

以11为模去除S，所得余数就是校验码，即校验码为$S(\bmod 11)$。

(2)几何级数法

设原代码为a_1，a_2，…，a_k，其中$a_k \in \{1, 2, \cdots, 9\}$，$k=1, 2, \cdots, n$：各码字对应的权值分别为$m^n$，$m^{n-1}$，…，$m^1$，则原代码的加权和为：

$$S = \sum_{i=1}^{n} a^{(n+1-i)}\, a_i \tag{2-3}$$

以11为模去除S，所得余数就是校验码，即校验码为$S(\bmod 11)$。

(3)质数法

设原代码为a_1，a_2，…，a_k，其中$a_k \in \{1, 2, \cdots, 9\}$，$k=1, 2, \cdots, n$：各码字对应的权值为一质数序列$P_n$，$P_{n-1}$，…，$P_1$，则原代码的加权和为：

$$S = \sum_{i=1}^{n} P_{n-1+i}\, a_i \tag{2-4}$$

以 11 为模去除 S，所得余数就是校验码，即校验码为 $S(\bmod 11)$ 。

①校验步骤　设有一组代码为 $C_1C_2C_3C_4 \cdots C_i$。

第一步：为设计好的代码的每一位 C_i 确定一个权数 P_i（权数可为算术级数－等差数列、几何级数－等比数列或质数）；

第二步：求代码每一位 C_i 与其对应的权数 P_i 的乘积之和 S；

$$S = C_1P_1 + C_2P_2 + \cdots + C_iP_i(i = 1,2,\cdots,n) = \sum_{i=1}^{n} C_iP_i(i = 1,2,\cdots,n) \quad (2\text{-}5)$$

第三步：确定模 M；

第四步：取余 $R = \text{SMOD}(m)$；

第五步：校验位 $C_{i+1} = R$；

最终代码为：$C_1C_2C_3C_4 \cdots C_iC_{i+1}$。

②校正案例　原设计的一组代码为五位数：32456，确定权数 7，6，5，4，3（算数级数），求代码每一位 C_i 与其对应的权数 P_i 的乘积之和 S：

$S = 3*7 + 2*6 + 4*5 + 5*4 + 6*3 = 91$

确定 $M = 11$

取余 $R = \text{SMOD}(M) = 91\text{MOD}(11) = 3$

校验位 $C_{i+1} = R = 3$

最终代码为 324563

模的选择：

模可以有多种选择，常用的模有 9，10，11，39，97 等。其中 11 使用频率较高。一般来说模的取值越大，则差错的检测率越高。模的取值一般应遵循以下原则：

模的取值应大于或等于代码字符集中的个数（数字码是 10，字母码是 26，字母与数字混合码是 36）；模与代码各位上的权互为质数；模最好是质数（10 是常用的非质数模）。

2.5　森林资源信息分类与编码标准实例

有关森林资源信息分类与编码的标准有很多，包括野外采集信息的分类与代码，信息库建立的分类与代码标准等。在此以国家森林资源连续清查信息分类与代码、森林资源规划设计调查信息分类、森林资源规划设计调查信息库建立标准为例予以说明。

2.5.1　国家森林资源连续清查信息分类与代码

2.5.1.1　土地类型与代码

土地类型（以下简称地类）是根据土地的覆盖和利用状况综合划定的类型，包括林地和非林地 2 个一级地类。其中，林地划分为 8 个二级地类，13 个三级地类。类型名称及代码见表 2-6。

表 2-6 地类划分表

一级	二级	三级	代码
林地	乔木林地	乔木林地	111
	灌木林地	特殊灌木林地	131
		一般灌木林地	132
	竹林地	竹林地	113
	疏林地	疏林地	120
	未成林造林地	未成林造林地	141
	苗圃地	苗圃地	150
	迹地	采伐迹地	161
		火烧迹地	162
		其他迹地	163
	宜林地	造林失败地	171
		规划造林地	172
		其他宜林地	173
非林地	耕地	耕地	210
	牧草地	牧草地	220
	水域	水域	230
	未利用地	未利用地	240
	建设用地	工矿建设用地	251
		城乡居民建设用地	252
		交通建设用地	253
		其他用地	254

2.5.1.2 植被类型及代码

主要依据《中国植被》分类系统，将植被分为自然植被和栽培植被两大类别，其中：自然植被分 9 个植被型组，31 个植被型；栽培植被分 3 个植被型组，11 个植被型、类型名称及代码见表 2-7。

表 2-7 植被类型划分标准与代码表

类别	植被型组	植被型	代码	备 注
自然植被	1 针叶林	1 寒温性针叶林	111	分布于北温带或其他带有一定海拔高度地区，主要由冷杉属、云杉属和落叶松属的树种组成的针叶林
		2 温性针叶林	112	分布于中温带和南温带地区平原、丘陵、低山以及亚热带、热带中山的针叶林
		3 温性针阔混交林	113	分布于上述地区针叶树与阔叶树混交的森林
		4 暖性针叶林	114	分布于亚热带低山、丘陵和平地的针叶林
		5 暖性针阔混交林	115	分布于上述地区针叶树与阔叶树混交的森林
		6 热性针叶林	116	分布于北热带和中热带丘陵平地及低山的针叶林
		7 热性针阔混交林	117	分布于上述地区针叶树与阔叶树混交的森林

（续）

类别	植被型组	植被型	代码	备 注
自然植被	2 阔叶林	1 落叶阔叶林	121	以落叶阔叶树种为主的森林，落叶成分所占比例在七成以上
		2 常绿落叶阔叶混交林	122	以落叶树种和常绿树种共同组成的森林，落叶或常绿的比例均不超过七成
		3 常绿阔叶林	123	以常绿阔叶树种为主的森林，常绿成分所占比例在七成以上
		4 硬叶常绿阔叶林	124	以壳斗科栎属中高山栎组树种组成的森林，叶绿色革质坚硬，叶缘常具尖刺或锐齿
		5 季雨林	125	分布于北热带、中热带有周期性干、湿季节交替地区的一种森林类型，特征是干季部分或全部落叶，有明显的季节变化
		6 雨林	126	分布于北热带、中热带高温多雨地区，由热带种类组成的高大而终年常绿的森林植被
		7 珊瑚岛常绿林	127	分布于珊瑚岛屿上的热带植被类型
		8 红树林	128	生长在热带和亚热带海岸潮间带或海潮能够达到的河流入海口，附着有红树科植物或其他在形态上和生态上具有相似群落特性科属植物的林地
		9 竹林	129	附着有胸径 2cm 以上的竹类植物的林地
	3 灌丛和灌草丛	1 常绿针叶灌丛	131	分布于西部高山地区，由耐寒的中生或旱中生常绿针叶灌木构成的灌丛
		2 常绿革叶灌丛	132	由耐寒的、中旱生的常绿革叶灌木为建群层片，苔藓植物为亚建群层片组成的常绿革叶灌丛
		3 落叶阔叶灌丛	133	由冬季落叶的阔叶灌木所组成的灌丛
		4 常绿阔叶灌丛	134	分布于热带、亚热带地区由常绿阔叶灌木所组成的灌丛
		5 灌草丛	135	以中生或旱中生多年生草本植物为主要建群种，包括有散生灌木的植物群落和无散生灌木的植物群落
	4 草原和稀树草原	1 草原	141	由耐寒的旱生多年生草本植物(有时为旱生小半灌木)为主组成的植物群落
		2 稀树草原	142	在热带干旱地区以多年生耐旱的草本植物为主所构成大面积的热带草地，混杂期间还生长着耐旱灌木和非常稀疏(郁闭度 <0.10)的孤立乔木
	5 荒漠(包括肉质刺灌丛)	1 荒漠	151	在具有稀少的降雨和强盛蒸发力而极端干旱的、强度大陆性气候的地区或地段上所生长的以超旱生小半灌木或灌木为主的群落
		2 肉质刺灌丛	152	西南干热河谷以肉质、具刺的仙人掌和大戟科植物组成的灌丛
	6 冻原	1 高山冻原	161	高海拔寒冷、湿润气候与寒冻土壤条件下发育的，由耐寒小灌木、多年生草类、藓类和地衣构成的低矮植被

（续）

类别	植被型组	植被型	代码	备注
自然植被	7 高山稀疏植被	1 高山垫状植被	171	在高海拔山地由呈垫状伏地生长的植物所组成的植被
		2 高山流石滩稀疏植被	172	分布于高山植被带以上、永久冰雪带以下，由适应冰雪严寒生境的寒旱生或寒冷中旱生多年生轴根性杂类草以及垫状植物等组成的亚冰雪带稀疏植被类型
	8 草甸	1 草甸	181	由多年生中生草本植物为主体的群落类型
	9 沼泽和水生植被	1 沼泽	191	在多水和过湿条件下形成的以沼生植物占优势的植被类型
		2 水生植被	192	生长在水域环境中的植被类型
栽培植被	1 草本类型	1 大田作物型	211	旱地或水田以农作物为经济目的
		2 蔬菜作物型	212	以蔬菜为经济目的
		3 草皮绿化型	213	以绿化环境为目的
	2 木本类型	1 针叶林型	221	由针叶乔木树种组成的人工植被
		2 针阔混交林型	222	由针叶和阔叶乔木树种组成的人工植被
		3 阔叶林型	223	由阔叶乔木树种组成的人工植被
		4 灌木林型	224	由灌木树种组成的人工植被
		5 其他木本类型	225	由竹类植物或红树植物组成的人工植被
	3 草本木本间作类型	1 农林间作型	231	农作物和除果树外的其他树种间作
		2 农果间作型	232	农作物和果树树种间作
		3 草木绿化型	233	以绿化环境为目的的人工草木结合植被

2.5.1.3 森林类型及代码

(1) 公益林、商品林类型及代码

按主导功能的不同将森林（林地）分为公益林（地）和商品林（地）两个类别。类型名称及代码见表 2-8 和表 2-9。

表 2-8 公益林（地）事权等级和保护等级代码表

项目	事权等级		保护等级				
	国家级公益林（地）	地方公益林（地）	国家级公益林（地）			地方公益林（地）	
			一级	二级	三级	重点	一般
代码	10	20	1	2	3	1	2

表 2-9　商品林(地)经营等级评定标准与代码表

经营等级	评定条件		代码
	用材林、薪炭林	经济林	
好	经营措施正确、及时，经营强度适当，经营后林分生产力和质量提高	定期进行垦复、修枝、施肥、灌溉、病虫害防治等经营管理措施，生长旺盛，产量高	1
中	经营措施正确、尚及时，经营强度尚可，经营后林分生产力和质量有所改善	经营水平介于中间，产量一般	2
差	经营措施不及时或很少进行经营管理，林分生产力未得到发挥，质量较差	很少进行经营管理，处于荒芜或半荒芜状态，产量很低	3

(2)林种类型及代码

根据经营目标的不同，将乔木林地、灌木林地、竹林地、疏林地分为 5 个林种 23 个亚林种。类型名称及代码见表 2-10。

表 2-10　林种类型及代码表

森林类别	林　种	亚林种	代　码
生态公益林	防护林	水源涵养林	111
		水土保持林	112
		防风固沙林	113
		农田牧场防护林	114
		护岸林	115
		护路林	116
		其他防护林	117
	特种用途林	国防林	121
		实验林	122
		母树林	123
		环境保护林	124
		风景林	125
		名胜古迹和革命纪念林	126
		自然保护林	127
商品林	用材林	短轮伐期用材林	231
		速生丰产用材林	232
		一般用材林	233
	薪炭林	薪炭林	240
	经济林	果树林	251
		食用原料林	252
		林化工业原料林	253
		药用林	254
		其他经济林	255

注：代码的第一位为“森林类别”的代码；第二位为“林种”代码；第三位为“亚林种”代码。

2.5.1.4　区域类型及代码

(1)流域类型及代码

将全国划分为松花江(黑龙江)、辽河、海河、黄河、长江、淮河、珠江七大流域和其他流域。类型名称及代码见表 2-11。

表 2-11 流域代码表

流 域	二级流域	代 码	流 域	二级流域	代 码
松花江	额尔古纳河	101	长 江	长江中游干流区间	520
	嫩 江	102		洞庭湖水系	521
	第二松花江	103		汉江	522
	松花江干流	104		鄱阳湖水系	523
	黑龙江干流	105		长江下游干流区间	530
	乌苏里江	106		太湖水系	531
辽 河	辽 河	200	淮 河	淮河	600
海 河	海 河	300	珠 江	珠江	700
黄 河	上游区间	410	其 他	钱塘江	810
	中游区间	420		闽江	820
	下游区间	430		澜沧江	830
长 江	雅砻江	511		怒江	840
	岷 江	512		雅鲁藏布江	850
	嘉陵江	513		内陆河	860
	乌 江	514		其他水系	870
	长江上游干流区间	515		—	—

(2)林区类型及代码

根据统计分析的需要，将全国划为五大林区，每个林区的具体范围按国务院林业主管部门的有关要求执行。类型名称及代码见表 2-12。

表 2-12 林区代码表

林 区	东北、内蒙古林区	西南高山林区	东南低山丘陵林区	西北高山林区	热带林区
代 码	1	2	3	4	5

(3)气候带类型及代码

根据综合气候区划，将全国分为 9 个气候带和 1 个高原气候区，每个气候带(区)的具体范围按国务院林业主管部门的有关规定执行。类型名称及代码见表 2-13。

表 2-13 气候带代码表

气候带	代码	气候带	代码	气候带	代码
北温带	11	中亚热带	22	南热带	33
中温带	12	南亚热带	23	高原气候区	40
南温带	13	北热带	31	—	—
北亚热带	21	中热带	32	—	—

2.5.1.5 地形因子及代码

地形因子包括地貌、坡向、坡位和坡度。其类型名称及代码见表 2-14。

表 2-14　地形因子代码表

地貌		坡向		坡位		坡度	
极高山	1	北	1	脊	1	平	1
高　山	2	东北	2	上	2	缓	2
中　山	3	东	3	中	3	斜	3
低　山	4	东南	4	下	4	陡	4
丘　陵	5	南	5	谷	5	急	5
平　原	6	西南	6	平地	6	险	6
		西	7				
		西北	8				
		无坡向	9				

2.5.1.6　土壤因子及代码

土壤信息分类及代码包括土壤类型、土壤厚度、土壤质地、土壤枯落物、土壤腐殖质厚度及土壤形态六大类。类型名称及代码见表 2-15 ~ 表 2-20。

表 2-15　土境类型代码表

土纲	土类	代码	土纲	土类	代码
铁铝土	砖红壤	101	初育土	石灰(岩)土	166
	赤红壤	102		火山灰土	167
	红壤	103		紫色土	168
	黄壤	104		磷质石灰土	169
淋溶土	黄棕壤	111		粗骨土	170
	黄褐土	112		石质土	171
	棕壤	113	半水成土	草甸土	181
	暗棕壤	114		潮土	182
	白浆土	115		砂姜黑土	183
	棕色针叶林土	116		林灌草甸土	184
	灰化土	117		山地草甸土	185
半淋溶土	燥红土	121	水成土	沼泽土	191
	褐土	122		泥炭土	192
	灰褐土	123	盐碱土	草甸盐土	201
	黑土	124		海滨盐土	202
	灰色森林土	125		酸性硫酸盐土	203
钙层土	黑钙土	131		漠境盐土	204
	栗钙土	132		寒原盐土	205
	栗褐土	133		碱土	206
	黑垆土	134	人为土	水稻土	211
干旱土	棕钙土	141		灌淤土	212
	灰钙土	142		灌漠土	213
漠土	灰漠土	151	高山土	草毡土	221
	灰棕漠土	152		黑毡土	222
	棕漠土	153		寒钙土	223
初育土	黄绵土	161		冷钙土	224
	红黏土	162		冷棕钙土	225
	新积土	163		寒漠土	226
	龟裂土	164		冷漠土	227
	风沙土	165		寒冻土	228

注：土纲、土类名称根据《中国土壤分类与代码》(GB/T 17296—2009)的有关规定确定。

表 2-16 土境厚度等级表

等 级	土境厚度(cm)		代 码
	亚热带山地丘陵、热带	亚热带高山、暖温带、温带、寒温带	
厚	≥80	≥60	1
中	40～79	30～59	2
薄	<40	<30	3

表 2-17 土壤质地代码表

土壤质地	黏土	壤土	砂壤土	壤砂土	砂土
代码	1	2	3	4	5

表 2-18 枯枝落叶层厚度等级表

等 级	枯枝落叶层厚度(cm)	代 码
厚	≥10	1
中	5～9	2
薄	<5	3

表 2-19 土境腐殖质厚度等级表

等 级	腐殖质厚度(cm)	代 码
厚	≥20	1
中	10～19	2
薄	<10	3

表 2-20 地表形态代码表

地表形态	平沙地	沙丘	裸土地	风蚀劣地	戈壁	其他
代码	1	2	3	4	5	6

2.5.1.7 树种(组)及代码

由于树种种类有上千种，有的种类分布数量很少，为了便于信息采集工作，按照树种或树种组进行分类编码，其中分布面积大的按树种分类，分布面积小的按树种组分类。类型名称及代码见表 2-21。

表 2-21 树种(组)代码表

名称	代码	名称	代码	名称	代码	名称	代码
一、乔木树种(组)		枫桦	422	散生杂竹类	670	3. 药材类	
1. 针叶树种(组)		水、核、黄	430	丛生杂竹类	680	杜仲	801
冷杉	110	水曲柳	431	混生杂竹类	690	厚朴	802
云杉	120	核桃楸	432	四、经济树种(组)		枸杞	803
铁杉	130	黄波罗	433	1. 果树类		银杏	804
油杉	140	樟木	440	柑橘类	701	黄柏	805
落叶松	150	楠木	450	苹果	702	其他	819
红松	160	榆树	460	梨	703	4. 林化工业原料类	
樟子松	170	刺槐	465	桃	704	漆树	821
赤松	180	木荷	470	李	705	紫胶寄主树	822
黑松	190	枫香	480	杏	706	油桐	823
油松	200	其他硬阔类	490	枣	707	乌柏	824
华山松	210	椴树	510	山楂	708	棕榈	825
马尾松	220	檫木	520	柿	709	橡胶	826
云南松	230	杨树	530	核桃	710	白蜡树	827
思茅松	240	柳树	535	板栗	711	栓皮栎	828
高山松	250	泡桐	540	杧果	712	其他	849
国外松	260	桉树	550	荔枝	713	5. 其他经济类	
湿地松	261	相思	560	龙眼	714	蚕桑	851
火炬松	262	木麻黄	570	椰子	715	蚕柞	852
黄山松	270	楝树	580	槟榔	716	其他	859
乔松	280	其他软阔类	590	其他	749	五、其他灌木树种(组)	
其他松类	290	3. 混交树种组		2. 食用原料类		梭梭	901
杉木	310	针叶混	610	油茶	751	白刺	902
柳杉	320	阔叶混	620	油橄榄	752	盐豆木	903
水杉	330	针阔混	630	文冠果	753	柳灌	904
池杉	340	二、红树林树种(组)		油棕	754	小檗	941
柏木	350	白骨壤	641	茶叶	755	杜鹃	942
紫杉(红豆杉)	360	桐花树	642	咖啡	756	栎灌	943
其他杉类	390	秋茄	643	可可	757	桃金娘	944
2. 阔叶树种(组)		红海榄	644	花椒	758	其他	799
栎类	410	其他红树林树种	659	八角	759	松灌	971
桦木	420	三、竹林树种(组)		肉桂	760	竹灌	981
白桦	421	毛竹	660	桂花	761	其他灌木	999

注：乔木树种(组)中未含经济乔木树种。

2.5.1.8 优势树种(组)龄组及代码

根据优势树种(组)的生长习性，按照不同的年龄段进行龄组划分。类型名称及代码见表2-22。

表2-22 优势树种(组)龄组调查标准

树种	地区	起源	龄组划分					龄级划分
			幼龄林	中龄林	近熟林	成熟林	过熟林	
			1	2	3	4	5	
红松、云杉、柏木、紫杉、铁杉	北方	天然	60以下	61～100	101～120	121～160	161以上	20
	北方	人工	40以下	41～60	61～80	81～120	121以上	20
	南方	天然	40以下	41～60	61～80	81～120	121以上	20
	南方	人工	20以下	21～40	41～60	61～80	81以上	20
落叶松、冷杉、樟子松、赤松、黑松	北方	天然	40以下	41～80	81～100	101－140	141以上	20
	北方	人工	20以下	21～30	31～40	41～60	61以上	10
	南方	天然	40以下	41～60	61～80	81～120	121以上	20
	南方	人工	20以下	21～30	31～40	41～60	61以上	10
油松、马尾松、云南松、思茅松、华山松、高山松	北方	天然	30以下	31～50	51～60	61～80	81以上	10
	北方	人工	20以下	21～30	31～40	41～60	61以上	10
	南方	天然	20以下	21～30	31～40	41～60	61以上	10
	南方	人工	10以下	11～20	21～30	31～50	51以上	10
杨、柳、桉、檫、泡桐、木麻黄、楝、枫杨、相思、软阔	北方	人工	10以下	11～15	16～20	21～30	31以上	5
	南方	人工	5以下	6～10	11～15	16～25	26以上	5
桦、榆、木荷、枫香、珙桐	北方	天然	30以下	31～50	51～60	61～80	81以上	10
	北方	人工	20以下	21～30	31～40	41～60	61以上	10
	南方	天然	20以下	21～40	41～50	51～70	71以上	10
	南方	人工	10以下	11～20	21～30	31～50	51以上	10
栎、柞、槠、栲、樟、楠、椴、水、核、黄、硬阔	南北	天然	40以下	41～60	61～80	81～120	121以上	20
	南北	人工	20以下	21～40	41～50	51～70	71以上	10
杉木、柳杉、水杉	南方	人工	10以下	11～20	21～25	26～35	36以上	5

注：表中未列树种和短轮伐期用材林树种的划分标准由各省自行制定。

经济林按产期划分为产前期(代码1)、初产期(代码2)、盛产期(代码3)和衰产期(代码4)。

2.5.1.9　森林结构类型及代码

(1)森林群落结构

森林群落结构划分为完整结构、较完整结构和简单结构 3 个类型。类型名称及代码见表 2-23。

表 2-23　群落结构类型划分标准与代码表

群落结构类型	划分标准	代　码
完整结构	具有乔木层、下木层、地被物层（含草本、苔藓、地衣）3 个层次的林分	1
较完整结构	具有乔木层和其他 1 个植被层的林分	2
简单结构	只有乔木 1 个植被层的林分	3

注：划分乔木林群落结构时，下木(含灌木和层外幼树)或地被物(含草本、苔藓和地衣)的覆盖度≥20%，单独划分植被层；下木(含灌木和层外幼树)和地被物(含草本、苔藓和地衣)的覆盖度均在 5% 以上，且合计≥20%，合并为 1 个植被层。

(2)林层结构类型及代码

林层结构按样地、样木进行划分。类型名称及代码见表 2-24。

表 2-24　林层结构代码表

项目	样地代码		样木代码		
	单层林	复层林	单林层	复层林主林层	复层林次林层
代码	0	1	0	1	2

(3)树种结构类型及代码

树种结构类型按乔木林针阔叶树种构成比例分为 7 个等级。类型名称及代码见表 2-25。

表 2-25　树种结构划分标准与代码表

树种结构类型	划分标准	代码
类型 1	针叶纯林(单个针叶树种蓄积≥90%)	1
类型 2	阔叶纯林(单个阔叶树种蓄积≥90%)	2
类型 3	针叶相对纯林(单个针叶树种蓄积占 65%~90%)	3
类型 4	阔叶相对纯林(单个阔叶树种蓄积占 65%~90%)	4
类型 5	针叶混交林(针叶树种总蓄积≥65%)	5
类型 6	针阔混交林(针叶树种或阔叶树种总蓄积占 35%~65%)	6
类型 7	阔叶混交林(阔叶树种总蓄积≥65%)	7

注：对于竹林和竹木混交林，确定树种结构时将竹类植物当乔木阔叶树种对待。若为竹林纯林，树种类型按类型 2(阔叶纯林)记载；若为竹木混交林，按株数和断面积综合目测树种组成，参照《技术规定》中有关树种结构划分比例标准，确定树种结构类型，按类型 4、类型 6 或类型 7 记载。

2.5.1.10　森林生态功能评价及代码

森林生态功能评价等级分为好、中、差三级。类型名称及代码见表 2-26。

表 2-26　森林生态功能等级评定标准与代码表

功能等级	综合得分值	代　码
好	<1.5	1
中	1.5～2.4	2
差	≥2.5	3

2.5.1.11　森林健康类型及代码

(1)森林灾害分类与代码

森林灾害分类包括灾害类型与代码、灾害等级与代码。类型名称及代码见表 2-27 和表 2-28。

表 2-27　森林灾害类型代码表

灾害类型	病虫害		火灾	气候灾害				其他灾害	无灾害
	病害	虫害		风折(倒)	雪压	滑坡、泥石流	干旱		
代码	11	12	20	31	32	33	34	40	00

表 2-28　森林灾害等级评定标准与代码表

等级	评定标准			代码
	森林病虫害	森林火灾	气候灾害和其他	
无	受害立木株数 10% 以下	未成灾	未成灾	0
轻	受害立木株数 10%～29%	受害立木 20% 以下，仍能恢复生长	受害立木株数 20% 以下	1
中	受害立木株数 30%～59%	受害立木 20%～49%，生长受到明显的抑制	受害立木株数 20%～59%	2
重	受害立木株数 60% 以上	受害立木 50% 以上，以濒死木和死亡木为主	受害立木株数 60% 以上	3

(2)森林健康分类与代码

根据林木的生长发育、外观表象特征及受灾情况综合评定森林健康状况，分为健康、亚健康、中健康、不健康 4 个等级。类型名称及代码见表 2-29。

表 2-29　森林健康等级评定标准与代码表

健康等级	评定标准	代　码
健　康	林木生长发育良好，枝干发达，树叶大小和色泽正常，能正常结实和繁殖，未受任何灾害	1
亚健康	林木生长发育较好，树叶偶见发黄、褪色或非正常脱落(发生率 10% 以下)，结实和繁殖受到一定程度的影响，未受灾或轻度受灾	2
中健康	林木生长发育一般，树叶存在发黄、褪色或非正常脱落现象(发生率 10%～30%)，结实和繁殖受到抑制，或受到中度灾害	3
不健康	林木生长发育达不到正常状态，树叶多见发黄、褪色或非正常脱落(发生率 30% 以上)，生长明显受到抑制，不能结实和繁殖，或受到重度灾害	4

2.5.1.12　地类变化因子与代码

地类变化因子分为人为因素、灾害因素、自然因素、调查因素和其他因素 5 个方面 23 类。类型名称及代码见表 2-30。

表 2-30　地类变化原因代码表

<table>
<tr><th colspan="3">地类变化原因类别</th><th>代　码</th></tr>
<tr><td rowspan="12">人为因素</td><td colspan="2">采伐</td><td>110</td></tr>
<tr><td rowspan="5">造林更新</td><td>人工造林</td><td>121</td></tr>
<tr><td>人工更新Ⅰ</td><td>122</td></tr>
<tr><td>人工更新Ⅱ</td><td>123</td></tr>
<tr><td>造林更新失败</td><td>124</td></tr>
<tr><td>飞播造林</td><td>125</td></tr>
<tr><td colspan="2">种植结构调整</td><td>130</td></tr>
<tr><td rowspan="2">规划调整</td><td>退耕还林</td><td>141</td></tr>
<tr><td>其他规划调整</td><td>142</td></tr>
<tr><td colspan="2">征占用林地</td><td>150</td></tr>
<tr><td colspan="2">毁林开荒</td><td>160</td></tr>
<tr><td colspan="2">其他人为原因</td><td>170</td></tr>
<tr><td rowspan="3">灾害因素</td><td colspan="2">火灾</td><td>210</td></tr>
<tr><td colspan="2">病虫害</td><td>220</td></tr>
<tr><td colspan="2">其他灾害</td><td>230</td></tr>
<tr><td rowspan="4">自然因素</td><td rowspan="2">天然更新</td><td>封山育林</td><td>311</td></tr>
<tr><td>其他天然更新</td><td>312</td></tr>
<tr><td colspan="2">自然变化</td><td>320</td></tr>
<tr><td colspan="2">其他自然因素</td><td>330</td></tr>
<tr><td rowspan="4">调查因素</td><td colspan="2">样地未复位</td><td>410</td></tr>
<tr><td colspan="2">特殊对待</td><td>420</td></tr>
<tr><td colspan="2">前期误判</td><td>430</td></tr>
<tr><td colspan="2">标准变化</td><td>440</td></tr>
<tr><td colspan="3">其他因素</td><td>500</td></tr>
</table>

2.5.1.13　其他因子及代码

(1)样地类别及代码

森林资源连续清查样地包括地面调查样地和遥感判读样地两大类，其中地面调查样地再细分为复测、增设、改设、目测、放弃、临时 6 种类别。类型名称及代码见表 2-31。

表 2-31　样地类别代码表

<table>
<tr><th rowspan="2">样地类别</th><th colspan="6">地 面 调 查 样 地</th><th rowspan="2">遥感判读样地</th></tr>
<tr><th>复测样地</th><th>增设样地</th><th>改设样地</th><th>目测样地</th><th>放弃样地</th><th>临时样地</th></tr>
<tr><td>代码</td><td>11</td><td>12</td><td>13</td><td>14</td><td>19</td><td>20</td><td>30</td></tr>
</table>

(2)权属及代码

分为土地权属(国有和集体)、林木权属[国有、集体(农村集体经济组织所有)和个体(农户自营、农户联营、合资、合作、合股等)]。类型名称及代码见表2-32。

表2-32 土地权属与林木权属代码表

项 目	土地权属		林木权属		
权属	国有	集体	国有	集体	个体
代码	1	2	1	2	3

(3)起源及代码

将乔木林地、灌木林地、竹林地、疏林地分为天然和人工两大类。类型名称及代码见表2-33。

表2-33 起源代码表

项 目	天 然			人 工			
	纯天然	人工促进	萌生	植苗	直播	飞播	萌生
代码	11	12	13	21	22	23	24

(4)自然度及代码

按照现实森林类型与地带性原始顶极森林类型的差异程度,或次生森林类型位于演替中的阶段,划分为5级。类型名称及代码见表2-34。

表2-34 自然度划分标准与代码表

自然度	划分标准	代 码
Ⅰ	原始或受人为影响很小而处于基本原始状态的森林类型	1
Ⅱ	有明显人为干扰的天然森林类型或处于演替后期的次生森林类型,以地带性顶极适应值较高的树种为主,顶极树种明显可见	2
Ⅲ	人为干扰很大的次生森林类型,处于次生演替的后期阶段,除先锋树种外,也可见顶极树种出现	3
Ⅳ	人为干扰很大,演替逆行,处于极为残次的次生林阶段	4
Ⅴ	人为干扰强度极大且持续,地带性森林类型几乎破坏殆尽,处于难以恢复的逆行演替后期,包括各种人工森林类型	5

(5)可及度及代码

用材林近成过熟林按可及度等级分为3级。类型名称及代码见表2-35。

表 2-35　可及度等级划分标准与代码表

可及度	划分标准	代　码
即可及	已经具备采、集、运条件	1
将可及	近期将可具备采、集、运条件	2
不可及	因地形或经济原因短期内不具备采、集、运条件	3

(6)天然更新等级及代码

天然更新等级根据幼苗各高度级的天然更新株数确定。类型名称及代码见表 2-36。

表 2-36　天然更新等级评定标准与代码表　　单位：株/hm²

等　级	幼苗高度级(cm)			代　码
	<30	30～49	≥50	
良好	≥5 000	≥3 000	≥2 500	1
中等	3 000～4 999	1 000～2 999	500～2 499	2
不良	<3 000	<1 000	<500	3

(7)地类面积等级及代码

地类面积等级根据样地所确定地类的连片面积大小确定。类型名称及代码见表 2-37。

表 2-37　地类面积等级评定标准与代码表

项　目	地类连片面积（hm^2）						
	<1.0	1.0～4.9	5.0～9.9	10～19	20～49	50～99	≥100
代　码	1	2	3	4	5	6	7

(8)抚育措施类型及代码

乔木林抚育措施包括透光伐、疏伐、生长伐、卫生伐、人工修枝、定株、补植和割灌除草等。竹林抚育措施包括劈山、垦复和施肥等。类型名称及代码见表 2-38。

表 2-38　乔木林和竹林抚育措施代码表

项　目	乔木林抚育措施									竹林抚育措施				无措施
	透光伐	疏伐	生长伐	卫生伐	人工修枝	定株	补植	割灌除草	其他	劈山	垦复	施肥	其他	
代　码	11	12	13	14	15	16	17	18	19	21	22	23	24	0

注：乔木林和竹林的抚育措施根据《森林抚育规程》(GB/T 15781—2009)和国务院林业主管部门的有关规定确定。

(9)立木类型及代码

立木分为林木、散生木及四旁树三类。类型名称及代码见表 2-39。

表 2-39 立木类型划分标准与代码表

项 目	林 木		散生木		四旁树
	乔木林地	疏林地	竹林地、乔木幼中林内	其他地类	
代 码	11	12	21	22	30

(10)采伐管理类型及代码

分为纳入采伐限额管理林木和不纳入采伐限额管理林木两类。类型名称及代码见表 2-40。

表 2-40 采伐管理类型代码表

项 目	纳入采伐限额管理林木		不纳入采伐限额管理林木
	林业部门管理林木	非林业部门管理林木	
代 码	11	12	20

(11)检尺类型及代码

森林资源连续清查固定样木分别复测样地和其他样地确定检尺类型。

①保留木 前期调查为活立木，本期调查时已复位的活立木，代码记 11。

②进界木 前期调查不够检尺，本期调查已生长到够检尺胸径的活立木，代码记 12。

③枯立木 前期调查为活立木，本期调查时已枯死的立木，代码记 13。

④采伐木 前期调查为活立木，本期调查时已被采伐的样木，代码记 14。

⑤枯倒木 前期调查为活立木，本期调查时已枯死的倒木，代码记 15。

⑥漏测木 前期调查时已达起测胸径而被漏检的活立木，代码记 16。

⑦多测木 前期为检尺样木，本期调查时发现位于界外或重复检尺或不属于检尺对象的样木，代码记 17。

⑧胸径错测木 两期胸径之差明显大于或小于平均生长量的活立木，代码记 18。

⑨树种错测木 两期调查树种名称不相同，确定为前期树种判定有错的活立木，代码记 19。

⑩类型错测木 前期检尺类型判定有错的样木，特指前期错定为采伐木、枯立木、枯倒木而本期调查时仍然存活的复位样木，代码记 20。

其他样地(包括改设样地、增设样地和临时样地)的样木检尺类型，分活立木、枯立木、枯倒木 3 类。只要求对活立木进行编号和检尺(代码记 1)，枯立木、枯倒木不检尺。复测样地上未复位的保留木和新增检尺对象(如经济乔木树种)样木按活立木对待，检尺类型代码为 1。

2.5.2 森林资源规划设计调查信息分类

森林资源规划设计调查信息分类与国家森林资源连续清查信息分类相同的部分(见 2.5.1 内容)，本节介绍森林资源规划设计调查信息分类与国家森林资源连续清查信息分类不一致的部分。

2.5.2.1　地类

森林资源规划设计调查的土地类型分为林地和非林地两大地类。其中，林地划分为 8 个地类，类型名称见表 2-41。

表 2-41　林地分类系统

序　号	一　级	二　级	三　级
1	有林地	乔木林	纯林
			混交林
		红树林	
		竹林	
2	疏林地		
3	灌木林地	国家特别规定灌木林	
		其他灌木林	
4	未成林造林地	人工造林未成林地	
		封育未成林地	
5	苗圃地		
6	无立木林地	采伐迹地	
		火烧迹地	
		其他无立木林地	
7	宜林地	宜林荒山荒地	
		宜林沙荒地	
		其他宜林地	
8	辅助生产林地		

1) 有林地

连续面积大于 0.067hm^2、郁闭度 0.20 以上、附着有森林植被的林地，包括乔木林、红树林和竹林。

(1) 乔木林

①纯林　一个树种(组)蓄积量(未达起测径级时按株数计算)占总蓄积量(株数)的 65% 以上的乔木林地。

②混交林　任何一个树种(组)蓄积量(未达起测径级时按株数计算)占总蓄积量(株数)不到 65% 的乔木林地。

(2) 红树林

生长在热带和亚热带海岸潮间带或海潮能够达到的河流入海口，附着有红树科植物和其他在形态上和生态上具有相似群落特性科属植物的林地。

2) 封山育林未成林地

采取封山育林或人工促进天然更新后，不超过成林年限，天然更新等级中等以上，尚未郁闭但有成林希望的林地(表2-42)。

表2-42 封山育林成林年限表 单位：年

营造方式	年降水量400mm以上地区				年降水量400mm以下地区	
	南方		北方			
	乔木	灌木	乔木	灌木	乔木	灌木
封山育林	5～8	3～6	5～10	4～6	8～15	5～8

注：慢生树种取上限，速生树种取下限；
大苗造林、工业原料用材林由各省(自治区、直辖市)自行规定；
青藏高原参照北方地区。

3) 其他无立木林地

无立木林地包括采伐迹地、火烧迹地和其他无立木林地。其他无立木林地包括以下4类。

①造林更新后，成林年限前达不到未成林造林地标准的林地；

②造林更新达到成林年限后，未达到有林地、灌木林地或疏林地标准的林地；

③已经整地但还未造林的林地；

④不符合上述林地区划条件，但有林地权属证明，因自然保护、科学研究等需要不开发利用的土地。

4) 辅助生产林地

直接为林业生产服务的工程设施与配套设施用地和其他有林地权属证明的土地，包括：

①培育、生产种子、苗木的设施用地；

②储存种子、苗木、木材和其他生产资料的设施用地；

③集材道、运材道；

④林业科研、试验、示范基地；

⑤野生动植物保护、护林、森林病虫害防治、森林防火、木材检疫设施用地；

⑥供水、供热、供气、通信等基础设施用地；

⑦其他有林地权属证明的土地。

2.5.2.2 林种优先级

当某地块同时满足一个以上林种划分条件时，应根据先生态公益林、后商品林的原则区划。商品林按适地适树原则确定，公益林按以下优先顺序确定：

国防林、自然保护区林、名胜古迹和革命纪念林、风景林、环境保护林、母树林、实验林、护岸林、护路林、防火林、水土保持林、水源涵养林、防风固沙林、农田牧场防护林。

2.5.2.3　优势树种(组)与树种组成

(1)优势树种(组)

在乔木林、疏林小班中，按蓄积量组成比重确定，蓄积量占总蓄积量比重最大的树种(组)为小班的优势树种(组)。

未达到起测胸径的幼龄林、未成林造林地小班，按株数组成比例确定，株数占总株数最多的树种(组)为小班的优势树种(组)。

经济林、灌木林按株数或丛数比例确定，株数或丛数占总株数或丛数最多的树种(组)为小班的优势树种(组)。

(2)树种组成

乔木林、竹林按十分法确定树种组成。复层林应分别林层按十分法确定各林层的树种组成。组成不到5%的树种不记载。

2.5.2.4　竹度

竹林的龄级按竹度确定。一个大小年的周期一般为2年，称为一度。一度为幼龄竹，二、三度为壮龄竹，四度以上为老龄竹。

2.5.2.5　林木质量

用材林近、成、过熟林林木质量划为三个等级：

①商品用材树　用材部分占全树高40%以上。

②半商品用材树　用材部分长度在2m(针叶树)或1m(阔叶树)以上，但不足全树高的40%。在实际计算时一半计入经济用材树，一半计入薪材树。

③薪材树　用材部分在2m(针叶树)或1m(阔叶树)以下。

2.5.2.6　林分出材率等级

用材林近、成、过熟林林分出材率等级由林分出材量占林分蓄积量的百分比或林分中商品用材树的株数占林分总株数的百分比确定，见表2-43。

表2-43　用材林近、成、过熟林林分出材率等级表

出材率等级	林分出材率(%)			商品用材树比率(%)		
	针叶林	针阔混交林	阔叶林	针叶林	针阔混交林	阔叶林
1	≥70	≥60	≥50	≥90	≥80	≥70
2	50~69	40~59	30~49	70~89	60~79	45~69
3	<50	<40	<30	<70	<60	<45

2.5.2.7　大径木蓄积比等级

对本经理期主伐利用的复层林、异龄林，以小班为单位，将林分中达到大径木标准的林木蓄积占小班总蓄积的比率，分为以下三级：

Ⅰ级：大径级、特大径级蓄积量占小班总蓄积量大于70%；
Ⅱ级：大径级、特大径级蓄积量占小班总蓄积量为30%~69%；
Ⅲ级：大径级、特大径级蓄积量占小班总蓄积量小于30%。

2.5.2.8 郁闭度、覆盖度等级

(1)郁闭度等级

高：郁闭度0.70以上；
中：郁闭度0.40~0.69；
低：郁闭度0.20~0.39。

(2)覆盖度等级

密：覆盖度70%以上；
中：覆盖度50%~69%；
疏：覆盖度30%~49%。

2.5.2.9 散生木和四旁树

(1)散生木

生长在竹林地、灌木林地、未成林造林地、无立木林地和宜林地上达到检尺径的林木，以及散生在幼林中的高大林木。

(2)四旁树

在宅旁、村旁、路旁、水旁等地栽植的面积不到0.067hm^2的各种竹丛、林木。

2.5.3 森林资源规划设计调查信息建库字段代码

摘自林业科学数据共享标准规范——森林资源数据采集与建库标准和规范部分。

(1)空间信息建库字段代码

表2-44至表2-47为各种数据代码。

表2-44 林相图建库字段代码

序号	数据项名称	存储名称	类型	长度	单位	域值
1	县(林业局)代码	LC	Char	6		
2	乡镇(林班)代码	LB	Char	6		
3	村代码	CUN	Char	6		
4	小班	XB	Number	3		
5	面积	MJ	Number	5	hm^2	
6	地类代码	TDLB	Char	6		
7	优势树种组代码	YSSZZ	Char	11		
8	龄组代码	LZU	Char	6		
9	疏密度级	SMD	Var	1		

表 2-45　森林分布图建库字段代码

序号	数据项名称	存储名称	类型	长度	单位	域值
1	图斑索引号	FID	Number	10		
2	行政单元代码	SHI XIAN	Varchar	20		
3	面积	MJ	Number	5	hm^2	
4	地类代码	TDLB	Number	6		
5	森林类型名称	SLLX	Varchar	20		
6	森林类型代码	SLLX_ dm	Char	7		
7	龄组代码	LZU	Char	6		

(2)属性信息建库字段代码

表 2-46　调查小班信息建库字段代码

序号	数据项名称	存储名称	类型	长度	单位	域值
1	省代码	SHENG	char	6		
2	县(林业局)代码	LC	char	6		
3	乡镇(林班)代码	LB	char	6		
4	村(小班)代码	XB	char	6		
5	面积	MJ	Number	5	hm^2	
6	地类代码	TDLB	Var	6		
7	权属代码	QS	Var	5		
8	立地类型代码	LDLX	Var	6		
9	林种代码	LZ	Var	6		
10	起源代码	QY	Var	6		
11	林相代码	LX	Var	6		
12	优势树种组代码	YSSZZ	Var	7		
13	树种组成	SZZC	Varchar	50		
14	年龄	AGE	Number	3	年	
15	龄组代码	LZU	Var	6		
16	龄级代码	LJ	Var	6		
17	直径	DBH	Number	5	cm	
18	树高	HEIGHT	Number	5	m	
19	郁闭度	YBD	Number	4		
20	有疏公顷蓄积	YSXJ	Number	5	m^3	
21	经营类型代码	JYLX	Var	6		
22	造林树种代码	ZLSZ	Var	11		
23	造林前地类代码	ZLQDL	Var	6		
24	株行距	ZLZHJ	Varchar	7		

（续）

序号	数据项名称	存储名称	类型	长度	单位	域值
25	公顷造林株数	ZLZS	Number	5	株	
26	保存率	ZLBCL	Number	3	%	
27	造林年度	ZLND	Number	4		
28	生长情况	ZLSZQK	Number	1		
29	散生树种1代码	SSMSZ1	Var	11		
30	散生树种2代码	SSMSZ2	Var	11		
31	散生木公顷蓄积	SSMXJ	Number	5	m^3	
32	四旁株数	SPZS	Number	4	株	
33	四旁公顷蓄积	SPXJ	Number	5	m^3	
34	枯倒木公顷蓄积	KDXJ	Number	5	m^3	
35	土壤亚类(种类)代码	TRYL	Var	6		
36	土壤质地代码	TRZD	Var	6		
37	土壤厚度	TRHD	Number	3	cm	
38	土壤干湿度	TRGSD	Number	1		
39	土壤酸碱度	TRSJD	Number	1		
40	土壤石砾含量	TRSLHL	Number	1		
41	幼树树种1代码	YSSZ1	Var	11		
42	幼树树种2代码	YSSZ2	Var	11		
43	幼树株数	YSZS	Number	5		
44	幼树分布	YSFB	Number	1		
45	下木种类1代码	XMZL1	Var	11		
46	下木种类2代码	XMZL2	Var	11		
47	下木高度	XMGAOD	Number	4	cm	
48	下木盖度	XMGAID	Number	3	%	
49	下木分布	XMFB	Number	1		
50	地被种类1代码	DBZL1	Var	11		
51	地被种类2代码	DBZL2	Var	11		
52	地被高度	DBGAOD	Number	4	cm	
53	地被盖度	DBGAID	Number	3	%	
54	地被分布	DBFB	Var	6		
55	地被盘结度	DBPJD	Number	1		
56	坡向代码	PX	Var	6		
57	坡位代码	PW	Var	6		
58	坡度级代码	PDJ	Var	6		
59	海拔高	HBG	Number	4	m	
60	生长量	SZL	Number	5		
61	针叶幼树株数	ZYYSN	Number	4		

（续）

序号	数据项名称	存储名称	类型	长度	单位	域值
62	阔叶幼树株数	KYYSN	Number	4		
63	小班特点	XBTD	Varchar	10		
64	经营史	XBJYS	Varchar	40		
65	小班株数	XBZS	Number	4		

表 2-47 林业用地各类土地面积统计信息建库字段代码

序号	数据项名称	存储名称	类型	长度	单位	域值
1	统计单位名称	TJDW	Varchar	30		
2	统计单位代码	DAIM	char	6		
3	权属代码	QS	char	5		
4	林业用地面积	LYMJ	Number	10	hm^2	
5	有林地合计	YLMJ	Number	10	hm^2	
6	林分合计	LFHJ	Number	10	hm^2	
7	用材林	YCL	Number	10		
8	防护林	FHL	Number	10		
9	薪炭林	XTL	Number	10		
10	特用林	TYL	Number	10		
11	经济林	JJL	Number	10	hm^2	
12	竹林	ZL	Number	10	hm^2	
13	疏林地	SLMJ	Number	10	hm^2	
14	灌木林地	GMMJ	Number	10	hm^2	
15	未成林造林地	WCMJ	Number	10	hm^2	
16	苗圃地	MPMJ	Number	10	hm^2	
17	无林地合计	WLMJ	Number	10	hm^2	
18	宜林荒山荒地	YLHS	Number	10	hm^2	
19	采伐迹地	CJMJ	Number	10	hm^2	
20	火烧迹地	HJMJ	Number	10	hm^2	
21	宜林沙荒地	YLSH	Number	10	hm^2	

思 考 题

1. 什么是森林资源信息分类与编码？
2. 森林资源信息分类与编码有什么意义？
3. 简述森林资源信息分类与编码的原则。
4. 简述森林资源信息分类与编码的方法。
5. 简述森林资源信息来源及内容。

第3章

森林资源信息采集

森林资源信息采集是森林资源信息得以利用的第一步，也是关键的一步。森林资源信息采集的好坏，直接关系到森林资源信息管理工作的质量。本章将重点介绍森林资源信息采集的概念、框架、原则、范围、步骤；森林资源信息采集的需求分析与信息采集组织；基于标准地、角规、随机样地、回归估计的森林资源信息测定方法和文献资源收集方法；森林资源信息测定、传输、处理、存储的技术；国家森林资源连续清查、森林资源规划设计调查、作业设计调查和专项调查的森林资源信息采集主要途径。

3.1　森林资源信息采集概述

3.1.1　森林资源信息采集概念

森林资源信息采集是指根据特定的目标和要求，将分散在不同时空域的森林资源信息，采用相应的技术、方法进行测定、收集、传输、处理、存储的过程。

3.1.2　森林资源信息采集框架

森林资源信息采集是为了更好地掌握和使用森林资源信息，是按照一定的原则，在森林资源信息需求分析的基础上，进行森林资源信息采集的组织，确定森林资源信息采集的方法、技术和途径，有计划、有步骤地测定、收集、传输、加工和存储的过程。其总体框架如图3-1所示。

3.1.3　森林资源信息采集原则

为了保证森林资源信息采集质量的基本要求，应遵循以下基本原则。

(1) 可靠性原则

指采集的森林资源信息必须是真实对象或环境所产生的，必须保证森林资源信息来源是可靠的，必须保证采集的森林资源信息能反映真实的状况。可靠性原则是森林资源信息采集的基础。

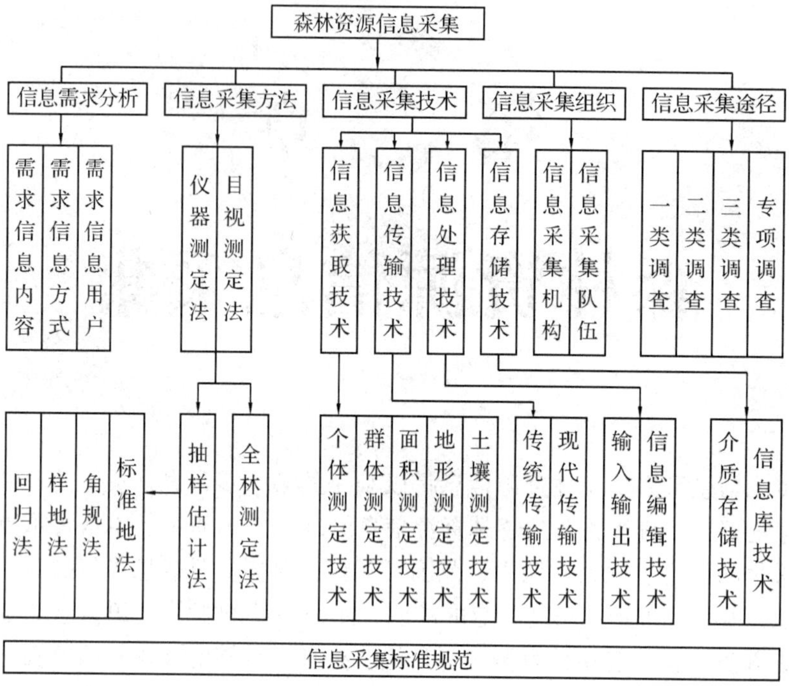

图 3-1　森林资源信息采集框架结构

(2) 完整性原则

指采集的森林资源信息在内容上必须完整无缺，森林资源信息采集必须按照一定的标准要求，采集反映事物全貌的森林资源信息。完整性原则是森林资源信息利用的基础。

(3) 实时性原则

指能及时获取所需的森林资源信息，一般有三层含义：一是指森林资源信息自发生到被采集的时间间隔，间隔越短就越及时，最快的是森林资源信息采集与森林资源信息发生同步；二是指在组织执行某一任务急需某一森林资源信息时能够很快采集到该森林资源信息，谓之及时；三是指采集某一任务所需的全部森林资源信息所花去的时间，花的时间越少谓之越快。实时性原则保证森林资源信息采集的时效。

(4) 准确性原则

指采集到的森林资源信息与应用目标和工作需求的关联程度比较高，采集到森林资源信息的表达是无误的，是属于采集目的范畴之内的，相对于组织自身来说具有适用性，是有价值的。关联程度越高，适应性越强，就越准确。准确性原则保证森林资源信息采集的价值。

(5) 易用性原则

指采集到的森林资源信息按照一定的表示形式，便于使用。

(6) 重点性原则

森林资源信息类型多、数量大，没有必要也不可能将所有的信息收集起来，只能抓住重点，把适用的信息收集起来，把那些对自己无用或作用不大的信息舍弃。只有有针对性、有重点、有选择地采集利用价值大的，符合用户需求的森林资源信息，才能提高森林资源信息管理工作的投入产出效益。

(7)计划性原则

采集的森林资源信息既要满足当前需要，又要照顾未来的发展；既要广辟森林资源信息来源，又要持之以恒、日积月累；不是随意的，而是根据单位的任务、经费等情况制订比较周密详细的采集计划和规章制度。

(8)预见性原则

森林资源信息采集人员要掌握社会、经济和科学技术的发展动态，采集的森林资源信息既要着眼于现实需求，又要有一定的超前性，要善于抓苗头、抓动向。随时了解未来，采集那些对将来发展有指导作用的预测性森林资源信息。

3.1.4 森林资源信息采集的步骤与范围

森林资源信息采集的步骤包括制订周密可行的采集计划、明确采集方法和技术、设计采集提纲和记录表格、实施信息采集、提交采集成果(报告、图、表、信息库)。

森林资源信息采集范围包括三方面，即采集信息内容范围，包括森林植物、动物、微生物、土壤及环境信息等；时间范围，指开始时间、结束时间；地域范围，包括国家、省(自治区、直辖市)、县(市、区、旗)、乡(镇)、村、林场、林班、小班等。

3.2 森林资源信息需求分析与信息采集组织

3.2.1 森林资源信息需求分析

森林资源信息需求分析包括森林资源信息需求用户分析和信息需求内容分析两方面。

3.2.1.1 森林资源信息需求用户

森林资源信息需求用户很多，由于其职务、职称、学历、工作经历、工作岗位、承担的任务等不同，其信息需求不尽相同。

①根据用户所属学科范畴分为社会科学用户、自然科学用户；

②根据用户职业可分为领导人、管理决策者、科学家、技术人员和一般公众用户；

③根据用户信息需求表达情况可分为正式用户、潜在用户；

④根据用户对信息使用情况可分为当前用户、过去用户、未来用户；

⑤根据用户的能力和水平可分为初级用户、中级用户和高级用户；

⑥根据用户信息保证的级别可分为一般用户、重点用户、特殊用户；

⑦根据用户信息服务的方式可分为借阅、复印、咨询、专题用户等。

3.2.1.2 森林资源信息用户需求信息的内容

用户解决问题的不同，对森林资源信息内容的需求级别也不同，可分为以下几种

(1)知识型内容

知识型信息是高级信息，如有关森林生长变化的科技知识、森林资源经营管理决策的知识等，它构成用户“才干”，成为推动工作的动力和用户解决具体问题的条件。

(2)消息型内容

如森林资源经营管理活动的报道、经济市场信息等，它是一种动态信息，供用户决策时参考。

(3)数据、事实与资料型内容

这类信息是比较初级的信息，如各种森林资源调查数据、统计数据以及有关森林资源经营管理组织机构情况、某一事件的记载等，它是静态的，为用户查考某一事实而用，具有重要的参考作用。

3.2.2　森林资源信息采集组织

森林资源信息采集组织包括两方面：一是森林资源信息采集机构的组织；二是森林资源信息采集人员队伍的组织。

3.2.2.1　森林资源信息采集机构

森林资源不仅是一种自然资源，更重要的是一种国家战略资源，森林资源信息的采集必须在林业主管部门的组织下，由具有一定林业调查资质的单位承担。例如，国家森林资源连续清查工作由国家林业局资源司统一组织，并由国家林业局下属的五个林业调查规划设计单位[国家林业局调查规划设计院、中南林业调查规划设计院、华东林业调查规划设计院、西北林业调查规划设计院及昆明林业勘察设计院(原西南林业调查规划设计院)]具体组织实施，再由各省(自治区、直辖市)林业调查规划设计院承担完成各省(自治区、直辖市)的森林资源信息采集工作。森林资源规划设计调查工作则由森林经营单位组织，委托具有一定调查资质的林业调查单位完成。

3.2.2.2　森林资源信息采集队伍

森林资源信息采集工作不仅要有坚强的组织领导保障，还必须有一支精干的调查队伍支撑。对调查队员不仅要求有过硬的政治思想素质和敬业精神，还需要有精湛的专业技能；不仅要有理论知识，还要有实践经验，并在正式开展调查工作之前必须进行系统培训。随着森林资源信息需求的不断增加，特别是有关森林植被信息的增多，对调查人员的物种识别能力要求越来越高，要求在每一调查小组中至少有一位能胜任植物识别的调查员。

3.3　森林资源信息采集方式和方法

由于不同的森林资源信息需求用户要求不同，为满足不同用户的需求，必须采取不同的森林资源信息采集方式和方法。

3.3.1 森林资源信息采集方式

根据森林资源信息用户需求信息的时效性、利用方式、层次、时态、性质、载体、表现形式、成分等不同，采取以下几种森林资源信息采集方式，满足用户需求。

①按森林资源信息需求的时效性　可分为典型采集(一次性采集)，是一种不连续的采集方式，一般在较长时间才采集一次，主要是为了满足一时性需求而组织的采集；线性采集方式也称经常性采集方式，随着被研究对象的变化，连续不断地进行森林资源信息采集，反映森林资源信息变化规律。

②按森林资源信息需求的利用方式　可分为手工采集和联机采集方式。手工采集方式是经过一定的中间环节而获得森林资源信息的采集方式，满足用户的间接需求；联机采集方式是将某种计算装置、测试装置等直接与电子处理系统连接进行的森林资源信息采集方式，满足用户的直接需求。

③按森林资源信息需求的层次　可分为原始(初级)森林资源信息采集和二次(深加工)森林资源信息采集方式。

④按森林资源信息的时态　可分为过去、现在和将来森林资源信息采集方式。

⑤按森林资源信息需求的载体　可分为文字、数值、图形、图像、声音采集方式。

⑥按森林资源信息需求的表现形式　可分为森林资源个体信息和群体信息采集方式。

⑦按森林资源信息需求的分布范围　可分为点、线、面、域森林资源信息采集方式。

⑧按森林资源信息需求的性质　可分为森林资源属性信息和空间信息采集方式。

⑨按森林资源信息需求的组成　可分为森林生物资源信息和森林环境资源信息采集方式。

3.3.2 森林资源信息采集方法

森林资源信息采集方法根据信息获取手段分为目视测定法、目视 + 仪器测定法、仪器测定法；根据测定对象的完整性可分为全林测定法和抽样估测法；根据森林资源信息存在状态分为森林资源现状信息测定方法和森林资源文献资料信息收集方法。

3.3.2.1 目视测定法

目视测定法是指各种森林资源信息(包括直径、树高、材积、蓄积、郁闭度、盖度、坡度等)的测定完全依靠人的眼睛进行目视测定，不借助任何仪器设备。由于在很多情况下，林内的通视条件较差，树干十分高大，采用仪器测定受到很大的限制，常采用目测法，目视测定法的优点是效率高，缺点是测定精度易受人的主观影响。在采用目测法之前，信息采集人员要进行目测测定培训，具体做法是在 25 块以上标准地中进行直径、树高等因子的目视测定实践，当测试信息 80% 以上达到规定精度时，即为培训合格，方可进行实际调查。

3.3.2.2　目视 + 仪器测定法

目视测定方法的效率虽然高，但精度难以保证，一般情况下尽量不使用目视测定方法。在林内通视条件较差，完全依靠仪器测定比较困难时，可采用目视 + 仪器测定的方法。特别是在树高测定中常使用此方法，当树干较高，测高器看不到树冠顶部，测杆又到达不了树冠顶端，就采用下段仪器测定，上段目视测定，二者之和为树高。这种方法的优点也是效率比较高，精度也比较高。缺点仍然是目视测定精度易受主观影响。

3.3.2.3　仪器测定法

仪器测定法是森林资源信息测定中最常用的方法，包括利用围尺测直径、测高杆和测高器测树高、GPS 测树木位置、罗盘仪测坡度坡向等。这种方法的优点是测定的信息精度高，但效率有时较低，受地理环境和林分密度以及仪器设备的重量、价格等影响很大。目前，有的仪器功能很强大、精度也很高，比如全站仪，但因设备过于笨重和复杂，生产上不适用。激光测高仪因价格比较贵和受通视条件限制而制约用户购置，等等。

3.3.2.4　全林测定法

全林测定法是对森林中全部信息采集对象个体的测定因子（包括生物、非生物）一一测定，再求各项因子（粗度、高度、盖度、材积、蓄积、生物量、碳储量、海拔、坡度等）的平均值和总量，这种方法费时费工，在林分分布面积小、组成结构简单的情况下可以考虑，在实际工作中一般不可行。因此，国内外对大范围的森林资源信息采集普遍采用抽样估测的方法。

3.3.2.5　抽样估测法

抽样估测法又称为抽样推断法，也称为参数估计法。就是在调查对象的总体中抽取一定比例的森林地块进行全面调查，再用抽取地块调查所得到的一部分单位的数量特征来估计和推算总体的数量特征。抽样估测法具有花费小、适用性强、科学性高等特点。主要包括标准地法、角规法、样地法、回归估计法等。

(1) 标准地法

标准地法是指用标准地调查获取森林调查因子平均值来估计森林调查因子总体值的方法。标准地是指根据人为判断选出期望代表预定总体的典型地块。标准地法的关键是标准地的设置，包括位置、大小、形状等。

标准地的形状以便于测量和计算面积为原则，一般为方形或矩形或圆形。为充分反映林分结构规律和保证精度，标准地不能跨越林分、小河、道路或伐开的调查线，离林缘至少 20m，还要有足够的林木株数，一般在近熟、成熟和过熟的林分中应至少有 200 株以上，中龄林 250 株以上，幼龄林 300 株以上。实际工作中，预先选定一块 $400m^2$ 的小样方，查数株数，据此推算标准地所需面积。然后测量标准地边界，闭合差不超过 1/200。标准地的四角要埋设界桩，标明编号与测量时间。界外的树干要逐一刮去一块树皮或打上彩色记号，以使整个标准地的边界明确，如图 3-2 所示。永久性标准地应在航片或外业调查用图上标明位置。

图 3-2 标准地调查

最基本的测树调查是每木检尺，即测定标准地内每一株树木的胸高(一般指树干离树基坡上方地面 1.3m)直径，按径阶分组登记。所谓径阶是每木检尺时进行直径分组的组中值。组距的大小依林分平均直径大小的不同而定。在永久性标准地上每木检尺的树木直径采用单株实测值进行登记，不按径阶分组作记录，并对每株树木进行编号，以便再次调查(复查)时作比较。林分平均直径的计算方法是，用每木检尺求算的断面积总和除以株数得出平均单株断面积，再反查圆面积表所对应的直径，或取每木检尺胸径平方平均数的方根。求算林分平均高或径阶平均高，一般可沿标准地对角线随机选取 15 ~25 株树，实测每株树的树高和胸径，根据树高和胸径实测值，在方格坐标纸上用手描法绘出树高—胸径曲线，再根据每木调查计算出的平均直径和各径阶中值，在树高曲线上查出所求结果。这些平均测树指标是选定标准木的依据。在必要时要用伐倒标准木或树木解析木，进行林分蓄积、材种、生长等方面的计算和分析。

(2)角规法

角规法是指用角规调查的每公顷调查因子值推算林分总体值的方法。角规测树是根据角规绕测一周记录的相切和相割立木株数，推算每公顷林分断面积、株数和蓄积量，结合林分地块面积，进而推算林分地块(小班)的断面积、蓄积量和株数，再汇总为林分总体调查因子值(图 3-3)。角规测树的精度取决于两方面：一是角规点的位置；二是角规点的密度。角规点的位置一种是选择有代表性的地段，角规样地相当于标准地。另一种是随机布设角规点，这要求一定的角规点密度，角规点密度与调查地块的大小有关(林业部调查规划院主编，1980)，图斑面积与角规点数的关系见表 3-1。

图 3-3 角规测树

表 3-1　林分图斑面积与角规点数的关系

林分地块面积(hm^2)	-1	2	3	4	5	6	7~8	9~10	11~15	16~
角规点数	5	7	9	11	12	14	15	16	17	18~

(3)样地法

样地法是按照抽样理论，根据调查精度要求和林分的变动情况(变动系数)，确定调查样地的数量，采取随机布设或机械布设样地位置并进行调查的方法。具体的调查因子与标准地调查因子相同。

(4)回归估计法

回归估计法是利用地面实测结果与非地面调查获取的相关信息建立回归关系，通过非地面调查信息推算林分调查因子值的方法。目前此方法用得比较多的是利用遥感图像光谱信息估算林分高、蓄积、生物量等。陈尔学等(2007)进行了基于极化合成孔径雷达干涉测量的平均树高提取技术研究；曾明宇等(2010)进行了基于 ANN 的森林蓄积遥感估测研究。

3.3.2.6　森林资源文献资料收集方法

森林资源信息采集除了采集森林资源现状信息外，还有大量的森林资源文献资料需要收集，收集森林资源文献资料的方法有很多，通过归纳。介绍以下主要方法。

①阅读法　阅读有关的文件、报刊、杂志、图书、资料等，从中获取所需的信息。

②购买法　向各级林业主管部门及所属林业调查规划设计院、科研院所、大专院校等购买有关信息。

③收听法　从广播、电话等获取有关信息。

④询问法　向有关信息源询问获取有关信息，包括当面咨询、电话咨询、网络咨询等方法。

⑤观看法　从电视、录像、电影等获取有关信息。

⑥预测法　用预测方法和技术，分析、预测有关信息。

⑦采集法(现场收集法)　有目的地派专人到有关地区，部门收集有关信息。

⑧书面调查法(问卷调查法)　向森林资源信息拥有者发放书面调查问卷，通过调查问卷的回收，获取相关信息。

3.4　森林资源信息采集技术

森林资源信息采集技术包括森林资源信息获取、传输、处理、存储和综合集成五个方面的技术。森林资源信息采集涉及的具体技术众多，本节介绍一些在科研、生产中常用的技术。

3.4.1　森林资源信息获取技术

森林资源信息获取技术有很多，有单功能技术和多功能技术，单功能技术一次只能完成一项信息的测定，如围尺、轮尺、测高杆等，一次完成直径或树高测定。多功能技术一次往往能完成多个信息的测定，如全站仪，一次可完成直径、树高、材积等测定。

3.4.1.1 轮尺、围尺测定技术

(1) 轮尺(卡尺)

轮尺主要用于测定树木直径。轮尺由固定脚、游动脚和测尺三部分组成，测定立木时将轮尺端平，测定倒木时将轮尺与树干垂直，根据事先要求的直径测定高度位置，将轮尺的固定脚、游动脚与树干紧密结合，然后读取轮尺上的刻度值，对于树干均匀的测定一个方向即可，对树干不均匀的要测定两个相互垂直方向的直径，取其平均值，如图 3-4 所示：

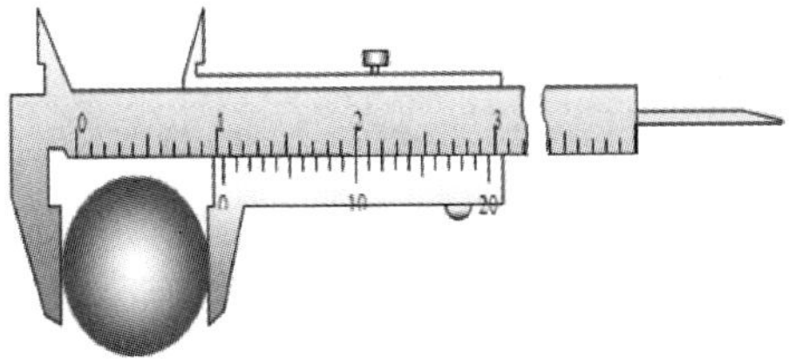

图 3-4 轮尺测直径

(2) 围尺

围尺是树木直径测定最常用的仪器，由一柔软扁平带状材料(金属或非金属材料)和直径刻度或周长刻度构成。测定垂直立木时要求围尺沿树干围成一水平圈，测定倒木或斜木时要求围尺沿树干垂直方向围成一平行圈。然后读取围尺顶端与围尺相交处的刻度值(直径或周长)，如图 3-5 所示。

图 3-5 围尺测直径

3.4.1.2 测高杆、勃鲁莱氏测高器和激光测高器测定技术

(1) 测高杆

顾名思义，测高杆的用途是测定树木高度，这种技术较适合于林内通视条件较差，树干高度不是很高(中幼林)的情况。具体做法是调查员在调查之前准备一根长 2m 或更长的竹竿或木杆或金属杆(现在多采用组合伸缩杆，高度可达数米)，如图 3-6 所示，在其上标注刻度，在调查时，调查员用手举起测杆到达树冠顶部，再加上测高杆底部

到地面的距离，就等于树干的高度。

(2) 勃鲁莱氏测高器测定树高

勃鲁莱氏(Blume · Lies)测高器(图 3-7)是森林资源调查中树高测定常用的仪器，该仪器除可以测定树高外，还可以测定坡度等信息。利用勃鲁莱氏测高器测定树高时，首先是确定测高者的位置，用皮尺等量测测高者与树干的水平距离，将测高者与树干相距 15m、20m、30m、40m 的某个位置确定为测高者位置。其次是测高者手持测高器，按下启动钮，从瞄准孔通过准星仰视树顶看准稍停片刻，等摆针静止时扣紧制动钮读出摆针在刻度盘上相应的数值，即为测高者水平视线以上的树高 h_1(仰视树顶读数)；然后在原地俯视树基，读出同一刻度盘上的数值，即为测者水平视线以下的树高 h_2(俯视树基读数)。第三是计算真实高度，树高 H = 仰视树顶读数 + 俯视树基读数 $= h_1 + h_2$。

几种特殊位置的测高测定：

一是在平地测树高，即测高者站立位置与树基在同一水平时，则俯视读数即为测高者眼高，全树高等于仰视树顶读数 h_1，加上测者眼高 h_2，即

$$H = \text{仰视树顶数} + \text{眼高} = h_1 + h_2$$

二是在坡下测树高，即测高者眼高或水平视线低于树基时，可分两次仰视测得树顶读数 h_1 和树基读数 h_2，则树高 H 等于两次读数之差，即

$$H = \text{仰视树顶读数} - \text{仰视树基读数} = h_1 - h_2$$

这种位置常不易看树顶或误将侧枝之顶作为树顶，故其他位置可测，尽量不要站坡下测高。

三是在坡上测树高，即测高者眼高或水平视线高于树顶时，可分别两次俯视测得树基读数 h_1 和树顶读数 h_2，则树高为两次读数之差，即

$$H = \text{仰视树基读数} - \text{俯视树顶读数} = h_1 - h_2$$

(3) 激光测高器

激光测高器(图 3-8)是近年来快速发展起来的一种测高器，其测高的原理仍然是三角原理，与勃鲁莱氏测高器相比，要简单很多，不需要用皮尺测量测高者与树干之间的水平距离，而是直接通过激光的发射和回收时间计算测高者距树干水平距离及与树基和树冠顶部的距离，以及两个距离之间的夹角，然后仪器自动换算出树干的实际高度。

图 3-6　测高杆

图 3-7　勃鲁莱氏测高器

图 3-8　激光测高器

3.4.1.3 罗盘仪测定技术

罗盘仪是森林环境信息测定常用的仪器(图3-9、图3-10)，特别是手持罗盘仪，既轻便又简单，又能满足常规森林资源调查要求，深受广大用户的青睐。常用罗盘仪(手持罗盘仪)测定坡度、坡向。调查员站在图斑中心位置，手持罗盘仪放水平并与坡向同向，记录罗盘仪指针的方位角，确定坡向；将罗盘仪侧立并使瞄准方向与坡向平行，记录坡度指针的刻度。

图3-9　手持罗盘仪

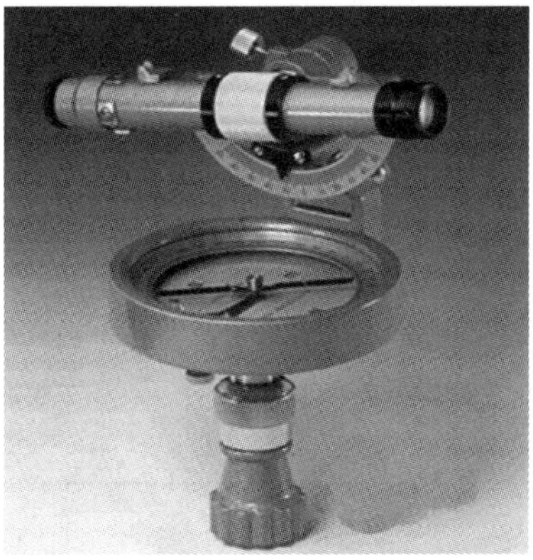

图3-10　固定罗盘仪

3.4.1.4 全站仪技术

全站仪，即全站型电子测距仪(Electronic Total Station)，是一种集光、机、电为一体的高技术测量仪器，是集水平角、垂直角、距离(斜距、平距)、高差测量功能于一体的测绘仪器系统，如图3-11所示。与光学经纬仪比较电子经纬仪将光学度盘换为光电扫描度盘，将人工光学测微读数代之以自动记录和显示读数，使测角操作简单化，且可避免读数误差的产生。因其一次安置仪器就可完成该测站上全部测量工作，所以称之为全站仪。广泛用于地上大型建筑和地下隧道施工等精密工程测量或变形监测领域。

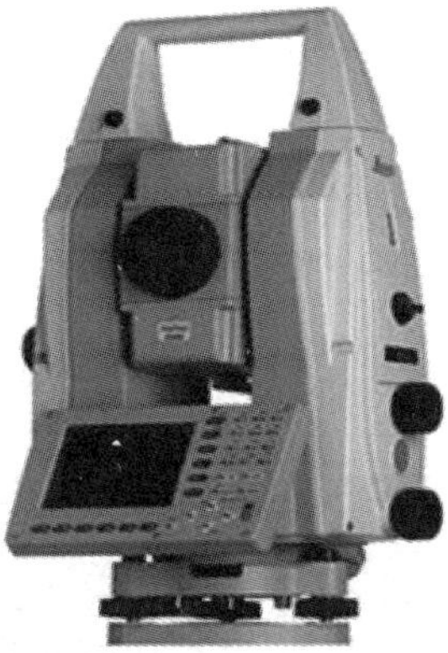

图3-11　全站仪

王智超等(2013)提出全站仪测树一体技术。全站测树是近年来发展的一种高精度测树方法，但全站仪作为基本通用测量仪仪器，未针对测树过程进行相关设计，在外业之后需要大量的内业工作才能得到相关树木生物参数。据此，进行了全站仪测树的内外业一体化方法研究。基于Windows CE平台全站仪，开发了专业测树程序，提出了测树型全站仪的解决方案，并经过实现和检验，成功的解决了全站仪测树内外业一体化的问题。通过改进的全站仪，在森林中一次能完成直径、树高、材积和树冠等多项因子的测定工作。试验结果及精度见表3-2、表3-3。

表 3-2　全站仪测树结果

编　号	树　种	树高(m)	胸径(cm)	材积(m^3)
1	油松	16.306 2	16.4	0.173 6
2	油松	14.384 7	14.3	0.119 5
3	油松	17.895 5	18.1	0.241 1
4	油松	10.155 2	12.0	0.073 3
5	油松	13.532 0	15.6	0.123 0
6	油松	17.789 0	31.0	0.584 1
7	落叶松	19.163 8	22.6	0.388 9
8	落叶松	16.902 2	26.7	0.518 6
9	落叶松	9.519 7	11.9	0.060 4
10	落叶松	8.701 1	8.6	0.026 0

表 3-3　全站仪测树精度

项　目	已知样木	测量值	相对误差(%)
胸径(cm)	15.2	15.0	1.30
树高(m)	5.206 2	5.062 5	2.80
材积(m^3)	0.120 2	0.113 9	5.20

3.4.1.5　土壤采集器测定技术

在传统的土壤样品采集中常用的是剖面环刀技术，如图 3-12 所示，这种技术需要花费很多精力挖掘剖面，同时对周围环境影响很大。为此，人们研制了方便快捷的土壤采集器，包括简易手工型和机械动力型，如图 3-13、图 3-14 所示。具体操作步骤如下：

①将“T”形手柄和一只延长杆，心形土壤钻头，用扳手连接好；

②顺时针旋转“T”形手柄，钻头会缓慢钻入土壤中；

③到达固定深度，可逆时钟旋转“T”形手柄，取出钻头；

④用刮刀从钻头中取出土壤样品，一次采样完成；

⑤使用完毕后用布将所有器材擦干净，放入便携包中。

图 3-12　土壤剖面

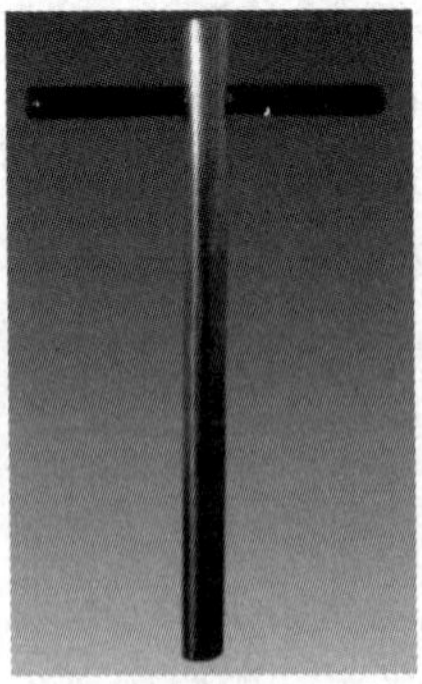

图 3-13　简易土壤采集器

图 3-14　动力土壤采集器

3.4.1.6　RS 技术

1) 遥感应用技术发展概况

遥感(remote sensing)，从广义上说是泛指从远处探测、感知物体或事物的技术。

即不直接接触物体本身，从远处通过传感器探测和接收来自目标物体的信息（如电场、磁场、电磁波、地震波等信息），经过信息的传输及其处理分析，识别物体的属性及其分布等特征的技术（彭望琭，2002）。根据遥感的定义，遥感应用技术系统主要由观测目标、信息获取、信息处理、信息应用四部分组成。

遥感技术主要特点是探测范围广、采集数据快；能动态反映地面事物的变化，获取信息周期短；获取信息受条件限制少；获取的数据具有综合性，获取信息的手段多，信息量大。总之，遥感技术的迅速发展，把人类带入了立体化、多层次、多角度、全方位和全天候地对地观测的新时代。

当前，就遥感的总体发展而言，美国在运载工具、传感器研制、图像处理、基础理论及应用等遥感各个领域（包括数量、质量及规模上）均处于领先地位，体现了现今遥感技术发展的水平。前苏联也曾是遥感的超级大国，尤其在其运载工具的发射能力上，以及遥感资料的数量及应用上都具有一定的优势。此外，西欧、加拿大、日本等发达国家也都在积极地发展各自的空间技术，研制和发射自己的卫星系统，例如，法国的 SPOT 卫星系列，日本的 JERS 和 MOS 系列卫星等。许多第三世界国家对遥感技术的发展也极为重视，纷纷将其列入国家发展规划中，大力发展本国的遥感基础研究和应用，如中国、巴西、泰国、印度、埃及和墨西哥等，都已建立起专业化的研究应用中心和管理机构，形成了一定规模的专业化遥感技术队伍，取得了一批较高水平的成果，显示出第三世界国家在遥感发展方面的实力及其应用上的巨大潜力。

目前，我国遥感技术的应用已经相当广泛，应用深度也不断加强。遥感在地学科学、林业、农业、城市规划、土地利用、环境监测、考古、野生动物保护、环境评价、牧场管理等各个领域均有不同程度的应用，遥感技术也已成为实现数字地球战略思想的关键技术之一，其应用潜力巨大。近十几年来，我国通过科研项目的推动，遥感信息处理技术不断发展，开发了各种遥感图像处理软件系统并成功应用在不同的领域。如遥感数据预处理和标准产品生产系统，包含多种算法的商品化遥感图像处理软件、基于局部网格平台的并行处理试验软件、遥感地学参数反演软件等一系列高性能、网格化计算成果等。这些软件系统的开发和应用，从应用算法的角度，为遥感数据快速处理技术的研究奠定了基本条件。

2）遥感数据源

随着空间科学技术的迅速发展，在现代经济、社会、科技发展的巨大推动下，以及环境、资源问题的巨大压力下，对地观测技术在世界范围掀起一个新的发展高潮。

遥感数据主要来源于航天遥感，航空遥感和地面遥感，特别是高分辨率角用卫星

数据日益丰富。1999 年 9 月，美国空间成像公司（Space Imaging Inc.）发射成功的小卫星上载有 IKONOS 传感器，能够提供 1m 的全色波段和 4m 的多光谱波段，是世界上第一颗商用 1m 分辨率的遥感卫星。21 世纪初期高分辨率数据快速出现，美国 DigitalGlobe 公司发射 QuickBird 卫星，数据分辨率 0.61m，Worldview-1 卫星数据分辨率 0.5m，Geoeye-1 卫星数据分辨率 0.41m；法国的 SPOT5 卫星数据，分辨率 2.5m；美国 OrbView-3 卫星数据，分辨率 1m；日本的 ALOS 数据，分辨率 2.5m；中巴资源卫星 02B，其 HR 数据分辨率 2.36m；以色列的 EROS 卫星数据，分辨率 0.7m。目前，常见航天卫星遥感数据源见表 3-4。

表3-4　常见航天遥感数据源

美洲、非洲	欧洲	亚洲
美国 OBVIEW	法国 PLEIADES	中巴 CBERS
美国 LANDSAT-TM	法国 SPOT	中国 BEIJING-1
美国 LANDSAT-ETM	英国 TOPSAT	中国 HJ 光学卫星
美国 IKONOS	英国 DMC UK	中国 Hangtian TSINGHUA-1
美国 MODIS	德国 TERRASAR	中国台湾 福卫2
美国 NOAA	德国 RAPIDEYE	日本 ALOS
美、日 ASTER	欧洲航天局 ERS	日本 JERS
美国 QUICKBIRD	欧洲航天局 PROBA	印度 IRS CARTOSAT
加拿大 RADARSAT	欧洲航天局 ENVISAT	印度 RISAT
阿尔及利亚 DMCALSAT	俄罗斯 DK-1	印度 RESOURCESAT
南非 R26M	俄罗斯 MONITOR	韩国 KOMPSAT
尼日利亚 DMC NIGERIASAT	意大利 COSMO-SKYMED	以色列 EROS
		土耳其 DMC BILSAT

注：引自仇大海，2008。

遥感技术作为20世纪60年代兴起并迅速发展起来的一门综合性探测技术，凭借其观测范围广、高效率、动态性强、信息丰富等特点，在国民经济的各个行业得到了迅速推广应用，尤其在资源调查、气象与环境监测等领域发挥了重要作用。

3）遥感信息提取技术特点

遥感技术是对地观测的重要手段，而其中的遥感专题信息获取是其应用遥感进行对地观测的前提和基础。如何有效地利用丰富的遥感数据源获取地面专题信息，对于实时利用遥感技术进行监测具有重要的意义。从遥感信息提取方式分，常用的信息提取方法可分为三大类：目视解译、计算机自动信息提取、人机交互信息提取。

（1）目视解译

目视解译是指综合利用图像的影像特征（即波谱特征，包括色调或色彩）和空间特征（形状、大小、阴影、纹理、图形、位置和布局），与多种非遥感信息资料（如地形图、各种专题图）组合，运用其相关规律，进行由此及彼、由表及里、去伪存真的综合分析和逻辑推理的思维过程。最初的目视解译是纯人工在相片上解译，后来发展应用一系列图像处理方法进行影像的增强，提高影像的视觉效果后，在计算机屏幕上解译。因其能达到较高的专题信息提取的精度，尤其是在提取具有较强纹理结构特征的地物时精度高，与非遥感的传统方法相比，具有明显的优势。尽管该方法较费工费时，但由于遥感信息计算机自动提取的难度，仍将在遥感信息提取中长期存在（徐冠华，1996）。遥感影像目视解译过程中，可采用总体观察法、对比分析、综合分析等分析方法。

（2）计算机自动信息提取

由于信息技术的发展，数据海量化已成为当今社会的主要特征，其中，信息的时效性尤为重要。如对于灾害的监测评估来说，更需要在数小时或数天内完成。因此，通过遥感信息的智能化和自动化识别，实现由遥感信息直接提取专题信息，就显得更为重要。目前，计算机自动信息提取，总体上可分为三大类方法：基于灰度统计的遥感信息自动提取、基于知识发现的遥感信息提取、面向对象的遥感信息提取。

①基于灰度统计的遥感信息自动提取　在遥感信息自动提取方面，基于灰度统计的分类方法研究历史最长久，其核心是对遥感图像的分割，其方法有监督分类和非监督分类。

②基于知识发现的遥感信息提取　此为遥感信息提取的发展趋势之所在。其基本内容包括知识的发现、应用知识建立提取模型，利用遥感数据和模型提取遥感信息。基于知识发现的信息提取方法，是一个通过寻求遥感影像与隐藏在数据库中知识关系的一种分类方法。目前的人工神经网络分类、专家系统分类、模糊数学分类、决策树分类等方法，可以说是基于知识发现分类方法的初级阶段。

③面向对象的遥感信息提取　基于像素级别的信息提取以单个像素为单位，过于着眼于局部而忽略了附近整片图斑的几何结构情况，从而严重制约了信息提取的精度，而面向对象的遥感信息提取，综合考虑了光谱统计特征、形状、大小、纹理、相邻关系等一系列因素，因而具有更高精度的分类结果。

(3)人机交互信息提取

人机交互式解译是通过对遥感影像所载荷的信息和人所掌握的关于某专题信息的其他知识、经验进行分析总结，采用计算机分类和人工解译相结合的方式，进行推理、判断和分类的过程。人机交互的信息提取方式是对计算机分类的有益补充，能有效地纠正和调整计算机自动分类的误分现象。

4)遥感在林业中的应用

林业是我国最早应用遥感技术并形成应用规模的行业之一。早在1954年，我国就创建了“森林航空测量调查大队”，首次建立了森林航空摄影、森林航空调查和地面综合调查相结合的森林调查技术体系。1977年，利用MSS图像首次对我国西藏地区的森林资源进行清查，填补了西藏森林资源数据的空白，也是我国第一次利用卫星遥感手段开展的森林资源清查，并在“七五”“八五”期间完成了我国“三北”防护林地区遥感综合调查、西南森林火灾监测。随着对地观测技术和信息技术的迅猛发展，在20世纪90年代的中后期，林业遥感也从小范围的科学研究和试点应用，发展到了规模化业务应用，应用范围涵盖了森林资源调查与监测、荒漠化沙化土地监测、湿地资源监测、森林防火监测等林业建设各领域，为林业部门适时掌握林业资源的状况及变化情况提供了可靠的基础信息。但各业务领域中遥感技术应用的自动化程度较低，还主要依赖人工目视解译的方法。

①森林资源清查　到目前为止，已在第七、八、九次森林资源清查中应用。森林资源清查采用30m中等分辨率的TM、CBERS－CCD等遥感数据，每5年对全国覆盖一次，一方面采用系统抽样点位判读与地面样地调查相结合的方法，实现了清查体系的全覆盖，提高了森林资源调查精度、防止了森林资源清查结果偏估；另一方面采用全面判读区划的方法，制作了各省(自治区、直辖市)以及全国的森林分布图，掌握了全

国森林资源的消长变化空间分布，建成了全国森林资源数据库信息系统，为国家森林经营管理和生态建设提供了大量的决策参考数据。

②森林资源规划设计调查　简称二类调查。目前，应用于森林资源规划设计调查的遥感数据主要有 SPOT5、ALOS、RAPIDEYE 等分辨率较高的数据。主要采用目视判读区划和地面调查相结合的方法，全面掌握森林经营单位的森林资源分布状况和各山头地块的林分因子，为进行合理的造林、抚育、采伐、更新等森林经营管理工作发挥了重要作用。

③林业灾害调查监测与预警　灾害调查包括林火、病虫害调查与监测、灾后损失评估和生态环境评价。为了及时监测评估灾害对当地森林资源造成的影响，以多尺度卫星遥感数据为主要信息源，辅以资源移案数据，结合地面调查，开展森林资源灾害损失调查评估工作，为及时组织抗灾救灾，灾区恢复重建提供决策依据。

遥感技术在森林资源信息采集中的具体应用主要有几方面，一是通过分类或计算机屏幕勾绘，提取森林类型及空间分布，如图 3-15 所示。二是提取树高、株数、材积、蓄积、生物量、碳储量等参数，如图 3-16 所示。利用遥感图像提取树高的技术已有几十年的历史，在 20 世纪 80 年代采用大比例尺航空相片的立体像对在立体镜下量测树干高度；赵宪文等(1991)利用大比例尺航空相片测高估测森林蓄积量的研究。到 20 世纪末 21 世纪初，采用激光雷达遥感的激光达到树冠与到达地面的时间差提取树高。赵 峰等(2009)进行了机载激光雷达和航空数码影像单木树高提取。三是提取地形特征和纹理特征等。

图 3-15　遥感提取森林类型及分布

图 3-16　遥感提取树冠及株数

3.4.1.7　GNSS 技术

GNSS 是 Global Navigation Satellite System 的缩写，意为全球卫星导航系统。它是泛指所有的卫星导航系统，包括全球的、区域的和增强的，如美国的 GPS、俄罗斯的 GLONASS、欧洲的 Galileo、中国的北斗卫星导航系统，以及相关的增强系统，如美国的 WAAS(广域增强系统)、欧洲的 EGNOS(欧洲静地导航重叠系统)和日本的 MSAS(多功能运输卫星增强系统)等，还涵盖在建和以后要建设的其他卫星导航系统。

1) 全球现有的卫星系统

全球现有 4 个系统，即美国 GPS、俄罗斯 GLONASS、欧洲 Galileo 和中国的“北斗”

系统。

美国 GPS 系统由 21 颗工作卫星和 3 颗备用卫星组成。它们分布在 6 个等间距的轨道平面上，卫星的轨道接近圆形，轨道高度为 $2.018\ 36 \times 10^4$ km，绕地球运行周期约 12h。GPS 能覆盖全球，用户数量不受限制。GPS 系统能够连续、适时、隐蔽地定位，一次定位时间仅几秒到十几秒，只要能接收卫星导航信号即可定位，所以可全天候昼夜作业。美国只向外国提供精确度约为 10m 的卫星信号。

俄罗斯 GLONASS 系统拥有工作卫星 21 颗，分布在 3 个轨道平面上，同时有 3 颗备份星。因 GLONASS 卫星星座一直处于降效运行状态，现只有 8 颗卫星能够正常工作。该系统每颗卫星都在 1.91×10^4 km 高的轨道上运行，绕地球运行周期为 11h 15min。

欧洲 Galileo 系统：该系统确定方位的误差仅 1m。是欧洲计划建设的新一代民用全球卫星导航系统，2008 年系统建成并投入运营。按照规划，“伽利略”计划将耗资约 27 亿美元，星座由 30 颗卫星组成。卫星采用中等地球轨道，均匀分布在高度约为 2.3×10^4 km 的 3 个轨道面上，星座包括 27 颗工作星，另加 3 颗备份卫星。

北斗卫星导航系统空间段由 5 颗静止轨道卫星和 30 颗非静止轨道卫星组成，中国计划 2012 年左右，“北斗”系统将覆盖亚太地区，2020 年左右覆盖全球。中国正在实施北斗卫星导航系统建设，已成功发射 16 颗北斗导航卫星。根据系统建设总体规划，2012 年左右，系统将首先具备覆盖亚太地区的定位、导航和授时以及短报文通信服务能力。2020 年左右，建成覆盖全球的北斗卫星导航系统。在 2014 年 11 月 17 日至 21 日的会议上，联合国负责制定国际海运标准的国际海事组织海上安全委员会，正式将中国的北斗系统纳入全球无线电导航系统。这意味着继美国的 GPS 和俄罗斯的“格洛纳斯”后，中国的导航系统已成为第三个被联合国认可的海上卫星导航系统。专门研究中国太空项目和信息战争的加利福尼亚州立大学专家凯文·波尔彼得表示，北斗系统能在其覆盖范围内提供足够精确的定位信息。

2) GPS 简介

GPS 定位系统是由美国国防部于 1973 年开始设计、试验，1989 年 2 月 4 日第一颗 GPS 卫星发射成功，1993 年底建成实用的 GPS 网，即(21 + 3) GPS 星座，并开始投入商业运营的全球定位系统。GPS 定位系统包括以下三大部分：空间部分(GPS 卫星星座)、地面控制部分(地面监控系统)和用户设备部分(GPS 信号接收机)，如图 3-17 所示。

图 3-17 GPS

(1) GPS 卫星星座

在 2×10^4 km 高空的 GPS 卫星，当地球对恒星来说自转一周时，它们绕地球运行二周，即绕地球一周的时间为 12 恒星时。位于地平线以上的卫星颗数随着时间和地点的不同而不同，最少可见到 4 颗，最多可见到 11 颗。在用 GPS 信号导航定位时，为了解算测站的三维坐标，必须观测 4 颗 GPS 卫星，称为定位星座。这 4 颗卫星在观测过程中的几何位置分布对定位精度有一定的影响。

(2)地面监控系统

对于导航定位来说，GPS 卫星是一动态已知点。星的位置是依据卫星发射的星历(描述卫星运动及其轨道的参数)来算得的。每颗 GPS 卫星所播发的星历，由地面监控系统提供。卫星上的各种设备是否正常工作，以及卫星是否一直沿着预定轨道运行，都要由地面设备进行监测和控制。地面监控系统另一作用是保持各颗卫星处于同一时间标准——GPS 时间系统。这就需要地面站监测各颗卫星的时间，求出钟差，然后由地面注入站发给卫星，卫星再由导航电文发给用户设备。GPS 工作卫星的地面监控系统包括一个主控站、三个注入站和五个监测站。

(3)GPS 信号接收机

GPS 信号接收机的任务是：能够捕获到按一定卫星高度截止角所选择的待测卫星的信号，并跟踪这些卫星的运行，对所接收到的 GPS 信号进行变换、放大和处理，以便测量出 GPS 信号从卫星到接收机天线的传播时间，解译出 GPS 卫星所发送的导航电文，实时地计算出测站的三维位置，甚至三维速度和时间。

静态定位中，GPS 接收机在捕获和跟踪 GPS 卫星的过程中固定不变，接收机高精度地测量 GPS 信号的传播时间，利用 GPS 卫星在轨的已知位置，解算出接收机天线所在位置的三维坐标。而动态定位则是用 GPS 接收机测定一个运动物体的运行轨迹。GPS 信号接收机所位于的运动物体(如航行中的船舰，空中的飞机，行走的车辆等)叫做载体。载体上的 GPS 接收机天线在跟踪 GPS 卫星的过程中相对地球而运动，接收机用 GPS 信号实时地测得运动载体的状态参数(瞬间三维位置和三维速度)。

接收机硬件和机内软件以及 GPS 数据的后处理软件包，构成完整的 GPS 用户设备。GPS 接收机的结构分为天线单元和接收单元两大部分。也有的将天线单元和接收单元制作成一个整体，观测时将其安置在测站点上。

3)GPS 定位的基本原理

GPS 定位的基本原理是根据高速运动的卫星瞬间位置作为已知的起算数据，采用空间距离后交会的方法，确定待测点的位置。GPS 在定位时需要 4 颗卫星，形成 4 个方程式，计算出经度和纬度，其过程在 GPS 模块里面完成，然后再根据计算出的经度和纬度并配合电子地图里面的经度和纬度，确定在地图上的位置，或者是根据地面的工作站来定位在地图上的位置。

GPS 卫星的分布，使得在全球的任何地方都能保持良好定位解析精度。根据“三角测量”原理，GPS 定位系统可以输出地面任何地点的位置信息。现在这些位置信息已经广泛地用于大地测量、工程测量、航空摄影测量、地壳运动监测、工程变形监测、精细农业、个人旅游及野外探险、紧急救援和车辆、飞机、轮船的导航与定位等各个领域。

4)GPS 在森林调查和管理中的应用

GPS 在森林调查过程中能快速、高效、准确地提供点、线、面要素的精密坐标，主要在样地的引点定位、野外确定方向、勘测界线、林地面积测量、放样落界、蓄积估算、森林防火、飞机播种造林导航、水源找寻、荒漠化治理和病虫害防治等方面可以发挥其独特的重要的作用。

(1)监测样地的初设与导航复位中的应用

森林调查中使用罗盘仪施测，不仅费时费力，也满足不了数字化林业的需求。利用 GPS 导航功能进行定位，可节省样地定点时间，对样地的布设、复位，将坐标值输入，不再需要用罗盘仪引点，并且位置精确，大大提高工作效率。利用 GPS 复位，多次试验复位率达 100%。利用 GPS 航迹记录和测角、测距功能，广泛应用于山林边界线核定，林权证核发，滥伐、盗伐现场边界测定，成图及森林资源林班、小班区划等方面，减少了工作量，而且精确度高、成图方便，大大提高了效率。在林业调查中，为准确勾绘出小班的面积，利用手持 GPS 沿小班边界绕一周，就能准确生成小班的周界，准确计称小班面积，直接读出经纬度，并可编号储存。

(2)在森林防火中的应用

在发生较大森林火灾时，可利用地形图与 GPS 相结合，定位各火头点，并准确及时地提供火头数、火场面积、火线长度、林火发展方向等火场要素，并将信息报告火场前线指挥部，为前线调整部署和火灾扑救提供科学依据。在规划的责任区内确定航空防火巡查路线，编制巡查航线，把飞行航线输入 GPS 接收机，利用 GPS 导航功能准确引导飞机沿防火巡查路线飞行。在巡查过程中，一旦发现火情，迅速用 GPS 定位，并将火点经纬度数值向指挥中心报告，为森林防火部门部署和火灾扑救提供科学依据。

地面巡查人员根据需要可编制森林防火巡查路线。当地面巡查人员观测到火点，通过通信手段把 GPS 定位的火点经纬度数值报告给防火指挥部门，指挥部在地图上标出火点的位置，综合考虑地形地貌等有关资料，选择确定一条到火点的最佳航线。扑火队将这条最佳航线输入到 GPS 接收机，激活作为当前导航路线。扑火队员充分利用 GPS 导航，按指定的最佳路线进入或撤出火场，既保障了扑火队员的安全，又节省了时间，减少了队员的体力消耗。利用 GPS 的定位功能，可以让指挥部调整火场的兵力部署，增加人员可以借助 GPS 的导航功能，快速到达增援地段。在飞机洒液直接灭火作业情况下，利用 GPS 导航作业，不重复、不遗漏，提高喷洒的效率，同时确保飞行安全。在清理和看守火场过程中，由于天气条件等因素的影响，如出现复燃现象，可通过 GPS 定位并将复燃区地理坐标及时向指挥部报告，为指挥部向复燃地区调派扑火队员提供准确位置。

(3)在造林、经营作业中的应用

利用 GPS 航迹记录功能，在飞播造林中能有效地避免重播和漏播，同时极大地降低了飞播作业难度。另外，利用 GPS 的航迹记录、面积求算等功能，对林地的分布和面积进行记录整理，同时对各种地类进行标注，以便于林业生产管理。在造林检查验收中，可快速定位造林地、核查造林面积等，提高工作效率。

(4)在森林病虫害的监测与防治中的应用

野外调查是林业病虫害调查监测的主要手段。在林业有害生物测报工作中，充分利用 GPS 快速、准确地定位功能，为病虫害测报工作提供准确、可靠的一手资料。采用 GPS 为林业飞防导航，可以减少车辆、人员的使用，降低组织工作的难度，提高工作效率。通过 GPS 进行药物播撒，确保不重不漏，降低防治成本。另外，通过 GPS 进行精确的空间定位，还可以对森林病虫害易发病区进行存点定位，建立档案库。

3.4.1.8 PDA技术

1)PDA概述

PDA(personal digital assistant),即所谓的“个人数字助理”,实际上是一种比笔记本电脑还要小得多的手持式电脑,可以用作电子笔记本处理简单日常业务,或传递电子信息。按照其功能范围可以分为广义和狭义两种,具体如下:广义PDA即通常所说的掌上电脑,这种手持设备兼有计算、网络、传真、电话等多种功能,使得个人信息管理变得尤为方便,网上冲浪、收发电子邮件都可以通过无线方式解决。由于现代信息技术的发展,使得GPS,PAGER,BLOOTH,MP3,IPPHONE等新技术也逐渐融入PDA的设计中。狭义PDA可以称作电子记事本,其功能较为单一,主要是管理个人信息,如通讯录、记事备忘、日程安排、便笺、计算器、录音和辞典等功能,而且这些功能都是固化的,不能根据用户的要求增加新的功能。PDA一般都不配备键盘,而用手写输入或语音输入。当前PDA所使用操作系统主要有Palm OS,Windows CE,Linux,PPSM和EPOC等。工业级PDA主要应用在工业领域,常见的有条码扫描器、RFID读写器、POS机等都可以称作PDA;消费品PDA包括的比较多,智能手机、平板电脑、手持的游戏机等。

PDA的优点是轻便、小巧、可移动性强,同时又不失功能的强大,缺点是屏幕过小,且电池续航能力有限。PDA通常采用手写笔作为输入设备,而存储卡作为外部存储介质。在无线传输方面,大多数PDA具有红外和蓝牙接口,以保证无线传输的便利性。许多PDA还能够具备GPS全球卫星定位系统。它集信息的输入、存储、管理和传递于一体,具备常用的商务办公、娱乐、移动通讯、网络、因特网浏览等电脑功能,而且应用的行业也非常广泛。掌上电脑系统集成度高、稳定性好、操作又方便,在将来大有代替笔记本电脑的趋势,PDA带来的方便与高效性正逐渐被林业部门重视。

2)基于PDA的协同系统关键技术

(1)GPS定位技术

GPS对于面广、量大的林业资源调查与研究中,样地的定位、调查线路的记载、林业经营位置的确定、森林病虫害或森林火灾发生源的定位、林业灾情的调查、林区新建道路的调绘、森林保护定位观察点的设置、珍稀动物的跟踪研究等有着举足轻重的作用。GPS卫星接收机种类很多,根据型号分为测地型、全站型、定时型、手持型、集成型;根据用途分为车载式、船载式、机载式、星载式、弹载式。GPS技术已经发展成为多领域、多模式、多用途、多机型的高新技术国际性产业。对于野外调查工作GPS定位是一种非常符合需要的技术。

(2)Web Service技术

Web Service概念的提出,使用Web标准协议和XML传输数据成为可能,进而实现了松散耦合的远程调用。XML语言使Web Service可以描述自身功能和调用规范。Web传输技术使Web Service可以轻易穿透防火墙并被各种智能设备所调用。Web Service和XML将Web上现有的“信息孤岛”联结起来,提供了软件开发的新思路。

Web Service包含服务发现(discovery)、服务描述(description)、连接格式(wire format)3 个阶段。服务发现阶段是指发现和定位某个服务并获取关于其能力的信息，服务分布者通过一个 XML 格式的 disco 文件提供服务使用者在程序中发现服务的能力；服务描述阶段使用某些语言(例如基于 XML 的 WSDL，Web Service Description Language)获取该服务的调用规范等信息；根据 WSDL 语言中描述的连接格式，采用标准的 Web 协议(如 HTTP-POST、HTTP-GET、SOAP)来实现服务提供者和使用者之间的通讯，包括描述服务、请求服务等。

Web Service 不仅仅为那些使用第三方 Web Service 的应用程序提供了便利，也使发布客户 Web Service 的应用程序具备以下优点：跨平台性；穿防火墙性；企业的互操作性；功能的复用性；服务器的中立性；业务拓展性。Web Service 的良好特性已经应用到电子商务、教育、旅游各种行业，在网络服务中已经成为不可或缺的技术。

(3)数据无线传输技术

由于网络的发达，现在的资讯大部分都是透过网络来传递，企业内部的沟通与数据发送也都是在网络上进行。因此，上网成为现代人每天都要做的事情。除了 Ethernet 及 56kModem 的有线上网方式外，无线通讯将是未来发展的主要趋势。未来的产品将会朝着无线通讯的目标发展，让任何人在任何时间及任何地方都能轻易地连网络，进行资料传输，也因为这个需求，掌上型电脑必须具备无线通讯的能力是明确的趋势。无线接入技术可分为两类：一是基于蜂窝的接入技术，如 GSM、GPRS、CD 等；二是基于局域网的技术，如 IEEF802. 11、蓝牙(Bluetooth)技术等。

3)在林业调查中的应用

(1)森林资源连续清查

森林资源连续清查时，外业图表都储存在 PDA 内，携带、操作十分方便，可在复杂天气情况下工作。PDA 的内置 GPS 功能可直接引导调查人员到所需调查样地复位。需要引线时，可在 PDA 上直接查出明显地物点到样地的方位和距离，避免人工图面量算的误差，大大地提高了定位精度和工作效率。样地调查因子数据能以表格的形式输入 PDA，或开发专用的森林资源连续清查样地数据输入程序。将来 GPS 信号精度提高后，样地测设及样木位置图测绘都可以在 PDA 上利用导航软件来完成，省工省时。

(2)森林规划设计调查

在森林规划设计调查中应用 PDA，不仅具有上述森林资源连续清查的所有特点外，在小班区划和内业作图方面具有更大的优势。小班区划是森林资源二类调查的基础工作，利用导航软件的手工创建航迹功能，可以轻松地在卫片或地形图上完成。外业调绘时，在 PDA 上可以清楚显示调查者在小班中的位置，小班边界修改就变得轻而易举，比地形图现地调绘效率至少提高 2 倍以上，而且精度更高。内业时，只需将 PDA 内的调绘数据复制到台式电脑，直接求算小班面积，对小班标示和颜色进行编辑，就可以直接输出简单的林业专题图。如果需要制作更详细的林业图表，可以输出小班区划的航迹文件，由 ArcInfo 等专业 GIS 软件来处理，比以往由地形图转绘到计算成图，提高工效在 5 倍以上。利用实时追踪功能，还可以合理规划小班调查路线，减少无效路程。

(3)森林灾害调查

调查人员手持 PDA 乘坐飞机在森林火灾或病虫害发生地周边航行，能够实时、快速、准确地测定灾害位置、受灾面积以及周边防护设施的分布情况，为上级有关部门提供决策依据。调查人员也可以手持 PDA 现地定位，测算受灾面积，绘制详细的灾害分布图。

(4) 飞播造林调查规划

飞播造林设计时，调查人员在 PDA 上现地就可以完成飞播造林区范围及飞播航线规划，而且飞播造林区形状不再局限于矩形，减少用种量。飞播时只需把 PDA 交给飞行员，调入飞播航线数据文件，按航线指示飞行即可。到达飞播造林区边沿，软件会用声音和符号提示开始播种，离开飞播造林区后会提示结束播种。飞播过程中可以实时追踪飞行航线，偏离设计航线随时修正，不会出现重播和漏播的现象，大大提高飞播效率。

3. 4. 2　森林资源信息传输技术

随着人类的诞生和发展，信息传输技术也发生了一系列变化，从不同时期信息传输手段的不同特点，可以分为古代信息传输技术、近代信息传输技术和现代信息传输技术。

3. 4. 2. 1　古代信息传输技术

从人类诞生到纸、电、电子等的发明，经历了漫长的岁月，人们的信息传递方式主要有：吼叫、击鼓、结绳、狼烟、跑步、漂流瓶、飞鸽传书、信号弹、风筝、书信等。古代信息传输技术比较常用的有烽火台(图 3-18)、飞鸽传书(图 3-19)、击鼓(图 3-20)等。传播特点：速度慢、不精确、距离短、形式单一。

图 3-18　烽火台

图 3-19　飞鸽传书

图 3-20　击鼓

烽烟和旗鼓曾是古代远距离传播的重要媒介，烽烟用于示警，旗鼓用于指挥进退。中国的《孙子兵法》所说的“言不相闻，故为金鼓；视不相见，故为旌旗”，指的就是这种情况。尽管有这些媒介，文字出现前人类超越面对面传播的能力还是极为有限。人类除了木头、树皮、兽皮或石头上的那些图画以外几乎没有跨越时间的东西。视力、听力和气象条件限制了他们远距离传播的能力。

3. 4. 2. 2　近代信息传输技术

19 世纪中叶以后，随着电话(图 3-21)、电报(图 3-22)的发明，电磁波的发现，人类通信领域产生了根本性的变革，实现了金属导线上的电脉冲来传递信息以及通过电磁波来进行无线通信。1837 年，美国人塞缪尔·莫尔斯研制成功世界上第一台电磁式电报机。1844 年 5 月 24 日，他在国会大厦联邦最高法院议会厅作了“用导线传递消息”

的公开表演，接通电报机，用一连串点、划构成的“莫尔斯”码发出了人类历史上第一份电报：“上帝创造了何等的奇迹!”实现了长途电报通信。1864 年，英国物理学家麦克斯韦建立了一套电磁理论，预言了电磁波的存在，说明了电磁波与光具有相同的性质，都是一光速传播的。1875 年，苏格兰青年亚历山大、贝尔发明了世界上第一台电话机，1878 年在相距 300km 的波士顿和纽约之间进行了首次长途电话实验获得成功。电磁波的发现对人类社会产生了巨大影响，实现了信息的无线电传播，其他的无线电技术也如雨后春笋般地涌现：1920 年，美国无线电专家康拉德在匹兹堡建立了世界上第一家商业无线电广播电台，从此广播事业在世界各地蓬勃发展，收音机成为人们了解时事新闻的方便途径。1933 年，法国人克拉维尔建立了英法之间的第一条商用微波无线电线路，推动了无线电技术的进一步发展。这一时期的信息传输特点是速度快速、信息单一。

图 3-21　电话

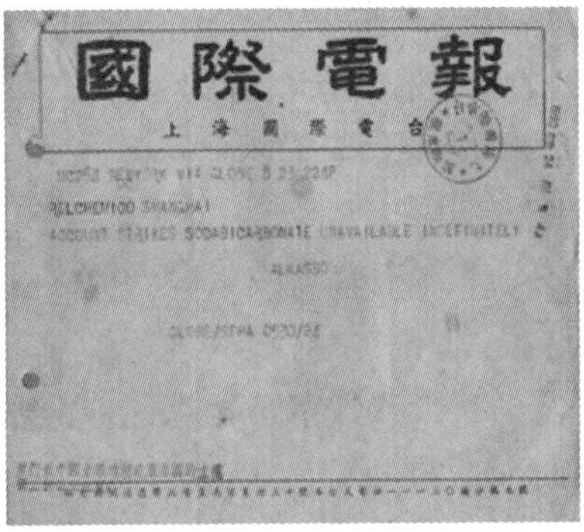

图 3-22　电报

3.4.2.3　现代信息传输技术

(1)现代信息传输技术概述

计算机(图 3-23)、卫星(图 3-24)、网络及无线电(图 3-25)应是现代信息传输的主要方式。19 世纪末发明无线电、20 世纪中叶计算机、人造地球卫星的诞生，20 世纪下半叶网络诞生，为信息传输的快速发展提供了条件。这个时期的信息传输特点是传递的信息量大、信息多样化，传递速度极快、不受地域阻隔。

图 3-23　计算机

图 3-24　卫星

图 3-25　网络

(2)现代信息传输技术在森林资源信息采集中的应用

自 20 世纪 60 年代以来，特别是 80 年代以来，现代信息传输技术在森林资源信息采集中得到广泛应用。计算机已成为森林资源信息采集不可或缺的支撑技术，卫星通讯、互联网和无线网络为森林资源信息采集工作的实施和信息传输提供了重要的技术支撑。

方陆明等(2002)设计开发了杭州市森林资源信息管理网络系统，实现了森林资源信息的发布和交换。江西、福建等省林业部门设计开发了森林资源信息管理网络系统，实现了各县市与省森林资源信息管理部门之间的森林资源信息传递和更新。周龄等(2014)设计开发了基于 SuperMap IS. NET 的鄂托克旗森林资源网络地理信息平台，实现了属性数据和空间数据一体化集成和存储，森林资源的空间数据和属性数据的双向查询，服务定位，地图数据分析与处理，统计分析，专题图制作等功能。

3.4.3　森林资源信息处理技术

森林资源信息的计算机处理技术包括三方面，即计算机信息输入技术、计算机信息编辑技术和计算机信息输出技术。

3.4.3.1　森林资源信息输入技术

森林资源信息很复杂，有数字、文字、声音、视频、图像、图形，有属性信息、空间信息。森林资源信息需求不断增加，森林资源信息计算机输入技术也在不断地发展变化。

传统的计算机信息输入技术较为复杂，最早使用开关来对计算机信息进行输入，通过扳动数量庞大的开关来对数据进行细化，后来在发明了纸带机技术后，通过纸带上的孔数量来对应着字母或数字，通过这种信息让计算机翻译出可处理的信息。键盘最早在1714年由打字机发展而来，在1873年第一台我们现在使用的“QWERT”型商用打字机投入市场，后来又不断进行改进与更新，增加了许多快捷键与音量调节装置，使计算机信息获取更加直接。穿孔卡片法主要是指先用穿孔机把信息记录到卡片上，通过读卡机输入处理系统。穿孔卡片技术与穿孔带技术基本原理一致，通过介质对信息进行存录，经过端口接入到计算机。磁带法是利用表面磁层的磁化方向来对信息进行记录的，是电子信息处理系统中使用频率最多的输入载体，它是一种快捷的信息输入方式。

现代鼠标输入是一种常见的信息输入方式，通过指令计算机可以选择预制好的信息进行输入。随着科技的不断进步，手写输入也开始应用于计算机输入系统中。手写输入主要是指人们通过一定的数字化点定位设备如手写笔、鼠标、数字化仪等书写笔迹进行信息采集转化为数字信息，之后与存储的大量汉字特征进行比对，从而对输入的汉字进行确定，以内码的形式输入给中文平台或软件系统，实现信息输入。在20世纪90年代，手写板非常流行，但随着掌上设备的不断更新，手写输入主要应用于手机、平板电脑的主要信息输入方式。随着信息多样化发展，扫描仪为图片信息的传输提供了思路，通过光学成像技术进行信息收集，与此同时，数码相机技术也可以与计算机直接相连，进行数据的输入。还有就是通过别的计算机、U盘、外置硬盘向计算机导入形式的输入。

3.4.3.2　森林资源信息编辑技术

通过一系列输入技术，将复杂多样的森林资源信息输入计算机，这些信息还不能完全被直接利用，还需要对其进行各种编辑处理，达到森林资源信息利用的要求。森林资源信息处理计算包括以下几方面：

(1)空间信息的几何校正处理

将一些原始图形、图像输入计算机后，往往出现变形，需要进行几何校正。通过野外采集控制点或地形图上选取一定的控制点，对输入的图形图像进行校正(这在遥感图像处理、GIS图形处理中常用)，使数字化图像、图形的每个位置与实际位置相吻合。

(2)空间信息的拓扑关系处理

拓扑是地理要素之间的空间关系，拓扑使GIS软件回答空间元素之间的相离、相邻、包含和相交的问题，对于GIS信息处理和空间分析具有重要的意义。拓扑关系能清楚地反映实体之间的逻辑结构关系，不随地图投影而变化，有助于空间要素的查询。利用拓扑关系可以解决许多实际问题，包括点、线、面、域之间的关系问题。根据拓扑关系可重建地理实体，包括道路、河流、山脉、图斑等。

(3)格式转换处理

输入计算机的森林资源信息，有的格式不满足要求，例如，属性信息通过扫描成图像格式，属性信息不能直接进行各种操作，需要将图像转化为文本、数字等格式。图形通过扫描输入计算机仍然是图像，没有图形所拥有的矢量空间地理要素，也不能进行矢量图形操作，需要进行栅格矢量转化。还有的虽然输入信息是矢量的，但格式不同，比如*.SHP格式需要转化成*.COVERAGE格式等。

(4)空间信息与属性信息的关联处理

当空间信息输入计算机并建立拓扑关系后，所有的空间信息元素还需要赋予自身的属性，而这些属性往往单独输入，需要将属性与空间元素之间进行关联，实现空间信息与属性信息之间的有机连接。

(5)空间信息提取处理

空间信息输入计算机，建立拓扑关系，还需要对点、线、面、域进行进一步处理，提取相应的信息，包括图斑面、图斑中心点坐标、图斑形状等参数。

3.4.3.3 森林资源信息输出技术

森林资源信息输入计算机，并进行一系列处理后，要提交给用户使用，就必须输出。目前主要有显示器、打印机、纸带凿孔、卡片凿孔、音响、投影仪、绘图仪等输出。计算机屏幕和打印机是我们在日常工作与生活中最经常遇到的计算机信息输出设备，屏幕输出主要适用于浏览。打印机通过有线或无线与多台计算机相连，使用一定的驱动程序，完成安装后，就可以实现计算机信息的打印，包括文字信息、图片等，彩色打印机更加先进，实现图片的彩色彩印与文字信息的色彩打印输出，更加符合现代需求。纸带凿孔技术是对传统信息输出方式的改革，大大提高了计算机信息处理后的输出效率。计算机输出的信息通过纸带上的孔进行表示，可以进行长期保存，同时也可以把这些信息再重新输入计算机系统中，实现不断地循环利用。卡片凿孔技术与纸带凿孔技术原理相同，阅读起来更加方便，可以保存与重复利用。现在还可以通过介质(磁盘、U盘、光盘、外置硬盘)导出。

3.4.4　森林资源信息存储技术

3.4.4.1　古代森林资源信息存储技术

由于人的大脑对信息的存储有限，且利用不便，于是人类最早发明了用绳结信息存储技术，后来发展为石器、竹器以及铜、铁等金属器具存储技术。如图3-26～图3-28所示。再后来发展到用造纸术、印刷术、摄影与摄像技术、录音与录像技术等信息存储技术。

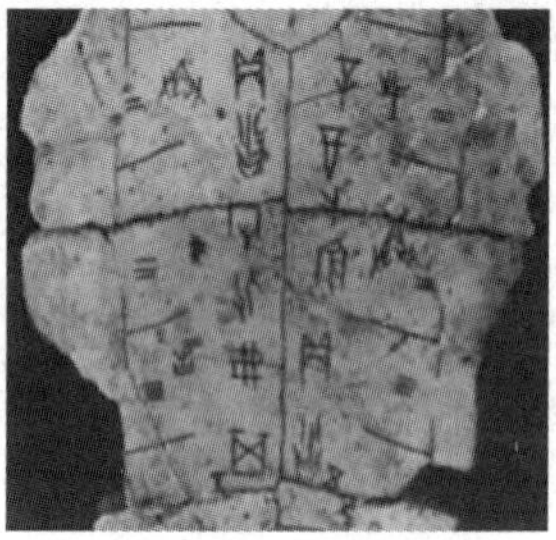

图3-26　甲骨文

图3-27　散氏盘

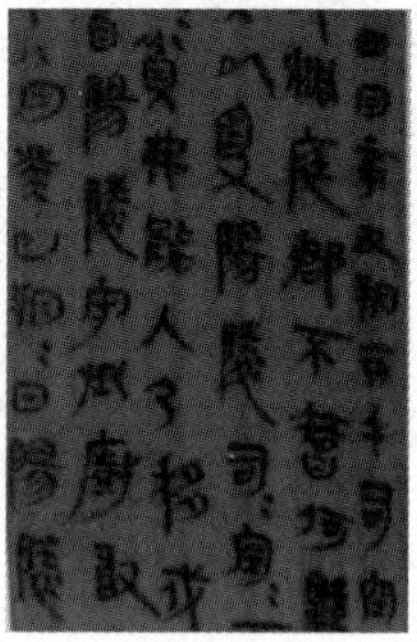

图3-28　竹简

3.4.4.2　现代森林资源信息存储技术

随着信息量的越来越大，信息存储的压力也越来越大，现代信息存储技术产生了磁储存技术、光盘技术、网络存储技术、云存储技术、数据库存储技术、数据仓库存储技术。现代信息存储技术不仅使信息存储高密度化，而且使信息存储与快速检索结合起来，已成为信息工作发展的基础。

1）磁盘存储技术

在林业信息化的建设中，目前利用磁存储技术进行数据存储的比例非常大。对于普通的文件、数据库都是利用磁存储技术存储数据的。

磁存储是利用磁记录介质来存储数据的一种技术。磁记录介质是指涂有薄层磁性材料的信息载体。它的底可分为软性介质磁带或软盘片和硬性介质硬磁盘片两种。而磁头是实现电磁转换的装置。

为了提高磁盘的容量和速度，通常可以采用如下技术。

①采用高密度磁头记录技术　目前磁记录的面密度保持每年递增一倍的势头，已达到2000兆位每平方英寸。据估计，磁记录的面密度将达到10000亿位每平方英寸，线密度可实现每个原子对应一位。这样的容量将为解决海量空间数据存储问题提供物理基础。

②采用低信噪比的信号处理技术　其中包括信号记录的编码方式、读出过程信号的均衡和校验。

③采用精密伺服定位技术　磁道定位技术由传统的磁信号伺服转变为如同光盘一样的光信号伺服。

④采用高密度、低噪音的记录介质技术　如Co，Pt，Cr等介质。

⑤采用不断改进编码技术　如高效图像内嵌编码技术，AVS编码技术等。

⑥采用高速磁盘控制技术　增加数传率的控制方案，增加超高速缓冲 Cache 的容量、串口传送方式，提高主轴转速。

⑦采用高性能智能接口　如 SCSI-3、Ultra 160 SCSI、Ultra 320 SCSI、光纤通道等。

⑧采用并行处理技术　如磁盘阵列技术产生了 RAID、RAIT 等产品。

2）光盘存储技术

对于林业海量数据的存储，今后的发展方向是朝着光学存储方向发展。例如，各种林业信息应用系统使用的光盘，用来存储海量数据的大型的光盘阵列采用光学存储。应用激光的某种介质上写入信息，然后再用激光读出信息的技术称为光存储技术。如果光存储使用的介质是磁性材料，利用激光在磁记录介质上产生热效应存储信息，即称为磁光存储。

光盘存储器是利用激光束在记录表面上存储信息的，因为激光束及反射光的强弱不同，因而可以完成信息的读写。它是非接触型读写性质的存储器，互不磨损，因此信息保存寿命长，可达 30 年之久。利用激光技术记录信息的存储单元（小光点），直径小于 $10^8 b/cm^2$，是现有存储器设备中最高的一种。因此，对于一些需要长期保留的数字地图等林业数据是适宜的选择。

但是光盘存储器写入速度低，I/O 效率不高，不能与主机交换数据时很好地匹配，而目前它比磁带价格要贵，因此在当前的林业数据存储中并不能完全替代磁带机。

为了提高对海量空间数据的存储能力，可以从以下方面改变光盘存储器的性能：

①增大存储器容量　如改进信息记录方式和数据处理技术，研制高密度磁光记录新材料，研制短波长激光器，采用等位密度记录技术，线密度保持不变等。

②缩短存取时间，提高传输率　如实现直接重写，研制快速存取光学头，提高盘片转速等。

3）网络存储技术

网络存储技术（network storage technologies）是基于数据存储的一种通用网络术语。网络存储结构大致分为 3 种：直连式存储（direct attached storage，DAS）、网络存储设备（network attached storage，NAS）和存储网络（storage area network，SAN）。

（1）DAS

DAS 直接附加存储是指将存储设备通过总线（SCSI、PCI、IDE 等）接口直接连接到一台服务器上使用。DAS 购置成本低，配置简单，因此对于小型企业很有吸引力。

DAS 存在问题：

①服务器本身容易成为系统瓶颈。

②服务器发生故障，数据不可访问。

③对于存在多个服务器的系统来说，设备分散，不便管理。同时多台服务器使用 DAS 时，存储空间不能在服务器之间动态分配，可能造成相当的资源浪费。

④数据备份操作复杂。

（2）NAS

在 NAS 存储结构中，存储系统不再通过 I/O 总线附属于某个服务器或客户机，而直接通过网络接口与网络直接相连，由用户通过网络访问。

NAS 实际上是一个带有瘦服务器的存储设备，其作用类似于一个专用的文件服务器。这种专用存储服务器去掉了通用服务器原有的不适用的大多数计算功能，而仅仅提供文件系统功能。与传统以服务器为中心的存储系统相比，数据不再通过服务器内存转发，直接在客户机和存储设备间传送，服务器仅起控制管理的作用。

NAS 使用了传统以太网协议，当进行文件共享时，则利用了 NFS 和 CIFS 以沟通 NT 和 Unix 系统。由于 NFS 和 CIFS 都是基于操作系统的文件共享协议，所以 NAS 的性能特点是进行小文件级的共享存取。NAS 设备是直接连接到以太网的存储器，并以标准网络文件系统如 NFS、SMB/CIFS over TCP/IP 接口向客户端提供文件服务。NAS 设备向客户端提供文件级的服务。但内部依然是以数据块的层面与它的存储设备通讯。文件系统是在这个 NAS 存储器里。

NAS 适用于那些需要通过网络将文件数据传送到多台客户机上的用户。NAS 设备在数据必须长距离传送的环境中可以很好地发挥作用。NAS 设备非常易于部署。可以使 NAS 主机、客户机和其他设备广泛分布在整个企业的网络环境中。NAS 可以提供可靠的文件级数据整合，因为文件锁定是由设备自身来处理的。NAS 应用于高效的文件共享任务中，例如 UNIX 中的 NFS 和 Windows NT 中的 CIFS，其中基于网络的文件级锁定提供了高级并发访问保护的功能。

(3) SAN

SAN 存储区域网络，是一种高速的、专门用于存储操作的网络，通常独立于计算机局域网(LAN)。SAN 将主机(管理 server，业务 server 等)和存储设备连接在一起，能够为其上的任意一台主机和任意一台存储设备提供专用的通信通道。SAN 将存储设备从服务器中独立出来，实现了服务器层次上的存储资源共享。SAN 将通道技术和网络技术引入存储环境中，提供了一种新型的网络存储解决方案，能够同时满足吞吐率、可用性、可靠性、可扩展性和可管理性等方面的要求。

通常 SAN 由磁盘阵列(RAID)连接光纤通道(Fibre Channel)组成(为了区别于 IP SAN，通常 SAN 也称为 FC - SAN)。SAN 和服务器和客户机的数据通信通过 SCSI 命令而非 TCP/IP，数据处理是“块级”(block level)。SAN 也可以定义为是以数据存储为中心，它采用可伸缩的网络拓扑结构，通过具有高传输速率的光通道的直接连接方式，提供 SAN 内部任意节点之间的多路可选择的数据交换，并且将数据存储管理集中在相对独立的存储区域网内。SAN 最终将实现在多种操作系统下，最大限度的数据共享和数据优化管理，以及系统的无缝扩充。

其中，SAN 网络又被细分为 FC - SAN 网络和 IP - SAN 网络。FC - SAN 是直接通过 FC 通道来连接磁盘阵列，数据通过发送 SCSI 命令来直接与硬件进行通信，从而提高了整体的速率。IP - SAN(IP 存储)的通信通道是使用 IP 通道，而不是光纤通道，把服务器与存储设备连接起来的技术，除了标准已获通过的 iSCSI，还有 FCIP、iFCP 等正在制定的标准。

(4) 云存储技术

云存储是在云计算(cloud computing)概念上延伸和发展出来的一个新的概念，是一种新兴的网络存储技术，是指通过集群应用、网络技术或分布式文件系统等功能，将网络中大量各种不同类型的存储设备通过应用软件集合起来协同工作，共同对外提供数据存储和业务访问功能的一个系统。当云计算系统运算和处理的核心是大量数据的存储和管理时，云计算系统中就需要配置大量的存储设备，那么云计算系统就转变成为一个云存储系统，所以云存储是一个以数据存储和管理为核心的云计算系统。简单来说，云存储就是将储存资源放到云上供人存取的一种新兴方案。使用者可以在任何时间、任何地方，通过任何可联网的装置连接到云上方便地存取数据。

云计算是分布式处理(distributed computing)、并行处理(parallel computing)和网格计算(grid computing)的发展，是通过网络将庞大的计算处理程序自动分拆成无数个较小的子程序，再交由多部服务器所组成的庞大系统经计算分析之后将处理结果回传给用户。通过云计算技术，网络服务提供者可以在数秒之内，处理数以千万计甚至亿计的信息，达到和"超级计算机"同样强大的网络服务。云存储的概念与云计算类似，它是指通过集群应用、网格技术或分布式文件系统等功能，网络中大量各种不同类型的存储设备通过应用软件集合起来协同工作，共同对外提供数据存储和业务访问功能的一个系统，保证数据的安全性，并节约存储空间。简单来说，云存储就是将储存资源放到云上供人存取的一种新兴方案。使用者可以在任何时间、任何地方，透过任何可联网的装置连接到云上方便地存取数据。

云存储系统的结构模型由 4 层组成：

存储层是云存储最基础的部分。云存储中的存储设备往往数量庞大且分布多不同地域。彼此之间通过广域网、互联网或者 FC 光纤通道网络连接在一起。存储设备之上是一个统一存储设备管理系统，可以实现存储设备的逻辑虚拟化管理、多链路冗余管理，以及硬件设备的状态监控和故障维护。

基础管理层是云存储最核心的部分，也是云存储中最难以实现的部分。基础管理层通过集群、分布式文件系统和网格计算等技术，实现云存储中多个存储设备之间的协同工作，使多个的存储设备可以对外提供同一种服务，并提供更大、更强、更好的数据访问性能。CDN 内容分发系统、数据加密技术保证云存储中的数据不会被未授权的用户所访问，同时，通过各种数据备份、容灾技术和措施可以保证云存储中的数据不会丢失，保证云存储自身的安全和稳定。

应用接口层是云存储最灵活多变的部分。不同的云存储运营单位可以根据实际业务类型，开发不同的应用服务接口，提供不同的应用服务。例如，视频监控应用平台、IPTV 和视频点播应用平台、网络硬盘引用平台，远程数据备份应用平台等。

访问层。任何一个授权用户都可以通过标准的公用应用接口来登录云存储系统，享受云存储服务。云存储运营单位不同，云存储提供的访问类型和访问手段也不同。

云存储具备以下优势：

①存储管理可以实现自动化和智能化，所有的存储资源被整合到一起，客户看到的是单一存储空间。

②提高了存储效率，通过虚拟化技术解决了存储空间的浪费，可以自动重新分配数据，提高了存储空间的利用率，同时具备负载均衡、故障冗余功能。

③云存储能够实现规模效应和弹性扩展，降低运营成本，避免资源浪费。

5）数据库技术

我国森林资源清查体系始建于1977年，至2013年历经八次复查，所使用的数据库技术也逐步提升，从开始DOS系统下的Dbase，FoxBASE数据库到WINDOWS下的Foxpro数据库，发展到目前的Oracle、SQL Server等数据库。

1989年以前，我国森林资源清查所应用的数据库主要为Dbase，FoxBASE数据库，应用程度也比较简单。此时的森林资源清查内容也比较简单，即样地调查和样木调查；数据库应用也是将森林资源清查中所收集的各种样地调查数据，主要是样地库、样木库、跨角库等以表格的形式存入数据库中，进行简单的查询操作；当时数据库平台硬件多为苹果电脑，数据库的系统为DOS系统。1989年后，随着计算机技术的发展，硬件水平的提高，数据库技术也越来越广泛地应用于森林资源清查，此后Foxpro广泛应用于森林资源清查，Foxpro首次引入了基于DOS环境的窗口技术，并支持鼠标操作，使森林资源数据的存储更加方便和直观。Foxpro2.0推出使用RushmoE查询优化技术及引入SQL结构化设计语言后，森林资源清查各数据的查询和报表的生成更加方便。Windows系统推出后，Foxpro6.0因其简单易用、方便快捷，一直沿用。2004年到目前，因国家对森林资源清查成果和数据处理要求的进一步提高，采用Oracle数据库对资源清查数据进行存储、查询、统计等处理。

当前我国森林资源清查软件是国家林业局华东调查规划设计院以Oracle数据库为基础开发的连清综合信息系统，系统运用Oracle提供的权限管理模式，实行三级用户管理模式：应用程序管理员、普通统计用户和信息查询用户。应用程序管理员可以设置系统运行必需的重要信息和参数；普通统计用户可以调用应用程序管理员已经配置的系统信息和参数，进行数据维护、数据处理、统计分析和报表生成，但无权更改这些信息和参数；信息查询用户只限于查询原始数据和统计结果等，没有更改数据的权限；分权限的用户管理模式提高了系统的安全性和稳定性，同时又提供了极大的灵活性，能够在保证安全的前提下满足不同层次用户的需求。

连清综合信息系统主要有系统设置、数据录入、处理维护、统计分析、导出备份等模块；系统设置包括各清查省总体信息、材积式、逻辑检查、代码库、统计报告控制等重要信息和参数的设置；数据录入包含森林资源清查样地表、样木表、跨角表等20多个表的入库处理，其中包括调查文字、照片等信息的入库存；处理维护包含数据逻辑检查、两遍对照、龄组、林权、土壤等级评定、材积计算等功能；统计分析模块包括数据预处理、数据统计、年平差处理、统计报表间关系检查，此处主要是Oracle SQL的强大数据处理功能进行统计和处理，特别是当全国的数据汇总起来后，数据量非常大，中小型的数据库已难以满足汇总的需求，此功能为系统的核心处理功能；导出备份模块包括原始数据备份为DMP格式、DBF格式及统计表格生成WORD格式；其他模块功能包括数据查询、帮助等功能。

随着数据库技术的发展，特别是近些年来GPS、GIS、RS、SDE矢量数据库、网络、通信等新技术在森林资源清查应用和发展。使数据库在森林资源清查中将有更广泛的应用，在近期内可实现以下几个方面：

①轨迹数据进行数据库管理　GPS为依托采集的轨迹数据，可以通过ARCINFO生成矢量数据，然后通过SDE导入到Oracle数据库中；然后通过ARCINFO中的ARCMAP

配套上地形图或者卫星影像，可直观的反映调查队员调查样地的线路。

②影像数据、矢量数据、图片的数据库管理　将 RS、GIS 处理好的卫星影像数据和矢量数据通过 SDE 导入数据库后，通过数据的管理，不仅大大提高了数据的安全性和稳定性，在处理卫星数据和矢量数据因在严谨的数据库中进行，其操作导致出错的概率减少，查询修改速度都有较大的提高，特别针对海量数据时，使用 Oracle 数据的效率更加明显。

③建立起网络查询管理系统　将森林资源清查的各类数据入库后，基于网络的数据库开发的信息系统将更加直观的体现国家所有清查样地的各类信息。如基于现有的数据库开发出网络版的 GIS 系统，可像 Google Earth 一样在全国任何一个有网络的地方查询到反映我国森林资源清查每个省、每个样地的包括从调查队员个人信息、样地空间信息、样地调查信息到样地照片的各种信息。

④建立起外业指挥管理系统　森林资源清查最重要的特点是连续性，即隔一段时间定期复查前期固定样地。如利用前期采集的轨迹数据、GPS 坐标点数据、地形图、卫星影像数据，利用现有的 GPS 和通信手段，开发出即时通讯和数据库相关的系统，在家即得知外业调查队员的位置，能方便地指挥外业调查队员复位前期调查的样地。

6）数据仓库技术

1993 年，W. H. Inmon（1999）在其《建立数据仓库》一书中提出了数据仓库的概念，目前它被认为是解决 IT 在发展中一方面拥有大量数据，另一方面有用信息却很贫乏的一种综合解决方案。它的定义是“数据仓库是面向主题的、集成的、具有时间特征的、稳定的数据集合，用以支持经营管理中的决策制定过程”。数据仓库具有的 4 个基本特征为：

①数据仓库是面向主题的，主题意指一个分析领域，是在一个较高层次上对数据进行组织、归类的标准。例如，为商场营销建立的数据仓库，所选的主题可能有商品、供应商、顾客等。

②数据仓库中的数据是集成的，数据仓库的数据的来源可分为外部和内部数据，它需要经过清洗，变换成统一的数据结构进入数据仓库。

③数据仓库是稳定的，数据仓库保存的是大量经集成、加工的综合型数据，而不是联机数据。

④数据仓库是随时间变化的，为了适应 DSS 进行趋势分析，数据仓库内的数据随着数据仓库的刷新和数据的增加，它的内容也是变化的。

数据仓库似乎是一个静态的概念，有人可能会把数据仓库简单理解为仅仅是一个大型的数据存储机制，其实这是一种误解。数据仓库的根本任务是把信息加以整理归纳和重组，并及时提供给相应的管理决策人员。数据仓库主要有三个方面的作用（康晓东，2004）：

①数据仓库提供了标准的报表和图表功能，数据仓库的数据是经过汇总归纳的，保证了报表和图表反映的是整个企业的一致信息。

②数据仓库支持多维分析。多维分析是通过把一个实体的多项重要属性定义为多个维度，使得用户能方便地汇总数据集。应用多维分析可以在一个查询中对不同阶段的数据进行纵向或横向比较，这在决策过程中非常有用。

③以数据仓库作为基础，对于数据挖掘来说源数据的预处理将简化很多。由于数据仓库提供了关于整个企业全局的、一致的信息，因此，在数据仓库的基础上进行数据挖掘，就可以针对性对整个企业的状况和未来发展做出比较完整、合理、准确的分析和预测。

④通常在数据仓库创建数据挖掘模型。

森林资源数据仓库是数据仓库技术在林业行业的应用，也是林业行业应用新技术来提高信息管理水平并为林业发展战略规划提供科学依据和信息的有效方式，所以建立基于森林资源的数据仓库系统能够给中高层管理人员提供决策支持。

建立分布式数据仓库较好地满足全国性的森林资源决策的需要。各经营单位根据自己的业务需要建立数据仓库便于数据分析，数据维护也比较方便；全局数据仓库按照总体分析需求，从各局部数据仓库中抽取数据不与各经营单位的业务系统发生联系，转换效率高。各经营单位通过数据的抽取、转换和加载进入自己局部的数据仓库。数据是各森林经营单位为掌握森林资源现状及动态、分析和评价经营活动而进行的资源清查中获取的数据。中心数据仓库是通过 Internet 网络从各个经营单位的局部数据仓库中抽取的为全局战略决策分析需要的数据。通过数据挖掘和 OLAP 分析对森林资源进行统计分析和知识获取，然后以可视化的形式表达给中高层管理人员。用户分析、报表、查询工具是用户进行分析决策使用的工具，因此，其所有操作要非常简单，但提供的功能却要非常强大。

3.4.5　森林资源信息综合采集技术

森林资源信息采集过程包括信息获取、传输、处理和存储四个环节，有的技术具有综合性，可以完成一个以上的信息采集环节，例如，GIS 技术、物联网技术就是如此。

3.4.5.1　GIS 技术

GIS 技术不仅能完成森林资源信息的输入、编辑和输出的处理功能，还具有信息存储的功能。

1）地理信息系统发展概况

地理信息系统（geographic information system，GIS）是一种为了获取、存储、检索、分析和显示空间定位数据而建立的计算机化的数据库管理系统（1998，美国国家地理信息与分析中心定义）。这里空间数据是指采用不同方式的遥感与非遥感手段所获得的数据，它有多种数据类型，包括地图、遥感、统计数据等，它们的共同特点是都有确定的空间位置。地理信息系统的处理对象是空间实体，其处理过程正是依据空间实体的空间位置与空间关系进行的。GIS 由计算机硬件、软件、地理空间数据库、管理应用人员等几个基本部分有机组成。它是一门综合性的管理技术，其优势在于 GIS 的数据综合、地理模拟和空间分析能力。

地理信息系统萌芽于 20 世纪 60 年代初，加拿大的 Roger F. Tomlinson 博士提出要把地图变成数字形式的地图，以便利用计算机处理和分析；60 年代中期，W. L. Garison 提出“地理信息系统”这个术语，国际上最早出现并成功投入正式运行的大型地理信息系统是加拿大地理信息系统(CGIS)，其主要目的是用于处理加拿大土地调查获得的大量数据；进入70年代以后，由于计算机硬件和软件的飞速发展，为空间数据的录入、存储、检索和输出提供了强有力的手段。这一时期GIS技术最重要的进展是人机图形交互技术得到发展，以遥感数据为基础的地理信息系统逐渐受到重视；80年代是地理信息系统发展的重要时期。随着计算机软、硬件技术的发展和普及，地理信息系统也逐渐走向成熟。人们对GIS有了更为广泛和深入的认识，一些公司开始向用户介绍和展示地理信息系统，出现了一大批商品化的地理信息系统软件，如1981年ESRI公司发布的ARC/INFO GIS软件。这些软件提供了良好的用户界面和多种数据接口并提供了二次开发功能。90年代以来，地理信息系统成为高新技术产品被广泛应用，并逐渐成为信息产业的重要组成部分和增长最快的领域之一。随着信息技术的发展，社会对地理信息系统认识普遍提高，地理信息系统已深入到各行各业，成为政府和许多机构必备的工作系统(陈述彭，2002)。

2)地理信息系统的研究内容

目前，从技术上看，地理信息系统的研究内容主要有以下几点：

(1)数据的获取

数据的获取包括数据的采集与输入，即将系统外部的原始数据传输到系统内部，并将它们从外部格式转换为系统能够识别和处理的内部格式存储于系统的地理数据库中。

GIS所需的原始数据分为空间数据和属性数据两类。空间数据是指图形实体数据，常采用的输入方法有键盘输入、利用数字化仪和扫描仪进行数字化和扫描化等。属性数据是指空间实体的特征数据，一般采用键盘输入。现在人们正试图将遥感(RS)、全球定位技术(GPS)和地理信息系统相结合，这就为GIS的数据获取提供了更先进更丰富的手段，遥感数据和图像现已成为了GIS重要的数据来源，而GIS可同时测定空间实体的三维坐标，并可在不同作业和处理方法的支持下达到各种要求的精度，这将推动GIS数据获取技术的发展。

(2)数据的存储与管理

GIS的数据分为栅格数据和矢量数据两大类。数据的存储，即把这些数据以某种形式记录在计算机的内部或外部存储器上，目的是使计算机能够灵活、高效、快速地访问并处理这些数据，关键就在于如何建立记录的逻辑顺序以确定存储的地址。一般而言，GIS系统都采用了分层技术，即根据地图的某些特征，把它分为若干层，整张地图正是所有层的叠加结果。这样用户操作时就只涉及一些特定的层，而不是整幅地图，因而系统能对用户的要求做出迅速反应。另外，随着GIS的发展，在实现多媒体地理信息系统时，如何合理地存储海量的图、文、声信息就成为首先要解决的存储技术难题，目前可考虑的是采用多媒体中的光盘技术，特别是可读写光盘的存储和读取数据的速度不断提高，为地图有声化、图像视频等地理信息系统产品提供了可靠的存储介质保证。

GIS的数据管理包括图形库管理和属性库管理。根据图形数据的几何特点，可将其分为点数据、线数据、面数据和混合性数据4种类型，混合性数据是由点状、线状与面状物体组成的更为复杂的地理构件或地理单元。地图数据的一个重要特点是它含有拓扑关系，即网结构元素中结点、弧段和面元之间的邻接、关联与包含关系等，这是地理实体之间的重要空间关系，它从质的方面或从总体方面反映了地理实体之间的结构关系。图形数据的构模包括矢量数据模型和面片数据模型，而专题属性数据模型一般采用关系数据模型。两者之间的连接方式目前有：专题属性数据作为图形数据的悬挂体、用单项指针指向属性数据、属性数据与图形数据采用统一的结构、图形数据与属性数据自成体系。

(3)数据的处理与分析

数据处理包括两方面工作：一是对输入的数据进行质量检查与纠正，包括图形数据和属性数据的编辑、图形数据和属性数据之间对应关系的校验、空间数据的误差校正等；二是对输入的图形数据进行编辑处理，使其满足地理信息系统的各种应用要求，如对矢量数据的压缩与光滑处理、拓扑关系的建立、矢量栅格数据的相互转化、地图裁减及拼接等。

空间分析是地理信息系统的核心研究内容之一，也是其与计算机辅助设计(CAD)、计算机辅助绘图系统(CAC)的主要区别之所在。空间分析是指根据确定的应用分析模型，通过对空间图形数据的拓扑运算及空间、非空间属性数据的联合运算等各种操作运算来分析一定区域的各种现象，以获得更有效的数据或某一特定问题的解决方案。通过空间分析，GIS可以从已知的地理数据中发现隐含的重要结论，从而回答用户提出的问题。从宏观上看，空间分析主要包括拓扑分析、属性分析、拓扑与属性的联合分析三个方面，主要表现在数据检索及表格分析、叠加分析、缓冲分析及网络分析上。

(4)数据的显示与输出

将用户所需的经GIS处理分析过的图形、数据报表、文字报告、数学数据以用户能够识别的形式灵活地显示出来。可以采用的输出设备有计算机显示器、打印机、绘图仪、照排机等。在输出之前一般还应进行数据校正、误差调整、平版排版及不同系统之间的数据转换等操作。

3)GIS在林业上的应用

GIS的应用从根本上改变了传统的森林资源信息管理的方式，成为现代林业经营管理的崭新工具。近年来，GIS技术在林业领域的应用非常活跃和普及，国内外林业工作者广泛应用GIS进行资源与环境的变化监测、森林资源管理、综合评价、规划决策服务。概括起来，GIS在林业领域的应用研究主要有：森林资源信息管理、森林经营优化决策、森林采伐设计、森林保护等诸多方面。

(1)森林资源信息管理

GIS在森林资源信息管理领域的应用在国外起步较早。早在20世纪80年代，加拿大林业部门在森林资源信息管理方面开始进行大范围的应用。国内基于地理信息子统的各级森林资源信息管理系统的建设工作目前正在开展。

现代森林资源地理信息管理不同于传统的森林资源信息管理，它将空间数据作为一项不可缺少的信息与属性数据进行综合分析处理，克服了单一属性数据分析所带来的缺陷，WINGIS的成功研制并得到较好的应用就是很好的例子(唐小明，1994)。20

世纪90年代以来，我国基于GIS技术开发研制了各种类型、不同尺度的森林资源信息管理系统。省级、县级、林场、乡村各级森林资源信息管理系统在森林资源管理中起到了重要作用。

森林资源信息管理系统主要有4种类型：①独立开发，完全从底层开发，不依赖于任何GIS软件，其特点是针对性强，不足之处是开发难度大、周期长、投资大；②利用GIS通用软件工具来加工和管理用户森林资源数据，其特点为直接用原有GIS通用软件工具，功能全，缺点是针对性差；③在GIS软件的基础上，利用它的二次开发语言进行森林信息管理系统的开发(又称为单纯的二次开发方式)，开发具有特定应用的森林资源信息管理系统，其特点为开发模式简单，但移植性差；④组件式森林资源地理信息系统，其特点是把GIS控件嵌入用户应用程序中，易移植，便于维护，易与专业模型有机结合，而且不用学习专门的二次开发语言。

(2)森林经营优化决策

森林经营优化与辅助决策模型的定量分析为森林经营方案的编制提供更为准确的信息，使森林经营方案更为科学、实用，满足于林业经营管理的需要。把GIS技术与森林经营优化决策模型进行有机结合，将空间数据与属性数据进行综合分析，从而能把优化决策的成果以可视化的方式表现出来，成为森林经营由过去的粗放经营向高度集约经营转变提供可视化技术支持(陈端吕，2002)。

(3)森林采伐设计

应用GIS技术可以把下达采伐限额指标与其数字化图面材料结合起来。对于森林采伐量的空间直观分析就是将采伐预定量落实到小班，应用GIS技术直观地反映到具体地域空间，反映出各种不同的采伐方式和采伐量的地理空间分布。借助GIS分析其相关的地理属性之间的相互关系，从而分析采伐量决策在空间上的合理性，分析采伐进程和空间配置方案与保护生物多样性的影响。

(4)森林保护

利用GIS的数据库功能管理森林病虫害有关的海量空间数据显得十分必要。森林病虫害的发生具明显的空间位置特征，传统的方法不能进行相关的空间分析；同时，病虫害的预测预报、监测评估以及决策支持，都需要大量的空间数据，以及进行大量的空间数据的操作。而GIS正是管理和操作空间数据的先进技术。利用GIS的空间分析技术进行预测预报是森林病虫防治新的研究热点。根据病虫害的发生发展规律，以及与环境生态因子的关系，并结合病虫害专家的知识建立病虫害预测预报模型(武红智，2004)。利用GIS也可对森林病虫害灾情进行评估形成损失报告和损失分布图。基于GIS进行决策支持主要是制定病虫害治理措施及确定到达灾区的最佳路径(孙淑清，2004)，使森林灾情防治和评估更加科学、准确，这将有更加广泛的应用前景。

3.4.5.2　林业物联网技术

人们为了从外界获取信息，必须借助于感觉器官，进而借助各种测量工具，对外界特征进行定量描述。而单靠人们自身的感觉器官以及人工测量，在研究自然现象和规律以及生产活动中它们的功能就远远不够了。为适应这种情况，就需要传感器。因此可以说，传感器是人类五官的延长，又称之为电五官。在利用信息的过程中，首先要解决的就是要获取准确可靠的信息，而传感器是获取自然和生产领域中信息的主要途径与手段。随着通信、网络等信息技术的发展，从单一的借助传感器人工获取信息，逐渐发展为部署无线传感器网络，自动获取观测区域的信息，从而可以从空间和时间两个维度上增加数据的分辨率，为决策提供更为精细的依据。数字地球和互联网技术的迅猛发展，进一步激发了物联网技术的产生，世界将变成物—物相连的世界。

物联网在森林资源信息采集过程中，不仅能完成森林资源信息传输的功能，还具有信息获取的功能。

(1)物联网(Internet of Things)的概念

物联网是通过射频识别(RFID)、红外感应器、全球定位系统、激光扫描器等信息传感设备，按约定的协议，把任何物品与互联网相连接，进行信息交换和通信，以实现智能化识别、定位、跟踪、监控和管理的一种新兴网络。比较通俗地解释是“物物相连的互联网”，这里有两层意思：第一，物联网的核心和基础仍然是互联网，是在互联网基础上的延伸和扩展的网络；第二，其用户端延伸和扩展到了任何物品与物品之间，进行信息交换和通信。

2005年，ITU(international telecommunication union)则从功能和技术角度对物联网的概念做出了解释：从功能上，ITU认为“世界上所有的物体都可以通过因特网主动进行信息交换，实现任何时刻、任何地点、任何物体之间的互联、无处不在的网络和无所不在的计算”；从技术上，ITU认为“物联网涉及射频识别技术(RFID)、传感技术、纳米技术和智能技术等”(陈海明等，2013)。

物联网的本质概括起来主要体现在三个方面：①互联网特征，即对需要联网的物一定要能够实现互联互通的互联网络；②识别与通信特征，即纳入物联网的“物”一定要具备自动识别与物物通信(M2M)的功能；③智能化特征，即网络系统应具有自动化、自我反馈与智能控制的特点(宁家骏，2011)。

(2)物联网体系架构

目前在业界物联网体系架构也大致被公认为有这三个层次，如图3-29：底层是用来感知数据的感知层；第二层是数据传输的网络层，最上面则是内容应用层。在物联网体系架构中；第三层的关系可以这样理解：感知层相当于人体的皮肤和五官；网络层相当于人体的神经中枢和大脑；应用层相当于人的社会分工。具体描述如下。

①感知层 物联网的皮肤和五官——识别物体，采集信息，它包括二维码标签和识读器、RFID标签和读写器、摄像头、GPS等，主要作用是识别物体、采集信息，与人体结构中皮肤和五官的作用相似。

②网络层 物联网的神经中枢和大脑——信息传递和处理，它包括通信与互联网的融合网络、网络管理中心和信息处理中心等，网络层将感知层获取的信息进行传递和处理，类似于人体结构中的神经中枢和大脑。

③应用层 物联网的“社会分工”——与行业需求结合，实现广泛智能化，它是物联网与行业专业技术的深度融合，与行业需求结合，实现行业智能化，这类似于人的社会分工，最终构成人类社会。

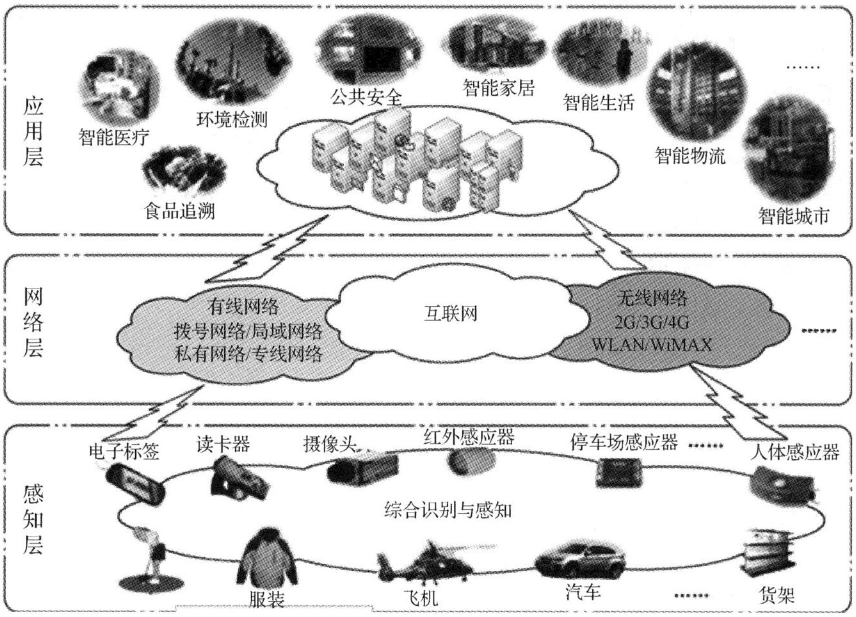

图 3-29　物联网体系结构

(3)传感器

从物联网体系架构来看，物联网系统能够采集什么信息，取决于感知层采用了什么样的感知设备。作为一个整体的物联网，在感知、传输和应用三个层次中，无论如何都离不开传感器，传感器的作用就是把自然的参量变为可应用的电信号，可以说传感器是物联网的基础(郭源生等，2012)。

国家标准 GB/T 7665—2005 对传感器的定义是："能感受被测量并按照一定的规律转换成可用输出信号的器件或装置，通常由敏感元件和转换元件组成。"图 3-30 显示了传感器的组成以及工作过程。其中，敏感元件直接感受被测量，并输出与被测量有确定关系的物理量信号；转换元件将敏感元件输出的物理量信号转换为电信号；变换电路负责对转换元件输出的电信号进行放大调制；转换元件和变换电路一般还需要辅助电源供电。

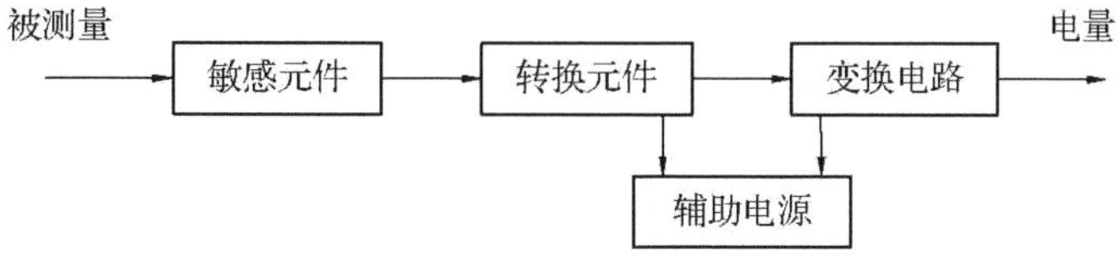

图 3-30　传感器组成

传感器按用途可分为压力敏和力敏传感器、位置传感器、液位传感器、能耗传感器、速度传感器、加速度传感器、射线辐射传感器、热敏传感器。按工作原理可分为振动传感器、湿敏传感器、磁敏传感器、气敏传感器、真空度传感器、生物传感器等。按照输出信号可分为模拟式传感器(将被测量的非电学量转换成模拟电信号)、数字式传感器(将被测量的非电学量转换成数字输出信号)、膺数字传感器(将被测量的信号量转换成频率信号或短周期信号的输出）、开关传感器（当一个被测量的信号达到某个特定的阈值时，传感器相应地输出一个设定的低电平或高电平信号）。

常将传感器的功能与人类5大感觉器官相比拟：

光敏传感器——视觉；

声敏传感器——听觉；

气敏传感器——嗅觉；

化学传感器——味觉；

压敏、温敏、流体传感器——触觉。

森林资源信息采集中常用的传感器（郭源生等，2012；王雪峰，2011；贺庆棠，2000）：

①温度传感器　能感受温度并转换成可用输出信号的传感器。主要用于测量大气温度、土壤温度等要素。

②湿度传感器　能感受湿度并转换成可用输出信号的传感器，主要用于测量大气湿度、土壤水分等要素。

③气敏传感器　一种检测特定气体的传感器。主要用于测量CO_2、CO、O_2、CH_4等气体浓度。

④光敏传感器　是利用光敏元件将光信号转换为电信号的传感器，它的敏感波长在可见光波长附近，包括红外线波长和紫外线波长。主要用于测量可见光（0.4～0.75μm）光照度。

⑤太阳辐射测量仪器　用于测量太阳辐射的仪器，所观测的物理量是"辐射通量密度"，指单位面积、单位时间内通过的辐射能量。主要用于测量太阳直接辐射、分光辐射、短波总辐射、净辐射量等要素。

⑥液位传感器　利用流体静力学原理测量液位，是压力传感器的一种。林业中常用来测量森林土壤水文参数，如土壤径流测量。

⑦红外传感器　是光敏传感器中的一类，利用红外线的物理性质进行测量的传感器，常用于野生动物观测。例如，红外相机用于野生动物图像捕捉，红外热点用于野生动物跟踪、预警。

⑧超声波传感器　利用超声波的特性研制而成的传感器，常用于水文观测，如流速、水位等参数。

⑨遥感传感器　测量和记录被探测物体的电磁波特性的工具，主要用于航天、航空遥感。

⑩视觉传感器　可获取各种分辨率的数字图像或影像，用于野外观测、森林防火预警、林分因子测量等。

(4)传感器网络

传感器网络通常包括传感器节点（sensor node）、汇聚节点（sink node）和管理节点（图3-31），即传感器网络的三个要素是传感器、感知对象和观察者。无线传感器网络就是由部署在检测区域内大量的廉价微型传感器节点组成，通过无线通信方式形成的一个多跳的自组织的网络系统，目的是协作地感知、采集和处理网络覆盖区域中感知的对象信息，并发送给观察者（钱志鸿等，2013）。无线传感器网络综合了传感器技术、嵌入式计算技术、现代网络及无线通信技术、分布式信息处理技术等。

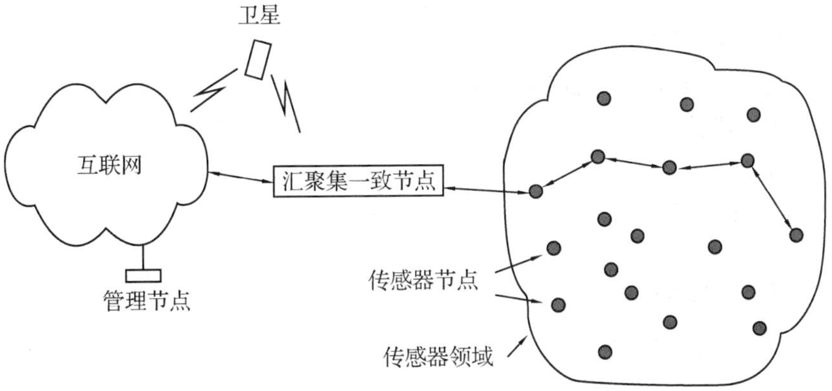

图 3-31　传感器网络示意

简单地说，无线传感器网络对信息的采集是通过部署在采集(观测)区域的传感器节点感知并测量目标区域的数据，并通过自组织网络将数据聚合在汇聚节点，汇聚节点通过无线网络将数据传回到数据管理中心，从而完成数据的采集。

3.5　森林资源信息采集途径

在明确森林资源信息采集的原则、方式、方法和技术之后，通过什么途径获取森林资源信息呢？我国森林资源信息采集的途径主要有 4 种，即森林资源连续清查、森林资源规划设计调查、森林资源作业设计调查和森林资源专项调查。

3.5.1　森林资源连续清查

全国第一次森林资源清查(即“四五”清查)从 1973 年开始，至 1976 年结束。本次森林资源清查采用的标准是原农林部颁布的《全国林业调查规划主要技术规定》，它是以县为单位进行的，侧重于查清全国森林资源现状。从 1977 年江西省试点开始，全国采用森林资源连续清查方法，建立以省为抽样总体的国家森林资源连续清查体系，至 1981 年结束。全国第三次森林资源清查(即第一次连清复查)于 1984—1988 年开展。本次清查采用的标准是原林业部 1982 年颁布的《森林资源调查主要技术规定》。在此期间，共调查了 25 万个样地，其中 14 万个为复位固定样地，11 万个为本次新设的固定样地和临时样地。全国第四次森林资源清查于 1989—1993 年开展。在本次清查开始之初，林业部下发了《关于建立森林资源监测体系有关问题的决定》(即 1989 年第 41 号文)，明确规定：连清体系每 5 年复查一次，连清数据供国家和省两级共享。从第四次清查开始，林业部设立了 4 个区域森林资源监测中心，各省连清的内业统计分析工作分别由 4 个区域监测中心承担。全国第五次森林资源清查于 1994—1998 年开展。本次清查采用的标准是林业部 1994 年颁布的《国家森林资源连续清查主要技术规定》。该技术规定主要将有林地郁闭度的标准从以前的 0.3 以上(不含 0.3)改为 0.20 以上(含 0.20)，以与国际标准接轨。全国第六次森林资源清查从 1999 年开始，至 2003 年结束。在本次清查期内，按照国家林业局资源司下发的《〈国家森林资源连续清查主要技术规定〉补充规定(试行)》和《图像处理与判读规范(试行)》的要求，优化完善了各省连清体系，实现了除港、澳、台以外的全覆盖调查，积极应用“3S”(遥感、全球定位系统、地理信息系统)等新技术，提高了连清体系的科技含量，适时增加了部分调查内容，丰富了连清成果信息。2004—2008 年完成了第七次全国森林资源清查 2010。2009—2013 年完成第八次全国森林情况清查工作。经过近四十余年的实践，森林资源连续清查得到了长足发展，为国家林业决策和森林资源管理提供了宝贵依据，为林业发展和生态建设做出了巨大贡献(陈雪峰等，2004)。

3.5.1.1　目的与任务

国家森林资源连续清查(简称一类清查)是以掌握宏观森林资源现状与动态为目的，以省(直辖市、自治区)为单位，利用固定样地为主进行定期复查的森林资源调查方法，是全国森林资源与生态状况综合监测体系的重要组成部分。森林资源连续清查成果是反映全国和各省森林资源与生态状况，制定和调整林业方针政策、规划、计划，监督检查各地森林资源消长任期目标责任制的重要依据。

国家森林资源连续清查的任务是定期、准确查清全国和各省森林资源的数量、质量及其消长动态，掌握森林生态系统的现状和变化趋势，对森林资源与生态状况进行综合评价。具体工作包括：

①制订森林资源连续清查工作计划、技术方案及操作细则；

②完成样地设置、外业调查和辅助资料收集；

③进行森林资源与生态状况的统计、分析和评价；

④定期提供全国和各省森林资源连续清查成果；

⑤建立国家森林资源连续清查数据库和信息管理系统。

3.5.1.2　调查内容

国家森林资源连续清查的主要对象是森林资源及其生态状况。主要内容包括：

①土地利用与覆盖　包括土地类型(地类)、植被类型的面积和分布。

②森林资源　包括森林、林木和林地的数量、质量、结构和分布，森林按起源、权属、龄组、林种、树种的面积和蓄积，生长量和消耗量及其动态变化。

③生态状况　包括林地自然环境状况、森林健康状况与生态功能、森林生态系统多样性的现状及其变化情况。

3.5.1.3　调查周期

原则上每五年复查一次。每年开展国家森林资源连续清查的省由国务院林业主管部门统一安排。要求当年开展复查，翌年第一季度向国务院林业主管部门上报复查成果。

3.5.1.4　调查总体

森林资源连续清查要求以省为总体进行调查。当森林资源分布及地形条件差异较大时，为提高抽样调查效率和精度，可在一个省内划分若干个副总体，但所划分的副总体要保持相对稳定。

3.5.1.5 总体抽样精度

以全省范围作为一个总体时，总体的抽样精度即为该省的抽样精度(按95%可靠性，下同)；一个省份划分为若干个副总体时，总体的抽样精度由各副总体按分层抽样进行联合估计得到。

(1)森林资源现状抽样精度

①森林面积　凡森林面积占全省土地面积12%以上的省份，精度要求在95%以上；其余各省份在90%以上。

②人工林面积　凡人工林面积占林地面积4%以上的省份，精度要求在90%以上；其余各省份在85%以上。

③活立木蓄积　凡活立木蓄积量在$5\times10^8\mathrm{m}^3$以上的省份，精度要求在95%以上，北京、上海、天津在85%以上，其余各省份在90%以上。

(2)活立木蓄积量消长动态精度

①总生长量　活立木蓄积量在$5\times10^8\mathrm{m}^3$以上的省份要求90%以上，其余各省份为85%以上。

②总消耗量　活立木蓄积量在$5\times10^8\mathrm{m}^3$以上的省份要求80%以上，其余各省份不作具体规定。

③活立木蓄积净增量　应根据总生长量和总消耗量作出增减方向性判断。

3.5.1.6 复位要求

(1)样地复位

固定样地复位率要求达到98%以上。样地复位标准为：样地四个角桩(或坑槽)、四条边界和样地内样木及胸径检尺位置完全复位。但考虑到影响因素的存在，满足下列条件之一者，也视为样地复位：

①复位时能找到定位树或其他定位物，确认出样地的一个固定标桩(或坑槽)和一条完整的边界，分辨出样地内样木的编号及胸径检尺位置，并通过每木检尺区别出保留木、进界木、采伐木和枯损木等。

②前期样地内的样木已被采伐且找不到固定标志，但能确认(如利用前期的GPS坐标)原样地落在采伐迹地内。

③对位于大面积无蓄积的灌木林地、未成林造林地、苗圃地、迹地、宜林地和非林地内的固定样地，复位时虽然找不到固定标志，但仍能确认其样地位置不变。

④对位于急坡和险坡，不能进行周界测设的固定样地，复查时能正确判定两期样点所落位置无误，且地类、林分类型的目测也确定无误。

(2)样木复位

固定样木复位率要求达到95%以上。样木复位标准为：凡固定样地内前期样木的编号及胸径检尺位置能正确确定，并经胸径复测，前期树种、胸径均无错测者为复位样木。考虑到特殊情况的存在，满足下列条件之一者，也视为样木复位：

①能确认前期样木已被采伐或枯死者。

②样木编号能确认，但因采脂、虫害、火灾等因素，引起间隔期内胸径为“负生长”(即后期胸径小于前期胸径)的样木，以及前期树种判定和胸径测量有错的样木。

③样木编号已不能确认，但依据样木位置图(或方位角和水平距)，按样木与其周围样木的相互关系及树种、胸径判断，能确定为前期对应样木者。

3.5.1.7　调查允许误差

①引点定位　标桩位置在地形图上误差不超过1mm，引线方位角误差小于1°，引点至样地的距离测量误差小于1%；用GPS定位时，纵横坐标定位误差均不超过10～15m。

②周界误差　新设或改设样地周界测量闭合差小于0.5%，复位样地周界长度误差小于1%。

③检尺株数　大于或等于8cm的应检尺株数不允许有误差；小于8cm的应检尺株数，允许误差为5%，且最多不超过3株。

④胸径测量　胸径小于20cm的树木，测量误差小于0.3cm；胸径大于或等于20cm的树木，测量误差小于1.5%。

⑤树高测量　当树高小于10m时，测量误差小于3%；当树高大于或等于10m时，测量误差小于5%。

⑥其他　地类、起源、林种、优势树种等因子不应有错。

3.5.1.8　调查方法

1)前期准备

①组织准备　各省林业主管部门成立森林资源连续清查领导小组和办公室，组织调查队伍，成立有关质量管理机构。

②技术准备　各省连清领导小组办公室组织制订工作方案、技术方案和操作细则，并按质量管理要求组织技术培训。

③其他准备　包括调查表格和地形图等图面材料的准备，各种调查工具和仪器的准备，各种调查和规划成果及其他有关资料(如国家一级和二级野生保护植物名录)的收集等。

2)基本方法

森林资源连续清查原则上应采用以设置固定样地(或配置部分临时样地)并结合遥感进行调查的方法。

3)面积测定

各省总面积以国家正式公布使用的控制数字为准。副总体面积应在此控制基础上，用高斯—克吕格坐标控制法求算。复测总体面积除省界更改外，应与前期面积保持一致。总体内各类型面积采用成数估计方法确定。

4)固定样地布设

①固定样地按系统抽样布设在国家新编1∶5万或1∶10万地形图千米网交点上。为

了保证样点的布设做到不重不漏，要尽可能采用GIS等计算机技术。

②固定样地形状一般采用方形，也可采用矩形样地、圆形样地或角规控制检尺样地。样地面积一般采用0.066 7hm²。

③固定样地编号，以总体为单位，从西北向东南顺序编号，永久不变。

④固定样地布设应与前期保持一致。如果改变抽样设计方案或固定样地数量、形状和面积，必须提交论证报告，经区域森林资源监测中心审核后，报国务院林业主管部门审批。

⑤在全国范围内按20km×20km间隔，系统抽取约2.4万个固定样地开展树种调查和植被调查等专项生态状况调查。

5)固定样地标志

①样地标志　样地固定标志应包括：西南角点标桩，西北、东北、东南角的直角坑槽或角桩，西南角定位物(树)，界外木刮皮，以及其他辅助识别标志(如土壤识别坑、中心点标桩和有关暗标)。对于圆形样地，在正东、南、西、北方向边界处应设置土坑等固定标志；对于角规控制检尺样地，除中心点标桩外，还应设置土壤识别坑等辅助识别标志。

样地标志设置应视情况采用明暗结合的方法。为了避免造成对样地的人为特殊对待，应努力探索和引进暗标定位新技术。

②样木标志　样地内所有样木都应作为固定样木，统一设置识别标志，如样木标牌。标牌位置一般应在树干基部不显眼的地方，以防止标志遭到破坏或引起特殊对待。胸高位置可通过画油漆线或其他方法予以固定。

③引点标志　对于接收不到GPS信号或信号微弱、不稳定的样地，应记录引线测量的有关数据和修复引点标志，包括引点桩(坑)和引点定位物(树)，为保证固定样地下期复位提供参照依据。

6)固定样地调查

(1)基本原则

对森林资源连续清查固定样地的调查，应遵循以下基本原则：

①当固定样地落在人力可及的地域内时，必须进行地面调查。

②当固定样地落在干旱地区(包括干旱、半干旱和亚湿润干旱地区)的大面积非林地内，能明确判定样地附近无乔灌植被分布，且采用遥感影像能够准确判别样地地类等有关属性时，可以采用遥感判读方法。

③当固定样地落在人力不可及的林地内时，应采用遥感影像判读样地地类等有关属性和主要的林分特征因子，用遥感判读结果参与统计。当两期遥感判读无明显变化时，样地属性原则上保持不变。

④对于以前的放弃样地，如果因为条件改变而可以采用地面或遥感手段进行调查时，可以参照前3条的有关规定执行。

(2)地面样地定位

①复测样地　根据前期样地位置记录描述(或已经采集的GPS坐标)，采用GPS导航、引线定位和向导带路等多种方法找到固定样地，并采集样地西南角点或中心点的

GPS 坐标值(北京 54 坐标)。应用 GPS 定位时要求以省或地区为单位测定转换参数进行修正或采用静态差分方法，保证定位精度在允许误差以内。

样地定位后，首先要利用保存的标志对周界进行复位，并按固定标志设置要求，修复和补设有关标志。在周界复位时，要认真分析前后期测量误差的影响，仔细寻找前期的固定标志，避免因周界复测产生位移而出现漏测木和多测木。对于圆形样地，要特别注意坡度较大、地形复杂地段的样木测量，充分考虑样木定位的允许误差(特别是水平距测量误差)，尽量防止边界线附近出现漏测木和多测木。样地位置和样地周界原则上必须与前期保持一致，调查人员不得随意改变。

原来的实测样地因特殊原因需要改为目测的，必须严格执行审核审批制度。由调查人员将有关情况逐级上报至省连清办公室，由省连清办报区域森林资源监测中心审核后，再报国务院林业主管部门审批。

②改设、增设、临时样地　当前期固定样地无法复位而必须改设，以及调整抽样设计方案而新增固定样地或临时样地时，均应进行引线地位，但可采用 GPS 辅助确定引点位置，一般要求引点离样点理论位置 50m 以上。样地定位后，要进行周界测量，并按要求设置固定样地标志。

改设样地必须严格进行审核审批。调查人员确实无法对前期固定样地复位时，必须查明原因后及时将有关情况逐级上报至省连清办公室，由省连清办报区域森林资源监测中心审核后，再报国务院林业主管部门审批。

(3)样地因子调查

样地因子调查项目共 61 项，包括：

样地号：总体内布设的各类别样地的统一编号，不允许出现重号或空号，封面和其他页中记载的样地号应相同。

样地类别：根据样地所属类别，用代码填写。

纵坐标：地形图上样地所在千米网交叉点的纵坐标值，填写 4 位数。

横坐标：地形图上样地所在千米网交叉点的横坐标值，填写 5 位数。

GPS 纵坐标：方形样地采集西南角点纵坐标值，圆形样地(含角规样地)采集中心点纵坐标值，填写 7 位数，以 m 为单位，记载到 5m。

GPS 横坐标：方形样地采集西南角点横坐标值，圆形样地(含角规样地)采集中心点横坐标值，填写 8 位数，以 m 为单位，记载到 5m。

县(局)代码：各省县级行政单位采用国家颁发编码，林业单位采用国务院林业主管部门颁布的编码。

地貌：按大地形确定样地所在的地貌，用代码记载。

海拔：按样地所在千米网交叉点(方形样地西南角点或圆形样地中心点)，用海拔仪或查地形图确定海拔值，以 m 为单位，记载到 10m。

坡向：按中地形确定样地所在坡向，用代码记载。

坡位：按中地形确定样地所在坡位，用代码记载。

坡度：按等高线垂直方向测定样地平均坡度，记载到度。

地表形态：调查林地样地地表的形态，用代码记载。

沙丘高度：调查林地样地沙丘的平均相对高度，以 m 为单位，记载到小数点后一位。

覆沙厚度：调查林地样地地表流沙覆盖的厚度，以 cm 为单位，整数记载。

侵蚀沟面积比例：调查林地样地内侵蚀沟面积所占的百分比，记载到1%。

基岩裸露：调查林地样地基岩裸露面积所占的百分比，记载到1%。

土壤名称：调查样地地类所属土类，用代码记载。

土壤质地：调查林地样地的土壤质地，用代码记载。

土壤砾石含量：调查林地样地土壤中砾石所占的百分比，记载到1%。

土壤厚度：调查样地地类所属土类的土层厚度，以 cm 为单位，整数记载。

腐殖质厚度：调查样地地类所属土类的腐殖层厚度，以 cm 为单位，整数记载。

枯枝落叶厚度：调查样地地类上的枯枝落叶层厚度，以 cm 为单位，整数记载。

植被类型：按面积优势法确定样地所属植被类型，用代码记载。植被类型与地类是高度相关的两个因子，调查时应注意其相互关系，避免出现矛盾。当采用按点确定地类时，植被类型与地类的确定对象应保持一致。当地类为疏林地时，其植被类型应根据分布区域和树种属性归入到相应的针叶林或阔叶林中。

灌木覆盖度：样地内灌木树冠垂直投影覆盖面积与样地面积的比例，采用对角线截距抽样或目测方法调查，按百分比记载，记载到5%。

灌木平均高：样地内灌木层的平均高度，采用目测方法调查，以 m 为单位，记载到小数点后一位。

草本覆盖度：样地内草本植物垂直投影覆盖面积与样地面积的比例，采用对角线截距抽样或目测方法调查，按百分比记载，记载到5%。

草本平均高：样地内草本层的平均高度，采用目测方法调查，以 m 为单位，记载到小数点后一位。

植被总覆盖度：样地内乔灌草垂直投影覆盖面积与样地面积的比例，采用对角线截距抽样或目测方法调查，或根据郁闭度与灌木和草本覆盖度的重叠情况综合确定，按百分比记载，记载到5%。

地类：按面积优势法确定样地所属地类，用代码记载。对于前期按点（西南角点或中心点）确定地类的省份，仍可按前期的方法确定地类。

土地权属：确定样地所在土地权属，用代码记载。

林木权属：对于乔木林地、竹林地、疏林地和其他有检尺样木的样地，要求调查林木权属，用代码记载。

森林类别：对于确定为林地的样地，参照各省已有的森林分类经营区划和天保工程区森林分类区划成果确定森林类别，用代码（林种分类代码的前2位）记载。

公益林事权等级和保护等级：对于森林（林地）类别确定为公益林（地）的样地，应利用各省已有的森林分类区划界定资料确定上述两项因子，用代码记载。

商品林经营等级：对于森林类别确定为商品林（地）的乔木林地、灌木林地、竹林地和疏林地，要求根据经营状况调查确定经营等级，用代码填写。

抚育措施：对于已郁闭的乔木林地和竹林地，通过查阅森林抚育规划、设计、实施和验收报告等资料，确定抚育措施，用代码记载。

林种：对于乔木林地、灌木林地、竹林地、疏林地，根据当地林地保护利用规划、森林资源规划设计调查结果和森林经营方案等资料，确定林种，用亚林种代码记载。

起源：对于乔木林地、灌木林地、竹林地、疏林地和未成林造林地，按技术标准调查确定起源，用代码记载。

优势树种：对于乔木林地、灌木林地、竹林地、疏林地和未成林造林地，按技术标准调查确定优势树种(组)，用代码记载。野外调查时，一般可参照断面积的比例确定蓄积量的组成。

平均年龄：对于乔木林、疏林地、人工灌木林地和未成林造林地，应调查记载平均年龄，其中乔木林的平均年龄为主林层优势树种平均年龄。对于人工林，可直接在前期平均年龄基础上加上间隔期长度；对于天然林，不能简单加上间隔期长度，应综合考虑进界木、采伐木和枯死木情况及前后期平均胸径的变化，如果后期平均胸径还小于前期，则年龄也应小于前期。

龄组：对于乔木林，应根据平均年龄与起源确定龄组，用代码记载。对于混交林，龄组的确定应综合考虑主要和次要树种的平均年龄。对于毛竹林地，调查记载竹度。

产期：对经济林，调查产期，用代码记载。

平均胸径：对于乔木林，应根据主林层优势树种的每木检尺胸径，采用平方平均法计算平均胸径，以 cm 为单位，记载到小数点后一位。对于竹林，调查记载平均胸径。

平均树高：对于乔木林，应根据平均胸径大小，在主林层优势树种中选择 3 ~ 5 株平均样木测定树高，采用算术平均法计算平均树高，以 m 为单位，记载到小数点后一位。对于竹林，调查和记载平均竹枝下高。

郁闭度：乔木林地、竹林地或疏林地样地内乔木(竹)树冠垂直投影覆盖面积与样地面积的比例，可采用对角线截距抽样或目测方法调查，记载到小数点后二位。当郁闭度较小时，宜采用平均冠幅法测定，即用样地内林木平均冠幅面积乘以林木株数得到树冠覆盖面积，再除以样地面积得到郁闭度。如果样地内包含 2 个以上地类，郁闭度应按对应的乔木林地、竹林地或疏林地范围来测算。对于实际郁闭度达不到 0. 20，但保存率达到 80%(年均降水量 400mm 以下地区为 65%)以上生长稳定的人工幼林，郁闭度按 0. 20 记载。

森林群落结构、林层结构、树种结构：对于乔木林地、竹林地，要求目测调查上述反映森林结构的因子，用代码记载，其中树种结构等级的确定应与乔木林的优势树种协调一致。确定竹林的群落结构、林层结构、树种结构时，将竹类植物视为乔木树种，其中树种组成按株数和断面积进行综合目测。

自然度：对于乔木林地、灌木林地和竹林地，应调查自然度，用代码记载。

可及度：对于用材林近成过熟林，应按技术标准调查可及度等级，用代码记载。

森林灾害类型和灾害等级：对于乔木林地、竹林地和特殊灌木林地，应调查森林灾害类型，并根据受害样木株数，确定受害等级，分别用相应的代码记载。

森林健康等级：对于乔木林地、竹林地和特殊灌木林地，应按技术标准调查森林健康等级，用代码填写。

四旁树株数：填写样地内达到及未达检尺胸径的四旁树株数之和。未达检尺胸径的四旁树，要求针叶树树高在 0. 3m(北方)或 0. 5m(南方)以上，阔叶树树高在 0. 5m

(北方)或1m(南方)以上。

杂竹株数：调查记载竹林和其他地类中样地内杂竹(胸径≥2cm)总株数。

天然更新等级：对于疏林地、灌木林地(特殊灌木林地除外)、迹地和宜林地，应调查天然更新等级，用代码记载。

地类面积等级：按样地地类的连片面积大小确定面积等级，用代码记载。当连片面积较大且有遥感资料可用时，要尽量采用遥感资料确定。

地类变化原因：对于前后期地类发生变化的样地(包括地类代码未变但地类属性发生过明显改变的样地，如成熟林采伐更新后变成了幼林)，要求调查地类变化原因，用代码记载。

有无特殊对待：在对样地进行各项调查之前，应对样地内和样地周围较大范围内的人为活动情况作对比分析。如果存在人为特殊对待现象，除在调查表中按规定记载外，还应逐级汇报。对于有特殊对待的样地，内业统计时应单独研究处理方案。

调查日期：按公历年月日顺序用6位数记载。如调查日期为2014年8月15日，则记为140815。

各省不能简化其内容和改变顺序，必须严格按所列项目、代码及精度要求详细调查填记。如要增加调查内容，可在61项以后补充。

(4)样地每木检尺

每木检尺对象为乔木树种(包括经济乔木树种)和毛竹(含非竹林样地内毛竹)，其中乔木树种的检尺起测胸径为5.0cm。检尺对象的确定主要考虑林木的形态特征，乔木型灌木树种应检尺，灌木型乔木树种不检尺。大苗移栽造成的新增样木按普通样木调查。对树高可达到5m以上、主干明显且以往各次清查当做灌木不检尺的，均要检尺，并单独编码记载。属于单子叶植物的椰子、槟榔、油棕、棕榈等树种不检尺。经济乔木树种的检尺对象由各省自定，并报区域森林资源监测中心备案。

每木检尺一律用钢围尺，读数记到0.1cm，检尺位置为树干距上坡根颈1.3m高度(长度)处，并应长期固定。

对于附着在树干上的藤本、苔藓等附着物，检尺前应予以清除。

凡树干基部落在边界上的林木，应按等概原则取舍。一般取西、南边界上的林木，舍东、北边界上的林木。

胸高位置不得用锯子锯口或打钉，以防胸高位置生长树瘤而影响胸径测定。可以采用统一的标牌高度来固定胸径测量位置。在人为活动较频繁的地区，原则上不要在胸高位置画明显的红油漆线，以尽量避免造成人为特殊对待。

样木号：固定样地内的检尺样木均应编号，并长期保持不变。样木号以样地为单元进行编写，不得重号和漏号。固定样木被采伐或枯死后，原有编号原则上不再使用，新增样木(如进界木、漏测木)编号接前期最大号续编。当样木号超过999时，又从1号开始重新起编。

立木类型：分别林木、散生木、四旁树，用代码记载。

检尺类型：按技术标准确定样木的检尺类型，用规定的代码记载。对于复测样地，原则上要求全部样木复位。如果样木标牌遭到破坏，应根据样木的位置、树种、胸径等因子通过综合分析进行复位，其中采伐木、枯倒木要确认伐根、站杆、挖蔸坑痕等。

大苗移栽造成的新增样木检尺类型代码为“10”。毛竹(含非竹林样地内毛竹)检尺类型按保留竹(代码 11)和新增竹(代码 12)记载。

树种名称和代码：按技术标准或各省操作细则所列树种(组)调查记载。对于按 20km×20km 间隔系统抽取的约 2.4 万个固定样地，样地内的所有检尺样木应依据各省树种名录进行树种调查，记载具体树种名称。

胸径：开展野外调查前，可事先将前期除采伐木、枯立木、枯倒木和多测木以外的所有样木的胸径全部转抄到前期胸径栏内。条件允许时，可将前期每木检尺数据库中上述样木的样木号、树种代码、胸径等因子直接印制在每木检尺记录卡片上。本期测定的胸径，应与前期胸径对照；对于生长量过大或过小的样木，要认真复核，尤其应注意大径组和特大径组的样木。考虑到胸径的测量误差，对于生长量很小的样木，允许出现后期胸径比前期胸径略小的情况。胸径以 cm 为单位，记载到小数点后一位。本期确定的采伐木、枯立木、枯倒木的胸径按前期调查记录转抄。

采伐管理类型：对于确定为采伐木者，按技术标准确定其采伐管理类型，用代码记载。

林层：确定样木所属林层，用代码记载。对于单层林中的样木，代码 0 可以省略不记。

跨角地类序号：确定样木所在的跨角地类，并用序号记载。跨角地类序号应与跨角林样地调查记录表中的序号保持一致。无跨角地类时，此项不填。

方位角、水平距离：每株样木均应测量方位角和水平距离。方位角以度为单位，水平距离以 m 为单位，均保留 1 位小数(对于角规测树检尺，水平距离保留 2 位小数)。

样木方位角和水平距离的测定，原则上要求以样地中心点为基点。对于地形复杂、不便在样地中心点定位的样木，可以选择四个角点中的任何一个为基点进行定位，但需在记录表中记载清楚。为了提高工作效率，应逐步引进和使用激光测距仪等新设备。

除了用方位角和水平距定位以外，允许探索和采用其他样木定位方法，如坐标方格法等。

备注：补充记载一些有必要说明的信息。如：胸高部位异常，则注明实测胸高的位置；国家Ⅰ、Ⅱ级保护树种和其他珍贵树种、野生经济树种、分叉木、断梢木、同蔸样木等有关信息，均可注明。

样木位置图。为了直观反映样木在样地中的位置，应该根据每株样木的方位角和水平距(或其他定位测量数据)绘制样木位置图。对于样地内有标识作用的明显地物和地类分界线，也应标示在样木位置图上，方便下期样木复位。

(5)其他因子调查

树高测量：对于乔木林样地，应根据样木平均胸径，选择主林层优势树种平均样木 3~5 株，用测高仪器或其他测量工具测定树高，记载到 0.1m。对于竹林地，选择 3 株平均竹，量测胸径、枝下高，其中胸径记载到 0.1cm，枝下高记载到 0.1m。

森林灾害情况调查：对于乔木林地、竹林地和特殊灌木林地，调查森林灾害类型、危害部位、受害样木株数，评定受害等级。

植被调查：在按 20km×20km 间隔系统抽取的约 2.4 万个固定样地上，通过设置样方调查下木、灌木和草本主要种类、平均高度和覆盖度。

样方布设在样地西南角向西 2m 处，大小为 4m×4m。样方的四角应进行固定，样方所代表的植被类型原则上应与样地一致。如果不一致，则按西北角（向北 2m）、东北角（向东 2m）、东南角（向南 2m）的顺序设置植被调查样方。在样方内调查以下因子：

下木（胸径 <5cm、高度≥2m 的幼树）的树种名称、高度、胸径，按树种调查记载。

灌木（含高度 <2m 的幼树）的主要种名称、株数、平均高、平均地径、盖度，按主要灌木种记载。

草本的主要种名称、平均高、盖度，按主要草本种记载。

对样方内的珍稀物种和具有较大开发利用价值物种应调查记载到“样地情况说明”。

更新调查：对于疏林地、灌木林地（特殊灌木林地除外）、迹地和宜林地，应设置样方调查天然更新状况。样方的大小和位置由各省自行规定。

复查期内样地变化情况调查：调查记载样地前后期的地类、林种等变化情况，注明变化原因；确定样地有无特殊对待，并做出有关文字说明。

未成林造林地调查：调查记载造林树种、造林年度、苗龄、造林密度、苗木成活（保存）率和抚育管护措施等。其中：

a. 造林年度：按初始造林的实际年度填写；

b. 苗龄：按造林所用苗木的年龄填写；

c. 造林密度：按造林的初植密度填写，单位为“株/hm^2”；

d. 苗木成活（保存）率：调查时成活苗木株数占初植株数的百分比；

e. 抚育管护措施：按灌溉、补植、施肥、抚育、管护五种措施调查，分别用代码记载（有某项措施其代码为 1，无措施其代码为 2）；

f. 树种组成：按十分法分别记载树种名称和株数比例。

调查卡片记录：固定样地调查必须严格按《国家森林资源连续清查样地调查记录》格式进行调查记载。当条件允许时，应鼓励采用掌上电脑等设备进行野外数据采集。

7）跨角林样地调查

跨角林样地是指优势地类为非乔木林地和非疏林地，但跨有外延面积 0.066 7hm^2 以上有检尺样木的乔木林地或疏林地的样地。如果优势地类也是乔木林地或疏林地，但与跨角的乔木林地或疏林地分界线非常明显，且树种不同或龄组相差 2 个以上，不宜划为一个类型时，也应当跨角林样地对待。跨角林样地除调查记载优势地类的有关因子外，还需调查跨角乔木林地或疏林地的面积比例、地类、权属、林种、起源、优势树种、龄组、郁闭度、平均树高、森林群落结构、树种结构、商品林经营等级等因子，填写跨角林样地调查记录表。表中的跨角地类序号为跨角乔木林地或疏林地的标识号（按面积大小从 1 开始编号），应与每木检尺记录表中的跨角地类序号保持一致；面积比例按小数记载，至少精确到 0.05。

8）遥感判读样地记载

对于符合本条第一款规定的遥感样地，应尽可能参照已有的各种调查和规划资料，对样地的地类属性和主要林分特征因子进行判读。遥感样地需要记载的因子包括地类、林种、起源、优势树种、龄组、郁闭度、公益林事权等级、保护等级、自然度、可及度、地类面积等级及样地因子调查记录表中第 1~12、19、25、31~33 项。有关遥感图像处理与判读方法另行规定。

森林资源连续情况清查记录　见附录一。

3.5.1.9　数据质量控制与处理

1) 调查样地检查

(1) 重要检查项目

①样地固定标志　主要有固定标桩、土壤坑、定位树、周界记号、胸高线、样木标牌等，样地固定标志要符合第三十条的有关规定和各省操作细则的要求。

②样地位置　所有样地均应绘制样地位置图。对于增设与改设样地，引线定位时引点定位误差应小于地形图上 1mm 所代表的距离，引线方位角误差小于 1°，引点至样点的测量距离误差 <1%；用 GPS 直接定位时，纵横坐标定位误差不超过 10 ~ 15m。

③每木检尺株数　大于或等于 8cm 的应检尺株数不允许有误差；小于 8cm 的应检尺株数，允许误差为 5%，最多不超过 3 株。

④胸径测定　胸高直径等于或大于 20cm 的树木，胸径测量误差小于 1.5%，测量误差大于 1.5% ~3.0% 的株数不能超过总株数的 5%；胸径小于 20cm 的树木，胸径测量误差小于 0.3cm，测量误差大于 0.3cm 及小于 0.5cm 的株数不允许超过总株数的 5%。

⑤地类的确定不应有错。

(2) 次重要检查项目

①样地周界测量　增设与改设样地周界测量闭合差应小于 0.5%，复测样地周界长度误差应小于 1%。如果因为周界测量超过误差导致出现漏测木和多测木，应按重要项目中的每木检尺株数要求进行评定。

②权属、起源、林种、优势树种、植被类型等的确定不应有错。

③森林群落结构、林层结构、树种结构、自然度、森林健康等级、森林类别、公益林事权等级、保护等级、商品林经营等级等的确定不应有错。

④样地号、样地类别、纵横坐标、县代码及样地所在的省、地、县、乡、村填写正确。

⑤正确界定样木的立木类型和检尺类型，出错率不大于 1%。

⑥根据样木方位角和水平距正确绘制固定样木位置图，标明样木编号，样木相对位置的出错率不大于 3%。

⑦跨角林样地调查记录正确无误，四旁树株数和竹林株数误差不大于 3%。

⑧准确记载固定样地在间隔期内有无特殊对待，正确界定地类变化原因。

(3) 其他项目

①树高测定：当树高为 10m 以下时应小于 3%，10m 以上时应小于 5%。

②林分年龄与龄组：增设和改设样地的最大年龄误差为一个龄级；复测样地的最大年龄误差为间隔期年数。龄组确定不应有错。

③郁闭度、灌木覆盖度、草本覆盖度、植被总覆盖度，测定误差应小于 0.10 或 10 个百分点。

④平均直径、平均树高、可及度、森林灾害类型、森林灾害等级、天然更新等级、地类面积等级等的填写不允许有错。

⑤地貌、海拔、坡向、坡位、坡度、土壤名称、土壤厚度、腐殖质厚度、枯枝落叶厚度、土壤质地、土壤砾石含量、地表形态、沙丘高度、覆沙厚度、侵蚀沟面积比例、基岩裸露及其他调查因子与调查内容填写正确无漏。

凡能满足上述规定要求的项目为合格，否则项目为不合格。

(4)检查样地数量

①外业检查　省级质量检查的样地数量应占样地总数的5%以上，各区域森林资源监测中心检查的样地数量应占样地总数的1.5%以上。

②内业检查　内业阶段各项工作应进行全面检查，检查重点是样地调查记录卡片。各调查工组应对所完成的样地调查卡片进行全面复核，同一县或同一小队的调查工组应交换卡片互检，并在此基础上由省级专职检查人员进行100%检查。省级检查通过后，再交区域森林资源监测中心进行100%检查。

(5)检查方法

①质量检查一般采用原调查方法进行检查。

②质量检查人员所检查样地的确定，既要考虑随机性，又要具有针对性。原则上各地(州、市)、县(市、区、旗)的检查样地数量应与所分布的样地数成正比。应以林地(尤其是有检尺样木的林地)和地类发生变化的样地作为检查重点，并适当抽取部分处于偏远地区的样地；同时尽量减少与前期检查样地的重复，逐步扩大检查样地的覆盖面。检查样地一方面要保证尽可能客观反映其调查质量，另一方面要达到发现问题、解决问题、提高质量的目的。区域森林资源监测中心检查的样地，应与省级检查过的样地有20%左右重复。

③外业检查可由被检查人员陪同检查人员到现场进行，检查时应尽量使用原用仪器和测量工具；内业检查由被检查人员提供成品交检查人员检查。

④外业检查应在外业调查的前、中、后期均匀开展，并认真做好前期的技术指导工作；内业检查应于某一工序完成之后进行，前一工序的不合格产品，不允许进入下一个工序。

⑤外业检查一经发现不合格样地，原则上需扩大检查；若扩大检查的样地仍然不合格，则被检查工组前一阶段所完成的样地应全部返工。内业卡片检查发现问题，原则上应由原调查人员负责处理；对于影响较大且无法内业解决的问题，应责令原调查人员重返现地进行补充调查，并加强监督。

⑥各项检查都必须作好检查记录，并按有关规定进行质量评价。检查工作结束后应提交质量检查报告。

⑦调查卡片经省级质量检查人员100%检查通过后，应及时转交给区域森林资源监测中心进行检查验收，并认真办理交接手续。

(6)检查质量评定

①外业调查质量评定　区域森林资源监测中心和省级质量检查人员应根据外业检查内容和评定标准，对每个检查样地的质量做出评定，并计算出外业调查的样地合格

率。样地按以下标准评定为合格、不合格两类：

合格样地：重要项目必须全部合格，次重要项目只能错 1 项，其他项目只能错 3 项，达到以上要求者评定为合格样地。

不合格样地：达不到上合格标准的样地评定为不合格样地。

②卡片验收质量评定　质量检查人员应对全省的样地调查卡片进行 100% 检查，对每个样地卡片的质量进行评定，并计算出卡片验收的样地合格率。样地卡片按以下标准评定为合格、不合格两类。

合格：样地调查记录完整无缺，样地因子调查记录表(含跨角林样地调查记录表)、样地每木检尺记录表中各项记录明显错误在 2 处以下(含 2 处)，则该卡片质量评为合格。

不合格：样地调查记录不完整，样地因子调查记录表(含跨角林样地调查记录表)、样地每木检尺记录表中各项记录明显错误在 3 处以上(含 3 处)，则该卡片质量评为不合格。

③调查质量综合评定　按外业调查质量占 70%、卡片验收质量占 30%，对全省森林资源连续清查质量进行综合评定。质量等级按综合合格率高低评定为优、良、可、差四等。

优：合格率≥95%；

良：合格率 85%~94%；

可：合格率 75%~84%；

差：合格率<75%。

2) 调查记录检查

(1) 样地调查因子的检查

①样地调查各项因子均应按规定要求记载，不得漏项。

②样地号是唯一的，样地号和样地坐标不允许有任何差错，样地号必须与样地坐标一一对应，纵、横坐标不允许采用只填尾数的省略写法。

③地类是整个样地中最重要的因子，不允许有错，因为它在很大程度上决定了其他有关的调查内容。如乔木林地、竹林地，应同时填写权属、林种、起源、优势树种、平均年龄、龄组、平均胸径、平均树高、郁闭度等。

④样地因子之间的逻辑检查。例如，地类为乔木林地，则郁闭度应大于等于 0.20；地类为疏林地，则郁闭度应在 0.10 ~0.19 之间；样地为用材林近成过熟林，则可及度不能空等。

⑤前后期样地因子的对照检查。若地类、林种、权属、起源、平均年龄、龄组、优势树种等发生变化，必须结合样木记录和样地特征记录进行分析。

(2) 每木检尺记录的检查

①基本要求

a. 参加统计的前后期样地每木检尺卡片，均需用计算机逐样地逐株对照检查。

b. 样木号、立木类型、检尺类型、树种、胸径、采伐管理类型、林层、跨角地类序号、材积式编号、方位角、水平距均应填写完整。

c. 复测样地前期每株活样木(不包括采伐木、枯立木、枯倒木和多测木)后期都必须有去处。

d. 样木号不能出现重号。

e. 要特别加强对同时出现漏测木、错测木、采伐木、枯倒木样地的内外检查，这类样地的样木复位可能存在问题，要认真了解情况，必要时需到现地复核。

②出现异常情况的处理原则

a. 当树种填写不一致时，以复查为准，记树种错测木。

b. 若出现重号样木，应将较小的样木增加一个编号(数据库以该号为准)，并在备注栏中说明野外标牌号码。下期复查时，应根据本期备注栏中的标牌号改成同数据库中的编号一致。

c. 加强对胸径生长量的检查。胸径生长量为负值的样木不能一概确定为胸径错测木，胸径生长量过大(如年均超过 1cm)的样木要认真分析，尤其应加强对大径组与特大径组样木的检查。对于胸径生长量异常(一般按 2 ~ 3 倍标准差判定)的保留木，要当成胸径错测木处理。

(3) 数据输入过程监控

样地调查卡片经全面检查验收后，才能输入计算机。数据输入必须严格按双轨制作业，以杜绝或尽力减少数据输入错误。

在条件允许时，可采用便携式计算机在野外或驻地输入样地调查数据。

(4) 逻辑检查

逻辑检查在数据输入完成后利用计算机进行。逻辑检查分为三个部分：

①样地、样木因子的取值范围　每个因子都有一定的取值幅度，检查样地、样木因子调查数据是否在取值范围内。

②样地因子之间、样地因子与样木因子之间的逻辑关系　许多样地因子之间及样地因子与样木因子之间都存在逻辑关系，这些关系不能存在矛盾。例如，优势树种与平均年龄和龄组之间的逻辑关系；郁闭度与乔木林地、竹林地和疏林地的关系；灌木覆盖度与灌木林地和宜林地的关系；样木蓄积与优势树种之间的关系等等。

③前后期样地、样木因子之间的逻辑关系　检查前后期样地、样木因子之间是否存在矛盾。例如，地类有变化，地类变化原因是否缺项或错误；前期所有活样木后期是否都有去向，后期的复位木是否都能与前期样木一一对应等。

以上逻辑检查如发现错误，必须进行认真分析，并在慎重考虑各种关系后再妥善修正。在数据库中修正了逻辑关系后，也要同时在样地调查卡片上进行改正。

3) 立木材积估计

森林资源连续清查应统一使用各省根据部颁 LY/T 1353—1999《立木材积表》导算的一元立木材积表估计材积。

4) 数据预处理

(1) 目测样地处理

根据样地目测调查的总蓄积和平均胸径推算出样木记录。样木记录应与样地记录保持一致。统计可比动态变化数据时，目测样地的生长量和消耗量统一设置为零值。如果目测样地所占比例较多，对全省生长和消耗估计值的影响较大时，可以单独研制合适的处理方案。

(2)跨角林样地处理

跨角林调查记录要单独形成数据库文件，并增加相应的蓄积量、生长量和消耗量字段。跨角林调查暂不考虑地类的面积估计，只考虑蓄积量、生长量和消耗量的归属问题。对于跨角林样地，内业计算时应将样木材积及生长量、消耗量分别计入样地因子调查记录数据库和跨角林调查记录数据库，统计蓄积量等数据时按两个库中的分类因子(地类、权属、林种、起源、优势树种、龄组等)分别归入不同的类别。

(3)生长消耗数据预处理

①前后期样地数平衡　对于全固定样地系统抽样方案，同一总体中前后期样地数应相等，前后期样地号要一一对应。当样地数不同时，采用以下方法处理：

a. 当前期样地数大于后期样地数时，前期样地数据取与后期样地号相对应的部分，样木数据随样地调整；

b. 当前期样地数小于后期样地数时，用后期多出的样地补足前期样地数，样木数据也随样地调整。

②前后期样木平衡　当样地数检查、调整完成后，需对样木进行必要的检查和处理。其内容包括：样木的重号处理，前期是活立木、后期是进界木等问题的处理。

③复位样木提取　从前后期样木库中将有成对值的复位样木(此处特指保留木和树种错测木)提取出来，并计算其胸径生长量、材积生长量，建立复位样木临时库。

④异常样木剔除　分树种计算复位样木胸径生长量的平均数和标准差，以 2 或 3 倍标准差为临界值，对样木进行筛选，剔除胸径生长异常的复位样木。

⑤按树种(组)建立回归模型

a. 按树种(组)组织建模样本：用剔除异常样木后的复位样木分树种(组)组织建模样本。如果某树种(组)样木不足 100 株，则合并到与其生长特性相近的树种(组)。

b. 按树种(组)建立回归模型：用剔除异常样木后的复位样木前后期胸径和前后期材积建立回归模型。回归模型一般采用一元线性模型。

c. 模型诊断：后期胸径或材积大于或等于前期胸径或材积，前期胸径要大于 5cm；相关系数不能小于 0.8，若小于 0.8，则将其合并到生长特性相近的树种(组)中，再拟合后重新检验模型，直到符合要求。

⑥样木模拟

a. 漏测木、胸径错测木和被剔除的保留木(异常样木)：利用后期胸径模拟前期胸径；

b. 类型错测木：利用本期胸径与前期数据库中胸径(即再前期的胸径)的平均值代替前期胸径；

c. 采伐木、枯立木、枯倒木：利用前期胸径模拟后期胸径；

d. 树种错测木：以后期树种为准，修改前期树种，并依据前期胸径和后期树种用材积公式重新计算该样木的前期材积；

e. 多测木：从两期模拟库中删除；

f. 未复位样木（含改设或增设样地中活立木）：以后期胸径（材积）为准，用已建的单株模型模拟出前期理论值。若计算得到胸径的前期理论值小于5cm，检尺类型记为进界木，否则记为保留木。

（4）改设样地消耗量计算

改设样地的采伐、枯损消耗量以样地为单位用下式计算：

$$C_{改采} = \frac{V_{改} \cdot C_{复采}}{V_{复}} \tag{3-1}$$

$$C_{改枯} = \frac{V_{改} \cdot C_{复枯}}{V_{复}} \tag{3-2}$$

式中，$V_{复}$为总体内复位样地后期活立木蓄积；$V_{改}$为未复位样地（改设样地和增设样地）后期活立木蓄积；$C_{复采}$为总体内复位样地采伐木材积之和；$C_{复枯}$为总体内复位样地枯立木、枯倒木材积之和；$C_{改采}$为总体内未复位样地的模拟采伐消耗量；$C_{改枯}$为总体内未复位样地的模拟枯损消耗量。

3.5.1.10 调查成果

（1）成果内容

森林资源连续清查成果包括：样地调查记录卡片、样地因子和样木因子数据库（含模拟数据库）、成果统计表、成果报告、内业统计说明书、相关图面材料（样地布点图、专题分布图、遥感影像图等）和技术方案、工作方案、技术总结报告、工作总结报告、质量检查验收报告、外业调查操作细则及其相应的光盘文件等。

上报国务院林业主管部门的连清调查成果包括：

①森林资源连续清查成果报告一式三份及光盘文件一份。

②森林资源连续清查成果统计表一式三份及光盘文件一份。

③森林资源连续清查质量检查报告一式三份及光盘文件一份。

④森林资源连续清查数据库（含模拟数据库）光盘文件一份。

⑤其他需要上报的成果材料，包括内业统计说明书、专题分布图（森林分布图、植被类型分布图等）和图像资料（样地照片等）。

（2）成果要求

①成果报告应包括森林资源与生态状况现状、动态变化与分析，以及对森林资源与生态状况的评价与建议等内容，其中现状部分应对各类土地面积、各类林木蓄积、乔木林及竹林资源（且分别天然林资源和人工林资源）及森林生态状况等进行阐述，动态部分应对主要地类面积变化、各类林木蓄积变化、森林资源结构变化、质量变化和消长变化及森林生态状况变化进行分析。成果报告由区域森林资源监测中心牵头，与连清复查省共同完成。

②质量检查报告应包括工作开展概况、质量检查情况、主要质量问题及产生原因与处理意见、对今后工作的建议等内容，并应附加外业调查质量检查统计表、卡片验收质量检查统计表和外业检查不合格样地一览表。连清复查省和区域森林资源监测中

心都应提交质量检查报告。

③工作总结报告应包括工作开展概况、本期复查工作特点、经验问题与建议等内容。工作总结报告由连清复查省牵头，与区域森林资源监测中心共同完成。

④技术总结报告应包括工作开展概况、技术指导与质量检查情况、新技术应用特点、存在问题与建议等内容。技术总结报告由连清复查省牵头，与区域森林资源监测中心共同完成。

⑤各省的连清成果图一般按 1∶50 万比例尺产出，具体要求另行规定。

各省森林资源连续清查成果材料应统一按 A4 版面印刷。成果材料一般应包括五个部分：工作概况、成果报告、成果统计表、质量检查报告、附件[包括技术方案、工作方案、技术总结报告、工作总结报告及国务院林业主管部门与省林业(厅)局和区域森林资源监测中心的有关重要文件等]，并应附上参加连清工作人员名单。

3.5.2　森林资源规划设计调查

3.5.2.1　调查目的与任务

森林资源规划设计调查(简称二类调查)是以国有林业局(场)、自然保护区、森林公园等森林经营单位或县级行政区域为调查单位，以满足森林经营方案、总体设计、林业区划与规划设计需要而进行的森林资源清查。其主要任务是查清森林、林地和林木资源的种类、数量、质量与分布，客观反映调查区域自然、社会经济条件，综合分析与评价森林资源与经营管理现状，提出对森林资源培育、保护与利用意见。调查成果是建立或更新森林资源档案，制定森林采伐限额，进行林业工程规划设计和森林资源管理的基础，也是制定区域国民经济发展规划和林业发展规划，实行森林生态效益补偿和森林资源资产化管理，指导和规范森林科学经营的重要依据。

3.5.2.2　调查范围与内容

1)调查范围

森林经营单位应调查该单位所有和经营管理的土地；县级行政单位应调查县级行政范围内所有的森林、林木和林地。

2)调查内容

(1)调查基本内容

①核对森林经营单位的境界线，并在经营管理范围内进行或调整(复查)经营区划；
②调查各类土地的面积；
③调查各类森林、林木蓄积；
④调查与森林资源有关的自然地理环境和生态环境因素；
⑤调查森林经营条件、前期主要经营措施与经营成效。

(2)调查其他内容

下列调查内容以及调查的详细程度，应依据森林资源特点、经营目标和调查目的以及以往资源调查成果的可利用程度，由调查会议具体确定：

①森林资源生长量和消耗量调查；
②森林土壤调查；
③森林更新调查；
④森林病虫害调查；
⑤森林火灾调查；
⑥野生动植物资源调查；
⑦生物量调查；
⑧湿地资源调查；
⑨荒漠化土地资源调查；
⑩森林景观资源调查；
⑪森林生态因子调查；
⑫森林多种效益计量与评价调查；
⑬林业经济与森林经营情况调查；
⑭提出森林经营、保护和利用建议；
⑮其他专项调查。

3.5.2.3 调查间隔期

森林资源规划设计调查间隔期一般为 10 年。在间隔期内可根据需要重新调查或进行补充调查。

3.5.2.4 调查承担单位资质

——森林资源规划设计调查必须由具有林业调查规划设计资格证书的单位承担。对非持证单位完成的调查成果，森林资源管理部门不予承认。

——对林地面积在 $10 \times 10^4 hm^2$ 以上，或者速生丰产林、工业原料林基地 $1 \times 10^4 hm^2$ 以上的单位，需委托具有乙级以上林业调查规划设计资质的单位承担。

——其他单位的调查应由具有丙级以上林业调查规划设计资质的单位承担。

3.5.2.5 调查方法

1）森林经营区划

（1）经营区划系统

①经营单位区划系统

a. 林业局（场）

林业（管理）局→林场（管理站）→林班→小班；

或　林业（管理）局→林场（管理站）→营林区（作业区、工区、功能区）→林班→小班。

b. 自然保护区（森林公园）

管理局（处）→管理站（所）→功能区（景区）→林班→小班。

②县级行政单位区划系统

县→乡→村→小班；

或 县→乡→村→林班→小班。

经营区划应同行政界线保持一致。对过去已区划的界线，应相对固定，无特殊情况不宜更改。

(2)林班区划

林班区划原则上采用自然区划或综合区划，地形平坦等地物点不明显的地区，可以采用人工区划。林班面积一般为 100 ~ 500hm^2。自然保护区、东北与内蒙古国有林区、西南高山林区和生态公益林集中地区的林班面积根据需要可适当放大。

林班区划线应相对固定，无特殊情况不宜更改。国有林管局、国有林场和林业经营水平较高的集体林区，应在有关境界线上树立不同的标牌、标桩等标志。对于自然区划界线不太明显或人工区划的林班线应现地伐开或设立明显标志，并在林班线的交叉点上埋设林班标桩。

(3)小班划分

①小班区划条件

小班是森林资源规划设计调查、统计和经营管理的基本单位，小班划分应尽量以明显地形地物界线为界，同时兼顾资源调查和经营管理的需要考虑下列基本条件：

a. 权属不同；

b. 森林类别及林种不同；

c. 生态公益林的事权与保护等级不同；

d. 林业工程类别不同；

e. 地类不同；

f. 起源不同；

g. 优势树种(组)比例相差二成以上；

h. VI 龄级以下相差一个龄级，VII 龄级以上相差二个龄级；

i. 商品林郁闭度相差 0.20 以上，公益林相差一个郁闭度级，灌木林相差一个覆盖度级；

j. 立地类型(或林型)不同。

②森林资源复查时，应尽量沿用原有的小班界线。但对上期划分不合理、因经营活动等原因造成界线发生变化的小班，应根据小班划分条件重新区划。

③小班最小面积和最大面积依据林种、绘制基本图所用的地形图比例尺和经营集约度而定。最小小班面积在地形图上不小于 4mm^2，对于面积在 0.067hm^{2}以上而不满足最小小班面积要求的，仍应按小班调查要求调查、记载，在图上并入相邻小班。南方集体林区商品林最大小班面积一般不超过 15hm^2，其他地区一般不超过 25hm^2。

④国家生态公益林小班，应尽量利用明显的地形、地物等自然界线作为小班界线或在小班线上设立明显标志，使小班位置固定下来，作为地籍小班统一编码管理。

⑤无林地小班、非林地小班面积不限。

(4)森林分类区划

森林分类区划是在综合考虑国家和区域生态、社会和经济需求后，依据国民经济发展规划、林业发展规划、林业区划等宏观规划成果进行的区划。森林分类区划以小班为单位，原则上与已有森林分类区划成果保持一致。

2）小班调查

（1）调查准备

①调查数表准备　森林资源规划设计调查应提前准备和检验当地适用的立木材积表、形高表（或树高－断面积－蓄积量表）、立地类型表、森林经营类型表、森林经营措施类型表、造林典型设计表等林业数表。为了提高调查质量和成果水平，可根据条件编制、收集或补充修订立木生物量表、地位指数表（或地位级表）、林木生长率表、材种出材率表、收获表（生长过程表）等。

②调查图表、卡准备　参考上期调查的小班数量或者经营管理面积，准备调查图卡，以备外业调查记载，内业统计、整理计算。

③仪器准备　根据调查人员数量、外业工作量等，准备外业调查必要的调查仪器设备。

（2）调查原则

①根据调查单位的森林资源特点，调查技术水平，调查目的和调查等级，可采用不同的小班调查方法。

②小班调查应充分利用上期调查成果和小班经营档案，以提高小班调查精度和效率，保持调查的连续性。

（3）小班调绘

根据实际情况，可分别采用以下方法进行小班调绘：

①采用由测绘部门绘制的当地最新的比例尺为1∶10 000～1∶25 000的地形图到现地进行勾绘。对于没有上述比例尺的地区可采用由1∶50 000放大到1∶25 000的地形图。

②使用近期拍摄的（以不超过两年为宜）、比例尺不小于1∶25 000或由1∶50 000放大到1∶25 000的航片、1∶100 000放大到1∶25 000的侧视雷达图片在室内进行小班勾绘，然后到现地核对，或直接到现地调绘。

③使用近期（以不超过一年为宜）经计算机几何校正及影像增强的比例尺1∶25 000的卫片（空间分辨率10m以内）在室内进行小班勾绘，然后到现地核对。空间分辨率10m以上的卫片只能作为调绘辅助用图，不能直接用于小班勾绘。

现地小班调绘、小班核对以及为林分因子调查或总体蓄积量精度控制调查而布设样地时，可用GPS确定小班界线和样地位置。

（4）小班调查方法

①样地实测法　在小班范围内，通过随机、机械或其他的抽样方法，布设圆形、方形、带状或角规样地，在样地内实测各项调查因子，由此推算小班调查因子。布设的样地应符合随机原则（带状样地应与等高线垂直或成一定角度），样地数量应满足第6章的精度要求。

②目测法　当林况比较简单时采用此法。调查前，调查员要通过30块以上的标准

地目测练习和一个林班的小班目测调查练习，并经过考核，各项调查因子目测的数据80%项次以上达到允许的精度要求时，才可以进行目测调查。

小班目测调查时，必须深入小班内部，选择有代表性的调查点进行调查。为了提高目测精度，可利用角规样地或固定面积样地以及其他辅助方法进行实测，用以辅助目测。目测调查点数视小班面积不同而定：

$3hm^2$以下	1~2个
4~$7hm^2$	2~3个
8~$12hm^2$	3~4个
$13hm^2$以上	5~6个

③航片估测法　航片比例尺大于1∶10 000时可采用此法。调查前，分别林分类型或树种(组)抽取若干个有蓄积量的小班(数量不低于50)，判读各小班的平均树冠直径、平均树高、株数、郁闭度等级、坡位等，然后到实地调查各小班的相应因子，编制航空相片树高表、胸径表、立木材积表或航空相片数量化蓄积量表。为保证估测精度，必须选设一定数量的样地对数表(模型)进行实测检验，达到90%以上精度时方可使用。

航片估测时，先在室内对各个小班进行判读(可结合小班室内调绘工作)，利用判读结果和所编制的航空相片测树因子表估计小班各项测树因子。然后，抽取5%~10%的判读小班到现地核对，各项测树因子判读精度达到第6章精度要求的小班超过90%时可以通过。

④卫片估测法

a. 适用条件：当卫片的空间分辨率达到3m时可采用此法。

b. 建立判读标志：根据调查单位的森林资源特点和分布状况，以卫星遥感数据景幅的物候期为单位，每景选择若干条能覆盖该区域内各地类和树种(组)、色调齐全且有代表性的勘察路线。将卫星影像特征与实地情况对照获得相应影像特征，并记录各地类与树种(组)的影像色调、光泽、质感、几何形状、地形地貌及地理位置(包括地名)等，建立目视判读标志表。

c. 目视判读：根据目视判读标志，综合运用其他各种信息和影像特征，在卫星影像图上判读并记载小班的地类、树种(组)、郁闭度、龄组等判读结果。

d. 对于林地、林木的权属、起源，以及目视判读中难以区别的地类，要充分利用已掌握的有关资料、询问当地技术人员或到现地调查等方式确定。

e. 判读复核：目视判读采取一人区划、判读，另一人复核判读方式进行，二人在“背靠背”作业前提下分别判读和填写判读结果。当两名判读人员的一致率达到90%以上时，二人应对不一致的小班通过商议达成一致意见，否则应到现地核实。当两判读人员的一致率达不到90%以上时，应分别重新判读。对于室内判读有疑问的小班必须全部到现地确定。

f. 实地验证：室内判读经检查合格后，采用典型抽样方法选择部分小班进行实地验证。实地验证的小班数不少于小班总数的5%(但不低于50个)，并按照各地类和树种(组)判读的面积比例分配，同时每个类型不少于10个小班。在每个类型内，要按照小班面积大小比例不等概选取。各项因子的正判率达到90%以上时为合格。

g. 蓄积量调查：结合实地验证，典型选取有蓄积量的小班，现地调查其单位面积蓄积量，然后建立判读因子与单位面积蓄积量之间的回归模型，根据判读小班的蓄积量标志值计算相应小班的蓄积量。

(5)小班调查因子

各种小班调查方法允许调查的小班测树因子见表3-5。

表3-5 不同调查方法应调查的小班测树因子表

测树因子	调查法			
	样地法	目测法	航片估测法	卫片估测法
林　　层	√	√	√	
起　　源	√	√	√	√
优势树种(组)	√	√	√	√
树种组成	√	√		
平均年龄(龄组)	√	√	√	√
平均树高	√	√	√	
平均胸径	√	√	√	
优势木平均高	√	√	√	
郁 闭 度	√	√	√	√
每公顷株数	√	√	√	
散生木蓄积量	√	√		
每公顷蓄积量	√	√	√	√
枯倒木蓄积量	√	√		
天然更新	√	√		
下木覆盖度	√	√		

(6)小班调查因子记载

①小班调查因子　分别商品林和生态公益林小班按地类调查或记载不同调查因子，详见第2章的表2-1。

②调查项目记载　在森林资源连续清查项目记载中包含的项目，在此不重复描述。

a. 空间位置：记载小班所在的县(局、总场、管理局)、林场(分场、乡、管理站)、作业区(工区、村)、林班号、小班号。

b. 工程类别：分别天然林资源保护工程、退耕还林工程、环京津风沙源治理工程、三北及长江中下游等重点地区防护林建设工程、野生动植物保护和自然保护区建设工程、速生丰产用材林工程、其他工程填写。

c. 事权：生态公益林(地)分为国家级或地方级。

d. 保护等级：生态公益林(地)分为特殊保护、重点保护和一般保护。

e. 立地类型：查立地类型表确定小班立地类型。

f. 立地等级：根据小班优势木平均高和平均年龄查地位指数表，或根据小班主林层优势树种平均高和平均年龄查地位级表确定小班的立地等级。对疏林地、无立木林地、宜林地等小班可根据有关立地因子查数量化地位指数表确定小班的立地等级。

g. 天然更新：调查小班天然更新幼树与幼苗的种类、年龄、平均高度、平均根径、每公顷株数、分布和生长情况，并评定天然更新等级。

h. 造林类型：对适合造林的小班，根据小班的立地条件，按照适地适树的原则，查造林典型设计表确定小班的造林类型。

i. 树种组成：分别林层用十分法记载。

j. 优势木平均高：在小班内，选择 3 株优势树种（组）中最高或胸径最大的立木测定其树高，取平均值作为小班的优势木平均高。

k. 郁闭度或覆盖度：有林地小班用目测或仪器测定各林层林冠对地面的覆盖程度，取小数点后两位；灌木林设置小样方或样带估测并记载覆盖度，用百分数表示。

l. 每公顷株数：商品林分别林层记载活立木的每公顷株数。

m. 散生木：分树种调查小班散生木株数、平均胸径，计算各树种材积和总材积。

n. 每公顷蓄积量：分别林层记载活立木每公顷蓄积量。

o. 枯倒木蓄积量：记载小班内可利用的枯立木、倒木、风折木、火烧木的总株数和平均胸径，计算蓄积量。

p. 调查员姓名：由调查员本人签字。

（7）其他应调查记载项目及要求

①用材林近成过熟林小班　除上述调查记载的小班因子外，还要调查记载小班的以下内容：

a. 可及度：调查记载小班的可及度状况。

b. 即可及、将可及小班采用实测标准地（样地）、角规控制检尺、数学模型等方法调查或推算各径级组株数和蓄积量。

c. 即可及、将可及小班采用实测标准地（样地）、数学模型等方法调查或推算商品用材树、半商品用材树和薪材树的株数和蓄积。

d. 即可及、将可及小班根据小班蓄积量和林分材种出材率表或直径分布和单木材种出材率表确定材种出材量。

②择伐林小班　对于实行择伐方式的异龄林小班，采用实测标准地（样地）、角规控制检尺等调查方法调查记载小班的直径分布。

③人工幼林、未成林人工造林地小班　除上述调查记载的小班因子外，还要调查记载整地方法、规格、造林年度、造林密度、混交比、成活率或保存率及抚育措施。

④竹林小班　对于商品用材林中的竹林小班，增加调查记载小班各竹度的株数和株数百分比。

⑤经济林小班

a. 有蓄积量的乔木经济林小班，应参照用材林小班调查计算方法调查记载小班蓄积量。

b. 调查各生产期的株数和生长状况。

⑥一般生态公益林小班　下经理期有经营活动的一般生态公益林近成过熟林或天然异龄林小班应参照用材林近成过熟林小班的要求补充调查因子。森林经营集约度较高地区的所有一般生态公益林小班均应参照商品林小班进行调查。

⑦红树林小班　红树林小班调查执行《全国红树林资源调查技术规定》。

⑧辅助生产林地小班　调查记载辅助生产设施的类型、用途、利用或保养现状。

(8)林网、四旁树调查

①林网调查　达到有林地标准的农田牧场林带、护路林带、护岸林带等不划分小班，但应统一编号，在图上反映，除按照生态公益林的要求进行调查外，还要调查记载林带的行数、行距。

②城镇林、四旁树及散生木调查　达到有林地标准的城镇林、四旁林视其森林类别分别按照商品林或生态公益林的调查要求进行调查。在宅旁、村旁、路旁、水旁等地栽植的达不到有林地标准的各种竹丛、林木，包括平原农区达不到有林地标准的农田林网树，以街道、行政村为单位，街段、户为样本单元进行抽样调查，具体要求由各省(自治区、直辖市)根据当地情况确定。

③散生木调查　散生木应按小班进行全面调查、单独记载。

3.5.2.6　小班数据处理

(1)小班属性信息处理

①小班调查簿编制。

②小班信息库建立。

(2)小班空间信息处理

①成果图绘制要求　各种规划设计调查成果图可采用计算机或手工等制图手段绘制，图式必须符合林业地图图式的规定。

②基本图编制

a. 基本图主要反映调查单位自然地理、社会经济要素和调查测绘成果。它是求算面积和编制林相图及其他林业专题图的基础资料。

b. 基本图按国际分幅编制。

c. 根据森林经营单位的面积大小和林地分布情况，基本图的比例尺可采用1: 5 000；1: 10 000；1: 25 000 等不同比例尺。

d. 基本图的底图

计算机成图：直接利用调查单位所在地的国土规划部门测绘的基础地理信息数据绘制基本图的底图，或将符合精度要求的最新地形图输入计算机，并矢量化，编制基本图的底图。

手工成图：用符合精度要求的最新地形图手工绘制基本图的底图。

e. 基本图编制

将绘制手图(包括航片、卫片)上的小班界、林网转绘或叠加到基本图的底图上，在此基础上编制基本图。转绘误差不超过0.5mm。

基本图的编图要素包括各种境界线(行政区域界、国有林管局、林场、营林区、林班、小班)、道路、居民点、独立地物、地貌(山脊、山峰、陡崖等)、水系、地类、林班注记、小班注记。

③林相图编制　以林场(或乡、村)为单位，用基本图为底图进行绘制，比例尺与

基本图一致。林相图根据小班主要调查因子注记与着色。凡有林地小班，应进行全小班着色，按优势树种确定色标，按龄组确定色层。其他小班仅注记小班号及地类符号。

④森林分布图编制 以经营单位或县级行政区域为单位，用林相图缩小绘制。比例尺一般为 1∶50 000～1∶100 000。其绘制方法是将林相图上的小班进行适当综合。凡在森林分布图上大于 $4mm^2$ 的非有林地小班界均需绘出。但大于 $4mm^2$ 的有林地小班，则不绘出小班界，仅根据林相图着色区分。

⑤森林分类区划图编制 以经营单位或县级行政区域为单位，用林相图缩小绘制。比例尺一般为 1∶50 000～1∶100 000。该图分别工程区、森林类别、生态公益林保护等级和事权等级着色。

⑥专题图编制 以反映专项调查内容为主的各种专题图，其图种和比例尺根据经营管理需要，由调查会议具体确定，但要符合林业专业调查技术规定（或技术细则）的要求。

⑦面积量算

a. 技术要求。按照"层层控制、分级量算、比例平差"的原则进行面积量算。即先量算调查总体的面积，再量算内部各层经营管理区域、林班（村）面积，最后量算小班面积。

一个图幅上的各部分面积要分别量测进行平差。

b. 量算方法。用地理信息系统（GIS）绘制成果图时，可直接用地理信息系统量算林班和小班面积。手工绘制成果图，可用几何法、网点网格法或求积仪等量算林班、小班面积。

c. 面积平差。各林班面积之和与上一层经营区划单位面积相差不到 1%，林班内各小班面积之和与林班面积相差不到 2% 时，可进行平差，超出时应重新量算。

d. 面积单位与精度。面积量算以公顷为单位，精确到 $0.1hm^2$。

3.5.2.7 质量控制

1）调查总体蓄积量控制

（1）控制总体

以经营单位或县级行政范围为总体进行总体蓄积量抽样控制。调查面积小于5 000 hm^2 或森林覆盖率小于 15% 的单位可以不进行抽样控制，也可以与相邻经营单位联合进行抽样控制，但应保证控制范围内调查方法和调查时间的一致性。

（2）总体精度

总体抽样控制精度根据单位性质确定：

a. 以商品林为主的经营单位或县级行政单位为 90%；

b. 以公益林为主的经营单位或县级行政单位为 85%；

c. 自然保护区、森林公园为 80%。

（3）抽样方法

在抽样总体内，采用机械抽样、分层抽样、成群抽样等抽样方法进行抽样控制调查，样地数量要满足抽样控制精度要求。

(4)样地调查与精度计算

样地实测可以采用角规测树、每木检尺等方法。根据样地样木测定的结果计算样地蓄积量，并按相应的抽样理论公式计算总体蓄积量、蓄积量标准误和抽样精度。

(5)精度控制

当总体蓄积量抽样精度达不到规定的要求时，要重新计算样地数量，并布设、调查增加的样地，然后重新计算总体蓄积量、蓄积量标准误和抽样精度，直至总体蓄积量抽样精度达到规定的要求。

(6)蓄积量控制

将各小班蓄积量汇总计算的总体蓄积量(包括林网和四旁树蓄积量)与以总体抽样调查方法计算的总体蓄积量进行比较：

①当两者差值不超过 ±1 倍的标准误时，即认为由小班调查汇总的总体蓄积量符合精度要求，并以各小班汇总的蓄积量作为总体蓄积量。

②当两者差值超过 ±1 倍的标准误、但不超过 ±3 倍的标准误时，应对差异进行检查分析，找出影响小班蓄积量调查精度的因素，并根据影响因素对各小班蓄积量进行修正，直至两种总体蓄积量的差值在 ±1 倍的标准误范围以内。

③当两者差值超过 ±3 倍的标准误时，小班蓄积量调查全部返工。

2)调查精度

(1)允许误差

主要小班调查因子允许误差分为 A、B、C 三个等级，见表 3-6。

表 3-6 主要小班调查因子允许误差表

调查因子	允许误差(%)		
	A	B	C
小班面积	5	5	5
树种组成	5	10	20
平均树高	5	10	15
平均胸径	5	10	15
平均年龄	10	15	20
郁闭度	5	10	15
每公顷断面积	5	10	15
每公顷蓄积量	15	20	25
每公顷株数	5	10	15

①国有森林经营单位和经营强度高的县级行政单位，商品林小班允许误差采用等级“A”。

②一般县级行政单位的商品林小班、所有单位的一般生态公益林小班允许误差采用等级“B”。

③自然保护区、森林公园和其他特殊、重点生态公益林小班允许误差采用等级“C”。

(2)其他要求

小班调查时确定的小班权属、地类、林种、起源不得有错。

3.5.2.8 调查成果

1) 表格材料

(1)小班调查簿

森林资源规划设计调查的小班调查簿格式由各省(自治区、直辖市)确定。

(2)统计表

全国森林资源规划设计调查统计报表应提交下列6种统计表，其他统计表由各省(自治区、直辖市)确定。13个统计表的格式见附录三。

①各类土地面积统计表。

②各类森林、林木面积蓄积统计表。

③林种统计表。

④乔木林面积、蓄积按龄组统计表。

⑤生态公益林(地)统计表。

⑥红树林资源统计表。

2)图面材料

①基本图，比例尺为1∶5 000～1∶25 000。

②林相图，比例尺为1∶10 000～1∶50 000。

③森林分布图，比例尺为1∶50 000～1∶100 000。

④森林分类区划图，比例尺为1∶50 000～1∶100 000。

⑤其他专题图。

3)文字材料

①森林资源规划设计调查报告。

②专项调查报告。

③质量检查报告。

④电子文档。

3.5.3 森林资源作业设计调查

森林资源作业调查主要包括森林采伐作业设计调查、造林作业设计调查、森林抚育作业设计调查等。各种作业设计调查的内容不尽相同，本书以森林采伐作业设计调查为例说明其调查的目的、原则、方法、内容和成果等。1956年，林业部颁发的《国有林主伐试行规程》；1960年，林业部颁发的《国有林主伐试行规程》；1973年，农林部颁发的《森林采伐更新规程》，以及林业行业标准《森林采伐作业规程》(LY/T 1646—2005)对森林采伐作业设计调查进行了相关规定。

3.5.3.1 目的

森林采伐作业设计调查的目的是为合理利用森林资源，加强林木采伐管理，保证伐区调查设计质量，实现森林资源合理利用，维护生态环境，保护生物多样性，促进林业可持续发展。

3.5.3.2 原则

①遵循分类经营原则　分别生态公益林和商品林设计不同的采伐措施，促进可持续森林经营。

②用材林消耗量低于生长量原则　保证“限额”周期(5 年)内，林木采伐总量小于林木生长总量，实现越采越多、越采越好，促进森林资源总量稳步上升。

③凭证采伐作业原则　林木采伐作业前，凭相关证件办理采伐许可证，实行凭证采伐。

④保护森林生态环境原则　协调好环境保护和森林利用之间的关系，保护自然景观、动植物生境和生物多样性。

⑤注重效率和效益原则　优化生产工艺，提高劳动生产率，降低生产成本，获得最佳经济效益。

3.5.3.3 调查设计资格

伐区调查设计应由具有林业调查规划设计资质的单位承担，从事伐区调查设计的人员应持有林业调查规划设计人员资格证书。

3.5.3.4 伐区区划

(1) 区划系统

伐区调查设计实行伐区(林班)、作业区、采伐小班三级区划，或作业区、采伐小班二级区划。

(2) 伐区标界

伐区周界应在 1m 宽的林带内作标志，伐区标桩上注明伐区号。

(3) 伐区测量

①伐区和采伐小班界线应采用 GPS 或罗盘仪进行实测或用 1: 10 000 比例尺地形图勾绘，地形复杂山区的伐区测线闭合差应小于 1/100，采伐小班测线闭合差应小于 1/50，平缓地区伐区应小于 1/200，采伐小班应小于 1/100。

②人工用材林小班或小班界线清楚的小班，伐区面积测量可采用不小于 1: 10 000 比例尺的地形图勾绘，精度要求 95% 以上。

③根据实测结果绘制平面图，计算伐区和采伐小班面积。各采伐小班面积之和与伐区面积的误差不超过 ±1/100。

3.5.3.5 伐区调查

(1) 调查内容

主要包括地形地势、土壤、林分因子调查、林木蓄积量、材种出材量调查、特殊保留木(如珍稀树种、母树、需要长期培育的目标树等)调查、更新调查、下层植被调查、已有木材集采运条件调查等。

(2)调查方法

蓄积调查在林分内采用全林实测法或标准地或机械抽样调查法推算；林带采用抽取标准段或者标准行进行调查设计。其他因子调查参照《森林资源规划设计调查主要技术规定》等相关规程。

(3)调查成果

①采伐设计调查报告。

②伐区图。

3.5.4 森林资源专项调查

在森林资源规划设计调查技术规定中对专项调查的内容、方法和重点进行了规定。具体如下。

3.5.4.1 专项调查内容及方法

由调查会议确定的生长量调查、消耗量调查、土壤调查、森林病虫害调查、森林火灾调查、珍稀植物、野生经济植物资源调查、野生动物资源调查、湿地资源调查、荒漠化土地资源调查、森林多种效益计量、评价调查和林业经济调查等各专项调查，执行原林业部制定的《林业专业调查主要技术规定》和其他有关专项调查技术规定(或实施细则)。

3.5.4.2 专项调查重点

各地在开展森林资源规划设计调查时，应根据当地森林资源的特点和调查的目的等，对调查的内容及其详细程度有所侧重。

①以森林主伐利用为主的地区，应着重对地形、可及性，以及用材林的近、成、过熟林测树因子等进行调查。

②以森林抚育改造为主的地区，应着重对幼中龄林的密度、林木生长发育状况等林分因子以及立地条件进行调查。

③以更新造林为主的地区，应着重对土壤、水资源等条件、天然更新状况等进行调查，以做到适地适树，保证更新造林质量。

④以自然保护为主的地区，应着重调查被保护对象种类、分布、数量、质量、自然性以及受威胁状况等。

⑤以防护、旅游等生态公益效能为主的林区，应分别不同的类型，着重调查与发挥森林生态公益效能有关的林木因子、立地因子和其他因子。

3.5.4.3 森林鼠害防治调查

森林资源专项调查的类型很多，本节根据2011年国家林业局森林病虫害防治总站制订的《森林鼠害防治技术方案》，对调查地点、时间、内容、方法、成果进行阐述。

(1)调查地确定

根据当地的实际情况，确定本地区的新造林地、未成林造林地、中幼龄林及其他易遭受鼠害的林分面积，登记、变号、划定调查人员责任区，建立应实施调查的寄主林分类型。

(2)调查时间

根据害鼠的活动习性，调查分布在春季和秋季进行。

(3)林木受害情况调查

各地以林场(乡镇)为单位，对所有应实施调查的林地进行调查，采用线路调查与标准地调查项结合的样株调查法。

①线路踏查　在春季雪化时(已露出被害状)或其他时间，根据调查地块的形状选择一条最长的对角线，进行线路踏查，随机选取100株样木，调查林木的被害株率。

②标准地调查　在线路踏查的基础上，按不同的立地条件、林型选择被害株率超过3%(沙鼠类达10%)的地块20~30处(沙鼠类为5~10处)，标准地面积为$1hm^2$。

(4)鼠害密度调查

①地下鼢鼠　一般采取土丘系数法和切洞堵洞法进行调查。

②地上鼠类　鼠、田鼠、姬鼠类，采用中号板铁铗，选择当地害鼠喜食的食料为诱饵，在每块标准地内，将100个鼠铗按铗距5m、行距20m的平行线，或按"Z"字形、棋盘式等形式顺势布放，间隔24h进行检查。用空铗将已捕获的鼠铗替换，48h后将捕鼠铗全部取回，也可以延长到72h，并间隔12h检查一次。

③沙鼠类　在标准地内，堵洞后在洞口附近布设鼠铗，以新鲜胡萝卜为诱饵，共设置100个，10cm×15cm的鼠铗，统计堵洞数、有效洞数、百铗捕获数，计算百铗捕获率和鼠口密度。

(5)防治效果调查

①化学防治效果。

②营林措施防治效果(树种选择、造林整地、幼林抚育等)。

③生物天敌防治效果。

④物理防治(鼠铗捕获)。

(6)调查结果

①森林鼠害调查报告。

②森林鼠害分布图。

思考题

1. 什么是森林资源信息采集？森林资源信息采集的原则是什么？
2. 简述森林资源信息采集框架内涵。
3. 简述森林资源信息采集的方法与特点。
4. 简述森林资源信息采集的主要技术。
5. 简述森林资源信息采集的途径。

第4章

森林资源信息维护

森林资源是一种可再生的自然资源，受自然和人为的干扰，时刻都在发生变化，通过森林资源信息维护，确保森林资源信息的实时性、准确性和安全性。本章重点介绍森林资源信息更新的方法、技术流程、操作步骤，森林资源信息质量控制的标准、方法，森林资源信息安全原则、任务、机制和体系。

4.1 森林资源信息维护的概念和目的意义

4.1.1 森林资源信息维护的概念

森林资源信息维护是指保持森林资源信息处于适合使用的状态，主要内容包括森林资源信息更新(可分为时间上的更新、空间上的更新、方法上的更新等)、质量控制和安全保障。狭义的森林资源信息维护指经常更新存储介质中的森林资源信息，使其保持正常状态。广义的森林资源信息维护指森林资源信息系统建成后的全部信息管理工作，保持森林资源信息的真实性、完整性和实时性的操作和管理工作。

4.1.2 森林资源信息维护目的意义

4.1.2.1 目的

森林资源信息维护是以保证森林资源资源信息的准确、及时、安全和保密为目的。具体包括以下三个方面。

(1)保证森林资源信息的准确性

指保证森林资源信息更新的状态，森林资源信息要在合理的误差范围内，以及森林资源信息的唯一性。要保证森林资源信息的准确性：一方面，要严格操作规程，对输入的森林资源信息进行正确性检查，避免把一种森林资源信息放到另一种森林资源信息的位置，或者把错误的信息放进去；另一方面，在输入计算机时，系统应采用检验技术，以保证森林资源信息的准确性。

(2)保证森林资源信息的及时性

把常用森林资源信息放在易取位置，各种设备状态良好，操作人员技术熟练，及时提供信息。

(3) 保证森林资源信息安全性

防止森林资源信息受到破坏，要采取一些安全措施，在万一受到破坏后，较容易地恢复森林信息。为了保证森林资源信息的安全，首先要保证存储介质的环境，要防尘、要干燥，并要维持一定的恒温。为了防止森林资源信息的丢失，要保持备份，如软盘要定期复制。其次，一旦森林资源信息丢失或遭到破坏，应有补救的措施。如可以根据前几天的总账和今天的原始凭证恢复现在的总账。为了考虑特殊情况的发生，如水灾、火灾、地震等，对于一些重要的森林资源信息应双备份，并分处存放。

4.1.2.2 意义

森林资源信息是一种资源，也是无形财富，人们越来越重视森林资源信息的保密性问题。而目前森林资源信息被盗或者被非法用户查阅的事件越来越多，防止森林资源信息失窃是森林资源信息维护的重要问题。机器内部可采用口令等方式实现森林资源信息的保密。在机器外部也应采取一些措施，如应用严格的处理手续，实行机房的严格管理，加强人员的保密教育等。

森林资源信息的维护是森林资源信息管理的重要一环，没有好的森林资源信息维护，就没有好的森林资源信息使用，要克服重使用、轻维护的倾向，强调森林资源信息维护的重要性。

4.2 森林资源信息更新

森林资源信息更新是森林资源信息维护的重要环节之一，通过森林资源信息更新，保证森林资源信息的实时性、实用性。

4.2.1 森林资源信息更新的内涵和作用

(1) 森林资源信息更新的内涵

森林资源信息更新是以新的森林资源信息或记录、替换信息文件或信息库中与之相对应的旧信息项或记录的过程，通过删除、修改、插入的操作来实现。

(2) 森林资源信息更新的作用

森林资源是一种可再生动态资源，林木自然生长和人为活动会改变森林资源的空间格局信息和属性信息。在森林资源经营管理过程中，不仅要掌握森林资源的现状，还需要掌握森林资源的动态变化，分析森林资源的动态变化需要不同时期的森林资源动态信息，这就需要对森林资源信息进行及时的更新，形成森林资源动态变化的系列信息，为森林资源信息的统计、查询、分析，编制林业规划、设计、计划，确定森林经营措施和安排各项经营活动，评定森林资源经营效果与管理能力提供基础支持(王凯等，2007)。

4.2.2 森林资源信息更新的背景、现状和趋势

4.2.2.1 森林资源信息更新的背景

森林资源数据更新是森林经营单位在更新周期末，将施业区本周期时间段内发生变化的资源数据进行变更，以准确反映施业区森林资源的实时数据和动态变化情况。森林资源数据更新的内容包括森林资源的种类、分布、数量和质量；与森林资源有关的自然地理和生态环境；森林经营条件、更新周期前期的主要经营措施和成效。

我国森林资源数据更新技术的发展与森林资源监测体系以及计算机、数据库、遥感、地理信息系统等技术的发展有着密切联系。

20 世纪 60 年代以前，国家森林资源监测也尚未形成体系，林业调查是以局部的、随机的方式进行，调查数据都是以纸质文档方式存放，数据更新是以手工填写的方式进行。

70 年代，国家森林资源连续清查监测体系逐渐形成，全国森林资源数据开始以 5 年一个周期进行汇总更新。这个时期，计算机技术开始得到应用，电子文档和文件系统出现了。

IBM 公司的研究员 E. F. Codd 提出了关系数据库系统(RDBMS)，数据管理模式得到了巨大变革，森林资源数据开始以“文件 + 数据库”的方式保存。此时，遥感和地理信息系统技术也已经在我国开始被调研学习和技术模仿。

80 年代，随着遥感和地理信息系统技术应用逐渐推广，部分地区开始应用遥感影像为底图进行二类调查，完成了本区域森林资源数据的本底调查，并建立了相应的小班关系数据库，为日后森林资源数据年度更新打下了基础。

90 年代后，包括一、二、三类调查的森林资源监测体系日益完善；计算机软硬件迅猛发展，个人电脑(PC)进入了普通家庭，互联网技术逐渐普及；数据库技术发展到了第三代——面向对象的数据库系统(OODBMS)；遥感数据源向高空间分辨率和高光谱分辨率的方向发展，遥感图像处理技术也不断提高；地理信息系统软件功能不断增强，从二维向三维发展；人们将遥感(RS)技术与地理信息系统(GIS)和全球定位系统(GPS)技术进行融合，形成“3S”技术，以方便采集、获取、存储、管理、显示、应用和更新森林资源数据。

进入 21 世纪，森林资源数据更新进入了崭新的发展时期：

①森林资源监测体系成熟，森林资源数据更新内涵逐渐扩展。一类调查中新增了生物量、碳汇、森林健康等因子，并在原有固定样地的基础上，增加了遥感样地的布设，使调查结果更加全面、客观、准确。各省(自治区、直辖市)逐渐实现了森林资源二类调查的全覆盖，部分地区已经完成了第二次二类调查，并已开始进行资源数据年度更新。各级林业主管部门对森林采伐、营造林等经营措施的计划审核、规划设计、过程检查和年度核查等程序的监管力度日益严格，制度逐渐规范，促使三类调查数据内容更加翔实准确。工程建设占用征用林地审批手续逐渐规范，林政案件打击力度逐渐加大，森林资源自然灾害损失调查评估手段逐渐完善，使得这些原因导致的森林资源变化数据能够及时获取。

②森林资源更新技术逐渐向智能化、自动化方向发展。出现了基于移动智能终端

（如掌上电脑）平台的 GIS + GPS + 无线互联网一体化的“移动 GIS”（mobile GIS）；携带方便的掌上电脑（PDA）及相应的数据采集系统使数据采集实现了实时化；蓝牙（blue tooth）和通用无线分组业务（general packet radio service，GPRS）技术的发展使 PDA 与 GPS 之间的无线数据传输成可能；时空数据模型作为空间数据管理的一个有利的扩充将被逐渐地应用到森林资源管理中，以此为基础，可以实现基于时态 GIS 的森林资源基础空间数据更新管理技术。随着移动 GIS 技术和无线网络技术的不断发展，采用移动 GIS + 无线网络的更新模式必然会成为森林资源数据更新的一个主要方向。

森林资源数据更新的关键是对林业调查数据的更新。我国当前森林资源监测体系中一类调查、二类调查、三类调查间的异同点见表 4-1。

表 4-1　森林一、二、三类调查异同点

调查类型	调查对象	调查方式	调查周期	是否复查	调查目的	能否分解到具体位置	能否形成统计报表
一类调查	省	抽样调查	5 年	是	掌握宏观森林资源现状与动态	不能	能
二类调查	县	全林调查结合抽样调查	10 年	是	制订森林经营计划、规划设计、林业区划和检查评价森林经营效果、动态	能	能
三类调查	具体地段	全林调查	不定期	否	满足基层单位安排林木采伐、更新造林等具体林业建设作业	能	不能

由于二类调查具有定期复查、数据能够分解落实到具体位置且能形成统计报表的特性，因此，目前国内的森林资源数据更新主要是以二类调查数据为基础，一类调查数据与二类调查数据相互验证，而三类调查、自然灾害损失调查、林政案件检查、森林生长模型推算结果等数据则是二类调查数据更新的数据来源。

4.2.2.2　森林资源信息更新现状

我国森林资源信息更新经历了从手工更新到计算机辅助更新，再到森林资源网络辅助更新、从森林资源二类调查信息更新到森林资源一类调查信息更新、从森林资源属性信息更新到森林资源空间信息更新、从单层森林资源信息更新到多层森林资源信息更新、从森林资源档案信息更新到森林资源实时信息更新、从森林面积和蓄积信息更新到森林资源多信息更新的发展阶段（戴家学等，1997）。

我国森林资源信息更新的研究始于 20 世纪 90 年代，早期主要是针对森林资源二类调查信息的更新。如吴保国等（1994）就在森林资源档案管理软件设计中进行了探讨，并设计了小班数据更新模块。唐守正等（2000）分析了天然林资源变化的原因，提出了基于 PowerBulider 的天然林信息更新方法和步骤。杨超等（2006）研建了 FRMII 软件系统的“数据更新模块”，选择了数据更新方案。高金萍等（2008）提出了面向小班对象的多基态修正扩展时空数据模型和小班时空一体化存储结构，主要对小班空间数据的更新和空间历史数据的回溯进行了研究。秦琳(2009)提出一种基于RS和GIS的森林资源档案更新技术，即以小班的遥感影像特征作为识别信息来检测和识别突变小班，再利用GIS技术在识别基础上进行资源档案属性数据库和空间数据的同步更新。汪璀等(2010)针对贵州省县级森林资源管理的实际需求，在分析森林资源小班数据因子、变化原因的基础上，研究了森林资源小班变化数据的存储方法，给出了森林资源小班空间和属性数据的同步更新流程。福建省林业部门设计开发了基于网络平台的森林资源信息更新系统，各县(市)林业部门每年年底将利用当年的森林资源变化信息，在网络客户端完成森林资源信息更新并提交到省级森林资源信息管理中心。近年来，随着森林资源信息需求的变化，森林资源一类调查信息的更新逐渐被重视。

4.2.2.3　森林资源信息更新发展趋势

森林资源数据更新工作是一项既复杂又细致的工作，特别是报表的统计和空间信息生成由人工操作既费时又费力，且还不能保证更新信息的准确性。随着计算机技术、“3S”技术、网络技术等的快速发展，森林资源信息更新的效率和精度也不断提高。

传统的森林资源信息更新流程是通过外业调绘获取纸质变化小班(图斑)图，经扫描后，配准处理，再进行矢量化处理，形成变化小班矢量信息，再通过GIS进行矢量图形叠加，完成图斑分割或合并，形成新的森林资源分布图。这种方法费时费工，精度难以保证。后来发展到利用遥感图像提取变化小班图，通过栅格与矢量转换，再通过GIS进行矢量图叠加，完成图斑分割或合并，形成新的森林分布图，这种更新方法的精度受到遥感分辨率影响较大。

基于网络和PDA的森林资源信息更新技术具有广阔的应用前景，在小区域内容，森林空间信息变化易于采用PDA进行实时快速更新，各小区域通过网络，快速实现大区域的森林资源信息更新。

基于网络的森林资源信息实时更新　是今后发展的主要方向。

4.2.3　森林资源信息更新的周期、类型和模式

4.2.3.1　更新时间(更新周期)

(1)实时更新

实时更新就是森林资源信息发生变化后，立即进行森林资源信息更新，这种更新的结果其时效性最佳，但真正实现实时更新有一定的困难，因为，获取森林资源变化信息的部门、单位和人员往往与具体实施森林资源信息更新操作的部门、单位和人员不一致。为了完成森林资源信息更新，森林资源信息管理部门、单位和操作人员需要到现场或相关部门、单位和信息获得者收集或由这些部门、单位和个人提交相关信息，这就存在一个时间差的问题。当森林资源信息更新涉及的范围广、部门、单位和个人多时，这种操作的时效性更加难以保证。即使是森林资源信息更新部门、单位和个人与森林资源变化信息获得的部门、单位和个人相同，当涉及的部门、单位和个人较多时，也很难保证每个部门、单位和个人都能做到立即更新。另外，还存在一个因更新时间参差不齐，导致森林资源信息利用的时间节点不易确定的问题。

(2)定期更新

由于森林资源信息会不定期地发生各种变化，森林资源信息管理系统在对森林资源信息进行更新管理时，为避免每次信息变化时都要进行更新操作，一般情况是系统采用定时更新的方法，即在每年的某一时间对间隔期内发生变化的所有信息统一进行更新，间隔期为上一次信息更新时间至本次更新时间。为了与年终总结和来年计划相衔接，一般是在每年年末对信息进行定时更新。

4.2.3.2 森林资源信息更新类型

根据森林资源信息的性质、状态、来源、层次、分布以及更新手段和方式等可分为多种类型，具体包括：

①按森林资源信息的性质分为：属性信息更新和空间信息(包括点、线、面的位置、大小、形状)更新。

②按森林资源信息状态分为：本底信息更新与衍生信息更新。

③按森林资源信息的层次分为：单级信息更新与多级信息更新。

④按森林资源信息更新手段分为：手工更新、计算机更新和网络更新。

⑤按森林资源信息更新方式分为：信息模型更新和替换更新。

⑥按森林资源信息更新来源分为：调查信息更新与资料信息更新。

⑦按森林资源信息更新格局分为：信息集中更新与信息分布式更新。

⑧按森林资源信息更新的内容分为：面积、蓄积更新与多因子更新。

4.2.3.3 森林资源信息更新模式

森林资源信息更新涉及多层次、多部门。基本结构如图 4-1 所示。图中一层为最小单元，可以是小班或图斑，i 层可以是国家或省(自治区、直辖市)等。

图中的 $S_i(t)$ 代表第 i 层在 t 时刻的森林资源信息，O_i 代表第 i 层从 t 时刻到 $t+1$ 时刻的森林资源信息变化，$S_i(t+1)$ 代表第 i 层在 $t+1$ 时刻的森林资源信息，$i=1$, 2, 3…。

$$S_i(t+1)=F_i[S_i(t),\ O_i] \tag{4-1}$$

式中，F_i 为变化函数。

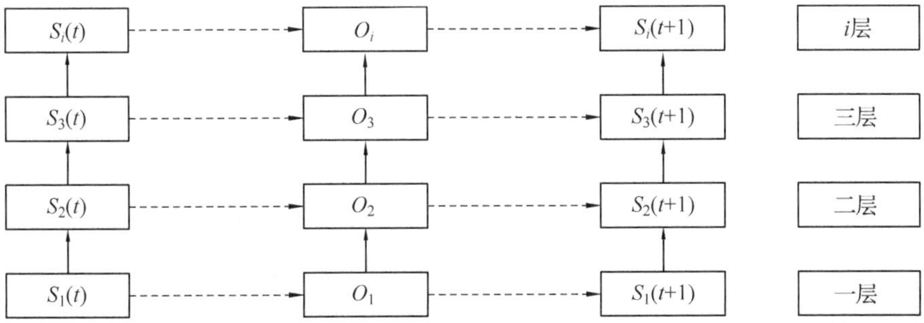

图 4-1 森林资源信息更新模式

从森林资源信息更新实践知道，第一层的信息更新只能根据野外调查获取的变化信息(O_1)或自然生长规律模型估计的变化信息(O_1)进行更新，即通过式(4-1) 的更新算法(F_i) 计算完成，如图4-1 中的虚线箭头，模式(1)；从第二层开始，除了可采用第一层的更新模式外，还可以通过低一层的信息进行汇总更新模式，通过 $S_i(t)$ 逐级汇总得到更新后的 $S_i(t+1)$，如图4-1 中实线箭头，模式(2)。对于模式(1)既要求有变化数据(O_i, $i>1$)，也需要有更新算法 F_i。而模式(2) 较简单，只需状态统计汇总程序。因此，多层数据更新一般采取模式(2)。采用模式(2) 需要两大步骤：一是要先完成低层次的信息更新；二是逐级统计汇总。而低层次信息必须具备两个基本条件：首先，必须获得低层次的变化信息(O_{i-1})；其次，更为关键的是要掌握变化规律，得到更新算法(F_{i-1})(杨超，2006)。

4.2.4　森林资源信息更新方法

简单地说，数据更新就是用新的数据取代旧的数据，其实质就是一个数据编辑的过程。森林资源基础数据库更新的核心问题有两个：一是如何用新的数据取代数据库中已有的数据；二是如何保存历史数据，并根据需要进行历史数据的回溯。

4.2.4.1　森林资源信息更新基本方法

从时态的角度看，获取森林资源基础数据的变化数据主要有两种基本方法：一是对同一数据的不同版本进行采集；二是仅对变化的数据进行采集。因此，对于森林资源基础数据库更新来说，也有3种基本的方法：一是基于版本数据的数据更新；二是基于基态修正数据的数据更新；三是基于版本修正的数据更新。

(1)基于版本数据的数据更新

森林资源数据中，林相图、地形图、行政界、遥感影像、数字高程模型、道路等基础地理空间数据也都有一个周期和版本的概念。对这些数据的更新都是以新的版本取代旧的版本。同时，还要将这些不同版本的数据同时存放在数据库中，以便进行对比分析，开展数据挖掘和知识发现。

采用基于版本的数据更新方法，需要将不同版本的森林资源基础数据完全进行备份和更新，适合于更新的内容比较多、版本数据密不可分或数据量相对较小的数据。缺点是没有更新的部分数据也需要在各个不同的版本中重复存储，从而造成大量的数据冗余，给数据的存储和备份造成一定的麻烦，并且不能识别在不同的版本上到底变化了哪些内容。

(2)基于基态修正数据的数据更新

在数据原始状态的基础上，对变化的实体信息进行更新，这种更新的方法称为基于基态修正数据的数据更新。这种更新方法先用现状数据取代历史数据，再建立现状数据与历史数据的联系，以便能在反映现状数据的同时，随时实现历史与现实的响应。基态修正模型按事先设定的时间间隔采样，只储存某个时间的数据状态(称为基态，如二类调查)和相对于基态的变化量。

基态修正的每个对象只需储存一次，每变化一次，只有很小的数据量需记录。同时只在有事件发生或对象发生变化时才存入系统中，时态分辨率刻度值与事件发生的时刻完全对应，提高了时态分辨率，减少了数据冗余量。基态修正模型非常适用于全局变化较少，而局部变化较多的情形。

(3)基于版本修正的数据更新

在海量数据(如全省地形图)管理时，往往发生个别或部分图幅需要更新的现象，此时单纯采用上述两种方法中的某一种都不大合适，需要采用基于版本修正的数据更新方法。这种方法是将整体数据以分幅或格网的方式分格，将分格数据导入数据库后，将一定限差内的地物要素进行合并，并赋给唯一标识，从而实现地物在建库范围内的物理无缝组织，更新时先进行空间运算，将要更新的地形图对应的格网与数据库中的各要素作求交运算，将该格网范围内的地物删除，再将需更新的地形图导入数据库中，根据空间相邻关系进行合并地物，形成物理无缝的数据库。

基于版本修正的数据库更新方法的优点是既考虑了数据的方便使用，既采用分层的方法来组织数据，克服了采用单幅图的方式存储管理数据的缺点，又顾及了我国目前基础地形图数据按照图幅方式进行数据生产、更新的实际，从而使得数据库的更新维护非常方便。

4.2.4.2 森林资源信息组织管理

森林资源数据库更新的技术实现不但与森林资源数据的种类、来源和特征有关，而且与数据在数据库中的组织和存储方式有关。不同的数据采用不同的更新方法，同一种数据，由于数据来源和数据组织方法不同，可能需要不同的更新方法。为此，从数据更新的角度，以下分别就数据库存储模型、数据组织模型、数据索引结构三个方面说明森林资源数据库数据组织管理解决方案。

(1)森林资源数据库存储模型

森林资源数据库采用面向对象的空间数据库模型 GeoDatabase 进行空间数据和属性数据存储的。从数据库技术视角来看，森林资源数据库由许多数据表(Table)组成，根据各数据表所存储的内容不同，数据表又可分为要素类(feature class)、对象类(object class)和系统表(system table)。

①要素类(空间数据) 即在一般意义上的数据库数据表的基础上增加了表达和存储空间信息字段的数据表，用于存储空间数据，如小班图、林相图、森林分布图、行政区划图等。

②对象类(属性数据) 即一般意义上的数据库数据表，用于存储非空间信息，如统计报表、采伐证发放信息等。

③系统表(元数据) 用于森林资源数据库元数据的各种数据表。主要包括森林资源数据库运行、更新和维护的各种信息。如描述要素类和要素类之间关系、要素类和对象类之间关系、对象类和对象类之间关系、数据字典、代码、数据有效性规则、统计报表规则、技术规程、记录各种数据的时态及其更新日志等信息。

(2)地理空间基础数据组织模型

地理空间基础数据的数据组织按照实体分层，逻辑分幅的原则来组织。以地形图为例，传统上，这种数据都是分幅生产、分幅更新的，因此，森林资源基础数据集成建库，最直接的方法就是采用分幅的数据组织方法，将每一幅图作为一个文件或数据库中的一个数据表的方式进行存储。采用这种数据组织方法，数据的更新最为方便、快捷。但是这种数据组织方法的缺点也是很明显的，无论是采用文件方式还是数据库方式管理这些数据，都要产生大量的数据文件或数据表，数据的调用和漫游要频繁地连接各个图幅文件，当范围较大、图幅数很多时，将导致数据库的连接速度非常慢。

对于范围大、数据量大的基础数据，采用分要素(即分层)组织进行建库的方法更科学、实用，可以避免分幅存储的弊端，提高系统运行效率。但是，地形图数据还是分幅生产和更新的，因此，需要考虑如何利用分幅生产的数据更新分层存储的数据库数据。将地形图在水平方向上按照要素分层的方法进行组织，如基本比例尺地形图可以分为一般房屋、交通、水系、植被、高程、注记等图层，在整个数据库中，同一层的数据为一个数据文件。由于数据是分幅导入的，因此，在各层的数据中仍旧隐含着分幅的成分，也就是说，各层要素与分幅线叠合后，可方便地将分层的数据分幅。这种模式的特点是同时顾及数据的生产、更新和数据使用的方便，称这种模式为“分层存储、分幅更新”的数据更新模式。

(3) 地理空间基础数据索引结构

在数据分层后，按分幅建立数据格网索引，即按分幅规则建立覆盖整个建库范围的索引格网。每个格网的编号与对应的标准图幅编号一致，几何坐标也完全一致。对每一格网建立格网属性表(也可称元数据表)，记录每幅图的图号、图幅号、坐标范围、数据更新时间、数据导入时间等信息。在数据首次导入数据库时，系统将每幅地形图的这些属性填入格网属性数据中，以便于以后数据的更新。

4.2.4.3　森林资源信息更新维护策略

森林资源数据库数据更新就是用新的数据取代旧的数据，也是一个数据编辑的过程。为此将以数据表为基本更新单元，以不同数据的更新周期为依据在各更新周期内，建立数据库建库时各数据表(简称为“基表”)的复制数据表、相应的元数据和动态增量数据表，复制数据表用于存储更新周期内的当前数据；元数据用于存储描述数据表变化的各种信息，这些信息可以用于比较数据表之间的差异；动态增量数据表用于存储更新周期内该数据表的变化数据，如删除、增加、修改了哪些记录。

从如何取代旧的数据，是否保留历史数据的视角来看，可以将森林资源数据库中的数据表的更新方式分为 3 种：

①简单编辑式　直接取代旧的数据不需要保留历史数据，也不需要进行历史回溯，不需要建立复制数据表和动态增量数据表，如作业设计数据。

②版本式　直接取代旧的数据需要保留历史数据，需要反应数据的变化进行历史回溯，需要建立复制数据表和动态增量数据表，如森林资源档案数据。

③记账式　就是实时记录每一次作业信息，如采伐证、运输证等。针对不同更新模式实现变化数据的编辑，即数据入库；通过数据分发实现不同层次之间森林资源基础数据更新前的共享交换；通过数据同步实现不同层次之间森林资源基础数据更新后的数据同步；通过预先定制的冲突解决规则自动或人工干预的方式解决数据冲突。

4.2.4.4 森林资源信息更新总体流程

森林资源数据库数据更新以数据表(table)为基本单元，通过数据入库、数据分发、数据同步等三个程序实现各级森林资源基础数据库的数据更新。数据入库实现变化数据的采集并存储到相应的数据表中；数据分发实现不同层次之间的更新前数据共享交换；数据同步实现不同层次之间更新后的数据同步。总体流程如图 4-2 所示。

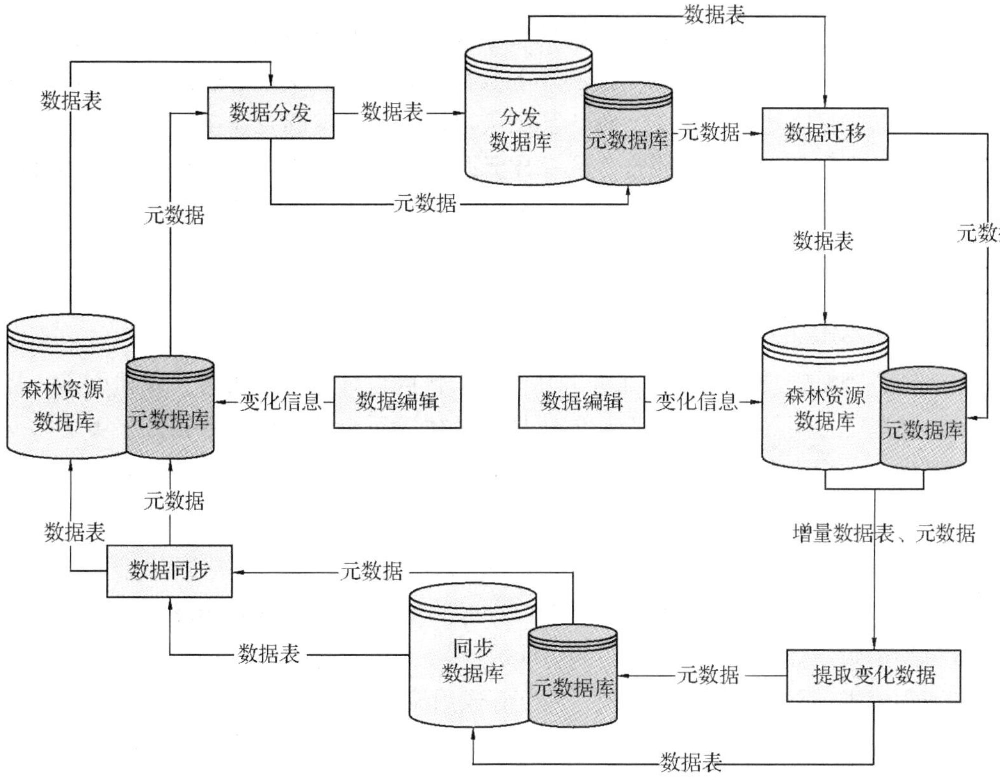

图 4-2 森林资源信息更新总体流程图

(1)数据分发

数据分发就是数据生产者将获得的森林资源各种数据发布给数据使用者。分发时用户可以从森林资源数据库中选择部分数据，也可以是整个森林资源数据库，将需要分发的各数据表，建立相应的复制数据表、元数据和动态增量数据表，并打包成 SQL Server 或 ACCESS 格式的分发数据库；数据使用者将 SQL Server 或 ACCESS 格式的分发数据库迁移到森林资源数据库中。

(2)数据同步

数据同步是数据分发的逆过程，当数据分发所获得的森林资源数据发生变化后，数据使用者生成数据同步数据库，该数据库收集了所有得到分发数据库后所发生的各种变化，这些变化信息记录在元数据库和各动态增量数据表。通过对森林资源基础数据库和数据同步数据库进行比较分析，采用用户确认和更新规则的约束下实现数据生产者和数据使用者森林资源数据的一致和同步。

4.2.5　森林资源信息更新的技术流程和步骤

以广西壮族自治区森林资源“一张图”更新为例，说明森林资源信息更新的技术流程和步骤。

4.2.5.1　建设目标

按照全国林地“一张图”数据库标准的要求设计广西壮族自治区森林资源数据库结构，对不同种类、内容、来源和用途的业务数据进行收集、整理，通过对业务数据的转换、提取和挖掘，建设涵盖省、市、县三级范围，包括空间及非空间数据、区分基础、专题等数据种类的广西壮族自治区森林资源“一张图”数据库，准确反映森林资源业务数据之间的关联关系，为管理者对森林资源的全面掌握提供准确、全面的数据支撑。

4.2.5.2　需求分析

县级森林资源管理需要采集县级造林作业、伐区设计、自然灾害、森林火灾、林业案件、林地征占用等数据并整合，更新县级森林资源与林地保护数据，并实现数据显示、查询、编辑、上报、更新、维护等功能。

(1)专题数据编辑

①表单录入　实现各类更新数据调查因子数据的录入。

②图形编辑　包括新增、修改、删除、分割、合并、追踪等图形编辑工具。

③属性编辑　录入每个斑块相应的属性信息。

④通用编辑　复制、粘贴、撤销、恢复等通用编辑工具。

⑤数据导入　导入 FileGDB，ShapeFile 或 GPS 轨迹点文本文件，根据 GPS 轨迹点选择生成面，再导入当前作业设计或编辑图层。

(2)成果数据检查

①图形拓扑校验　对更新小班校验、当前更新小班所在年度图层校验或与指定历史年度图层进行层间校验，包括重叠性、缝隙、空洞、自相交、悬挂线、短线、最小面积、锐角、行政区划范围校验等，可生成错误列表，选中错误小班即可定位修改。

②属性逻辑校验　用预定义的逻辑条件进行小班因子数据逻辑关系检查(因子检查、因子间逻辑检查、表间逻辑关系检查)。检查完毕时，显示检查结果。

(3)资源数据浏览查询

①浏览查看地图数据，实现缩放、平移、全图、比例尺设置等操作。

②获取地图属性信息，根据输入条件模糊查询并定位。

③量算点、线、面要素或元素。

④根据行政区划逐级快速定位。

⑤查询二类小班、地名、道路水系属性及图形信息。

⑥查询造林作业、采伐作业、自然灾害调查、火灾、林业案件、工程建设、林地

征占用、自然灾害等属性及图形信息。

⑦查询当前更新小班信息，生成相关专题一览表。

(4)专题制图

①可出造林作业、采伐作业、自然灾害调查、火灾、林业案件、林地征占用、自然灾害等通用地图，或利用工具制作并保存自定义地图。

②可插入和编辑修改图框、图例、比例尺、指北针、注记、千米网、表格等地图元素。

③可设置页面并打印输出，或输出成 jpg 等图片格式。

(5)系统管理与数据维护

①系统日志管理　浏览、查询用户操作记录，删除日志记录。

②作业设计管理　浏览查看指定年度采伐作业设计及相应信息，修改作业设计名称、作业设计状态、删除作业设计，当前年度作业设计转为历史，生成新一年度作业设计图层及相应属性信息。

③数据导入/导出　导入、导出指定图形数据。

④支持纸质扫描地形图快速配准导入。

4.2.5.3　系统流程

广西壮族自治区森林资源信息更新的流程如图 4-3 所示。

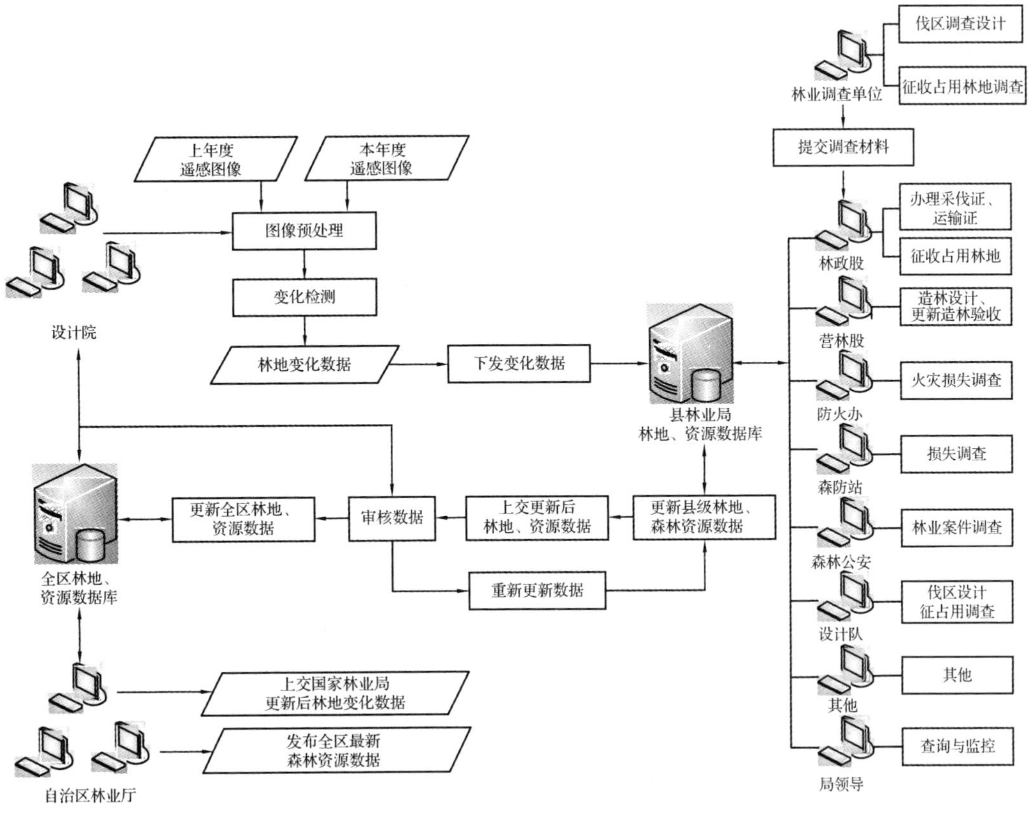

图 4-3　系统流程图

广西壮族自治区森林资源信息的更新是以县为更新的基本单位，系统整体流程分为省级数据整合、分发和县级数据采集、成果数据省级上交。

省级数据分发是建立在服务器端面向全区各级用户的一种服务。数据更新初始化完成后，开始向县林业局下发林地变化数据。确保各级用户在每一年度初期能获取到最新的数据、最新的规划，以保证各级各部门的业务是基于新数据之上进行操作的。

县级数据采集、成果数据上交到省级，是数据更新的重要环节，主要内容包括组织小班变化数据源、提交调查资料、变化数据上传申请更新、数据审核结果同步。

①组织小班变化数据　由县级林业调查单位按变化原因进行分类组织小班变化数据。其中包括征砍伐区、占用林地、退耕还林、林地小地类发生变化等。

②提交调查材料　将外业调查材料提交到防火办、设计队、林业局等有关部门，以便用于防火办的火灾损失调查、设计队的伐区设计征占用调查、林业局的查询和监控。

③变化数据分级分部门核查审批　县林业局将结果上传到全区林地资源数据库，由设计院在写入数据库前进行检查。包括图形数据拓扑检查和属性数据逻辑检查，并将可更新写入数据库的数据上传到服务器上。

④更新数据审核结果同步　全区数据上交更新到自治区林业厅后，数据更新结果标识数据更新状态，数据更新状态分为符合更新规则已通过和不符合更新规则未通过两种。最后上交到国家林业局更新林地变化数据，并发布全区更新森林资源数据。

4.2.5.4　数据库建设

通过建立森林资源基础数据库、森林资源专题数据库、基础地理数据库和系统支撑数据库以实现数据的标准规范化管理，省、市、县三级网络化的连续无缝林业资源数据管理，为森林资源监管服务系统的建立提供数据支持，为各级林业业务部门及相关行业提供数据支持服务。

数据库主要建设内容分为森林资源基础数据库、森林资源专题数据库、基础地理数据库和系统支撑数据库。森林资源基础数据库主要来源于全省历次二类调查数据、林地落界数据等；森林资源专题数据库主要数据来源于征占用林地、采伐、专项调查等业务数据等；基础地理数据库来源于测绘部门和国家林业局；支撑数据库主要包括元数据、统计报表模型数据和服务支撑数据等。具体内容见表4-2。

表4-2　数据库主要内容

类别	主要内容	建设范围	数据来源	整合	整理部门	数据情况
基础数据库	1:400万	全省	测绘部门	省	国家林业局	数字化
	1:100万	全省	测绘部门	省	国家林业局	数字化
	1:25万	全省	测绘部门	省	国家林业局	数字化
	1:5万	全省	地图扫描	省	数据中心	待建设
	1:5万三维地形	全省	测绘部门	省	国家林业局	数字化加密
	遥感数据	全省	国家林业局	省	国家林业局	数字化
	其他					待建设

（续）

类别	主要内容	建设范围	数据来源	整合	整理部门	数据情况
森林资源基础数据库	2012 年林地落界	全省	森林资源部门	省	国家林业局	数字化
	森林资源小班数据	全省	森林资源部门	省	数据中心	待建设
	一类调查数据	全省	森林资源部门	省	数据中心	数字化
	林业区划（市、县、乡场等）	全省	森林资源部门	省	数据中心	待整理
	其他					待建设
森林资源专题数据库	采伐更新数据	全省	各县、林场	省	数据中心	待基层提供
	造林更新数据	全省	各县、林场	省	数据中心	待基层提供
	征占用地更新	全省	各县、林场	省	数据中心	待基层提供
	灾害更新数据	全省	各县、林场	省	数据中心	待基层提供
	其他	全省	各县、林场	省	数据中心	待基层提供
系统支撑数据库	元数据	系统		省	数据中心	待建设
	行政代码	全省	林业业务部门	省	数据中心	待建设
	数据字典	系统	林业业务部门	省	数据中心	待建设
	应用权限数据	系统	林业业务部门	省	数据中心	待建设
	制图、报表模板	系统	林业业务部门	省	数据中心	待建设
	各类地图缓存	全省	部分国家局	省	数据中心	其他待建设
	其他					待建设

4.2.5.5 建设内容

系统整体分为信息管理系统、业务管理系统、年度更新系统和系统管理 4 个模块与 11 个业务子系统组成（图 4-4）。

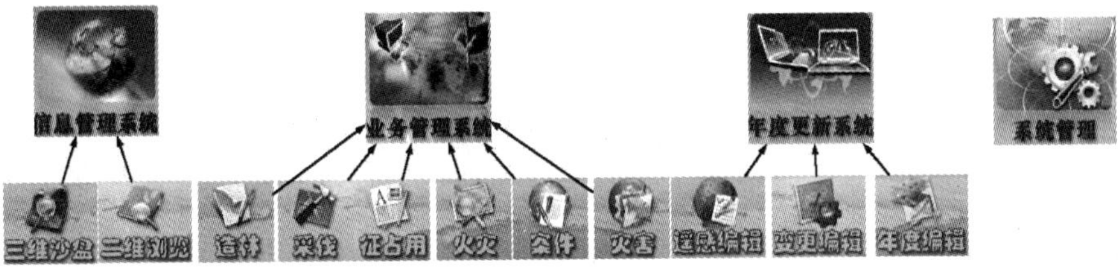

图 4-4 总体设计图

(1)信息管理系统

①三维沙盘子系统　将县级森林资源现状以三维方式展现，提供三维模式下的地图分级浏览、地图漫游、地图环绕浏览、坐标定位、行政定位、小班定位与查询、飞行动画模拟、资源数据专题查询与专题图显示以及主要森林资源指标统计。

②二维浏览子系统　以各类专题数据为基础，参考上一年度资源分布数据进行各

类数据查询与检索，同时支持小班专题图制图输出。

(2) 业务管理系统

①造林信息采集与管理子系统　以造林作业设计数据引起资源数据变化为基础实现造林斑块勾绘、属性录入、拓扑校验、统计报表和统计图、造林设计图表输出、成果导出等功能。

②采伐信息采集与管理子系统　能够满足伐区设计的制图、采伐斑块勾绘、属性录入、每木检尺录入和计算，拓扑校验、统计报表和统计图、成果导出的功能。

③林地征占用信息采集与管理子系统　以引起资源变化的林地征占用斑块勾绘、属性录入、拓扑校验、统计报表和统计图的功能、林地征占用制图图表输出，以及项目管理和补充费核算、成果导出等功能。

④森林火灾信息采集与管理子系统　采集森林火灾引起的森林资源变化数据和火灾信息，以及火灾统计报表和统计图、成果导出的功能。

⑤林业案件信息采集与管理子系统　采集因林业案件引起的森林资源变化数据以及林业案件统计报表和统计图、成果导出的功能。

⑥病虫灾害信息采集与管理子系统　采集因病虫灾害引起的森林资源变化数据和灾害信息，以及病虫害统计报表和统计图、成果导出的功能。

(3) 年度更新系统

①遥感变化检测核实调查子系统　导入最新遥感变化检测数据，编辑、校验检测图斑，结果数据将与采集的专题数据进行整合，同时在整合时界线将以遥感数据的为主进行整合。

②资源数据专题变更编辑子系统　以年度遥感检测变化图斑数据为主，结合业务专题子系统采集的专题数据，并辅以外业补充调查，核实年度变化小班数据并处理各专题数据之间的冲突，形成年度变化资源小班数据。

③年度更新结果核实编辑子系统　将年度变化小班数据更新到森林资源本底图，解决更新后的拓扑问题和逻辑问题，并利用生长模型更新自然生长的林分，实现森林资源的年度更新，导出上报成果。

(4) 系统管理

①系统日志管理　浏览、重询用户操作记录，删除日志记录。

②作业设计管理　浏览查看指定年度采伐作业设计及相应信息，修改作业设计名称、作业设计状态、删除作业设计，当年年度作业设计转为历史，生成新一年度作业设计图层及相应高　信息。

4.2.6　森林资源信息更新实例

高金萍等(2008)利用吉林汪清林业局 1997—2002 年大荒沟林场的森林资源信息，实现小班时空数据库创建、5 年内的小班时间和空间数据一体化更新，建立一个森林资源信息更新原型系统。

(1) 更新分析

只有一次森林资源信息就不存在森林资源信息更新，因此，只有存在两次及以上森林资源信息才可实施森林资源信息更新，森林资源信息从性质上有属性信息和空间信息，从变化情况看，属性信息存在不发生变化(如地理环境信息)、自然生长变化(胸径、树高等)、森林经营活动的变化(林权、地类等)，从空间信息有图斑消失、增加、合并、分割等变化。利用变化信息，通过编辑实现新信息替代旧信息的过程。具体如图4-5所示。

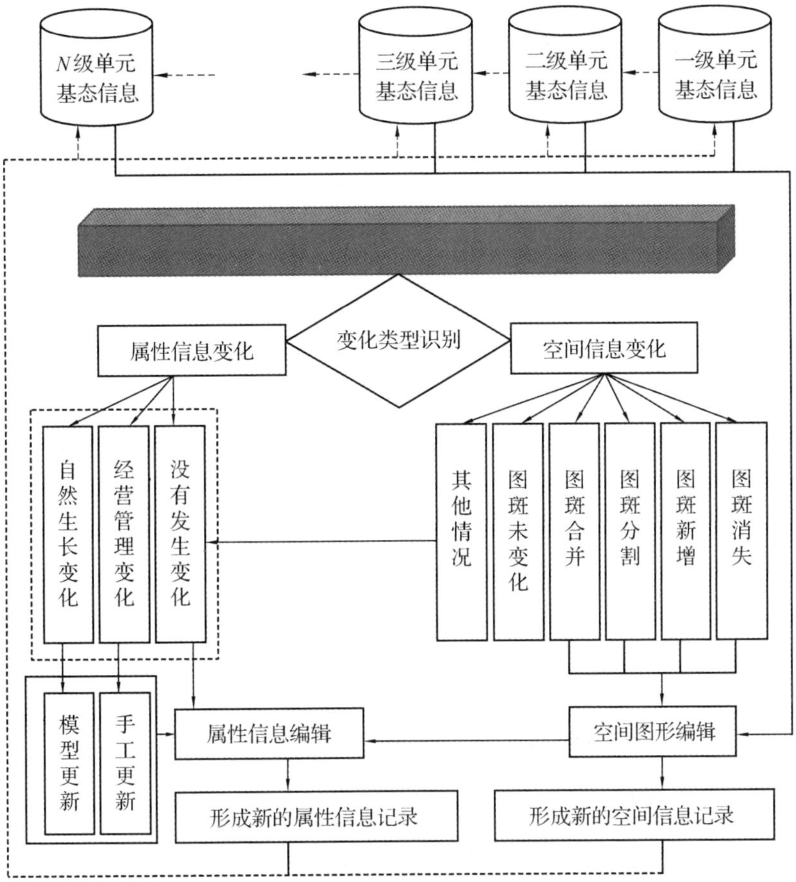

图4-5 森林资源信息更新技术流程

(2)信息存储更新模型构建

高金萍等(2008)提出了森林资源信息更新时空一体化模型。在时态GIS理论框架下处理时空信息的模型很多，代表性的有时空立方体、序列快照模型、基态修正模型和时空复合等。由于时态问题的复杂性，需要针对不同的应用实体采用不同的模型方法。这其中，基态修正模型只存储研究区过去某时刻的数据状态(基态)和相对于基态的一系列变化量(修正态)，适用于全局数据变化较少而局部数据变化较多、基态数据量大而变化数据量较小的情形，这与二类调查本底信息量较大，而年度变化(经营作业等)信息量较少的特征相吻合。此外，基态修正模型具有信息冗余少、表达地物变化充分、易于采用现有成熟的大型商业信息库实现等优点，易于实际应用。基于此，结合我国森林资源信息的时空变化特点和面向对象的建模思想，对基态修正模型进行了修正和扩展，提出面向对象的多基态修正扩展时空信息模型(简称OMSEASTDM)，如图

4-6 所示。该模型以森林资源二类调查成果信息为基态，以年度小班变化信息为修正态，动态设置多个基态，基态距为我国林业二类调查周期。

按照模型的设计，只需要存储各个基态的小班信息(二类成果信息)和各个修正态(各年度)的小班变化信息。其中修正态信息不是小班变化差，而是小班变化结果。这样要想得到非基态信息可以直接从信息库提取，克服了传统基态修正模型由于非基态信息需要叠加后才能得到，历史久远情况下信息检索效率低下和空间信息分析效率低下的缺陷。模型高度契合林业信息获取周期和变化规律，具有较高的存储和检索效率。

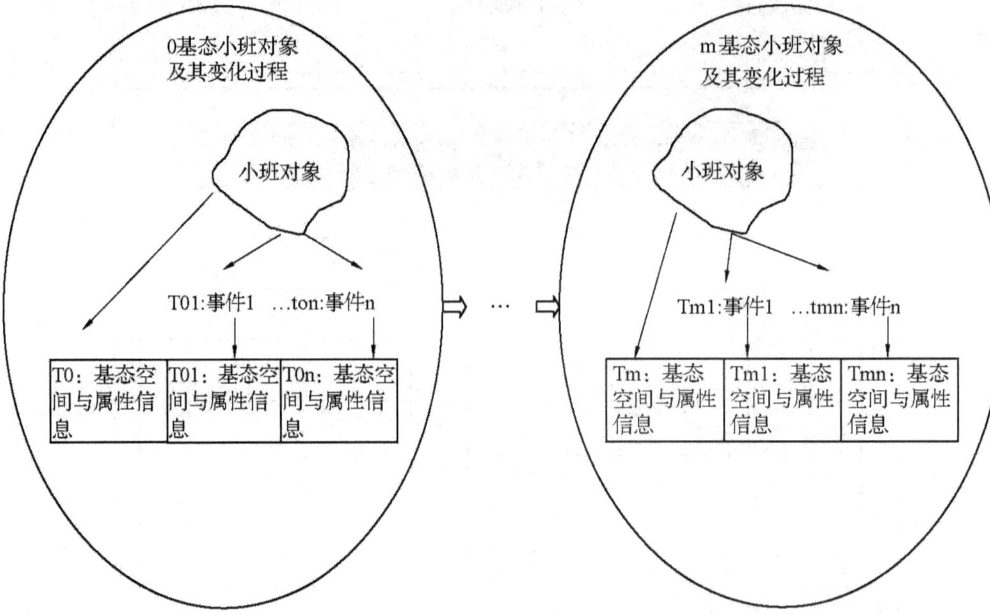

图 4-6 面向对象的多基态修正扩展模型

(3)森林资源信息时空一体化存储结构设计

按照 OMSEASTDM 模型的指导思想，小班就是一类时空对象，该对象是独立封装的具有唯一标识的概念实体。每个小班对象中封装了小班对象的时态性、空间(几何)特性、属性特性和相关的行为操作及其他对象的关系。小班对象库结构由小班对象标识字段、表达时态变化的字段、表达空间状态的字段(SHAPE、面积)和表达属性因子(林种、地类)的字段 4 类字段组成，其中表达时态变化的字段描述了小班对象时态结构和空间变更关系，它通过对小班对象增加生存周期(起始日期和变更日期)，小班来源记录指针和小班变更的去向记录指针来描述小班变更过程，见表 4-3。

表 4-3 表达时态结构和变更关系的字段

序号	字段名	中文提示	说明备注
1	SID	小班对象唯一编号	由县行政编码+林业区划编码组合
2	StartTime	起始时间	表示某小班变更类型的发生时间
3	EndTime	结束时间	表示小班当前状态的结束时间
4	SystemTime	数据库时间	表示小班对象信息入库时间
5	FatherId	父小班号	表示小班变更的来源记录指针
6	ChildId	子小班号	表示小班变更的去向记录指针
7	Rule	空间变更类型	表示记录小班对象变化类型的字段

FatherId 记录小班的来源指针，如果该小班是初始登记或新增小班，则 FatherId 为空；ChildId 记录小班变更后去向指针，如果该小班未发生变更则为空。通过 FatherId 和 ChildId 记录指针可查询小班的来龙去脉。StartTime 记录小班变更的发生时间，EndTime 记录小班变更后状态的结束时间，如果小班未变化则赋值为 99991231，如果 EndTime 值为 19980907 ，表示小班于 1998 年 9 月 7 日发生变更。通过 StartTime 和 EndTime 能正确反映小班的状态。小班对象时态结构与双向连表有相似之处，可以在任意状态下查询检索小班的来龙去脉和变更情况。

以部分小班为例，1997 年初始阶段有 5 个小班；1998 年由于造林新建小班 09（小班实际编号的后 2 位），由于林地征占用 02 小班终止；1999 年 04 小班由于整体皆伐成为采伐迹地，发生小班属性变更，03 小班择伐后不同地块优势树种不同，分割成 2 个新小班 10 和 11；2000 年，小班 04 和 09 合并，生成小班 12；2001 年，小班 04 部分区域造林，造林区域并入小班 11，小班 04 实现收缩，小班 11 实现扩张。图 4-7 所描述的小班从 1997—2001 年 5 年间所变更的数据，按照 OMSEASTDM 模型提供的信息更新方法，得到小班时空一体化信息存储，见表 4-4。

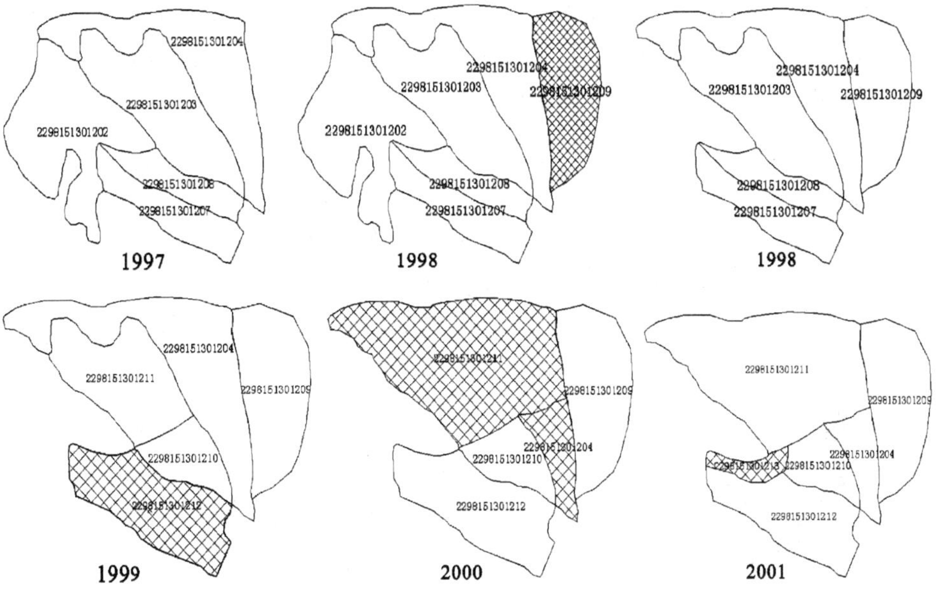

图 4-7 1997－2001 年图斑变化过程

表 4-4　小班变化后表中记录变化

小班	地类	林种	变化类型	开始日期	结束日期	父小班	子小班
04	有林地	用材林	小班创建	1997 - 02 - 01	1999 - 05 - 02	0	0
04	采伐迹地		小班属性变更	1999 - 05 - 02	2001 - 09 - 10	0	0
04	采伐迹地		小班分割	1999 - 09 - 10	9999 - 12 - 31	4	0
03	有林地	用材林	小班创建	1997 - 02 - 01	1999 - 11 - 30	0	0
03	有林地	用材林	小班终止	1999 - 11 - 30	1999 - 11 - 30	0	10，11
10	有林地	用材林	小班创建	1999 - 11 - 30	2001 - 12 - 30	03	0
10	有林地	用材林	小班分割	2001 - 12 - 30	9999 - 12 - 31		0
11	有林地	用材林	小班创建	1999 - 11 - 30	2001 - 09 - 10	03	0
11	有林地	用材林	小班合并	2001 - 09 - 10	9999 - 12 - 31	4，11	0
02	有林地	用材林	小班创建	1997 - 02 - 01	1998 - 10 - 10	0	0
02	其他用地		小班终止	2000 - 10 - 10	1998 - 10 - 10	0	0
08	有林地	用材林	小班创建	1997 - 02 - 01	2000 - 10 - 10	0	0
08	有林地	用材林	小班终止	2000 - 10 - 10	1999 - 12 - 31	0	12
07	有林地	用材林	小班创建	1997 - 02 - 01	2000 - 10 - 10	0	0
07	有林地	用材林	小班终止	2000 - 10 - 10	9999 - 12 - 31	0	12
09	未成林造林地	用材林	小班创建	1998 - 10 - 10	9999 - 12 - 31	0	0
12	有林地	用材林	小班合并	1998 - 10 - 10	2001 - 12 - 30	7，8	0
12	有林地	用材林	小班分割	2001 - 12 - 30	9999 - 12 - 31	0	0
13	有林地	用材林	小班合并	2001 - 12 - 30	9999 - 12 - 31	10，12	0

注：9999 表示小班未变化。

(4) 更新结果比较

按照本文设计的多基态修正扩展时空数据模型和数据存储结构，利用吉林汪清林业局 1997—2002 年大荒沟林场数据进行实验验证，实现小班时空数据库创建、5 年内的小班时间和空间数据一体化更新和小班整体历史回溯等。试验成功地按照模型设计，建立一个小班时空管理原型系统。利用该系统可以方便地显示汪清林业局大荒沟林场小班变更前后情况，更新前后对比如图 4-8、图 4-9 所示。

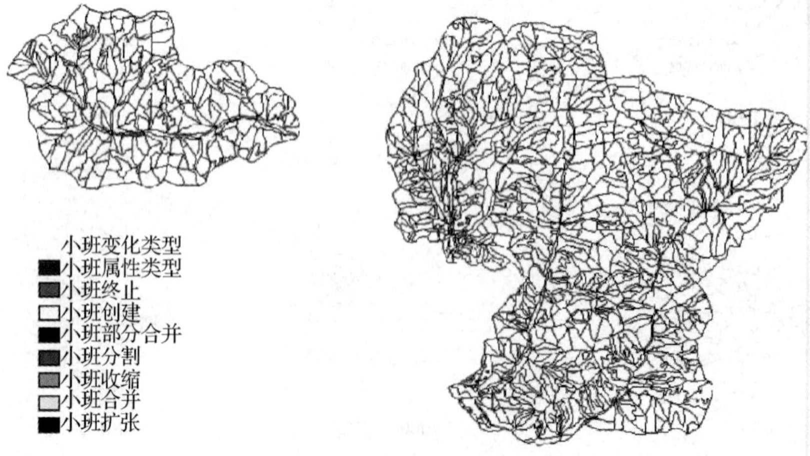

图 4-8　更新前

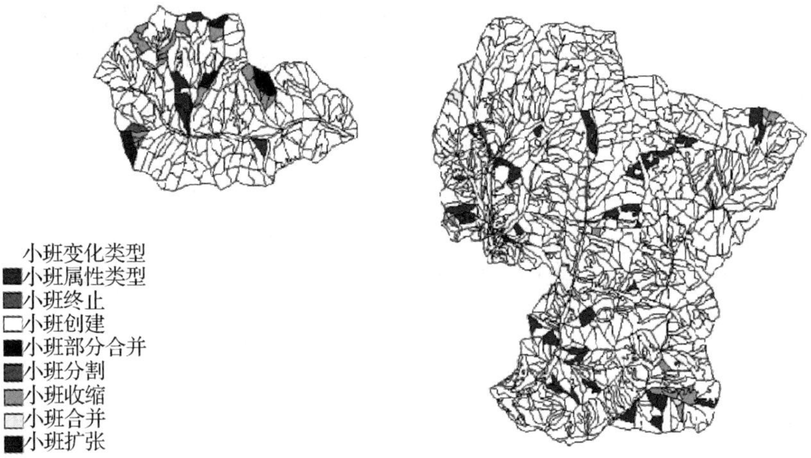

图 4-9 更新后

4.3 森林资源信息质量控制

森林资源信息极易受空缺、不一致和噪声信息的侵扰。没有良好的森林资源信息质量作后盾，再先进的信息处理技术和分析工具也不能发挥作用，要想森林资源信息真正发挥作用，就必须提高业务系统的森林资源信息质量。由此看来，森林资源信息质量的控制成为森林资源信息库建设发展过程中越来越引起重视的突出问题。

4.3.1 森林资源信息质量的概念与内涵

要想清楚并深层次地了解森林资源信息质量控制的原理，首先应该知道森林资源信息质量的基本概念以及误差的来源，其次是构建合理的评价指标体系。

森林资源信息质量指森林资源信息产品满足用户要求的程度，具体包括森林资源信息的客观性、正确性、完整性、一致性、时效性(及时性)、准确性、相关性、简洁性、有用性、可理解性、明确性、背景解释性和适量性等（高智勇等，2006）。

(1)客观性

指按事物本来面目去考察，与一切个人感情、偏见和意见都无关。信息反映的事实总是某个客观事物的某一方面的属性，其本身具有客观性。如果反映的不真实，那么，依据其所做的决策、控制方法和管理措施就不能达到预期的目的。因此，客观性就成为评价信息内容质量的首要指标。

(2)正确性

指信息符合事实、道理或某种公认的标准。不同的行业有不同的行业标准和规范，如果符合就是正确的。信息的正确性具有很大的主观性，但这种主观性的引入必须与事实、公认的道理和标准相一致、相符合。

(3)完整性

指一个信息集合结构完整，一个具有完整结构的信息集合能够完整地表述一个思想和事实，描述一个事物。信息缺失的情况可能是整个信息记录缺失，也可能是信息中某个字段信息的记录缺失。不完整的信息所能利用的价值就会大大降低，也是信息质量最为基础的一项评估标准。信息质量的完整性比较容易评估，一般可以通过数据统计中的记录值和唯一值进行评估。例如，网站日志日访问量就是一个记录值，平时的日访问量在 1 000 左右，突然某一天降到 100 了，需要检查一下数据是否存在缺失了。又如，网站统计地域分布情况的每一个地区名就是一个唯一值，我国包括了 33 个省(自治区、直辖市)，如果统计得到的唯一值小于 33，则可以判断信息有可能存在缺失。

(4)一致性

指在一个信息集合中，各信息元素的表达符号必须一致，包括表达符号格式的一致性和表达符号意义的一致性。一致性表明信息是否遵循了统一的规范，信息集合是否保持了统一的格式。

信息质量的一致性主要体现在信息记录的规范和信息是否符合逻辑。规范指的是，一项信息存在它特定的格式，例如，手机号码一定是 13 位的数字，IP 地址一定是由 4 个 0 到 255 间的数字加上“. ”组成的。逻辑指的是，多项数据间存在着固定的逻辑关系，例如，树木年龄与胸径，到目前为止，还没有一种树的树高随年龄的增长超过 100m。

(5)及时性

及时性有的又称为实时性或时效性，指信息有明显的时间限制，超出这一时间限制的信息将失去价值。及时性对于信息分析本身要求并不高，但如果信息分析周期加上信息建立的时间过长，就可能导致分析得出的结论失去了应用意义。例如，在制订林业建设五年计划时，若能利用距该五年计划最近一年的森林资源信息，那计划结果是最可靠的，如果利用距该五年计划几年前的森林资源信息，制订的五年计划可靠性就差了。

(6)准确性

指信息符号所表达的信息是准确的和信息符号对信息的表达式准确的。和一致性不一样，存在准确性问题的信息不仅仅只是规则上的不一致。最为常见的信息准确性错误就如乱码。其次，异常的大或者小的信息也是不符合条件的信息。信息质量的准确性可能存在于个别记录，也可能存在于整个信息集。例如，D 常代表胸径，如果表示为树高就不准确了；又如，D 准确值为 8. 0cm，结果出现 80. 0cm 就不准确了等。

(7)相关性

指信息集合中信息元素之间的相关性。当信息系统将一个信息集合提供给用户时，其中的信息元素之间应该具有较强的相关性。毫无关联的信息元素所组成的信息集合将使得用户不知所云，无法使用。

(8)简洁性

指信息表达符号简单明了。过于复杂的信息表达符号不仅占用信息系统资源，而且增加信息符号的理解难度。

(9)有用性

指设计的信息内容与用户期望的信息内容之间的差距，为确保信息的有用性，在信息设计阶段必须与用户进行密切联系。

(10)可理解性

指信息符号表达必须能够理解且易于理解。如果用户看不懂信息符号，那么信息用途将丧失。信息可理解性首先要看信息本身的表达方法，其次是不同理解水平的用户。

(11)明确性

指信息表达地很明了清楚，使读者或听者不用思索便懂。要求信息符号对信息的表达必须清晰、无二义性。

(12)背景解释性

指当一个信息提供给用户时，为了更好地使用户理解和便于使用这些信息，应该将部分必要的背景性信息提供给用户。

(13)适量性

指信息量尽可能适当，信息量不足，会使用户得不到所需要的详细信息，信息量过多，产生大量信息冗余，导致用户花大量时间搜索所需信息(曹瑞昌等，2002)。

4.3.2 森林资源信息质量问题、来源及表达形式

4.3.2.1 森林资源信息质量问题

森林资源信息质量问题可分为两个大的类型，即单信息源质量问题和多信息源质量问题。单信息源质量问题主要包括设计上的唯一性、完整性以及输入上的拼写错误、冗余、重复、遗漏等问题；多信息源质量问题包括设计上的命名冲突、结构冲突和不一致性的层次和事件等问题。

4.3.2.2 森林资源信息质量问题的来源

从信息的形式表达到信息的生成，从信息的处理变换到信息的应用，在这两个过程中都会有信息质量问题的发生。从几个方面来阐述信息质量问题的来源。

(1)事物自身存在的不稳定性

事物自身存在的不稳定性表现在空间特征、过程和时间内容上的不确定性。空间现象在空间上的不确定性指其在空间位置分布上的不确定性变化；空间现象在时间上的不确定性表现为其在发生时间段上的游移性；空间现象在属性上的不确定性表现为属性类型划分的多样性，非数值型属性值表达的不精确性。

(2)信息表达误差

信息采集中的测量方法以及量测精度的选择等受到人类自身的认识和表达的影响，这对于信息的生成会出现误差。如在地图投影中，由椭球体到平面的投影转换必然产生误差；用于获取各种原始数据的各种测量仪器都有一定的设计精度，如 GPS 提供的地理位置数据都有用户要求的一定设计精度。信息表达误差来源具体表现为以下几

方面：

①野外测量误差　仪器误差、记录误差。

②遥感数据误差　辐射和几何纠正误差、信息提取误差。

③地图数据误差　原始数据误差、坐标转换、制图综合及印刷。

(3)信息处理误差

信息处理中的误差来源很多，主要有以下几种：

①投影变换　地图投影是开口的三维地球椭球面到二维场平面的拓扑变换。在不同投影形式下，地理特征的位置、面积和方向的表现会有差异。

②地图数字化和扫描后的矢量化处理　数字化过程采点的位置精度、空间分辨率、属性赋值等都可能出现误差。

③信息格式转换　在矢量格式和栅格格式之间的信息格式转换中，信息所表达的空间特征的位置具有差异性。

④信息抽象　在信息发生比例尺变换时，对信息进行的聚类、归并、合并等操作时产生的误差，如知识性误差和信息所表达的空间特征位置的变化误差。

⑤建立拓扑关系　拓扑过程中伴随有信息所表达的空间特征的位置坐标的变化。

⑥与主控信息层的匹配　一个信息库中，常存储同一地区的多层信息面，为保证各信息层之间空间位置的协调性，一般建立一个主控信息层以控制其他信息层的边界和控制点。在与主控信息层匹配的过程中也会存在空间位移，导致误差。

⑦信息叠加操作和更新　信息在进行叠加运算以及信息更新时，会产生空间位置和属性值的差异。

⑧信息集成处理　指在来源不同、类型不同的各种信息集的相互操作过程中所产生的误差。

⑨信息集成　包括信息预处理、信息集之间的相互运算、信息表达等过程在内的复杂过程，其中位置误差、属性误差都会出现。

⑩信息的可视化表达　信息在可视化表达过程中为适应视觉效果，需对信息的空间特征位置、注记等进行调整，由此产生信息表达上的误差。

⑪信息处理过程中误差的传递和扩散　在信息处理的各个过程中，误差是累计和扩散的，前一过程的累计误差可能成为下一个阶段的误差起源，从而导致新的误差的产生。

信息处理误差的具体来源可分为以下几种具体情况：

①数据输入时的数字化误差　仪器误差、操作误差。

②不同系统格式转换误差　栅格—矢量转换、三角网—等值线转换。

③数据存储时的数值精度不够、空间精度不够　每个格网点太大、地图最小制图单元太大。

④数据处理时的分类间隔不合理　多层数据叠合引起的误差传播：插值误差、多源数据综合分析误差；比例尺太小引起的误差。

⑤数据输出时的输出设备不精确引起的误差；输出的媒介不稳定造成的误差。

(4)信息使用中的误差

在信息使用的过程中也会导致误差的出现，主要包括两个方面：一是对信息的解释过程，二是缺少文档。对于同一种信息来说，不同用户对它的内容的解释和理解可能不同，处理这类问题的方法是随信息提供各种相关的文档说明，如元数据。另外，缺少对某一地区不同来源的信息的说明，如缺少投影类型、信息定义等描述信息，这样往往导致信息用户对信息的随意性使用而使误差扩散。还有对信息的误解、对信息使用不当等。

4.3.2.3 森林资源信息质量问题的定量表达形式

为了衡量森林资源信息质量问题的具体程度，需要用一些定量指标进行表达，常见的指标有误差、精度、分辨率、比例尺、不确定性等。

(1)误差

定义出一个所记录的测量和它的事实之间的准确性以后，很明显对于大多数目的而言，它的数值是不准确的。误差研究包括：位置误差，即点的位置误差、线的位置误差和多边形的位置误差；属性误差；位置和属性误差之间的关系。

(2)精度

即对现象描述的详细程度。如对同样的两点，精度低的数据并不一定准确度也低。精度要求测量能以最好的准确性来记录，但是这可能误导提供了较大的精度，因为超出一个测量仪器的已知准确度的数字在效率上是冗余的。因此，如果手工操作的数字化板所返回的坐标不可能依赖于比 0.1mm 还要准确的一个“真正的”数值，那么就不存在任何的点，在十分之一的地方是以 mm 表示的。

(3)分辨率

分辨率是两个可测量数值之间最小的可辨识的差异。那么空间分辨率可以看作记录变化的最小距离。在一张用肉眼可读的地图上，假设一条线用来记录一个边界，分辨率通常由最小线的宽度来确定。地图上的线很少以小于 0.1mm 的宽度来画。在一个图形扫描仪中最细的物理分辨率从理论上讲是由设施的像元之间的分离来确定的。在一个激光打印机上这是一英寸的 300 分之一，而且在高质量的激光扫描仪上，这会细化 10 倍。如果没有放大，最细的激光扫描仪的线是看不到的，尽管这依赖于背景颜色的对照。因此，在人的视觉分辨率和设备物理分辨率之间存在着一定差异。一个相似的区别可以存在于两个最小距离之间，即当操作者操作数字化仪时所区别的最小距离和数字化仪硬件可以不断地报告的最小距离。

(4)比例尺

比例尺是地图上一个记录的距离和它所表现的“真实世界”的距离之间的一个比例。地图的比例尺将决定地图上一条线的宽度所表现的地面的距离。例如，在一个 1∶10 000比例尺的地图上，一条 0.5mm 宽度的线对应着 5m 的地面距离。如果这是线的最小的宽度，那么就不可能表示小于 5m 的现象。

(5)不确定性

地理信息系统的不确定性包括空间位置的不确定性、属性不确定性、时域不确定性、逻辑上的不一致性及数据的不完整性。空间位置的不确定性指 GIS 中某一被描述物体与其地面上真实物体位置上的差别；属性不确定性是指某一物体在 GIS 中被描述的属性与其真实的属性之差别；时域不确定性是指在描述地理现象时，时间描述上的差错；逻辑上的不一致性指数据结构内部的不一致性，尤其是指拓扑逻辑上的不一致性；数据的不完整性指对于给定的目标，GIS 没有尽可能完全地表达该物体。

4.3.3　森林资源信息质量控制的方法和平台

4.3.3.1　森林资源信息质量控制方法

森林资源信息质量控制是指采用一定的工艺措施，使信息在采集、存贮、传输中满足相关的质量要求的工艺过程。

森林资源信息质量控制采用六步法指导信息设计，从初始的信息探查到持续监测以及持续进行的信息优化。业务部门与 IT 部门的信息使用者、业务分析师、信息管理员、IT 开发人员和管理员，能够在 6 个步骤的每一步中协同使用信息质量解决方案，并在整个信息领域和应用程序中嵌入信息质量控制。

第一步，探查信息内容、结构和异常

探查信息以发现和评估信息的内容、结构和异常。通过探查，可以识别信息的优势和弱势，帮助单位确定项目计划。一个关键目标就是明确指出信息错误和问题，例如将会给业务流程带来威胁的不一致和冗余。

第二步，建立信息质量度量并明确目标

信息质量解决方案为业务人员和 IT 人员提供了一个共同的平台建立和完善度量标准，用户可以在信息质量记分卡中跟踪度量标准的达标情况，并通过电子邮件发送来与相关人员随时进行共享。

第三步，设计和实施信息质量业务规则

明确单位的信息质量规则，即：可重复使用的业务逻辑，管理如何清洗信息和解析用于支持目标应用字段和信息。业务部门和 IT 部门通过使用基于角色的功能，一同设计、测试、完善和实施信息质量业务规则，以达成最好的结果。

第四步，将信息质量规则构建到信息集成过程中

支持普遍深入的信息质量控制，使用户可以从扩展的任何位置跨任何信息的应用程序、在一个基于服务的架构中作为一项服务来执行业务规则。信息质量服务由可集中管理、独立于应用程序并可重复使用的业务规则构成，可用来执行探查、清洗、标准化、名称与地址匹配以及监测。

第五步，检查异常并完善规则

在执行数据质量流程后，大多数记录将会被清洗和标准化，并达到所设定的信息质量目标。然而，无可避免，仍会存在一些没有被清洗的劣质信息，此时则需要完善控制信息质量的业务规则，捕获和突显信息质量异常和异常值，以便更进一步地探查和分析。

第六步，对照目标，监测信息质量

信息质量控制不应为一次性的“边设边忘”活动。相对目标和在整个业务应用中持续监测和管理信息质量对于保持和改进高水平的信息质量性能而言是至关重要的。包

括一个记分卡工具，而仪表板和报告选项则具备更为广泛的功能，可进行动态报告以及以更具可视化的方式呈现。

4.3.3.2 森林资源信息质量控制平台

1)森林资源信息质量控制平台功能

森林资源信息质量控制平台确保组织中所有的关键人士都可以展开有效协作，从而更快找出坏信息并予以修正。它是一个可以提供普遍深入的信息质量控制的信息集成平台。凭借此平台，您的组织可以：

①为所有应用程序主动清洗信息，保持信息清洁；

②共同肩负信息质量控制和信息治理责任；

③建立对信息的信心和信赖感。

森林资源信息质量控制平台可帮助业务部门更为自立，同时使 IT 部门更为高效。业务经理、业务分析师和信息管理员可以更为主动地参与信息质量控制流程。他们可以分析信息并自行定义信息规则，使用简单、基于浏览器并专为此目的设计的工具。IT 部门将获得单个、统一并具有较高生产力的环境，用于开展信息探查、信息清洗以及管理可在所有信息集成项目中重复使用的信息质量规则。

森林资源信息质量控制平台使您能够使用成熟的信息集成技术连接至任何类型的信息源。集中信息质量规则使您能够改善所有应用程序中的信息，不论这些应用程序包含何种信息或者这些应用程序是否获取、移动或消费信息。使您能够在信息录入或计划批处理过程中防范劣质信息。

2)森林资源信息清洗

解决森林资源信息质量问题的过程就是森林资源信息清洗。森林资源信息清洗被定义为：通过检测发现和清除(删除或修改)森林资源信息中的错误和不一致，来提高森林资源信息的质量。

(1)森林资源信息清洗原理

森林资源信息清洗的原理为：利用有关技术，如统计方法、信息挖掘方法、模式规则方法等将脏信息转换为满足信息质量要求的信息。信息清洗按照实现方式与范围，可分为以下 4 种。

①手工实现　通过人工检查，只要投入足够的人力、物力与财力，也能发现所有错误，但效率低下。在大信息量的情况下，手工操作几乎是不可能的。

②编写专门的应用程序　这种方法能解决某个特定的问题，但不够灵活，特别是在清洗过程需要反复进行(一般来说，信息清洗一遍就达到要求的很少)时，导致程序复杂，清洗过程变化时，工作量大。而且这种方法也没有充分利用目前信息库提供的强大信息处理能力。

③解决某类特定应用域的问题　如根据概率统计学原理查找信息异常的记录，对树名、分布区域等进行清洗，这是目前研究较多的领域，也是应用最成功的一类。

④与特定应用领域无关的信息清洗　这一部分的研究主要集中在清洗重复记录上。

(2)森林资源信息清洗的框架模型

森林资源信息清洗模型由以下5个步骤实现。

①提供了一整套信息审计、分析和重组工具。

②对信息作解析、验证和标准化。

③提供一套标准规则用于记录连接和匹配，使得用户可以方便地调整和定制以满足其特殊的业务要求。

④验证、纠正和增强物理信息。

⑤提供联机信息浏览，域级频率统计，词的计数和分布。另外，合并、选择和格式重组工具提供信息重组能力。

4.3.3.3　森林资源信息质量控制案例

本节以林相图库建设的信息质量控制为例，阐述信息质量控制的方法和过程。信息是GIS的血液，信息质量是GIS工程建设成败的关键，信息质量的好坏直接影响到GIS应用分析的可靠程度和应用目标的实现。为了保证林相图GIS信息库质量，应重点做好以下几方面质量控制。

(1)矢量数据空间定位误差

在已经几何校正和地理编码的林相图上人工交互矢量化采集小班，要求操作人员沿着小班边界点像素中心采样；小班边界和林班界、作业区(村)界、林场(乡)界重合的，沿着其边界的中心线像素采样；采样点分布均匀，光标十字丝与目标重合最大点位误差控制在一个像素内。

(2)矢量信息空间拓扑关系错误

这些错误主要来源于在人工分幅矢量化时捕捉工具不准确以及图幅镶嵌前的边缘匹配不精确，导致镶嵌图形在重建拓扑时一些边界线相交，产生碎多边形。消除碎多边形的一种方法是利用Clean在建拓扑关系时增加模糊容差值。但是，模糊容差应用于整幅地图，大的容差值将把共同边界以及在输入地图中不共用的线都捕捉到一起，这样在叠加输出地图上便会产生扭曲的地图要素。

通过分析小多边形的规律，采用以下方法消除小多边形：第一步，仍用Clean重建拓扑，设定一个模糊容差值，这个容差值需多次实验，以达到既能够将共同边界的节点捕捉到一起又能够保证不会将不共用的线捕捉在一起。第二步，分析小班属性表发现，碎多边形面积Area字段值都比较小，经多次实验找到碎多边形与正确小班Area的区分阈值，利用Eliminate命令将碎多边形融合到相邻多边形。

(3)属性错误和逻辑错误

由于以下原因，属性表会出现错误：一是分幅图的接边处匹配不一致，图纸上图斑界线看不清楚，小班没有属性或者属性注记也看不清楚。二是逻辑误差，如小班面积为负，以及属于同一个林班范围的小班，小班号重复等。对属性错误和逻辑错误，若采用人工方式纠错不可避免地是查找小班卡片对应的小班记录并与当前小班的空间数据及扫描图上的属性数据进行对比非常艰巨，检查一个小班既费时间又会带来一些人为判断的错误。为了解决这个问题，利用AVENUE语言，编写自动化纠错模块，通过程序方式自动检查错误，提高检查速度和精度。

属性错误和逻辑错误主要是由人工数字化和输入引起的。自动化纠正的参考依据是：人工输入的小班面积应和小班卡片信息库的小班面积一致；同一个林班内的小班不能重复；同一个作业区(村)的内林班号不能重复；同一个林场(乡)内作业区(村)的代码不能重复(许辉熙等，2010)。

4.3.4　森林资源信息质量评价

森林资源信息质量评价是对森林资源信息质量进行评估的方法和过程。常用的评价方法有：演绎推算、内部验证、与原始资料(或更高精度的独立原始资料)对比、独立抽样检查、多边形叠加检查、有效值检查等。经检查应对每个质量元素进行说明，并给出总的评价，最后形成信息质量评价报告。

4.3.4.1　森林资源信息质量评价原则

(1)科学性原则

森林资源信息质量评价的结果应能正确反映信息质量状况，主要体现在正确的质量指标选择，以及采用科学合理的评价方法等方面。评价必须有一定的理论作为基础，但又不能脱离实际。另外，科学性还反映适度的简单，评价不可能穷尽所有因素，也不能过于简单。

(2)客观性原则

评价应符合实际、客观可信。评价指标的选择必须考虑当前信息资源环境的总体水平，反映出不同学科领域的差异。

(3)系统性原则

由于评价对象的广泛性、复杂性，必须使用若干指标来衡量，同时指标间可能相互联系、相互制约。但是，在评价中，每个指标又必须是独立的、互不相包容的，需要考虑指标的层次性、系统性，避免指标间冲突。

(4)可操作性原则

科学合理的评价体系应该是可行的、操作方便的，指标的设计避免过于繁琐，还要考虑指标体系所涉及指标的量化及信息获取的难易程度和可靠性，注意选择能够科学反映信息质量状况的综合指标和具有代表性的指标。

(5)针对性原则

森林资源信息种类繁多，信息积累具有连续性，各种信息资源除具有与其他资源相同的共性之外，也具有其自身的特殊性。森林资源信息质量评价应能充分考虑森林资源信息所具有的类型特征并将其揭示出来，要在指标的权重和分值上予以区分，以体现其针对性的导向作用。

(6)引导性原则

进行森林资源信息质量评价时，目的在于了解森林资源信息的质量情况，为有关的取舍提供判断依据，以帮助用户快速选择具有针对性的信息。因此，必须以方便专业人员快捷而有效地选择有价值的信息资源为导向。

4.3.4.2　森林资源信息质量评价要求

(1)森林资源信息质量评价的主体要求

评价主体是否具有专业的评价知识和科学的方法，对评价结果具有很大的影响。一般要求如下：

①评估组领导者必须是被认可的专家。

②评估组至少应有 4 人。

③评估小组在被评估学科领域有一定的工作经验。

④评估小组应有一定的管理经验。

⑤被评估组织过程的相关领域，至少应有 2 位以上专家。

⑥评估小组成员不能是参加评估项目的管理者。

(2)森林资源信息质量评价指标选取的基本要求

①指标选取要有系统性，以保证综合评价的全面性和可信度。

②指标应意思明确，含义明确，不产生歧义。

③指标要有可测性，森林资源信息资料收集方便、计算简单、易于掌握。

④指标间应尽可能避免包含关系和相互冲突。

⑤指标要保持同趋势化，以保证可比性。

⑥指标设置要有重点，抓住主要因素。

(3)森林资源信息质量评价指标的筛选和权重

评价指标的选择和权重常采用专家调查分析方法确定，具体就是根据已有资料进行统计分析，选择应用频率高的指标，通过专家打分确定权重。

4.3.4.3　森林资源信息质量评价的一般流程

森林资源信息质量评价过程是评价者将信息质量评价程序用于信息或信息集并最终获取评价对象质量状态的一系列步骤。其一般流程如下：

(1)森林资源信息质量需求分析

对森林资源信息质量评价是以用户为中心的信息质量评价，信息需求是人们在各项实践活动过程中，为解决所遇到的问题而产生的对森林资源信息的不足感和求足感。信息资源不同于实体产品，具有用途个性化、多样化、不稳定等特征。因此，必须首先了解用户针对特定信息资源的需求特征才能建立针对性的评价指标体系。

(2)确定评价对象与范围

评价对象既可以是森林资源信息项，也可以是森林资源信息集。

(3)选取森林资源信息质量维度及评价指标

森林资源信息质量维度是进行质量活动中客体的具体质量反映，如正确性、准确性等，它是控制和评价森林资源信息质量的主要内容。因此，首先要确定影响质量维度的因素有哪些，如人员素质、设备、设施等。必要时，要将这些质量影响因素在评价报告中进行分别说明。对于有些影响多个质量维度的因素，应在具体情况下根据需要进一步细化其影响因素，或针对进一步细化目标环境在确定质量行为中的影响因素。另外，要选取可测、可用的质量维度作为评价指标准则项，在不同的信息类型和不同的信息生成阶段，同一质量维度有不同的具体含义和内容，应该根据实际需要和生命阶段确定质量维度。

在此阶段要注意指标之间避免冲突，同时也要注意新增评价指标的层次、权重问题，以及与其他同层次指标的冲突问题。对三级评价指标的选择可根据评价对象的类别、评价要求进行量化处理，必要时可进行计量评价法。在当前条件下无法量化的质量维度可适当使用具有相关性的替代指标。

(4)确定质量测度及其评价方法

森林资源信息质量评价在确定其对象范围后，应根据每个评价对象的特点，确定其测度及实现方法，对于不同的评价对象一般存在不同的测度以及需要不同的实现方法，所以，要根据质量评价对象的特点确定其测度和实现方法。

(5)运用方法进行评价

根据前四步确定的质量评价对象、质量评价范围、测度及其实现方法实现质量评价过程。

(6)结果分析与评级

按照一定的森林资源信息质量评定标准，将评价结果确定为某一质量等级。

(7)森林资源信息质量评级结果及报告

按照森林资源信息质量评价报告格式，描写评价的方法. 指标及评价等级，并分析存在问题及原因。

4.3.4.4 森林资源信息质量评价指标体系

森林资源信息质量包括信息信息内容质量、信息集合质量、表达质量和信息效用质量四个组成部分，每一部分都有其独特的质量特征。

(1)森林资源信息内容质量

森林资源信息内容质量指森林资源信息集合中反映客观事物信息的真实和可靠程度，用森林资源信息的客观性和正确性指标表示。

(2)森林资源信息集合质量

森林资源信息集合质量指反映事物信息的综合程度和关联程度，用相关性和完整性指标表示。

(3)森林资源信息表达质量

森林资源信息表达质量指森林资源信息集合中信息描述信息元素的规范、可操作以及实用程度，用简洁性、一致性、明确性、可理解性和准确性指标表示。

(4)森林资源信息效用质量

森林资源信息效用质量指信息被用户有效利益的程度，用实时性、背景性解释、有用性和适量性指标表示。

森林资源信息质量评价指标体系由森林资源信息内容质量、集合质量、表达质量和效用质量四个方面的和客观性、正确性、相关性、完整性、简洁性、明确性、一致性、可理解性、准确性、实时性、背景性解释、有用性和适量性等 13 个指标构成。具体如图 4-10 所示。

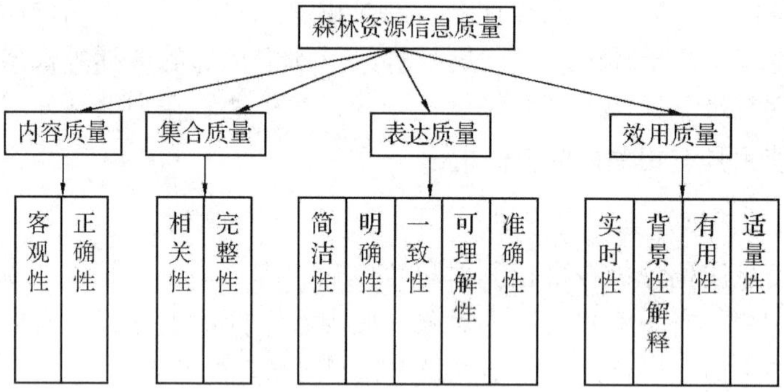

图 4-10　森林资源信息质量评价指标体系

4.3.4.5　森林资源信息质量评价方法

森林资源信息质量评价方法有定性评价方法和定量评价方法。定性评价方法主要依靠评判者的主观判断；定量评价方法则为人们提供了一个系统、客观的数量分析方法，结果比较客观、具体。

(1)定性评价方法

先根据评价的目的和服务对象的需求，依据一定的准则与要求，确定相关评价标准或指标体系，建立评价标准及各赋值标准，再通过评价者、专家和用户打分，最后统计打分结果。具体有第三方评价法、用户反馈法、专家评价法。

缺点：评价指标体系的合理性、评价的滞后性、评价结果的适用性、问卷调查结果的可信性。

(2)定量评价方法

指按照数量分析方法，从客观量化角度对森林资源信息进行优选与评价。具体方法有层次分析法、缺陷扣分法等。

缺点：量化的标准过于简单和表面化，往往无法对信息进行深层次的剖析和考察，统计方法本身存在技术上的缺陷。

4.3.4.6　信息质量评价案例

本节以福建省八闽测绘院的郭仁安(2011)进行的“GIS 中属性数据质量控制的研究与探讨”实例为例。对南昌市交通图进行属性数据质量评价。由于该图是交通图，所以取主要几类图形：道路、居民地、植被与其他类。例子中的土地植被边界首先是在 1∶5 000 比例尺地形图上勾绘出来，其植被类型的划分则是通过 1∶5 000 比例地形图的判读、航片的叠加以及外业调绘等方法获得，所以精度较差。在结束数据采集后，需要对属性数据的质量给予度量和评价，由于不同类的图形在整个图形中具有不同的地位与重要性，而且属性数据的数据类型种类很多，所以对其质量进行检验和评价需要采用分层评价模型进行分类评价。

①将属性数据分成4层：道路层、居民地层、植被层和其他层。

②各层属性数据的权依据重要性、各层数据量在总数据量中占的比重以及各层的代表性来确定，对各层属性数据赋予权见表4-5所列。

③确定各层属性数据的抽样数量，因为权的确定考虑到了数据量、重要性等方面，所以可以按照权确定各层属性数据的抽样数量：则4层的抽样数量比C为：C＝u道路∶u居民地∶u植被∶u其他＝0.5∶0.3∶0.1∶0.1，根据评价费用以及结果可信度要求等确定样本总量为1 000，则上述比例分配到各层属性数据，以及分别对4层进行属性数据质量评分，最终各层属性数据得分见表4-5。

表4-5 各层属性数据抽样数量及得分

层	道路	居民地	植被	其他
数量	500	300	100	100
得分	85	80	60	75

④总体属性数据质量评价得分为：

$$s = \sum_{i=1}^{n} w_i = 85x \times 0.1 = 80\ (分)$$

不采用分层，而是采用一般随机抽样则总体属性数据质量评价得分为：

$$s = \frac{1}{n}\sum_{i=1}^{n} w_i = (85 + 80 + 60 + 75)/4 = 75(分)$$

通过与一般抽样精度的比较，可以得出，当各类属性数据质量的缺陷率离散程度较大，即各类数据质量的差别较大时，分层随机抽样有较高的精度。所以按“数据性质相近”的原则分层，可以提高抽样精度。同时得出当各层缺陷率相差比较大时，则采用优化设计的评价方案可以获得更好的抽样精度的结论。

4.4 森林资源信息安全

4.4.1 森林资源信息安全的重要性

森林资源信息及其支持过程的系统和网络都是组织的重要资产。森林资源信息的机密性、完整性和可用性对保持一个组织的竞争优势、资金流动、效益、法律符合性和商务形象都是至关重要的。

任何组织及其森林资源信息系统和网络都可能面临着包括计算机辅助欺诈、刺探、阴谋破坏行为、火灾、水灾等大范围的安全威胁。随着计算机的日益发展和普及，计算机病毒、服务器的非法入侵破坏已变得日益普遍和错综复杂。

目前一些组织，特别是一些较大型公司的业务已经完全依赖信息系统进行生产业务管理，这意味着组织更易受到安全威胁的破坏。组织内网络的互联及信息资源的共享增大了实现访问控制的难度。

4.4.2 森林资源信息安全特性

森林资源信息安全指通过采用计算机软硬件技术、网络技术、密钥技术等安全技术和各种组织管理措施，来保护森林资源信息在其生命周期内的产生、传输、交换、处理和存储的各个环节中，森林资源信息的保密性、完整性和可用性不被破坏。

(1) 森林资源信息保密性

保障森林资源信息仅仅为那些被授权使用的人获取，它因森林资源信息被允许访问对象的多少而不同。

(2) 森林资源信息完整性

指为保护森林资源信息及其处理方法的准确性和完整性：一是指森林资源信息在利用、传输、储存等过程中不被篡改、丢失、缺损等；二是指森林资源信息处理方法的正确性。

(3) 森林资源信息可用性

指森林资源信息及相关信息资产在授权人需要时可立即获得。系统硬件、软件安全，可读性保障等。

(4) 森林资源信息可控性

指对森林资源信息和信息系统实施安全监控管理，防止非法利用森林资源信息和信息系统。

(5) 森林资源信息不可否认性

指在网络环境中，森林资源信息交换的双方不能否认其在交换过程中发送森林资源信息或接收森林资源信息的行为。

(6) 森林资源信息安全的可审计性

指森林资源信息系统的行为人不能否认自己的信息处理行为。与不可否认性的森林资源信息交换过程中行为可认定性相比，可审计性的含义更宽泛一些。

(7) 森林资源信息安全的可见鉴别性

指森林资源信息的接收者能对森林资源信息的发送者的身份进行判定。它也是一个与不可否认性相关的概念。

森林资源信息安全的保密性、完整性和可用性主要强调对非授权主体的控制。而对授权主体的不正当行为如何控制呢？森林资源信息安全的可控性和不可否认性恰恰是通过对授权主体的控制，实现对保密性、完整性和可用性的有效补充，主要强调授权用户只能在授权范围内进行合法的访问，并对其行为进行监督和审查。

4.4.3 森林资源信息安全内容

森林资源信息安全的内容目前还没有一个统一的界定，根据森林资源信息安全的实际状况整合相关研究成果，将森林资源信息安全内容归纳为以下14个方面。

(1) 森林资源信息安全战略

在当前全球化、信息化、网络化背景下，森林资源信息安全在整个国家安全中具有极其重要的战略地位与意义。因此，森林资源信息安全战略成为当前各国信息安全战略的一项基本内容。森林资源信息安全战略主要通过战略的研究、制定、实施与评估等，以“不变应万变”，对涉及森林资源信息安全的复杂多变与不确定性的环境预先规划好目标及应对措施；从维护国家安全和保障国家信息化建设健康发展的高度，提出森林资源信息安全战略发展的指导思想、战略目标、推进策略、运作机制和实施路线等，以利于统一思想、综合协调、形成合力，进而指导、动员和促进森林资源信息安全的全面建设。

(2) 森林资源信息安全组织结构

森林资源信息安全组织结构作为森林资源信息安全管理体制和机制层面的问题，是森林资源信息安全管理的重要内容之一。该方面的管理主要通过森林资源信息安全组织结构的设立、精简、整合或撤销等，以优化结构、理顺关系、明确职责，进而支撑森林资源信息安全战略的顺利实施。

(3) 森林资源信息安全领导

森林资源信息安全领导是引领森林资源信息安全事业实现持续快速发展的重要活动。只有通过卓越的森林资源信息安全领导者的科学合理、坚强有力的领导，促使森林资源信息安全工作人员安心并不遗余力地工作，才能有效保障森林资源信息安全战略的顺利实现，进而带动森林资源信息安全事业的发展。

(4) 森林资源信息安全人力资源开发与管理

人力资源开发与管理是现代森林资源信息安全管理的核心。加强森林资源信息安全人力资源管理，有利于扭转重技术轻管理、重物质资源轻人力资源的倾向，并有利于消除内部人员管理上的漏洞与解决森林资源信息安全人才不足的问题。这方面的内容具体包括：森林资源信息安全工作分析与设计，森林资源信息安全人力资源规划，森林资源信息安全人员招聘，森林资源信息安全人员绩效管理，森林资源信息安全人员薪酬管理，森林资源信息安全人员培训开发，森林资源信息安全人员职业发展，森林资源信息安全人员使用、调配与离职管理，森林资源信息安全团队建设，森林资源信息安全人才教育与管理等。

(5) 森林资源信息安全政策及法律法规

森林资源信息安全政策及法律法规是联结森林资源信息安全战略目标与森林资源信息安全工作成果的“中控环节”，是森林资源信息安全保障的具体规则及制度，明确反映了国家及组织高层对特定领域的森林资源信息安全意志或理念。这方面的管理主要涉及森林资源信息安全政策及法律法规的制定、实施、监控、评价、反馈与完善等。

(6) 森林资源信息安全标准与认证

森林资源信息安全标准是由国家权威部门制定，相关机构及工作遵守的一套具体规范及依据。没有配套的安全标准，就不能构造出一个可用的森林资源信息安全保障体系。内容主要包括森林资源信息安全技术与管理标准的制定、实施、评估及反馈等。

在颁布标准的基础上，权威部门还建立信息安全测评认证体系，实行“准入”制度，要求对森林资源信息安全产品、森林资源信息系统安全、森林资源信息安全服务资质和森林资源信息安全人员资质等实施认证，对符合标准与达到要求者颁发相应证书。

(7) 森林资源信息安全等级保护

森林资源信息安全等级保护作为森林资源信息安全保障的一项基本制度，主要是指有关方面对森林资源信息系统进行安全等级分级，并加以贯彻落实、监控与评估等。

(8) 森林资源信息安全策略

森林资源信息安全策略一般也称作森林资源信息安全方针，是有关森林资源信息安全的行为规范；它是整个安全管理体系的起始点和基本原则，是实现森林资源信息系统安全目标的根本保证。与宏观层面的森林资源信息安全政策相比，森林资源信息安全策略更侧重于组织内部微观的森林资源信息安全管理，是一个组织所颁布的对组织森林资源信息安全的定义和理解，主要内容是界定与管理组织的安全目标、安全范围、安全技术、安全标准和安全责任等。

(9) 森林资源信息安全风险管理

目前，风险管理已经是森林资源信息安全管理的一个主流范式，它以风险为主线，通过风险战略规划、风险评估、风险控制、风险防范等基本环节，对森林资源信息、森林资源信息载体、森林资源信息环境进行安全管理以达到安全目标。其中，风险评估为关键，但又不否定其他环节的重要性，它们相辅相成，共同构成一个完整的森林资源信息安全风险管理体系。森林资源信息安全风险管理与森林资源信息安全标准关系尤为密切，往往以标准为依据，实施针对性的管理。

(10) 森林资源信息安全危机与应急管理

安全问题必定涉及危机与应急问题，因此危机与应急管理是森林资源信息安全管理必然具备的基本内容。这方面主要通过构建森林资源信息安全应急响应与处置体系，在预警、应急、响应、处置等方面实现联动；通过事前预警、灾难备份，事中应急协调，事后灾难恢复等，来提高应对森林资源信息安全危机或突发事件的能力。

(11) 森林资源信息资源管理

森林资源信息安全管理的对象主要是森林资源信息资源，因此，如何对组织经营管理过程中所产生、获取、处理、存储、传输和使用的一切文件、资料、图表和数据等森林资源信息资源进行管理，也是森林资源信息安全管理所涉及的内容。这方面主要从安全管理的角度，对森林资源信息资源实施计划、预算、组织、分配、协调和控制等。

(12) 森林资源信息安全经济管理

“安全是无价的”，森林资源信息安全具有巨大的经济价值，因此从经济学的角度来研究和管理森林资源信息安全是应当前时代之所需的必然选择。其内容主要包括森林资源信息安全的微观经济管理、宏观经济管理、产业管理以及市场管理等等。

(13) 森林资源信息安全国际合作

当前，森林资源信息安全问题不只是某个国家的国内安全问题，也不单是凭一个国家、一个企业或一种技术就能解决得了的问题，而是需要通过各国政府、各种国际组织、民间团体、私营企业和个人之间的充分合作，才有可能解决的全球性安全问题。森林资源信息安全国际合作的内容包括参加国际性的安全会议、加入国际安全组织、把中国的森林资源信息安全技术和理念推向世界等等。

(14) 森林资源信息安全治理

森林资源信息安全治理就是落实“综合防范”的方针，即综合运用行政、法律、技术等多种手段，强调国家、企业和个人共同的责任，各个部门齐抓共管，用系统工程和体系建设的思路来抓森林资源信息安全。它的基本内容或要求就是统筹规划、群防群治、多方联动、责任分担、成果共享。

上述内容关系密切，相互渗透或相互包容，但各自又因侧重点不同、特色明显与实际意义重大等而相对独立。由于当前森林资源信息安全问题几乎渗透到各行各业的各个方面，因此，上述内容体系均不同程度地存在于各行业或部门之中。总之，森林资源信息安全管理的内容非常地广泛与丰富，而且该领域值得研究的新问题很多。遗憾的是，其中的许多内容或问题并未受到有关方面的足够重视，我国的森林资源信息安全管理任重而道远，要求我们不断进行开拓性的研究与实践。

4.4.4 森林资源信息安全原则

(1) 基于安全需求原则

组织机构应根据其信息系统担负的使命、积累的信息资产的重要性、可能受到的威胁及面临的风险分析安全需求，按照信息系统等级保护要求确定相应的信息系统安全保护等级，遵从相应等级的规范要求，从全局上恰当地平衡安全投入与效果。

(2) 主要领导负责原则

主要领导应确立其组织统一的信息安全保障的宗旨和政策，负责提高员工的安全意识，组织有效安全保障队伍，调动并优化配置必要的资源，协调安全管理工作与各部门工作的关系，并确保其落实、有效。

(3) 全员参与原则

信息系统所有相关人员应普遍参与信息系统的安全管理，并与相关方面协同、协调，共同保障信息系统安全。

(4) 系统方法原则

按照系统工程的要求，识别和理解信息安全保障相互关联的层面和过程，采用管理和技术结合的方法，提高实现安全保障的目标的有效性和效率。

(5) 持续改进原则

安全管理是一种动态反馈过程，贯穿整个安全管理的生存周期，随着安全需求和系统脆弱性的时空分布变化、威胁程度的提高、系统环境的变化以及对系统安全认识的深化等，应及时地将现有的安全策略、风险接受程度和保护措施进行复查、修改、调整以至提升安全管理等级，维护和持续改进信息安全管理体系的有效性。

(6) 依法管理原则

信息安全管理工作主要体现为管理行为，应保证信息系统安全管理主体合法、管理行为合法、管理内容合法、管理程序合法。对安全事件的处理，应由授权者适时发布准确一致的有关信息，避免带来不良的社会影响。

(7)分权和授权原则

对特定职能或责任领域的管理功能实施分离、独立审计等实行分权，避免权力过分集中所带来的隐患，以减小未授权的修改或滥用系统资源的机会。任何实体(如用户、管理员、进程、应用或系统)仅享有该实体需要完成其任务所必需的权限，不应享有任何多余权限。

(8)选用成熟技术原则

成熟的技术具有较好的可靠性和稳定性，采用新技术时要重视其成熟的程度，并应首先局部试点然后逐步推广，以减少或避免可能出现的失误。

(9)分级保护原则

按等级划分标准确定信息系统的安全保护等级，实行分级保护；对多个子系统构成的大型信息系统，确定系统的基本安全保护等级，并根据实际安全需求，分别确定各子系统的安全保护等级，实行多级安全保护。

(10)管理与技术并重原则

坚持积极防御和综合防范，全面提高信息系统安全防护能力，立足国情，采用管理与技术相结合，管理科学性和技术前瞻性结合的方法，保障信息系统的安全性达到所要求的目标。

(11)自保护和国家监管结合原则

对信息系统安全实行自保护和国家保护相结合。组织机构要对自己的信息系统安全保护负责，政府相关部门有责任对信息系统的安全进行指导、监督和检查，形成自管、自查、自评和国家监管相结合的管理模式，提高信息系统的安全保护能力和水平，保障国家信息安全。

4.4.5　森林资源信息安全的任务

掌握森林资源信息安全风险状态和分布情况的变化规律，提出安全需求，建立起具有自适应能力的信息安全模型，从而驾驭风险，使森林资源信息风险被控制在可接受的最小限度内，并渐近于零风险。森林资源信息安全的任务是保护森林资源信息被合法用户安全使用，并禁止非法用户、入侵者、攻击者和黑客非法偷盗、使用森林资源信息。

安全与使用的方便性是一对矛盾，必须牺牲方便性求得安全，必须在二者之间找出平衡点，在可接受的安全状态下，尽力方便用户的使用。

根据森林资源信息安全体系结构，提出安全服务功能和安全机制、划定安全技术类型、形成信息安全产品。

4.4.6　森林资源信息安全机制与安全体系

4.4.6.1　森林资源信息安全机制

森林资源信息安全的保护机制包括 5 个方面，即心理屏障、法律屏障、管理屏障、技术屏障和物理屏障，具体如图 4-11 所示。

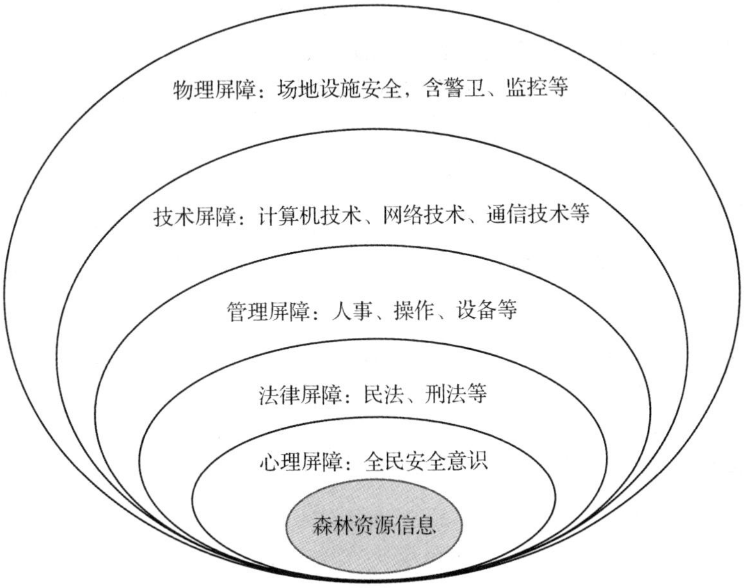

图 4-11 森林资源信息安全保护机制

4.4.6.2 森林资源信息安全体系结构模型

森林资源信息安全体系结构模型由安全机制、安全服务和安全结构三部分构成，如图 4-12 所示。

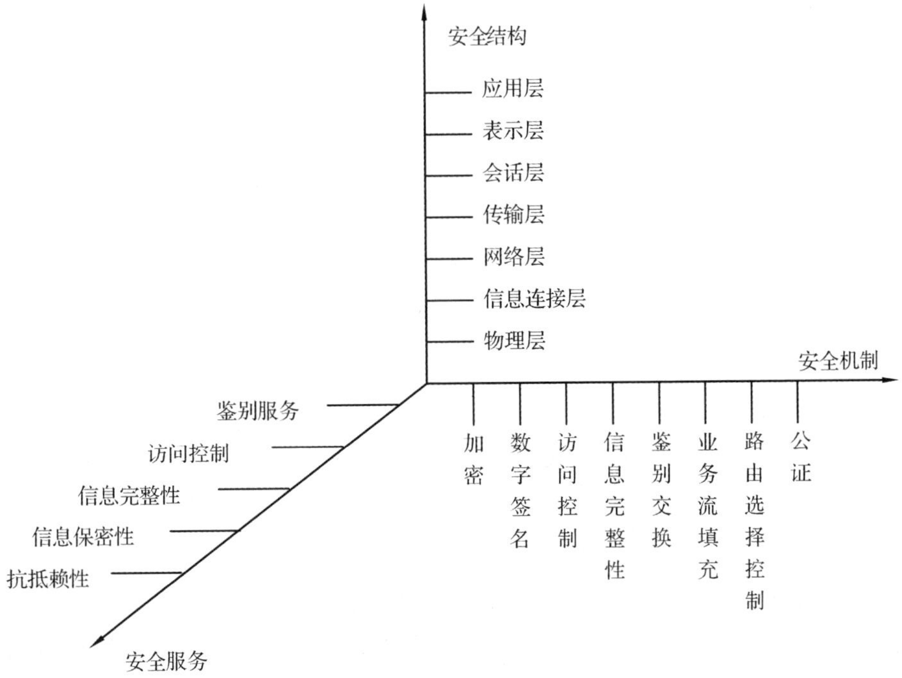

图 4-12 森林资源信息安全体系结构模型

安全机制是指用来保护森林资源信息系统免受侦听、阻止、安全攻击及回复系统的机制。具体包括加密、数字签名机制、访问控制机制、信息完整性机制、鉴别交换机制、通信业务填充机制、路由选择控制机制、公证机制。

安全服务就是加强森林资源信息处理系统和信息传输的安全性的一类服务，其目的在于利用一种或多种安全机制阻止安全攻击。具体包括鉴别服务、访问控制、信息保密性、信息完整性、抗抵赖性。访问控制策略包括基于身份的策略、基于规则的策略、基于角色的策略，目的就是保证信息的可用性，即可被授权实体访问并按需求使用，保证合法用户对信息和资源的使用不会被不正当地拒绝，同时，不能被无权使用的人使用或修改、破坏。

安全结构就是信息流程的不同层次安全，包括物理层、信息连接层、网络层、传输层、会话层、表示层、应用层。

4.4.6.3 森林资源信息安全体系框架

信息系统安全的总需求是物理安全、网络安全、信息内容安全、应用系统安全的总和，安全的最终目标是确保信息的机密性、完整性、可用性、可控性和抗抵赖，以及信息系统主题(包括用户、团体、社会和国家)对信息资源的控制。完整的森林资源信息系统安全体系框架由技术体系、组织机构体系和管理体系共同构建，见表 4-6。

表 4-6 森林资源信息安全体系框架

<table>
<tr><td colspan="8">技术体系</td><td colspan="3">组织机构体系</td><td colspan="3">管理体系</td></tr>
<tr><td colspan="4">技术机制</td><td colspan="4">技术管理</td><td rowspan="4">机构</td><td rowspan="4">岗位</td><td rowspan="4">人事</td><td rowspan="4">制度</td><td rowspan="4">培训</td><td rowspan="4">法律</td></tr>
<tr><td colspan="2">运行环境及系统安全技术</td><td colspan="2">操作安全技术</td><td rowspan="3">安全策略与服务</td><td rowspan="3">密钥管理</td><td colspan="2">审计</td></tr>
<tr><td rowspan="2">系统安全</td><td rowspan="2">物理安全</td><td rowspan="2">操作信息安全管理</td><td>安全服务</td><td rowspan="2">状态检测</td><td rowspan="2">入侵监控</td></tr>
<tr><td>安全机制</td></tr>
</table>

(1)技术体系

①物理安全技术　森林资源信息系统的建筑物、机房条件及硬件设备条件满足信息系统的机械防护安全；通过对电力供应设备以及信息系统组件的抗电磁干扰和电磁泄露性能的选择性措施达到相应的安全目的。物理安全技术运用物理保障环境(含系统组件的物理环境)。

②系统安全技术 通常对信息系统与安全相关组件的操作系统的安全性选择措施或自主控制，使信息系统安全组件的软件平台达到相应的安全等级，一方面避免操作平台自身的脆弱性和漏洞引发的风险；另一方面阻塞任何形式的非授权行为对信息系统安全组件的入侵或接管系统管理权。

(2)组织机构体系

组织机构体系是信息系统安全的组织保障系统，由机构、岗位和人事三个模块构成一个体系。机构的设置分为三个层次，决策层、管理层和执行层。岗位是信息系统安全管理机关根据系统安全需要设定的负责某一个或某几个安全事务的职位。人事机构是根据管理机构设定的岗位，对岗位上在职、待职和离职的雇员进行素质教育、业绩考核和安全监管的机构。

(3)管理体系

管理是信息系统安全的灵魂。信息系统安全的管理体系由法律管理、制度管理和培训管理三部分组成。法律管理是根据相关的国家法律、法规对信息系统主题及其与外界关联行为的规范和约束。制度管理是信息系统内部依据系统必要的国家、团体的安全需求制定的一系列内部规章制度。培训管理是确保信息系统安全的前提。

4.4.6.4 森林资源信息安全技术与产品

(1)信息安全技术

安全防范技术体系划分为物理层安全、系统层安全、网络层安全、应用层安全和管理层安全五个层次。

物理层安全技术包括通信线路的安全、物理设备的安全、机房的安全等。主要体现在通信线路的可靠性(线路备份、网管软件、传输介质)，软硬件设备安全性(替换设备、拆卸设备、增加设备)，设备的备份，防灾害能力，设备的运行环境(温度、湿度、烟尘)，不间断电源保障，等等。

系统层安全技术(操作系统安全技术)来自网络内使用的操作系统的安全，如 WINDOWS NT、WINDOWS 2000 等。主要表现在三方面：一是操作系统本身的缺陷带来的不安全因素，主要包括身份认证、访问控制、系统漏洞等；二是操作系统的安全配置问题；三是病毒对操作系统的威胁。

网络层安全技术主要体现在网络方面的安全性，包括网络层身份认证、网络资源的访问控制、信息传输的保密与完整性、远程接入的安全、域名系统的安全、路由系统的安全、入侵检测的手段、网络设施防病毒等。

应用层安全技术主要由提供服务所采用的应用软件和信息的安全性生产，包括 WEB 服务、电子邮件系统、DNS 等。此外，还包括病毒对系统的威胁。

管理层安全技术包括安全技术和设备管理、安全管理制度、部门与人员的组织规则等。管理的制度化极大程度地影响着整个网络的安全，严格的安全管理制度、明确的部门安全职责划分、合理的人员角色配置可以在很大程度上降低其他层次的安全漏洞。

2006 年信息安全技术应用统计见表 4-7。

表 4-7　2006 年信息安全技术应用统计

安全技术名称	普及率(%)	安全技术名称	普及率(%)
防火墙	98	账户及登录口令控制	46
反病毒软件	97	入侵防御系统	43
反间谍软件	79	应用层防火墙	39
基于服务的访问控制技术	70	文件加密技术	42
入侵检测系统	69	卡片认证与一次性密码技术	38
信息传输加密	63	公钥基础设施系统	36
信息加密存储	48	生物特征技术	20

(2) 森林资源信息安全产品

森林资源信息安全产品包括信息保密产品、用户授权认证产品、安全平台/系统产品、网络安全检测与监控产品等。具体如图 4-13 所示。

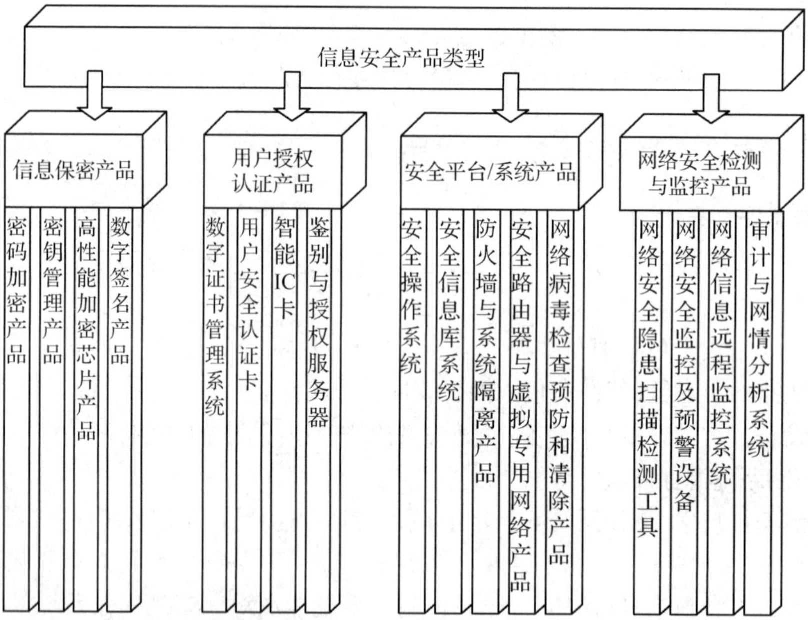

图 4-13　森林资源信息安全产品类型

4.4.6.5　森林资源信息安全保护等级与认证

森林资源信息安全认证包括信息安全产品认证、信息系统安全认证和人员安全认证。

(1) 森林资源信息安全产品认证

信息安全产品认证主要分为型号认证和分级认证，其中分级认证又分为 7 级，目前开展 1 ~ 5 级认证。

我国的五个安全等级划分准则：

一级——用户自主保护级；

二级——系统审计保护级；
三级——安全标记保护级；
四级——结构化保护级；
五级——访问验证保护级。
从一级到五级保护等级逐渐递增。

(2)森林资源信息系统安全认证

信息系统安全认证分为5级，目前开展2级认证工作。信息系统安全认证在实施过程中，主要分为方案评审、系统测评、系统认证三个方面，方案评审时为确定特定信息系统是否达到标准的安全性设计要求；系统测评是对运行中的信息系统安全功能的技术测试、对信息系统安全技术和管理体系的调查取证和对特定系统运行情况是否达到标准的安全要求的评估；进行系统认证是对运行系统的组织管理体系的审核。

信息安全服务资质认证主要是对信息安全系统服务提供商的资格状况、技术实力和实施安全工程过程质量保证能力等进行具体衡量和评价。服务资质认证的技术标准最高为5级。

(3)森林资源信息安全人员安全认证

注册信息安全专业人员资质认证(CISP)是对国家信息安全测评认证机构、信息安全咨询服务机构、社会各组织、团体、企业有关信息系统(网络)建设、运行和应用管理的技术部门(含标准化部门)负责信息系统安全保障的专业技术人员——注册信息安全专业人员的一种认证，是我国信息安全界的一种权威性的资格认证，主要包括CISO(管理者)、CISE(工程师)、CISA(审核员)等。

思 考 题

1. 简述森林资源信息维护的概念与意义。
2. 简述森林资源信息更新的内涵与作用。
3. 简述森林资源信息质量、问题及来源。
4. 简述森林资源信息质量评价方法。
5. 简述森林资源信息质量控制方法。
6. 简述森林资源信息安全体系框架和模型。

第5章

森林资源信息开发与利用

森林资源信息开发与利用是森林资源信息管理的重要工作之一，充分发掘森林资源信息中蕴藏的有利用价值的信息，及时、准确、全面、有效地为用户提供所需的各种森林资源信息，满足用户的各种需求，促进经济社会发展。本章介绍了森林资源信息开发与利用的内涵、类型、模式、方法、途径以及我国森林资源信息开发与利用现状、问题、指导思想与策略，森林资源信息的统计分析、检索以及开发与利用评价的技术方法。

5.1 森林资源信息开发与利用概述

5.1.1 森林资源信息开发与利用的内涵

森林资源信息作为国民经济和社会发展所必需的一种重要的战略资源，它不仅可以替代或部分替代物质资源和能源资源，解决这些资源日益短缺的严峻社会问题。而且具有一系列物质资源和能源资源所无法替代的经济、生态与社会功能。在信息时代，森林资源信息正在成为社会发展的支柱性资源之一。当今，在遵循人与自然、人与人、人与社会和谐共生、良性循环、全面发展、持续繁荣为基本宗旨的社会背景下，作为陆地生态系统主体的森林，人们对森林资源信息的开发与利用尤为关注。

(1)森林资源信息开发与利用的含义

森林资源信息的开发与利用就是森林资源信息管理工作者把森林资源信息通过多种渠道和方式开发、传递给利用者，从而实现森林资源信息的活化与共享。只有提供利用，森林资源信息管理工作的价值才能得到实现。那么如何发掘森林资源信息中蕴藏的有利用价值的森林资源信息，及时、准确、全面、有效地为利用者提供所需的森林资源信息，满足利用者的需要，成为森林资源信息管理工作者的一项重要工作。

(2)森林资源信息开发与利用的关系

森林资源信息开发是指不断地挖掘森林资源信息及其相关元素的各种功能，将它转化为现实信息资源，并努力开拓在国民经济和社会发展中的用途。狭义的森林资源信息开发活动包括两方面内容，即森林资源信息本体(内容)开发和森林资源信息系统建设。森林资源信息本体开发为森林资源信息应用开发提供“原材料”，担负着森林资源信息的生产和挖掘任务；森林资源信息系统建设担负着森林资源信息转化为直接生产力的责任，为森林资源信息本体开发提供技术条件和手段。广义的森林资源信息开发包括森林资源信息本体开发、信息技术研究、信息系统建设、信息设备制造、信息机构建立、信息法规制定、信息环境建设、信息人员培训等活动。

森林资源信息利用是指用户根据森林资源信息开发部门所开发的森林资源信息，制订出科学合理的森林资源信息分配与使用方案，使现实的森林资源信息发挥作用和产生效益的过程，是人有目的性、选择性、能动性地利用森林资源信息以满足个人、组织、社会需求的行为。

森林资源信息开发与利用是不可分割的两种行为。森林资源信息开发是森林资源信息利用的前提，森林资源信息利用是森林资源信息开发的目的。

5.1.2 森林资源信息开发与利用现状和问题

5.1.2.1 森林资源信息开发与利用现状

森林资源信息开发与利用经历了从简单到复杂，从属性到空间，从统计到分析，从数值到数字，从检索到挖掘等一系列发展历程。森林资源信息开发与利用的水平不断提高，服务能力不断增强。

在计算机应用之前，森林资源信息的开发与利用完全靠手工完成，其开发与利用的水平低、费时费工、成果质量差。在计算机应用的初期，主要是利用计算机进行森林资源信息的查询和统计，属性信息的分析，采用统计报表、直方图、饼图、变化趋势曲线图等图表方法，大大提高了森林资源信息统计分析效率和效果。程弘(1988)开发的森林资源二类调查信息采集、处理系统，主要是对森林资源二类调查信息的数字化和统计报表；郎奎建等(1987)开发的 IBMPC 系列程序集，实现了森林生长与结构变化的统计分析，森林生长与立地质量评价模型构建，调查精度分析等功能。

随着计算机技术的发展，森林资源信息开发与利用从数值、属性信息统计发展到基于地理信息系统(GIS)的空间信息分析，信息挖掘技术在森林资源信息开发与利用中的应用不断深化。洪玲霞等(2005)进行了县级森林资源信息管理系统设计；李培培(2007)将 GIS 应用到森林资源信息管理中；王阗等(2006)将关联规则算法应用于森林资源二类调查信息挖掘之中，应用 APRIORI 算法分析了权属、起源、年龄、平均胸径、树高、郁闭度之间的关联；吴胜达等(2004)建立了森林资源空间信息挖掘系统，通过空间信息引擎实现属性信息与空间信息关联，实现空间信息的快速存取与分析，选择方法库(统计方法、空间分析、聚类方法、归纳方法)中的适当方法，进行信息挖掘，以发现隐含的空间规则与模式等。

网络技术的发展大大提高了森林资源信息开发与利用的能力，促进了森林资源信息共享。自 2003 年以来，在科技部支持下，中国林业科学研究院建立了林业科学数据共享中心，该中心研究人员进行了森林资源信息共享的元数据、数据字典、数据库与数据仓库结构、共享平台等技术标准规范，森林资源信息共享规章制度和运行机制等研究。该中心在整合大量森林资源信息的基础上，为相关林业生产、科研、工程和有关管理决策、规划的制定和实施提供了大量的信息支持。

5.1.2.2　森林资源信息开发与利用存在问题

森林资源信息是国家信息资源的重要组成部分，为国家经济社会发展战略决策、林业可持续发展和森林可持续经营计划、规划的制定提供了重要的信息支撑。我国森林资源信息开发与利用经过几十年的发展，取得一定成绩，但还存在一些问题。

(1) 计划经济体制下的森林资源信息开发与利用色彩浓厚，不适应市场经济条件下的森林资源信息需求

我国森林资源信息的收集比较强调由基层到上层逐级集中的方式，国家森林资源连续清查基本上是由各省(自治区、直辖市)独立完成后，上报相应的森林资源监测中心，再由各监测中心汇集到国家林业局。森林资源规划设计调查以森林经营单位为对象开展，森林经营单位是森林资源规划设计调查信息的主体单位，若要获取省级或国家级森林资源规划设计调查信息，就需要层层上报集中。这种方式容易获取纵向信息，但难以获取横向信息，不适应市场经济中各层的信息需求。

(2) 森林资源信息管理比较混乱，开发与利用的难度大，信息利用率低

我国森林资源信息分布的地方多、部门多，多头领导、信息垄断、盲目投资、重复建设等问题十分严重。由国家主导投入巨资开展的每 5 年一次完成的国家森林资源连续清查信息分布在国家林业局各直属林业调查规划院以及各省(自治区、直辖市)林业调查规划院。由森林经营单位主导的每 10 年完成一次的森林资源规划设计调查信息主要分布在成千上万的森林经营单位(林场、林业局、县市等)，不论在调查内容，还是调查方法和时间上各单位均不完全一致。在森林资源信息在生产者、传播者、所有者、开发者和应用者，各部门之间的利益、权力和管理归属不清楚的情况下，导致信息流通和互动的壁垒，形成严重的信息“栓塞”“孤岛”和“游堵”现象。到目前为止，对森林资源信息的开发与利用仍处于研究、示范阶段，尚未找到行之有效的森林资源信息开发与利用的措施和办法，导致森林资源信息利用低。

(3) 政府部门“独占”信息严重

不论是森林资源连续清查信息，还是森林资源规划设计调查信息，主要集中在政府部门包括国家林业局以及各省(自治区、直辖市)、县(市、区、旗)和乡(镇)的林业主管部门。其他单位、部门和社会公众需要这些信息非常困难。

(4) 森林资源信息开发与利用系统普适性差，信息共享能力弱

自 20 世纪 80 年代以来，我国开发了一系列森林资源信息管理系统，实现了森林资源信息的统计、分析、查询等功能，但多以满足具体的经营单位而已，不具有普适性，难以实现系统与系统之间的信息交换和共享。

总之。我国森林资源信息开发与利用还处于初级阶段，应加强相关法律法规、规章制度、体制机制、模式方法，特别是森林资源信息的统计分析、检索等技术系统的研究。提高森林资源信息开发与利用的能力和水平。

5.1.3　森林资源信息开发与利用的策略和指导思想

5.1.3.1　森林资源信息开发与利用的策略

森林资源信息具有分布广、内容多、可再生、需求大等特点，森林资源信息开发与利用的意义重大，大力推动森林资源信息开发与利用，要以需求牵引，与信息化应用相结合，特别要注重实效。具体应采取以下策略：

①制定与森林资源信息开发与利用的相关法规，制定相应的规划，加强森林资源信息开发与利用的统筹管理，规范森林资源信息服务市场行为，促进森林资源信息共享。

②积极开展森林资源信息开发与利用的试点示范工程，通过示范效应，在国民经济和社会各领域广泛利用森林资源信息，促进森林资源信息转化为社会生产力。

③建设不同层次、不同区域、不同尺度的森林资源信息库及信息交换服务体系，形成支撑政府决策、部门规划和社会服务的基础资源。

④加大森林资源信息的开发力度，鼓励多种形式的森林资源信息利用方式，提高森林资源信息的共享水平。

⑤制定森林资源信息开发与利用的标准规范。

⑥发挥政府职能，加强地方投资。需要国家有效地参与，发挥政府职能，统筹规划，整体协调，多方共同协作，加大投资力度，确立投资策略，做出有效的管理规划与协调，加强对森林资源信息开发与利用宏观调控政策的掌握，保证森林资源信息开发与利用所需的资金。

(2)森林资源信息开发与利用指导思想

我国森林覆盖率达到31.63%，林地面积超过43×10^8亩，森林资源信息已成为国家信息资源的重要组成部分，森林资源信息的开发与利用已成为国家信息化的重要任务之一。为完成这个任务应遵循的指导思想是：

①走联合开发、规模发展的道路，避免重复开发，效率低下。

②加强森林资源信息库建设和信息网络建设，并使两者相互促进。

③重视森林资源信息开发与利用中高新技术的应用。

④加强森林资源信息开发与利用的法制建设，保护知识产权。

⑤促进森林资源信息的公开与交流，倡导并推进零障碍获取森林资源信息。

⑥推行森林资源信息开发与利用的素质教育，提高公众利用森林资源信息的意识与能力。

5.1.4　森林资源信息开发与利用模式及运行机制

5.1.4.1　森林资源信息开发与利用模式

森林资源信息开发与利用模式是指由森林资源信息开发利用主体在推广动机的引导下，所运用的有关开发利用的方式、方法和措施等的总和。不同的方式、方法以及与之相适应的途径、措施可以形成不同的模式。在市场经济条件下，必须构建与一定时空特点相符合的森林资源信息开发与利用模式。随着计划经济体制向市场经济体制的转换，森林资源信息的开发与利用出现了多元化主体参与的不同类型的模式。王丘(2001)提出了自上而下、民间经营、联合经营、条块分割、集约经营等农业经济信息资源开发利用模式，这些模式对森林资源信息开发利用也是可借鉴的。

(1)自上而下模式

自上而下的森林资源信息开发与利用模式是政府按国家计划运行，自上而下地由各级政府领导的林业机构承担具体任务，主要服务于国家的林业宏观计划，能够较好实现政府要求的林业生产目标，且具有较好应用前景和良好社会效益，其结构如图 5-1 所示。其经费来源的主渠道是国家财政的事业拨款，利用方式上一般选用指令式、指导式和指令指导结合式，多以项目计划的形式落实各项技术的应用，督促或者引导森林经营单位或林农采用新技术、接受新信息。

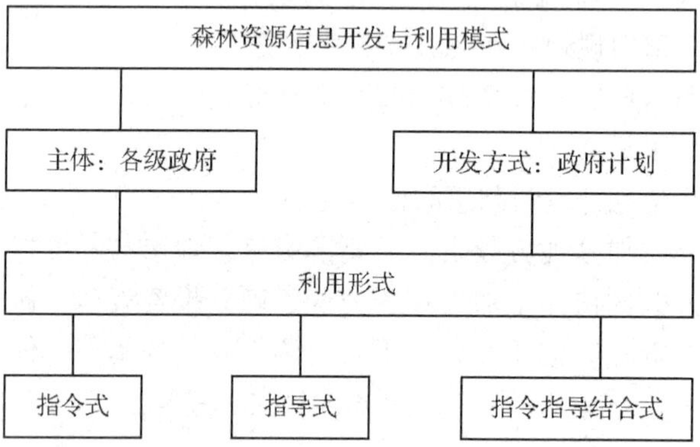

图 5-1　森林资源信息开发与利用自上而下模式

这种模式的结构体系已较为完善，上下相通，便于宏观管理和统一协调。所以，具有相当高的权威性和较高的有效性。但由于该模式开发重点多放在宏观信息上。因而，难以满足广大基层森林经营单位和林农千差万别的微观森林资源信息需求。

(2)民间经营模式

森林资源信息开发与利用民间经营模式的主体大多为当地的技术能人和林农大户，其投入一般由会员集资或者通过活劳动的义务奉献来解决，在技术选用上大都以适用性较强且成本相对低廉的技术为重点，有的则是把自己长期摸索并积累的成功经验、技术向周围群众传授，其结构如图 5-2 所示。林农大户在长期的经营中已形成较为固定的森林资源信息获取渠道，且对森林资源信息真伪的鉴别能力及有用信息的取舍能力较强，在一定地区内具有较深较广的影响力，在一定程度上成为森林资源信息流通的信息源。他们传播的森林资源信息，如树木新品种、立体林业等信息有相当大的先导力和信服力。但民间组织整体规模小，森林资源信息开发手段简单、多变。开发方法原始落后，组成人员基本素质较低，开发利用的森林资源信息价值量不高，有时传播的甚至是虚假过时信息，使信息用户遭受严重的经济损失。

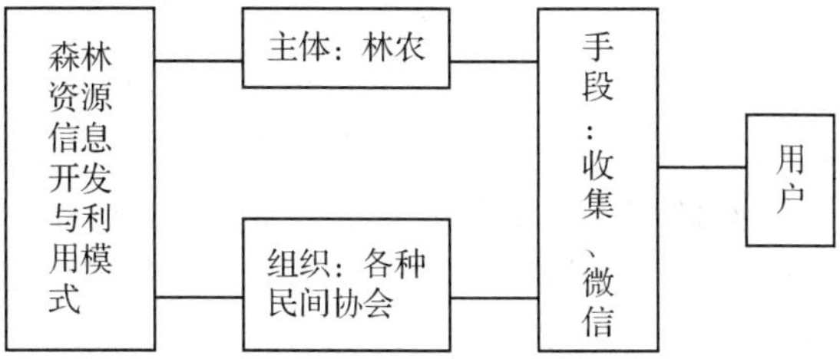

图 5-2 森林资源信息开发与利用民间经营模式

(3) 联合经营模式

森林资源信息开发与利用联合经营模式的主体是多元化的，在资金有限的条件下，不失为开发与利用森林资源信息的一种有效途径。它包括国家机构之间、集体机构之间、民间机构之间以及这几种性质的机构进行各种各样的结合而出现的合作开发与利用方式，其结构如图 5-3 所示。这种模式有助于相互之间取长补短，有助于促进公平竞争。在当前情况下，它可以在节约投资、人力和物力的情况下，实现森林资源信息的共享，各联合开发主体可根据各单位的特点和优势，有分工、有合作地去开发森林资源信息，建立信息库，对已开发的信息资源共享并向联合体之外的用户提供服务。这是优势互补、平等互利的好路子，是值得宣传与倡导的森林资源信息开发与利用模式。

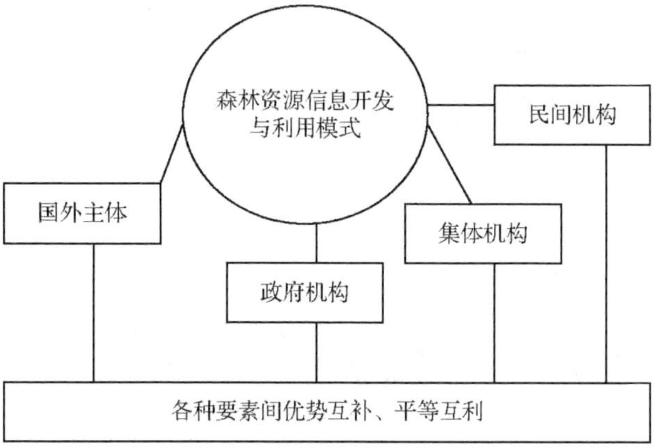

图 5-3 森林资源信息开发与利用联合经营模式

(4) 条块分割模式

森林资源信息开发与利用条块分割模式的优点是能够发挥各个机构、各个地区的优势，建成各具地区特色的森林资源信息开发与利用模式。缺点是由于分散生产，给系统的管理协调、质量控制、生产规模和产品的质量等均带来很多困难。在森林资源信息加工过程中，资金、人员、森林资源信息分散，实际上降低了森林资源信息产品的整体实力和影响力，难以形成拳头产品，造成不必要的重复浪费。目前，这种模式是我国森林资源信息开发与利用的主要模式，其结构如图 5-4 所示。重复性、不可兼容性、小作坊式，开发条块分割、集成性差、共享性差等不利情况都是此种模式缺点的显现。由于森林资源信息管理系统垄断，存在着严重的部门、地区、单位的分割，各部门和各单位都依靠各自独立的薄弱的系统和能力进行森林资源信息的开发与利用，并垄断森林资源信息的利用。因此，导致森林资源信息开发的高成本和低利用率，系统的垄断和分散给森林资源信息用户的查询带来不便，甚至是艰难。其实无论谁贮存的森林资源信息都应是社会资源的组成部分，除特别具有保密意义的森林资源信息之外，都有义务为全社会提供服务。当然也都有权力共享资源，因而，目前我国应调整条块分割留下的不合理情况，进行资源的优化与整合，进行低成本开发和高效有益利用。

图 5-4　森林资源信息开发与利用条块分割模式

(5)集约经营模式

从管理学的角度讲，集约化生产是综合管理系统和管理行为，森林资源信息产业是知识技术和资金密集型产业，森林资源信息开发与利用需要有雄厚的投资实力。因此，集约化经营是一种十分重要的模式。这种模式可集中国家现有的财力、人力、物力和森林资源信息，集中开发对国家发展战略目标具有重要意义的森林资源信息产品，使其在国内外具有广泛的影响力，国家通过重点投入支持这类森林资源信息产品的计算机化和联机服务，形成拳头产品，同时避免森林资源信息处理中重复劳动的浪费，其结构如图 5-5 所示。

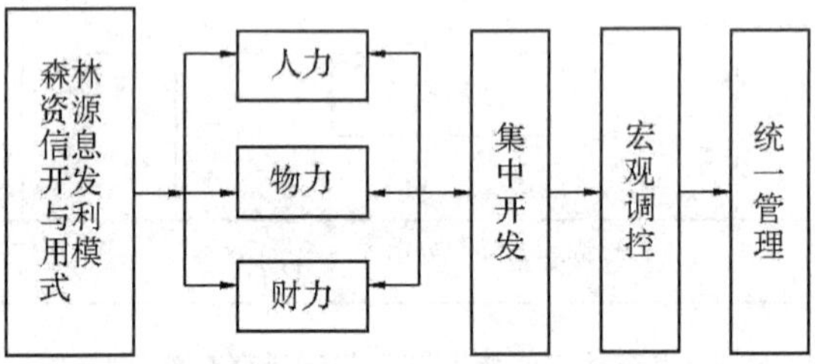

图 5-5　森林资源信息开发与利用集约经营模式

我国森林资源信息开发与利用尚处于初级阶段，森林资源信息用户对森林资源信息的需求快速增长。森林资源信息开发与利用是一个长期过程，要继续贯彻统筹规划、国家主导、统一标准、联合建设、互联互通、资源共享 24 字指导方针。森林资源信息的开发与利用具有明显的产业特色，在坚持我国森林资源信息开发与利用的基本方针的前提下，同时还要考虑林业产业的特殊性。因此，在森林资源信息开发与利用的投入方向和重点立项上，一定要认清目标、重点支持、加强合作、自主创新。应充分发挥政府的职能作用，对森林资源信息的总体开发和林业信息化设施建设进行统一规划与安排，通过政府的引导、组织与调控，大力推动森林资源信息的开发与利用，自上而下模式就是具上述优势的开发模式。但是自上而下模式所开发的森林资源信息往往强调宏观性及长期性，对市场的应变能力较差，有时不能满足微观信息用户的需要。森林资源信息开发与利用必须本着因地制宜的原则，同时又要提高资源开发的规模优势，只有联合型集约开发模式才能集各开发主体之优势，实行统一开发、分工协作的工作方式，最大限度地进行资源共享，而且由于开发主体的多元化又各有侧重，将大大提高微观信息的开发广度与深度，增强对市场的应变能力和对市场信息的灵敏度。因此，当前应提倡的开发模式是以自上而下模式和联合型集约模式为主多种模式并存的开发模式。

5.1.4.2 森林资源信息开发利用模式运行机制

运行机制在市场—政府—受众之间起到了引导和规范的作用，政府通过监督、调节来规范市场行为，利用认证机制和定价机制来引导市场向健康的方向发展，受众通过监督机制检测政府是否存在“越界”行为，受众通过反馈机制实现与政府之间的互动，将自己的需求反馈给信息供给端，通过包括法律、技术在内的保障机制实现对整个机制的保护和规避风险，森林资源信息开发与利用模式运行机制结构如图 5-6 所示。

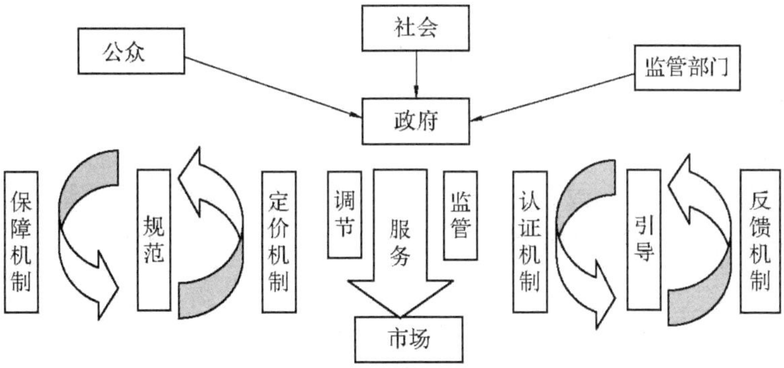

图 5-6 森林资源信息开发与利用模式运行机制

5.1.5 森林资源信息开发与利用及测度方法

5.1.5.1 森林资源信息开发与利用方法

森林资源信息开发与利用的方法有多种，主要包括以下几种。

(1)汇集法

汇集法是指将零星分散的森林资源信息，按照一定的技术、方式、方法、标准、规范汇集在一起的方法。多年来，由于森林资源信息采集的单位不同、方法不同、时间不同，存在森林资源信息在不同层次、不同区域、不同单位、不同部门以及有关个人保存的严重分割现象，严重影响了森林资源信息的利用。可采用最小外包矩形、多级网格聚合和关联索引大表的信息预处理方式，建立跨领域、多尺度、无缝无叠、全覆盖的森林资源信息编码检索模型。通过简便快捷的编码处理，实现对森林资源信息的快速汇集。

(2)归纳分析法

归纳分析法是指根据一类森林资源信息的部分信息具有某种性质，推出这类森林资源信息所有对象都具有这种性质的方法。

(3)纵深分析法

纵深分析法(纵深法)是指按事物发展的方向，把有关的森林资源信息资料进行综合深入的研究，纵深法加工有利于把有关问题的认识层层深入。纵深法，即逐层向深处推进的方法，有如剥竹笋一样，一片一片、一层一层地最后将核心部分裸露出来。

(4)浓缩法

浓缩法是指对森林资源信息进行浓缩，获得原始森林资源信息集的内部映像，为进一步处理提供良好的森林资源信息，针对诊断特征信息中重复或相似事例样本和特征参量之间可能存在的相关性，提出一种有效的特征信息双向压缩预处理方法，该法在不损失信息隐含的特征知识的前提下，能有效降低学习机器的学习负担。在进行样本参量的降维处理时，基于主元分析的思想，采用一种改进的主元分析(MPCA)方法用于横向信息压缩，在压缩样本数量时，综述和比较现有的各种聚类算法，用于纵向信息压缩。

(5)图表法

图表法是根据森林资源信息记录的历史发展走势图形，分析和预测未来走势的基本技术分析方法。

(6)对比法

对比法也叫对比分析法或者比较分析法，是通过实际数与基数的对比来提示实际数与基数之间的差异，借以了解森林资源信息问题的一种分析方法。

5.1.5.2　森林资源信息开发与利用测度方法

森林资源信息开发与利用测度是观测和跟踪某一地区或单位森林资源信息化发展状态和演化过程的重要手段，通过测度分析，不仅可以发现森林资源信息化建设水平和特点，还可以跟踪同一地区森林资源信息化建设的演变过程。常用的10种测度方法见表5-1。

表5-1　常用森林资源信息开发与利用的测度方法

序号	测度方法名称	发布时期及发布者	指标及权重
1	中国信息化发展评估报告	2013年工信部中国电子信息产业发展研究院	三大类15个二级指标，三大类为网络堵度指数，信息通讯技术应用指数，应用效益指数
2	中国信息化发展指数	2012年国家统计局统计科学研究所	有五大类12个指标，五大类为基础设施指数、产业技术指数、应用消费指数、知识支撑指数、发展效益指数，权重分别为22%、17%、21%、19%、21%
3	信息通信技术(ICT)发展指数	2008年国际电信联盟	三大类12个指标，三大类为接入指数、利用指数、技能指数，权重为：40%、40%、20%
4	数字机会指数	2007年国际电信联盟	三大类11个指标，三大类为机遇、设施和利用
5	数字访问指数	2003年国际电信联盟	五大类8个指标，五大类为基础设施、支付能力、知识、质量、使用，权重为平均

（续）

序号	测度方法名称	发布时期及发布者	指标及权重
6	国家信息化指数	2001 年信息产业部	人均宽带拥有量、人均电话通话次数等 20 个指标，权重 4%~7%
7	信息利用潜力指数	1982 年 H. Bocko and J. M. Michel	结构化 IUCP 单一综合指数、功能 IUCP 单一综合指数等 20 个指标
8	波拉特信息经济测度方法	1977 年波拉特	产品和服务是否在市场上销售
9	日本信息化指数模型法	1965 年小松崎清介	四大类 11 个指标，四大类为信息量、信息装备率、通信主体水平和信息系数
10	马克卢谱信息经济测度方法	1962 年马克卢普	五大类为教育、研发、通讯媒体、信息设备和信息服务

5.1.6 森林资源信息开发与利用形式和类型

5.1.6.1 森林资源信息开发与利用类型

①按开发需要的时间长短　分为长期森林资源信息开发与利用和短期森林资源信息开发与利用。

②按开发对象的形式　分为森林资源网络信息开发与利用和森林资源文献信息开发与利用。

③按对森林资源信息加工深度和层次　分为一层性开发、二层性开发和多次性开发。

5.1.6.2 森林资源信息开发利用形式

不同的森林资源信息开发与利用形式具有不同的特性和优缺点，在实际应用中，可根据森林资源信息开发与利用的需要，选择不同的开发利用形式。表 5-2 为不同森林资源信息开发与利用形式的比较。

表 5-2　不同森林资源信息开发与利用形式的比较

开发利用形式	特　性	优缺点
剪报	根据不同时间和选题对相关报刊信息进行剪辑	成本低、信息量大、使用方便，信息零散、缺乏时效性
索引	对文献中具有检索意义的事项（人名、地名等）按照一定方式编排起来，以供检索	属二次信息开发，查找迅速、编制简单
目录编制	将一系列相关文献，按照一定次序编排而成的揭示与报道文献的工具，有分类目录、专题目录等	属二次开发，信息量大、便于查阅
文摘	是对摘要重要信息内容便于全面展示信息的方法，分为指示性文摘和报到性文摘	篇幅短小精，内容客观陈述，不加评论
信息资料册	包括产品资料信息、供应商信息、产品销售信息、求购信息等，以此了解行业、产品历史与现状	可以对相关行业历史、现状有所了解

（续）

开发利用形式	特　性	优缺点
简讯	用最简洁概括的语言报道最新动态信息的三次信息产品，要求文字精练、篇幅宜短	信息报道有较大的宽度
调研报告	在实地考察的基础上经分析研究得出的能真实反映有关信息事件本质特征的信息产品	属三次信息开发，综合性大

5.1.7　森林资源信息开发与利用的方式和途径

5.1.7.1　森林资源信息开发与利用的途径

森林资源信息利用是森林资源信息开发的归宿和落脚点，森林资源信息的开发就是对森林资源信息的编研，是对森林资源信息内容的提炼和信息组合，形成森林资源信息具备实用价值的产品，开发过程包括信息选择、信息评价、信息处理和信息组合。其主要途径有：

(1) 完善基础开发

完善基础开发主要是指完善森林资源信息开发与利用的传统基础服务工作，包括信息的分类、编目、排列、索引等二次检索工具来满足广大用户的需要，是为用户提供过去、现在、将来森林资源信息服务的基础工作，是构成现代森林资源信息多层次、多功能、多样化服务的重要组成部分，是拓展深层次服务的保障。

(2) 拓展深层次森林资源信息服务

搞好森林资源信息报道，向用户提供森林资源信息快报、专题资料、索引产品等；进行森林资源信息专题咨询活动、解答用户提出的各种有关咨询问题；开展导向性服务，通过讲座、演示、辅导等，提供用户对森林资源信息需求的主观能动性；开展定题服务，根据用户研究课题的需要，不断进行森林资源信息的收集、筛选、整理、定期提供给用户，直到课题完成；开展信息调研服务，在森林资源信息开发与利用过程中，对林业生产与科研、教学等部门、单位的需要进行调查，对森林资源信息进行收集、归纳、分析，预测有关发展趋势，形成综述、述评、研究报告等提供给用户参考。

(3) 开展特色服务

就是根据森林资源特点，以有知识、有能力的信息人员为核心，深层次地开发森林资源信息，满足广大用户的特殊需求。

(4) 开展剪报服务

报纸具有新闻性强、报道信息快的特点，及时将有关森林资源信息按专题印刷成剪报提供给用户，是一条切实可行的途径。

(5) 举办形式多样的专题讲座

通过讲座，不仅向用户传递、交流了大量的森林资源信息、而且带动了用户利用森林资源信息的积极性。

(6) 建立联合查新体系

建立国家林业局、各省(自治区、直辖市)林业厅(局)及各县(市)林业局共同的森林资源信息公共服务体系，推动森林资源信息的利用。

(7)开展森林资源信息发布活动

森林资源信息发布是直接传递森林资源信息，用户快速接收森林资源信息的较好形式。这些信息包括国家级、区域级、经营单位级的森林资源状况信息以及森林资源生产、经营以及科技成果信息。将这些信息和成果快速转换为生产力，提供其利用价值。

(8)成立森林资源信息开发部

对有条件的森林资源信息管理部门和单位，可专门成立森林资源信息开发部，抽调有经验和技术强的人员专门从事森林资源信息开发工作，提高森林资源信息开发能力和水平。

(9)建立森林资源信息产品连锁服务站

在森林资源信息开发部的基础上，通过与森林资源生产、科研、教学以及相关单位挂钩，向他们提供森林资源信息产品，促进森林资源生产、科研和教学的效果。

5.1.7.2 森林资源信息开发与利用方式

森林资源信息利用就是森林资源信息利用者对森林资源信息的查找、接受和运用。通过各种有效的方式和方法，发挥森林资源信息的经济社会效益。具体方式有查询、借阅、咨询等直接方式和复制、提供目录、编研出版物等间接方式。具体方式：

(1)借阅型开发利用

即通过阅览、外借形式为利用者提供森林资源信息。这是一种最基本、最普通的方式。

(2)编研型开发利用

即通过公布、出版、印刷森林资源信息调查成果，为利用者提供森林资源信息。这是对森林资源信息进行高层次和深度开发的一种方式。通过森林资源信息开发部门对信息内容进行分析研究，并选择、加工、编撰后，利用这种信息成果的方式。

(3)咨询型开发利用

即解答利用者提出的询问，为利用者提供所需的事实、信息等结果。这是一种提供来自森林资源信息有关的智能服务。

(4)宣传报道型开发利用

即通过开展各种形式的森林资源信息宣传活动，为利用者提供森林资源信息。这是一种最直观的开发利用方式。

(5)网络型开发利用

即通过网络为利用者提供森林资源信息。

(6)检索型开发利用

通过信息提供部门建立的检索工具体系、目录中心和各种计算机检索系统以及缩微检索，直接利用信息的复制品的方式。

(7) 专题服务型利用

通过信息提供部门的专题服务、代查服务等手段提供给利用者需要的信息方式。

5.2　森林资源信息统计分析

信息统计是信息研究的基础工作，信息统计是开展信息定量研究的必要条件，运用信息统计分析方法可以反映信息的增长变化、分布特征、流通状况、利用程度，揭示信息的数量变化规律，为信息单位的信息管理和用户信息使用提供依据。

5.2.1　森林资源信息统计分析的概念和特征

5.2.1.1　森林资源信息统计分析概念

森林资源信息统计分析是指对收集到的有关森林资源信息进行整理归类并解释的过程。从森林资源信息统计分析定义可知，森林资源信息统计分析有两个重要环节：一是对森林资源信息整理归类汇总环节；二是森林资源信息的解释环节。森林资源信息统计分析是森林资源信息管理工作中最关键的一步，如果缺少这一步或这一步做得不好，将降低森林资源信息管理工作的作用。可以确切地说，没有森林资源信息的统计分析，森林资源信息管理工作就没有活力、没有发展，也没有森林资源信息管理工作的地位。所以森林资源信息管理工作者必须学会统计分析，积极地为领导决策服务，这既是森林资源信息管理工作者的职责，也是森林资源信息管理工作的最终目的。

5.2.1.2　森林资源信息统计分析特征

采用统计分析方法进行研究，是研究达到高水平的客观要求，应用统计分析方法进行科学研究，有以下几个基本特征：

(1) 科学性

统计分析方法以数学为基础，具有严密的结构，需要遵循特定的程序和规范，从确立选题、提出假设、进行抽样、具体实施，一直到分析解释信息、得出结论，都须符合一定的逻辑和标准。

(2) 直观性

现实世界是复杂多样的，其本质和规律难以直接把握，统计分析方法从现实情境中收集信息，通过次序、频数等直观、浅显的量化数字及简明的图表表现出来，这些信息的处理，将我们的研究与客观世界紧密相连，从而提示和洞悉现实世界的本质及其规律。

(3) 可重复性

可重复性是衡量研究质量与水平高低的一个客观尺度，用统计分析方法进行的研究皆是可重复的。从课题的选取、抽样的设计，到信息的收集与处理，皆可在相同的条件下进行重复，并能对研究所得的结果进行验证。

5.2.2 森林资源信息统计分析的功能和作用

5.2.2.1 森林资源信息统计分析的功能

从森林资源信息统计分析的整个工作流程来看，包括信息整理、评价、预测和反馈四项基本功能。具体来说：

①整理功能体现在对信息进行收集、组织，使之由无序变为有序。

②评价功能体现在对信息价值进行评定，以达去粗(取精)、去伪(存真)、辨新、权重、评价、荐优之目的。

③预测功能体现在通过对已知信息内容的分析获取未知或未来信息。

④反馈功能体现在根据实际效果对评价和预测结论进行审议、修改和补充。森林资源信息统计分析的基本功能决定了其在国民经济和社会发展中将发挥重要作用。

5.2.2.2 森林资源信息统计分析的作用

通过统计分析，对客观事物量化，包括反映客观事物规律的数量表现；根据量变程度确认事物的质，即确定区别事物质量的数量界限；揭示新的规律，即通过分析数量关系，发现尚未被认识的事物的规律。森林资源信息统计分析在经济社会发展中具体重要作用，包括：

①在科学管理中发挥参谋和智囊作用。

②在研究开发中担负助手作用。

③在市场开拓中起保障和导向作用。

④在动态跟踪与监视中起耳目和预警作用。

5.2.3 森林资源信息统计分析的类型和方法

信息统计是指以某一特定单位对信息或其相关媒介进行统一的计量。信息统计分析方法是利用统计学方法对信息进行统计分析，以信息来描述和揭示信息的数量特征和变化规律，从而达到一定研究目的的一种分析研究方法。

5.2.3.1 森林资源信息统计的类型及表现形式

1)统计类型

森林资源信息统计类型主要有定时信息统计、定量信息统计和定性信息统计三类。

(1)森林资源定时信息统计

即确定森林资源信息统计时限，如各省每年都要向国家林业局提供年度森林资源及经营活动信息报表，用于林业统计年报编制。

(2)森林资源定量信息统计

即确定森林资源信息统计数量，这种类型在森林资源信息统计中比较少用。因为，每次要规定森林资源信息统计结果的数量，实际意义不大，相同的量可能表达的内容不同。

(3)森林资源定性信息统计

即确定问题性质类别，这种类型在森林资源信息统计中较常用，比如森林火灾信息统计、森林病虫害信息统计以及森林采伐信息统计等。

2)统计表现形式

森林信息统计的表现形式有统计表和统计图两种形式：

(1)统计表

以表格的形式表达统计信息数量关系的方式或工具。统计表可以简化信息，反映出事物的全貌及蕴含的特性，省去冗长的文字叙述，同时也便于分析、对比和计算。

(2)统计图

通过点、线、面等形式表达统计信息、直观反映事物之间的数量关系。包括柱形图、饼图、折线图、条形图、散点图、面积图、圆环图、雷达图、气泡图、股价图等。

5.2.3.2 森林资源信息统计分析方法

1)森林资源信息统计方法

森林资源信息统计方法，按不同的分类标志，可划分为不同的类别，而常用的分类标准是功能标准，依此标准进行划分，统计分析可分为描述统计和推断统计。

(1)描述统计法

描述统计是将研究中所得的信息加以整理、归类、简化或绘制成图表，以此描述和归纳信息的特征及变量之间关系的一种最基本的统计方法。描述统计主要涉及信息的集中趋势、离散程度和相关强度，最常用的指标有平均数、标准差、相关系数等。描述统计分为计量信息、计数信息和等级信息统计描述三类。

①计量信息统计描述

a. 计量信息类型。计量信息，又称定量信息或数值变量信息，为观测每个观察单位某项指标的大小而获得的信息。其变量值是定量的，表现为数值大小，一般有度量衡单位。计量信息可分为离散型和连续型两类。离散型信息是指变量取值可以一一列举的信息。例如，每个径阶的林木株数；连续型信息是指变量取值不能一一列举(即变量取值为一定范围内的任意值)的信息。例如，林木高、材积等。

b. 计量信息频数分布表和频数分布图。频数：不同组别内的观察值个数称为频数，表示观察值在各组内出现的频繁程度。将分组标志和相应的频数列表，即为频数分布表；将分组标志和相应的频数绘制成图，即频数分布图。

c. 计量信息平均数。一类描述计量信息集中位置或平均水平的统计指标，描述信息集中的趋势。常用的平均数有算术平均数、几何平均数(观测值相乘再开方)、中位数(观测值排序后的最中间的值)。

d. 计量信息离散度。衡量信息变异程度(或离散程度)的指标，描述信息离散趋势。按间距分为极差(R)(最大减最小)和四分位数间距(Q)(将变量等分为四部分，即 -25、25 -50、50 -75、75 -，将75与25之差定义为四分位数间距)；按平均差距分为离均差平方和(SS)、方差(S^2)、标准差(S)和变异系数(CV)。

②计数信息统计描述　计数信息又称为定性信息或无序分类变量信息，指先将观察单位按其性质或类别分组，然后清点各组观察单位个数所得的信息。其特点是：对每组观察单位只研究其数量的多少，而不具体考虑某指标的质量特征，属非连续性信息。

a. 相对比：两个指标 A 与 B 之比乘 100%，说明 A 与 B 的倍数关系。

b. 构成比：某指标占所有指标之比例。

c. 率：指在一定时间内发生的次数与可能发生次数之比例。

③等级信息统计描述　等级信息指有一定级别的信息，如森林火灾严重程度分为 0(无)、1(轻度)、2(中度)、3(重度)等，介于计量信息和计数信息之间的一种信息，等级信息又称为半定量信息。等级信息的统计描述根据信息可以用构成比或率来计算。如森林植被恢复率、森林病虫害防治率等。

(2)推断统计法

推断统计指用概率形式来决断信息之间是否存在某种关系及用样本统计值来推测总体特征的一种重要的统计方法。推断统计包括总体参数估计和假设检验。

①参数估计　指的是用样本中的数据估计总体分布的某个或某几个参数，比如给定一定容量的样本，要求估计总体的均值、方差等。它的方法有点估计和区间估计两种。

点估计是用估计量的某个取值直接作为总体参数的估计值。点估计的缺陷是没法给出估计的可靠性，也没法说出点估计值与总体参数真实值接近的程度。

区间估计是在点估计的基础上给出总体参数估计的一个估计区间，该区间通常是由样本统计量加减估计误差得到的。在区间估计中，由样本估计量构造出的总体参数在一定置信水平下的估计区间称为置信区间。统计学家在某种程度上确信这个区间会包含真正的总体参数。

参数估计的具体方法有：

a. 矩估计法。用样本矩估计总体矩，如用样本均值估计总体均值。

b. 极大似然估计法。于 1912 年由英国统计学家 R. A. 费希尔提出，用来求一个样本集的相关概率密度函数的参数。

c. 最小二乘法(线性回归与非线性最小二乘法)。主要用于线性统计模型中的参数估计问题。

d. 贝叶斯估计法。基于贝叶斯学派(见贝叶斯统计)的观点而提出的估计法。

②假设检验　通过样本分布，检验某个参数的属于某个区间范围的概率。是推断统计的另一项重要内容，它与参数估计类似，但角度不同，参数估计是利用样本信息推断未知的总体参数，而假设检验则是先对总体参数提出一个假设值，然后利用样本信息判断这一假设是否成立。

常用的假设检验方法有 U 检验、T 检验、卡方检验、秩和检验、二项分布等。

③参数估计与假设检验之间的联系与区别　主要联系：都是根据样本信息推断总体参数；都以抽样分布为理论依据，建立在概率论基础之上的推断；二者可相互转换，形成对偶性。主要区别：参数估计是以样本资料估计总体参数的真值，假设检验是以

样本资料检验对总体参数的先验假设是否成立；区间估计求得的是求以样本估计值为中心的双侧置信区间，假设检验既有双侧检验，也有单侧检验；区间估计立足于大概率，假设检验立足于小概率。

2）森林资源信息分析方法

森林资源信息分析方法有很多，其中最常用的是列表法和作图法。还有多种其他分析方法，包括头脑风暴法、德尔菲调查法、加权平均法、主成分分析法、因子分析法、聚类分析法、判别分析法、对应分析法、典型相关分析法、回归分析法、多维尺度分析法、SWOT 分析法、比率分析法、层次分析法、定标比超法等。

（1）列表法

列表法就是将森林资源信息按一定规律用列表方式表达出来，见表 5-3。表格的设计要求对应关系清楚、简单明了、有利用于发现相关量之间的物理关系。另外要求在标题栏中注明物理的名称、符号、数量级和单位等。

表 5-3　2010 年世界各地区森林覆盖率比较

区域/分区域	森林面积	
	$\times 10^3 hm^2$	森林覆盖率（%）
东部和南部非洲	267 517	37
北部非洲	78 814	8
西部和中部非洲	328 088	32
非洲合计	674 419	23
东亚	54 626	22
南亚和东南亚	294 373	35
西亚和中亚	43 513	4
亚洲合计	592 512	19
俄罗斯	809 090	49
欧洲，排除俄罗斯	195 911	34
欧洲合计	1 005 001	45
加勒比地区	6 933	30
中美洲	19 499	38
北美洲	678 961	33
北美洲和中美洲合计	705 393	33
大洋洲合计	191 384	23
南美洲合计	884 351	49
世界	4 033 060	31

（2）作图法

作图法可以最醒目地表达物理量间的变化关系，如图 5-7 所示。从图线上还可以简便求出需要的某些结果（如直线的斜率和截距值等），读出没有进行观测的对应点（内插法），或在一定条件下从图线的延伸部分读到调查范围以外的对应点（外推法）。此外，还可以把某些复杂的函数关系，通过一定的变换用直线图表示出来。

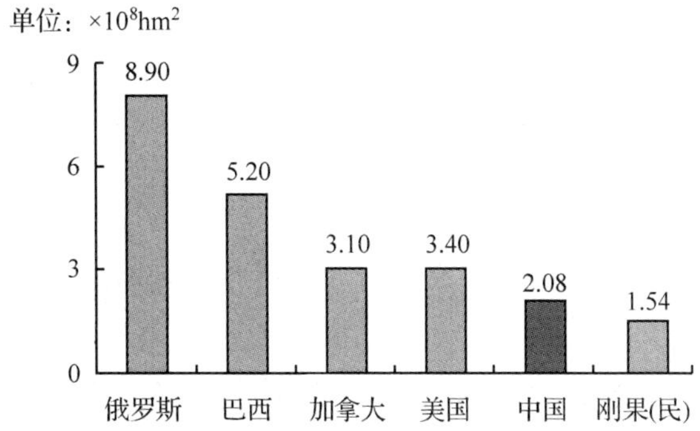

图 5-7 2010 年世界森林分布最多的五个国家

(3)其他方法

①头脑风暴法 又分为直接头脑风暴法(通常简称为头脑风暴法)和质疑头脑风暴法(也称反头脑风暴法)。前者是在专家群体决策尽可能激发创造性，产生尽可能多的设想的方法，后者则是对前者提出的设想、方案逐一质疑，分析其现实可行性的方法。

②德尔菲法 是采用背对背的通信方式征询专家小组成员的预测意见，经过几轮征询，使专家小组的预测意见趋于集中，最后做出符合市场未来发展趋势的预测结论。德尔菲法又名专家意见法或专家函询调查法，是依据系统的程序，采用匿名发表意见的方式，即团队成员之间不得互相讨论，不发生横向联系，只能与调查人员发生关系，以反复的填写问卷，以集结问卷填写人的共识及搜集各方意见，可用来构造团队沟通流程，应对复杂任务难题的管理技术。

③加权平均法 就是在求平均数时，根据观测期各类森林资源信息重要性的不同，分别给以不同的权数加以平均的方法。比如两个时期木材销售加权平均价格 =(前一期销售量 × 价格 + 后一期销售量 × 价格)/总销售量。根据加权平均法求得的平均数，反映了长期的变化趋势。

④主成分分析法 也称为主分量分析法，旨在利用降维的思想，把多指标化为少数几个综合指标。其中每个主成分都能够反映原始变量的大部分信息，且所含信息互不重复。这种方法在引进多方面变量的同时将复杂因素归结为几个主成分，使问题简单化，同时得到的结果更加科学有效的数据信息。在实证问题研究中，为了全面、系统地分析问题，我们必须考虑众多影响因素。这些涉及的因素一般称为指标，在多元统计分析中也称为变量。因为，每个变量都在不同程度上反映了研究问题的某些信息，并且变量之间彼此有一定的相关性，因而所得的统计信息反映有一定的重叠。在用统计方法研究多变量问题时，变量太多会增加计算量和增加分析问题的复杂性，人们希望在进行定量分析的过程中，涉及的变量较少，得到的信息量较多。其分析步骤包括数据标准化；求相关系数矩阵；一系列正交变换，使非对角线上的数值 0，加到主对角上；得到特征根 X_i，并按照从大到小的顺序把特征根排列；求各特征根对应的特征向量；用式 5-1 计算每个特征根的贡献率 V_i；根据特征根及其特征向量解释主成分的物理意义。

$$V_i = X_i/(x_1 + x_2 + \cdots) \tag{5-1}$$

⑤因子分析法 就是寻找众多变量的公共因子的模型分析方法，它是在主成分的

基础上构筑若干意义较为明确的公因子，以它们为框架分解原变量，以此考察原变量间的联系和区别。其基本目的就是用少数几个因子去描述许多变量之间的联系，即将相关比较密切的几个变量归在同一类中，每一类变量就变成了一个因子。以较少的几个因子反映原始资料的大部分信息。

⑥聚类分析法　是直接比较各事物之间的性质，将性质相近的归为一类，将性质差别较大的归入不同类的分析方法。这在森林资源信息遥感提取过程中应用非常广泛。在聚类分析中，通常我们根据分类对象的不同分为 Q 型聚类分析和 R 型聚类分析两大类。R 型聚类分析是对变量进行分类处理，Q 型聚类分析是对样本进行分类处理。

R 型聚类分析的主要作用：不但可以了解个别变量之间关系的亲疏程度，而且可以了解各个变量组合之间的亲疏程度；根据变量的分类结果以及它们之间的关系，可以选择主要变量进行回归分析或 Q 型聚类分析。

Q 型聚类分析的优点：可以综合利用多个变量的信息对样本进行分类；分类结果是直观的，聚类谱系图非常清楚地表现其数值分类结果；聚类分析所得到的结果比传统分类方法更细致、全面、合理。

为了进行聚类分析，首先我们需要定义样品间的距离。常见的距离有：绝对值距离；欧氏距离；明科夫斯基距离；切比雪夫距离。

⑦判别分析法　其任务是根据已掌握的一批分类明确的样品，建立较好的判别函数，使产生错判的事例最少，进而对给定的一个新样品，判断它来自哪个总体。根据信息的性质，分为定性判别和定量判别，依采用的判别准则不同分为费歇判别、贝叶斯判别和距离判别等方法。费歇判别思想是投影，使多维问题简化为一维问题处理。选择一个适当的投影轴，使所有的样品点都投影到这轴上得到一个投影值。对这个投影轴的方向的要求是：使每一类内的投影值所形成的类内离差尽可能小，而不同类间的投影值所形成的类间离差尽可能大。贝叶斯判别思想是根据先验概率求出后验概率，并根据后验概率分布做出统计推断。所谓先验概率就是用概率来描述人们事先对所研究的对象的认识程度；所谓后验概率就是根据具体资料、先验概率、特定的判别规则所计算出来的概率，它是对先验概率修正后的结果。距离判别思想是根据各样品与母体之间的距离远近做出判别。即根据资料建立关于母体的距离判别函数式，将各样品数据逐一代入计算，得出各样品与母体之间的距离值，判别样品属于距离值最小的那个母体。

⑧对应分析法　也称关联分析法。是在 R 型和 Q 型因子分析的基础上发展起来的一种多元统计分析方法，因此又称为 $R-Q$ 型因子分析法，是一种用来研究变量与变量之间联系紧密程度的分析方法。在因子分析中，如果研究的对象是样品，则需采用 Q 型因子分析；如果研究的对象是变量，则需采用 R 型因子分析。但是，这两种分析方法往往是相互对立的，必须分别对样品和变量进行处理。因此，因子分析对于分析样品的属性和样品之间的内在联系就比较困难，因为样品的属性是变值，而样品却是固定的。于是就产生了对应分析法。对应分析就克服了上述缺点，它综合了 R 型和 Q 型因子分析的优点，并将它们统一起来使得由 R 型的分析结果很容易得到 Q 型的分析结果，这就克服了 Q 型分析计算量大的困难；更重要的是可以把变量和样品的载荷反映在相同的公因子轴上，这样就把变量和样品联系起来便于解释和推断。

⑨典型相关分析法　利用综合变量对之间的相关关系来反映两组指标之间的整体相关性的多元统计分析方法，是分析两组随机变量间线性密切程度的统计方法，是两变量间线性相关分析的拓展。各组随机变量中既可有定量随机变量，也可有定性随机变量。要求两组变量之间为线性关系。它的基本原理是：为了从总体上把握两组指标之间的相关关系，分别在两组变量中提取有代表性的两个综合变量 $U1$ 和 $V1$(分别为两个变量组中各变量的线性组合)，利用这两个综合变量之间的相关关系来反映两组指标之间的整体相关性。

⑩回归分析法　回归分析法是在掌握大量观察数据的基础上，利用数理统计方法建立因变量与自变量之间的回归关系函数表达式(称回归方程式)。有线性回归与非线性回归方法，有一元回归与多元回归方法。

⑪多维尺度分析法　通过低维空间(通常是二维空间)展示多个研究对象之间的联系，利用平面距离来反映研究对象之间的相似程度。由于多维尺度分析法通常是基于研究对象之间的相似性(距离)的，只要获得了两个研究对象之间的距离矩阵，就可以通过相应软件做出它们的相似性知觉图。

⑫SWOT 分析法　是用来确定企业自身的竞争优势、竞争劣势、机会和威胁，从而将公司的战略与公司内部资源、外部环境有机地结合起来的一种科学的分析方法。

⑬比率分析法　也称对比法、对比分析法、比较分析法、趋势分析法，是通过实际数与基数的对比来揭示实际数与基数之间的差异，借以了解经济活动的成绩和问题的一种分析方法。在科学探究活动中，常常用到比率分析法。

⑭结构分析法　它通过对企业财务指标中各分项目在总体项目中的比重或组成的分析，考量各分项目在总体项目中的地位。

⑮层次分析法　是将与决策总是有关的元素分解成目标、准则、方案等层次，在此基础之上进行定性和定量分析的决策方法。

⑯定标比超法　就是将本企业各项活动与从事该项活动最佳者进行比较，从而提出行动方法，以弥补自身的不足。定标比超是将本企业经营的各方面状况和环节与竞争对手或行业内外一流的企业进行对照分析的过程，是一种评价自身企业和研究其他组织的手段，是将外部企业的持久业绩作为自身企业的内部发展目标并将外界的最佳做法移植到本企业的经营环节中去的一种方法。

5.2.3.3　森林资源信息统计分析基本步骤和方法选择

1)森林资源信息统计分析的基本步骤

森林资源信息统计分析是以森林资源信息采集和信息维护为基础的。通过森林资源信息采集，获取森林资源信息统计分析的原始信息。通过森林资源信息维护，对森林资源信息进行检查、核实，保证信息的真实性、完整性。森林资源信息统计分析包括信息整理、信息分析两个步骤。

第一步：森林资源信息整理。就是按一定的标准对收集到的森林资源信息进行归类汇总的过程。通过森林资源信息采集和维护的信息大多是无序的、零散的、不系统的，在进入统计运算之前，需要按照研究的目的和要求对信息进行分组汇总或列表，从而使原始信息简单化、形象化、系统化，并能初步反映信息的分布特征。

第二步：森林资源信息分析。指在森林资源信息整理的基础上，通过统计运算，得出结论的过程，它是统计分析的核心和关键。信息分析通常可分为两个层次：第一个层次是用描述统计的方法计算出反映信息集中趋势、离散程度和相关强度的具有外在代表性的指标；第二个层次是在描述统计基础上，用推断统计的方法对信息进行处理，以样本信息推断总体情况，并分析和推测总体的特征和规律。

2）森林资源信息统计分析的方法选择

(1)森林资源信息统计分析方法选择依据

森林资源信息丰富且错综复杂，要想做到合理选用统计方法并非易事。对于同一个资料，若选择不同的统计方法处理，有时其结论是截然不同的。正确选择统计方法的依据是：

①根据研究的目的，明确研究试验设计类型、研究因素与水平数。

②确定信息特征(是否正态分布等)和样本量大小。

③ 正确判断统计资料所对应的类型(计量、计数和等级资料)，同时应根据统计的适宜条件进行正确的统计量值计算。

④最后，还要根据专业知识与资料的实际情况，结合统计学原则，灵活地选择统计方法。

(2)根据森林资源信息统计分析目的的方法选择类型

按照“定性—定量—定性”的顺序，做到定量分析与定性分析巧妙结合，这就是统计分析技巧。首先是通过定性分析，选择适当的统计分析方法，继而进行定量分析。有些最后还要落脚到定性分析。下面介绍几种类型的统计分析内容以方便选择适当的统计分析方法。

①状态分析　对于客观存在的事物，需要经常研究一定时间、地点、条件下的状态，分析其量变情况，这属于状态分析。状态分析可以细分为若干不同性质的种类，有静态分析，有动态分析，有简单总体的状态分析，有复杂总体的状态分析。不同性质的状态分析，要分别选用不同的统计分析方法。静态分析一般用总量指标、相对指标、平均指标、抽样指标推断等方法。动态分析一般用时间数列、统计指数等方法；指数法也可以用于静态分析，如用指数法分析计划完成程度，就属于静态分析。对于简单总体的状态分析，上述方法均可以使用，而对于复杂总体的状态分析，只能用指数法。比如我国第八次森林资源连续清查的全国森林覆盖率指标。

②因素分析　因素分析是对构成事物的要素、成分和决定事物发展的内部条件进行定量分析。这是在统计分析中最常见的一种分析。因素分析主要有两种情况：一是各个因素变动之和等于总变动；二是各个因素变动的乘积等于总变动。前者可以采用离差法，后者可以运用指数体系，如果后者只需分析绝对数的变动，可以采用连环替代法。比如森林质量好坏的原因等。

③联系分析　森林资源各要素之间是相互联系的，在其联系中存在因果关系、比例关系、平衡关系等。联系分析就是利用这种森林资源要素相互联系进行数量关系的分析，以研究其中存在的规律性。事物的发展变化，内因是根据，外因是条件。联系分析主要有用于因果关系的相关回归法，用于比例关系的比例法，用于平衡关系的平

衡法等。

④趋势分析 森林资源的发展变化受许多因素影响，有长期起作用的基本因素，也有短期因素和偶然因素。趋势分析就是排除短期偶然因索的影响，使动态数列呈现出长期因素所造成的长期趋势，以揭示事物发展规律，据以预测未来。趋势分析的方法既有数学模型法，如趋势线配合法，也有非数学模型法，如时距扩大法、移动平均法等。对于趋势线配合法的运用，具体配合什么样的趋势线，首先也要作定性分析，即对客观现象发展的形态进行判断，一种判断方法是画散点图，另一种判断方法是根据动态指标来判定，当动态数列的逐期增长量大体相同，基本趋势是直线型的，可配合直线方程式；若二级增长量大体相同，基本趋势是抛物线形的，可配合指数抛物线方程式，比如胸径—树高曲线。

⑤决策分析 决策分析是人们在一定条件下，为寻找优化目标和优化目标达到须采取的行动方案而进行的一系列分析研究、对比选择工作。决策方法很多，不同的内容、不同的情况，要选用不同的决策方法。例如，按掌握的信息情报资料的不同，有确定型决策、风险决策和不确定型决策，各自要选择相应的决策方法。

⑥多层次分析 有些问题比较简单，一两个层次就能把问题分析清楚。有些问题则比较复杂，需要进行多层次的分析，层层解剖，才能找到问题的本质和规律。对于多层次的分析，每一层次都要经过定性—定量—定性的分析过程。

5.2.4 森林资源信息统计分析方法的局限和注意事项

5.2.4.1 森林资源信息统计分析方法的局限

统计分析方法有其自身的优势与局限，正确认识其优势和局限，二者同样重要。统计分析方法的局限，归结起来主要有下列几点：

①现实生活极其复杂，诸多因素常常纠缠交错在一起，仅靠统计分析方法去控制和解释这些因素及其相互关系，是不全面、不深刻的。

②统计分析方法的运用是有条件的，它依赖于信息本身的性质、统计方法的适用程度和研究者对统计原理及统计技术的理解、掌握程度与应用水平。方法选择不当，往往易得出错误的结论。

③统计决断以概率为基础，既然是概率，就存在误差，因而可以说，统计决断的结论并非绝对正确。例如，从样本统计量推断总体参数的信息时，由于推断建立在一定的概率基础上，没有百分之百的把握认为推断是正确的；当在 0.95 概率基础上比较两个总体平均数是否相等并认为它们之间存在或不存在显著差异时，从可靠度上看，决断错误的可能性尚有 5% 。

5.2.4.2 森林资源信息统计分析的注意事项

(1)要实事求是，切忌弄虚作假

要坚持实事求是，如实反映工作成绩与存在的问题，不能夸大或掩盖事实。信息要充分、可靠，分析要有理有据，用统计信息说话，以信息说明观点，以观点提炼结论；而不能先下结论，再找支持的信息，更不能报喜不报忧，要从实际出发，具体情况具体分析。分清主次，抓住主要矛盾，以求得符合客观实际的结论。

(2)选题要对路，切忌所答非所问

统计分析，选题是关键，必须把握规律，看准问题，要适合决策者的需要，题选得对才能中领导的意，发挥的作用就大，效果就好。相反，进行分析的问题，不是决策者关心的问题，其效果就差，就会造成劳而无功。所以要求统计工作者要有敏感性、预见性，要善于从信息的纵向和横向的比较中，发现问题，并结合本单位的实际，才能选好题。

(3)报告要适时，切忌雨后送伞

做任何工作都有一个时机问题，兵家有一个"兵贵神速"之说，统计工作同用兵一样，对时间的要求也是很强烈的。如果错过时机，往往事倍功半，甚至会贻误大事。给工作造成不可弥补的损失。要像侦察兵一样要千方百计、争分夺秒赢得时间，提供的统计信息一定要赶在决策者作决策之前、急需之时，这样的分析报告，决策者才用得上，才能发挥作用。相反，没有紧迫感，就易造成"雨后送伞"，从而贬低了统计工作的作用。

(4)内容要丰富多彩，切忌枯燥无味

掌握丰富的信息，是充实内容、提高分析报告质量的必要条件。因而，要开阔眼界，丰富思路，多读书多看报，多看资料，广开信息源。并将有关的资料按指标体系分门别类进行汇编，以增加信息的适应性。在撰写分析报告时，就能灵活自如、恰到好处，否则就易形成信息贫乏、枯燥无味、说理不充分、没有吸引力。

(5)要纵观全局，切忌片面性

社会现象是错综复杂、互相联系的，要把事物发展过程中各个环节的内在联系结合起来进行观察，以求比较全面地揭示事物的本质和发展规律。不能单凭一点、一事而推及全部，片面地去观察、分析问题，这样往往会把事物的真相、问题的症结搞错，形成错误的结论，影响咨询建议或改进措施的科学性和可行性，甚至导致决策的失误。

在分析时要考虑全面，应看到各项指标间的联系及其相互影响，不能只看单项信息的变化；不要只比较宏观指标，还要比较有关的微观指标；不要只看相对数，还须看其代表的绝对数的大小，分析不能限于做些信息表面值的比较，而要研究其具体发生的时间、地点、条件和环境，才能分清主次、抓住主要问题。

(6)要深入实际，切忌纸上谈兵

要做到及时发现新问题、新情况，必须深入实际调查研究。只有深入实际掌握第一手材料，才能做到"有的放矢"，找出问题的根源，提出可行性强的建议和解决问题的办法。否则只能是纸上谈兵，夸夸其谈不着边。

(7)要善于运用多种分析方法，切忌就事论事

要善于运用多种分析方法，除了运用过去行之有效的分析方法，如比较法、多指标因素分析法、综合评价法等，还应采用现代化手段，运用电子计算机和模型进行分析研究，不断提高统计分析的加工深度和其预见性。不能就事论事，泛泛地谈一些不切实质的东西。

(8)要重点突出，切忌面面俱到

统计分析一定要重点突出，不能面面俱到。要从收集的资料中，筛选出起主导作用的东西，抓住主要矛盾，解决好，其他矛盾、问题就好办了。

(9)建议要可行操作性强，切忌似是而非

在统计分析中，“建议”“措施”是关键中关键，真正受决策者重视关注的就是这一问题。要使“建议”“措施”做到切实可行，必须反复调查、分析、论证，尤其重要的是要紧密结合本单位的具体情况，以加大决策可行性的力度。如果“建议”“措施”针对性差，不结合单位实际，表面上是对的，而实际上又起不到什么作用，是无法被采用的。

(10)要多练才能出成果，切忌半途而废

有人说，统计分析很重要，但要写起来又不知从何下手。写统计分析必须首先掌握统计分析的要领，然后是脚踏实地去做好调查，第一次写不好不要紧，只要有决心和信心，一次不行，写第二次、第三次，写多了就能熟能生巧。

5.2.4.3 森林资源信息统计分析软件

目前，国内外可用于森林资源信息统计分析的软件很多，在森林资源信息统计中比较常用的软件计见表5-4。

表5-4 森林资源空间信息统计分析的常用软件

名称	应用范围
ArcGIS	地图可视化，空间聚类检测，自相关分析
SAS	集结法、空间插值技术，聚类检测技术和目标回归
WimBUGS	BAYES 建模
GeoDa	自相关性统计和异常值指示
Forstat	提供农林业、生态、数学遗传等领域常用的统计方法和模型基本原理、计算方法
SPSS	提供描述性统计、均值比较、一般线性模型、相关分析、回归分析、对数线性模型、聚类分析、数据简化、生存分析、时间序列分析等
EXCEL	除一般性信息处理外，还具有信息统计分析功能，包括线性、非线性回归以及方差分析等

5.2.5 我国森林资源连续清查统计

5.2.5.1 面积、蓄积估计

(1)面积估计

按系统抽样公式计算：

$$p_i = \frac{m_i}{n} \tag{5-2}$$

$$S_{p_i} = \sqrt{\frac{p_i(1-p_i)}{n-1}} \tag{5-3}$$

式中，n 为总样地数，m_i为类型(包括地类、植被类型、森林类型及其他各种土地分类属性)i 的样地数，S_{p_i}为类型 i 的面积成数估计值，p_i 为类型 i 面积成数估计值的标

准差。

$$\hat{A}_i = A \cdot p_i \tag{5-4}$$

式中，$\hat{A}_i$ 为类型 i 的面积估计值，A 为总体面积。

$$\Delta_{A_i} = A \cdot t_\alpha \cdot S_{p_i} \tag{5-5}$$

式中，Δ_{A_i} 为类型 i 面积估计值的误差限，t_α 为可靠性指标。类型 i 的面积估计区间为：$\hat{A}_i \pm \Delta_{A_i}$。

$$P_{A_i} = \left(1 - \frac{t_\alpha \cdot S_{p_i}}{p_i}\right) \cdot 100\% \tag{5-6}$$

式中，P_{A_i} 为类型 i 面积估计值的抽样精度。

(2) 蓄积估计

①样本平均数

$$\bar{V}_i = \frac{1}{n}\sum_{j=1}^{n} V_{ij} \tag{5-7}$$

式中，V_{ij} 为第 i 类型第 j 个样地蓄积。

②样本方差

$$S_{V_i}^2 = \frac{1}{n-1}\sum_{j=1}^{n}(V_{ij} - \bar{V}_i)^2 \tag{5-8}$$

$$S_{\bar{V}_i} = \frac{S_{V_i}}{\sqrt{n}} \tag{5-9}$$

③总体总量估计值

$$\hat{V}_i = \frac{A}{a} \cdot \bar{V}_i \tag{5-10}$$

式中，A 为总体面积，a 为样地面积，$\hat{V}_i$ 为第 i 类型蓄积的总体总量估计值。

④总体总量估计值的误差限

$$\Delta_{V_i} = \frac{A}{a} \cdot t_a \cdot S_{\bar{V}_i} \tag{5-11}$$

式中，t_α 为可靠性指标。

总体总量估计值的估计区间为：$\hat{V}_i \pm \Delta_{V_i}$。

⑤抽样精度

$$P_{V_i} = \left(1 - \frac{t_a \cdot S_{V_i}}{V_i}\right) \cdot 100\% \tag{5-12}$$

5.2.5.2　抽样误差计算

当一个总体涉及多个副总体，或需要得到多个总体范围的森林资源数据时，必须进行统计数据汇总。

(1) 可累加数据

当资源数据为具有累加意义的统计数据时，估计值直接进行累加，而抽样误差则按分层抽样公式计算。

①估计值

$$Y = \sum_{h=1}^{L} Y_h \tag{5-13}$$

式中，Y_h为第 h 层的估计值；L 为分层个数(副总体或汇总总体个数)。

②抽样误差

平 均 数：
$$y = \sum_{h=1}^{L} W_h y_h, W_h = A_h / \sum A_h \tag{5-14}$$

标 准 误：
$$S_{\bar{y}} = \sqrt{\sum_{h=1}^{L} \frac{W_h^2 \cdot S_h^2}{n_h}} \tag{5-15}$$

抽样误差：
$$E = \frac{t_a \cdot S_{\bar{y}}}{\bar{y}} \cdot 100\% \tag{5-16}$$

抽样精度：
$$P = 100 - E \tag{5-17}$$

式中，y_h为第 h 层的样本平均数；W_h为第 h 层的面积权重；A_h为第 h 层的面积；S_h为第 h 层的标准差；n_h为第 h 层的样地数；t_a为可靠性指标。

(2)不可累加数据

当资源数据为不具累加意义的派生数据时，必须分析每类数据的特性，再针对不同特性确定汇总方法。

①生长率和消耗率　根据汇总得到的生长量、消耗量和前后期蓄积，用相应公式计算生长率和消耗率。

②净增率　根据汇总得到的净增量和前后期估计值，用相应公式计算净增率。

③平均胸径、树高、郁闭度、株数　以各总体或副总体乔木林面积为权重，按加权平均法计算，其中平均胸径应以总株数(平均株数乘面积)为权重计算。

对于涉及间隔期长度的有关指标(如上述净增率、生长率等)，如果各个总体或副总体的间隔期长度不一致，则只能进行近似估计。由于上述派生数据的误差传递非常复杂，不论是否为汇总数据，均不估计其抽样误差。

5.2.5.3　统计报表

森林资源连续清查共有统计表 72 个，具体名称见第 2 章的 2.2.1.2 内容，其中主要统计表 33 个，其表结构见附件二。

(1)有关统计表的一般说明

①各统计表以省及副总体为单位分别编制。

②各表统计单位要求，面积为百公顷，蓄积及其生长量、消耗量为百立方米，株数为万株，百分率保留两位小数。

③统计表中乔木林林种按防护林、特用林、用材林、薪炭林、经济林顺序排列，经济林统计表包括了乔木经济林和灌木经济林两大类，各类乔木林面积蓄积中包含了乔木经济林的面积蓄积。

④统计表的优势树种及组成树种按规定的树种组进行分类统计，先后顺序按代码从小到大排列。

⑤统计表中除注明土地权属和林木权属者外，其他权属按综合权属，即有林木者按林木权属，无林木者按土地权属。

(2)有关统计表的具体说明

①附表1中的森林覆盖率包括乔木林地和竹林地覆盖率、特殊灌木林地覆盖率。

②附表15中的乔灌类型按乔木林地、灌木林地进行统计，表17的类型包括特殊灌木林地、一般灌木林地两类。

③附表18、附表19为两个主要的动态表。当前后期调查出现不可比因素时，各表均分为附表1和附表2两个表，其中附表1的前期数据使用国务院林业主管部门的公布数，附表2的前期数据使用修正后的可比数。表中：前后期之差 = 后期值 - 前期值，前后期年平均差 =(后期值 - 前期值)/间隔期年数，年均净增率 =(前后期之差/前后期平均值/间隔期年数)×100%。附表21至附表30中的前期数据均使用可比数，前后期之差、前后期年平均差、年均净增率%的计算方法同上，其中附表24中平均胸径按断面积加权计算(即平方平均数)。

④附表25、附表28的结构与表20完全一致，附表26和附表29的结构与附表21完全一致。

⑤附表30中林木蓄积年均各类生长量消耗量包含林木、散生木、四旁树的生长量和消耗量，类别包括合计、其中乔木林、其中用材林、国有、其中乔木林、其中用材林、集体、其中乔木林、其中用材林，有关分类因子均以后期为准，如果后期没有则取前期值。其中：

总生长量 = 保留生长量 + 进界生长量 + 未测生长量

总生长率 = 总生长量 / 前后期蓄积平均数×100%

净生长量 = 总生长量 - 枯损消耗量

净生长率 = 净生长量/前后期蓄积平均数×100%

总消耗量 = 采伐消耗量(含未测采伐量) + 枯损消耗量(含未测枯损量)

总消耗率 = 总消耗量 / 前后期蓄积平均数×100%

未测生长量 = 未测采伐量 + 未测枯损量

附表31和附表32中总生长量、总生长率、总消耗量、总消耗率、采伐消耗量的计算方法同上。

⑥附表33中的精度单位：样本平均数0.000 001，标准差为0.000 1，抽样精度为0.001，变动系数为0.01，样地和样木复位率为0.001，估测区间为整数。项目包括：活立木总蓄积、乔木林蓄积、人工林蓄积、天然林蓄积、总蓄积净增量、总生长量、总消耗量、林地面积、乔木林面积、竹林面积、森林面积(乔木林地、竹林地和特殊灌木林地面积之和)、人工林面积、天然林面积。其中计算总蓄积净增量抽样精度时，要求同时计算并给出判断统计量t值。

5.2.6　我国森林资源规划设计调查统计

5.2.6.1　统计要求

①所有调查材料，必须经专职检查人员检查验收。

②小班调查材料验收完毕后才能进行资源统计。资源统计原则上要求以省为单位采用统一的计算机统计软件。每个省的资源统计方法要一致，各种统计成果报表在形

式和内容上均要相同。

5.2.6.2 统计方法

①统计报表采用由小班、林班向上逐级统计汇总方式进行。

②当小班由几个地块合并而成时，可选择面积最大的地块或根据经营方向确定一个地块的调查因子作为合并小班的调查因子，但小班蓄积量为各地块的蓄积量之和。在统计汇总时，采用合并后小班的调查因子。

5.2.6.3 内业统计

按照森林经营区划系统分层进行统计汇总。即

①国有林管局统计到林场；林场统计到营林区（或作业区）；营林区（或作业区）统计到林班。

②国有林场从总场（林场）统计到分场；分场统计到营林区（或作业区）；营林区（或作业区）统计到林班。

③自然保护区、森林公园从管理局（处）统计到管理站（所）；管理站（所）统计到功能区（景区）；功能区（景区）统计到林班。

④县级行政单位从县统计到乡；乡统计到村；村统计到林班。

5.2.6.4 统计表

森林资源规划设计调查信息统计表共13个，具体名称见第2章的2.2.2.4节内容。13个表的具体结构见附录三。其中附表A有6个统计表，按土地所有权统计；附表B有7个统计表，按林木所有权统计。

5.2.7 森林资源连续清查信息分析——森林资源动态分析

森林资源调查数据及派生的现状数据和生长消耗数据，通过数据预处理过程，均已体现到样地水平上。对资源的动态变化，以样地为基础进行统计分析。

5.2.7.1 总体蓄积净增量及其估计精度

①样地蓄积净增量平均数的估计值

$$\bar{\Delta} = \bar{V}_2 - \bar{V}_1 \tag{5-18}$$

式中，$\bar{V}_1$ 为固定样地前期蓄积平均值；$\bar{V}_2$ 为固定样地后期蓄积平均值。

②样地蓄积净增量估计值的方差

$$S_{\Delta}^2 = S_{V_2}^2 + S_{V_1}^2 - 2RS_{V_2} \cdot S_{V_1} \tag{5-19}$$

式中，$S_{V_2}^2$为后期样地蓄积方差；$S_{V_1}^2$为前期样地蓄积方差；R 为前后期样地蓄积相关系数。

③样地蓄积净增量估计值的标准误

$$S_{\bar{\Delta}} = \frac{S_{\Delta}}{\sqrt{n}} \tag{5-20}$$

④相关系数

$$R = \frac{S_{V_1V_2}}{S_{V_1} \cdot S_{V_2}} \tag{5-21}$$

⑤总体蓄积净增量的估计值

$$\Delta_{总} = \bar{\Delta} \cdot \frac{A}{a} \tag{5-22}$$

式中，A 为总体面积；a 为样地面积。

⑥总体蓄积净增量估计值的误差限

$$\Delta_{\Delta_{总}} = t_a \cdot S_{\bar{\Delta}} \cdot \frac{A}{a} \tag{5-23}$$

式中，t_a 为可靠性指标。总体蓄积净增量的估计区间为：$\Delta_{总} \pm V_{\Delta_{总}}$。

⑦抽样精度

$$P = \left(1 - \frac{t_\alpha \cdot S_{\bar{\Delta}}}{|\bar{\Delta}|}\right) \cdot 100\% \tag{5-24}$$

式中，t_α 为可靠性指标。如果抽样精度 $P<0$，则取 $P=0$。

⑧判断统计量

$$t = \frac{|\bar{\Delta}|}{S_{\bar{\Delta}}} \tag{5-25}$$

如果 $t > t_{2a}$（$t_{2a} = 1.645$，取 $a = 0.05$），则可根据 $\bar{\Delta}$ 的正负判定前后期蓄积的增减趋势；如果 $t \leqslant t_{2a}$，则判定前后期蓄积估计值无显著差异，基本持平。

5.2.7.2　总体生长量、消耗量及其估计精度

(1)总体各类型生长量估计值及其估计精度

①样地平均生长量

$$\bar{g} = \frac{1}{n}\sum_{j=1}^{n} g_j \tag{5-26}$$

$$\bar{g} = \frac{1}{n}\sum_{j=1}^{n} g_{ij} \tag{5-27}$$

式中；g_j 为第 j 个样地的生长量；g_{ij} 为第 j 个样地上属于第 i 类型的生长量；n 为第 i 类型的样地平均生长量。

② 总体生长量估计值

$$\hat{G} = \bar{g} \cdot \frac{A}{a} \tag{5-28}$$

$$\hat{G}_i = \bar{g}_i \cdot \frac{A}{a} \tag{5-29}$$

式中；$\hat{G}_i$ 为第 i 类型总体生长量的估计值。

③ 总体生长率估计值

$$P_{\hat{G}} = \frac{\hat{G}}{(V_1 + V_2)} \cdot \frac{2}{t} \tag{5-30}$$

式中；t 为复查间隔期；V_1、V_2 分别为前后期总体蓄积。

④ 标准差

$$S_g = \sqrt{\frac{\sum (g_j - \bar{g})^2}{n - 1}} \tag{5-31}$$

⑤ 标准误

$$S_{\bar{g}} = S_g / \sqrt{n} \tag{5-32}$$

⑥ 抽样精度

$$P_{\bar{g}} = \left(1 - \frac{l_\alpha \cdot S_{\bar{g}}}{\bar{g}}\right) \cdot 100\% \tag{5-33}$$

式中;t_α 为可靠性指标;n 为样地数。

各类型生长量的标准差、标准误、抽样精度计算方法也与此相同。

(2) 总体各类型消耗量估计值及其精度

① 样地平均消耗量

$$\bar{c} = \frac{1}{n}\sum_{j=1}^{n} c_j \tag{5-34}$$

$$\bar{c}_i = \frac{1}{n}\sum_{j=1}^{n} c_{ij} \tag{5-35}$$

式中;c_j 为第 j 个样地的消耗量;c_i 为第 j 个样地上属于第 i 类型的消耗量;为第 i 类型样地平均消耗量。

② 总体消耗量估计值

$$\hat{C} = \bar{c} \cdot \frac{A}{a} \tag{5-36}$$

$$\hat{C}_i = \bar{c}_i \cdot \frac{A}{a} \tag{5-37}$$

式中;$\hat{C}_i$ 为第 i 类型总体消耗量的估计值。

③ 总体消耗率估计值

$$P_{\hat{C}} = \frac{\hat{C}}{(V_1 + V_2)} \cdot \frac{2}{t} \tag{5-38}$$

式中;V_1、V_2 分别为前后期总体蓄积;t 为复查间隔期。

④ 标准差

$$S_c = \sqrt{\frac{\sum (c_j - \bar{c})^2}{n - 1}} \tag{5-39}$$

⑤ 标准误

$$S_{\bar{c}} = \frac{S_c}{\sqrt{n}} \tag{5-40}$$

⑥ 抽样精度

$$P_{\bar{c}} = \left(1 - \frac{t_\alpha \cdot S_{\bar{c}}}{\bar{c}}\right) \cdot 100\% \tag{5-41}$$

各类型消耗量的标准差、标准误、抽样精度计算方法也与此相同。

5.2.7.3 森林资源各类型变化分析

以第八次全国森林资源清查信息分析为例，共包括 7 个类型，即林地面积变化、森林面积蓄积变化、天然林面积蓄积变化、人工林面积蓄积变化、林木生长消耗变化、林种结构变化和森林质量变化。具体分析结果如下。

(1)林地面积变化

从林地总量上看，由非林地转入林地面积 1 474 $\times 10^4$ hm^2，林地转出非林地面积 806 $\times 10^4$ hm^2，林地面积实际增加 668 $\times 10^4$ hm^2。在林地转出为非林地的面积中，有林地转为非林地面积 343 $\times 10^4$ hm^2，比第七次清查的 377 $\times 10^4$ hm^2 减少约 9%；占用征收林地面积 152 $\times 10^4$ hm^2，比七次清查的 126 $\times 10^4$ hm^2 增加 21%，毁林开垦面积 67 $\times 10^4$ hm^2，比第七次清查的 71 $\times 10^4$ hm^2 减少约 6%。由非林地转入林地的面积中，质量好的仅占 26%，质量差的占 42%，集中分布在干旱、半干旱地区以及南方石漠化岩溶地区。

(2)森林面积蓄积变化

森林面积增加 1 223 $\times 10^4$ hm^2，比第七次清查增量 2 054 $\times 10^4$ hm^2 少 831 $\times 10^4$ hm^2；森林覆盖率由 20.36% 提高到 21.63%，上升了 1.27 个百分点。森林蓄积增加 14.16 $\times 10^8$ m^3，比第七次清查增量的 11.23 $\times 10^8$ m^3 多 2.93 $\times 10^8$ m^3。森林面积增速放缓，森林蓄积增速加快。按龄组结构分析，近成过熟林比例有所提高，面积比例提高 3 个百分点(增至 36%)，蓄积比例提高了 1 个百分点(增至 61%)，龄组结构不合理的状况有所改善。值得关注的是，桉树面积增加 191 $\times 10^4$ hm^2，达到 445 $\times 10^4$ hm^2，增幅高达 75%，居各树种之冠；在人工林面积中，桉树面积居杉木、杨树之后，排第三位。

(3)天然林面积蓄积变化

天然林面积增加 215 $\times 10^4$ hm^2，比第七次清查增量 393 $\times 10^4$ hm^2 少 178 $\times 10^4$ hm^2；天然林蓄积增加 8.94 $\times 10^8$ m^3，比第七次清查增量 6.76 $\times 10^8$ m^3 多 2.18 $\times 10^8$ m^3，增速加快。其中，天然林资源保护工程区天然林面积增加 189 $\times 10^4$ hm^2，占天然林增加总量的 88%；天然林蓄积增加 5.46 $\times 10^8$ m^3，占天然林增加总量的 61%。天然林资源保护工程区对天然林资源增长贡献较大。生态功能等级为好的天然乔木林面积增加了 328 $\times 10^4$ hm^2，增幅为 19%。

(4)人工林面积蓄积变化

人工林面积增加 764 $\times 10^4$ hm^2，比第七次清查增量 843 $\times 10^4$ hm^2 少 79 $\times 10^4$ hm^2，增长速度放缓。人工林蓄积增加 5.22 $\times 10^8$ m^3，比第七次清查增量 4.47 $\times 10^8$ m^3 多 0.75 $\times 10^8$ m^3。人工林面积、蓄积增量分别占有林地面积、蓄积增量的 78%、37%，人工林对森林资源增长的贡献明显。西部 12 省份是我国人工林增长的重点区域，人工林面积增加 438 $\times 10^4$ hm^2，占全国人工林面积增加总量的 57%；人工林蓄积增加 2.15 $\times 10^8$ m^3，占全国人工林蓄积增加总量的 41%。人工林中，用材林的近成过熟林面积比例达到 30%，上升 4 个百分点；蓄积比例达到 48%，上升 10 个百分点，人工林的木材供给能力明显增强。未成林造林地面积由第七次清查的 1 046 $\times 10^4$ hm^2 减少到本次清查的 650 $\times 10^4$ hm^2，减少了 396 $\times 10^4$ hm^2，减幅 38%，未来几年人工林面积增长将会放缓。

(5)林木生长消耗变化

林木蓄积年均净生长量 6.44 $\times 10^8$ m^3，比第七次清查的 5.72 $\times 10^8$ m^3 增加 7 252 $\times 10^4$ m^3；林木蓄积年均采伐量 3.92 $\times 10^8$ m^3，比第七次清查的 3.79 $\times 10^8$ m^3 增加 1 268 $\times 10^4$

m^3。林木蓄积年均生长量大于消耗量 $2.52\times10^8 m^3$，比第七次清查的 $1.93\times10^8 m^3$ 增加 31%，森林资源长消盈余继续扩大。按采伐限额管理口径分析，林木蓄积年均采伐量超过同期限额总量 $1.24\times10^8 m^3$，采伐量是限额总量的 1.50 倍。与第七次清查相比，超限额数量减少 $954\times10^4 m^3$。森林年均采伐量按权属分析，国有林 $8\ 098\times10^4 m^3$，减少 $1\ 623\times10^4 m^3$；集体林 $2.53\times10^8 m^3$，增加 $3\ 827\times10^4 m^3$。集体林采伐量占全国森林采伐量的比例达到 76%，提高 7 个百分点。森林年均采伐量按起源分析，天然林 $1.79\times10^8 m^3$，减少 $1\ 017\times10^4 m^3$；人工林 $1.55\times10^8 m^3$，增加 $3\ 221\times10^4 m^3$。人工林采伐量占全国森林采伐量的比例达到 46%，也提高 7 个百分点。值得关注的是，成过熟林采伐量仅占森林采伐量的 18%，中幼龄林采伐超强度作业的面积比例高达 45%；防护林采伐超强度作业的面积比例达 35%，比上次清查增加 59%。

(6)林种结构变化

各林种面积均有所增加，但林种结构总体保持平稳，防护林、特用林、用材林、薪炭林、经济林面积比例与第七次清查相比变化不大，公益林、商品林面积比例由 52∶48 变为 53∶47。公益林面积增加 $654\times10^4 hm^2$，其中天然林增加 $316\times10^4 hm^2$，人工林增加 $338\times10^4 hm^2$。商品林面积增加 $326\times10^4 hm^2$，其中天然林减少 $101\times10^4 hm^2$，人工林增加 $427\times10^4 hm^2$。公益林、商品林中人工林的比重均有所增加，分别提高了 2 个百分点和 3 个百分点。

(7)森林质量变化

森林质量好的面积比例由第七次的 17% 提高到 19%，中等的面积比例由 61% 提高到 68%，森林质量指数由 0.57 提高到 0.60。森林质量总体上有所提高。主要体现在：森林每公顷蓄积量增加 $3.91\ m^3$，其中公益林增加 $4.27\ m^3$，商品林增加 $2.28\ m^3$；每公顷年均生长量增加 $0.28\ m^3$，每公顷株数增加 30 株，平均胸径增加 0.1 cm，人工林面积中混交林的比例提高了 2 个百分点。处于健康状态的森林面积比例由 72% 增加到 75%，森林健康状况总体有所改善。

5.3 森林资源信息检索

5.3.1 森林资源信息检索概念和类型

5.3.1.1 森林资源信息检索概念

广义的森林资源信息检索是指森林资源信息按一定的方式组织起来，并根据森林资源信息用户的需要找出有关的森林资源信息的过程和技术。狭义的森林资源信息检索就是从森林资源信息集合中找出所需要的森林资源信息的过程，也就是我们常说的森林资源信息查询。

5.3.1.2 森林资源信息检索类型

①按存储与检索对象划分　森林资源信息检索可以分为文献检索、数据检索和事实检索。数据检索和事实检索是要检索出包含在文献中的信息本身，而文献检索则检

索出包含所需要森林资源信息的文献即可。

②按存储的载体和实现查找的技术手段为标准划分　可分为手工检索、机械检索和计算机检索。计算机检索是"网络信息检索"，是指互联网用户在网络终端，通过特定的网络搜索工具或是通过浏览的方式，查找并获取森林资源信息的行为。

③按检索途径划分　分为直接检索、间接检索。

5.3.2　森林资源信息检索的目的和要素

5.3.2.1　森林资源信息检索的目的

(1) 森林资源信息检索是获取相关知识的捷径

20 世纪 70 年代，美国核专家泰勒收到一份题为《制造核弹的方法》的报告，他被报告精湛的技术设计所吸引，惊叹地说："至今我看到的报告中，它是最详细、最全面的一份。"但使他更为惊异的是，这份报告竟出自哈佛大学经济专业的青年学生之手，而这个四百多页的技术报告的全部信息来源又都是从图书馆那些极为平常的、完全公开的图书资料中所获得的。

(2) 森林资源信息检索是科学研究的向导

美国在实施"阿波罗登月计划"中，对阿波罗飞船的燃料箱进行压力实验时，发现甲醇会引起钛应力腐蚀，为此付出了数百万美元来研究解决这一问题，事后查明，早在十多年前，就有人研究出来了，方法非常简单，只需在甲醇中加入 2% 的水即可，检索这篇文献的时间是 10 多分钟。在科研开发领域里，重复劳动在世界各国都不同程度地存在。据统计，美国每年由于重复研究所造成的损失，约占全年研究经费的 38%；中国的重复率则更高。

(3) 森林资源信息检索是终身教育的基础

学校培养学生的目标是学生的智能：包括自学能力、研究能力、思维能力、表达能力和组织管理能力。教育已扩大到一个人的整个一生，唯有全面的终身教育才能够培养完善的人，可以防止知识老化，不断更新知识，适应当代信息社会发展的需求。信息检索可为人生教育提供信息支持，使人活到老、学到老。

5.3.2.2　森林资源信息检索的四个要素

(1) 森林资源信息检索的前提——森林资源信息意识

所谓森林资源信息意识，是人们利用森林资源信息系统获取所需森林资源信息的内在动因，具体表现为对森林资源信息的敏感性、选择能力和消化吸收能力，从而判断该信息是否能为自己或某一团体所利用，是否能解决现实生活实践中某一特定问题等一系列的思维过程。森林资源信息意识含有森林资源信息认知、信息情感和信息行为倾向三个层面。

(2) 森林资源信息检索的基础——森林资源信息源

森林资源信息源指森林资源信息用户为满足其森林资源信息需要而获得森林资源信息的来源。森林资源信息源的类型包括：

①按照表现方式划分 口语信息源、体语信息源、实物信息源和文献信息源。

②按照数字化记录形式划分 书目信息源、普通图书信息源、工具书信息源、报纸、期刊信息源、特种文献信息源、数字图书馆信息源、搜索引擎信息源。

③按文献载体划分 印刷型、缩微型、机读型、声像型。

④按文献内容和加工程度划分 一次信息、二次信息、三次信息。

⑤按出版形式划分 图书、报刊、研究报告、会议信息、专利信息、统计数据、政府出版物、档案、学位论文、标准信息(它们被认为是十大信息源，其中后8种被称为特种文献)。

(3)森林资源信息检索的核心——森林资源信息获取能力

森林资源信息获取能力包括了解各种森林资源信息来源，掌握检索语言，熟练使用检索工具，能对检索效果进行判断和评价。判断检索效果的两个指标：

查全率=被检出相关信息量/相关信息总量(%)

查准率=被检出相关信息量/被检出信息总量(%)

(4)森林资源信息检索的关键——森林资源信息利用

森林资源信息利用的过程就是一个信息不断地生产—流通—再生产的过程。为了全面、有效地利用森林资源信息，在学习、科学研究和生活过程中，森林资源信息检索的时间比例逐渐增高。

5.3.3 森林资源信息检索的途径和方法

5.3.3.1 森林资源信息检索的途径

①按森林资源信息检索的信息化程度分为传统的途径和现代的途径。

森林资源信息检索的传统途径主要是依靠传统图书馆，通过馆藏目录(卡片式或书目式)进行手工检索。

森林资源信息检索的现代途径包括数字图书馆和互联网络。

②按森林资源信息检索对象分为分类检索、主题检索、著者检索及其他检索四类。

a. 分类检索途径是指按照文献资料所属学科(专业)类别进行检索的途径，它所依据的是检索工具中的分类索引。

b. 主题检索途径是指通过文献资料的内容主题进行检索的途径，它依据的是各种主题索引或关键词索引，检索者只要根据项目确定检索词(主题词或关键词)，便可以实施检索。

c. 著者检索途径是指根据已知文献著者来查找文献的途径，它依据的是著者索引，包括个人著者索引和机关团体索引。

d. 其他检索途径。

5.3.3.2 森林资源信息检索的方法

(1)工具法

森林资源信息检索工具法包括顺查法、倒差法和抽查法。

①顺查法 指按照时间的顺序，由远及近地利用检索系统进行文献信息检索的方法。这种方法能收集到某一课题的系统文献，它适用于较大课题的文献检索。例如，已知某课题的起始年代，现在需要了解其发展的全过程，就可以用顺查法从最初的年代开始，逐渐向近期查找。该方法优点是漏检率、误检率比较低，但工作量大。

②倒查法 是由近及远、从新到旧，逆着时间的顺序利用检索工具进行文献信息检索的方法。此方法的重点是放在近期文献，只需查到基本满足需要时为止。使用这种方法可以最快地获得新资料，而且近期的资料总是既概括了前期的成果，又反映了最新水平和动向，这种方法工作量较小，但是漏检率较高，主要用于新课题立项前的调研。

③抽查法 是针对检索课题的特点，选择有关该课题的文献信息最可能出现或最多出现的时间段，利用检索工具进行重点检索的方法。它适合于检索某一领域研究高潮很明显的、某一学科的发展阶段很清晰的、某一事物出现频率在某一阶段很突出的课题。该方法是一种花时较少而又能查到较多有效文献的一种检索方法。

(2)引文法(追溯法)

追溯法是指不利用一般的检索工具，而是利用已经掌握的文献末尾所列的参考文献，进行逐一地追溯查找"引文"的一种最简便的扩大情报来源的方法。它还可以从查到的"引文"中再追溯查找"引文"，像滚雪球一样，依据文献间的引用关系获得越来越多的内容相关文献。

(3)循环法(综合法)

综合法又称为循环法，这是把上述方法加以综合运用的方法。综合法既要利用检索工具进行常规检索，又要利用文献后所附参考文献进行追溯检索，分期分段地交替使用几种方法。即先利用检索工具(系统)检索到一批文献，再以这些文献末尾的参考目标为线索逆行查找，如此循环进行，直到满足要求时为止。

5.3.4 森林资源信息检索技术

森林资源信息检索的技术主要有布尔逻辑检索技术、截词检索技术、位置检索技术和字段限定检索技术4类。

(1)布尔逻辑检索

所谓布尔逻辑检索是用布尔逻辑算符将检索词、短语或代码进行逻辑组配，指定文献的命中条件和组配次序，凡符合逻辑组配所规定条件的为命中文献，否则为非命中文献。它是机检系统中最常用的一种检索方法。逻辑算符主要有：And/与、Or/或、Not/非。

(2)截词检索

截词检索是指用给定的词干做检索词，查找含有该词干的全部检索词的记录，也称词干检索或字符屏蔽检索。它可以起到扩大检索范围，提高查全率，减少检索词的输入量，节省检索时间，降低检索费用等作用。检索时，若遇到名词的单复数形式，词的不同拼写法，词的前缀或后缀变化时，均可采用此方法。

截词的方式有多种，按截断部位可分为右截断、左截断、中间截断、复合截断等；

按截断长度可以分为有限截断和无限截断。

(3)位置检索

位置检索也叫全文检索、邻近检索。是在检索词之间使用位置算符，来规定算符两边的检索词出现在记录中的位置，从而获得不仅包含有指定检索词而且这些词在记录中的位置也符合特定要求的记录。这种方法能够提高检索的准确性，当检索的概念要用词组表达，或者要求两个词在记录中位置相邻/相连时，可使用位置算符。

(4)字段限定检索

字段限定检索是指限定检索词在数据库记录中的一个或几个字段范围内查找的一种检索方法。在检索系统中，数据库设置的可供检索的字段通常有两种：表达文献主题内容特征的基本字段和表达文献外部特征的辅助字段。

5.4 森林资源信息挖掘

随着计算机技术、通信技术和网络技术的迅猛发展，尤其是随着高分卫星的发射和物联网技术的应用，森林资源信息数据存储量急剧增加，已经达到TB/PB的水平。大量的信息带给我们数据丰富等优势的同时，也带来了一系列问题，如信息量过大，超出了我们能够掌握、理解信息的能力，给正确运用信息带来了困难。很难通过传统的数据操作获取数据隐含的深层语义，而这些描述数据整体特征和发展趋势的信息在决策制定过程中具有更加重要的价值和意义(李雄飞等，2010；邵峰晶等，2009)，从而帮助有关部门制定更科学的决策，以获取更大的社会效益和经济效益。

如何从"数据矿山"中挖掘出蕴藏的"知识金块"，得到这些隐藏在海量数据背后的具有决策价值的知识，提供更有价值的科学、生态、商业情报，已经成为信息爆炸和知识化时代的关注热点和亟待解决的问题。在需求的呼唤下，数据挖掘和知识发现技术应运而生，并得以在各个行业、领域蓬勃发展，显示出强大的生命力。数据挖掘技术正在以一种全新的理念改变着人类信息管理的方式，它融合了数据库技术、人工智能、机器学习、统计分析、模式发现、可视化技术、信息检索以及信号处理等多个领域的技术，使人们从单纯的对信息收集、整理、组织、存储、传播和利用向信息重构、信息整合、知识创新等深层加工转变，使信息处理技术进入一个更为高级的阶段。

5.4.1 森林资源数据挖掘概念与分类

数据挖掘(data mining, DM)，也称为数据库中知识发现(knowledge discovery in database, KDD)，是指从大量的、不完全的、有噪声的、模糊的、随机的数据中，提取隐含在其中的人们事先不知道的，但又是潜在有用的信息和知识的非平凡过程(Piatetsky-Shapiro, 1996)。

数据挖掘可以处理多种多样的数据，如关系数据库中的结构化数据，文本、图形、图像等半结构化、非结构化数据，乃至网页信息、生物信息等非结构化异构性数据。这些半结构化和非结构化数据是大数据技术管理的核心，也是当前的热点之一。但大数据技术更多的是关心数据的组织方式、存储方式以及访问方式，对于数据的分析和应用，仍然是采用数据挖掘的理论和方法。

数据挖掘设计的学科领域和方法众多，根据挖掘任务可以分为分类或预测模型发现、数据总结、聚类分析、关联规则发现、序列模式发现、依赖关系或依赖模型发现、异常或趋势发现等。

根据挖掘对象可分为关系数据库、面向对象数据库、空间数据库、时态数据库、文本数据库、多媒体数据库、异构数据库、数据仓库、演绎数据库和 Web 数据库。随着大数据技术的发展和应用、还可以再加上大数据。

根据挖掘方法可分为机器学习方法、统计方法、神经网络方法和数据库方法。机器学习方法可细分为归纳学习方法(决策树、规则归纳)、基于范例学习、遗传算法等。统计方法又可细分为回归分析(多元回归、自回归等)、判别分析(贝叶斯判别、费歇尔判别、非参数判别等)、聚类分析(系统聚类、动态聚类等)、探索性分析(主成分分析、相关分析)。神经网络方法还可以进一步分为前向神经网络(BP 算法等)、自组织神经网络(自组织特征映射、竞争学习等)。数据库方法主要是多维数据分析和 OLAP 技术。

5.4.2　森林资源数据挖掘的主要功能和特点

数据挖掘的任务就是从海量的历史数据中，挖掘出潜在的规则、模式和知识。这一任务决定了功能。大体上看，数据挖掘技术具有两大基本功能，即描述功能和预测功能。描述功能是指数据挖掘可以刻画数据库或数据仓库的一般特性，发现数据间的联系。预测功能是指通过对已知数据的分析处理，在现有数据基础上，预测未来的数据和某些发展趋势，为决策服务。具体来说，数据挖掘的功能主要包括关联规则(association rule)发现、分类(classification)分析、统计分析、概念/特征描述、序列模式分析、孤立点分析和演变分析等。

(1)分类分析

分类是寻找所描述数据或概念的模型或函数的过程。通过分析能够使用这些模型来预测数据中未知对象所属的类。这些模型基于对训练数据集的分析而得到，可以用多种形式表示，如分类规则、判定树、决策树或神经网络等。

(2)统计分析

统计分析可以帮助找出与预测值相关的属性，根据相似数据的分析估算属性值的分布情况，对未来进行预测。

(3)概念/特征描述

数据库中通常存放大量的细节数据，概念/特征描述就是用汇总的、简洁的、精确的方式对数据对象的概念和特征进行描述，概括这些数据的整体特征，使用户以简单而准确的方式来观察归总的数据。这种数据描述可以提供一类数据的宏观概貌，或可将它与其他类相区别。

(4)关联分析

关联分析用于发现大量数据中项集之间有意义的关联或相互关系，寻找给定数据集中数据项之间的有趣联系。关联规则的支持度和置信度是两个规则兴趣度的度量标准，它们分别反映发现规则的有用性和确定性。

(5)序列模式分析

实时状态数据的存在需要在数据挖掘过程中加入时间因素。序列模式分析主要是通过对历史时间中频繁发生的时间序列进行分析，形成预测模式来对未来行为进行预测。

(6)孤立点分析和演变分析

数据库中可能包含一些数据对象与大部分对象的一般行为或模式不一致，这些不一致的数据就成为孤立点。大部分数据挖掘方法将孤立点视为噪声或异常数据丢掉，然而在一些应用中，罕见的时间可能比正常事件包含更多潜在有用的知识。由此可见，从数据集合中检测这些孤立点并加以分析是十分有意义的。数据演变分析描述行为随时间变化的对象的规律或趋势，包括趋势分析、相似性查找和周期性模式分析等方面。

5.4.3 森林资源数据挖掘的过程

数据挖掘是一个完整的、反复的人机交互处理过程，该过程需要经历多个相互联系的步骤。而且因为应用领域的分析目标需求不同，以及数据来源和含义不同，其中的步骤可能不会完全一样。一般来说，数据挖掘的过程主要包括五个阶段，即数据准备、数据选择、数据预处理、数据挖掘和转换模型及模式评价，如图 5-8 所示。

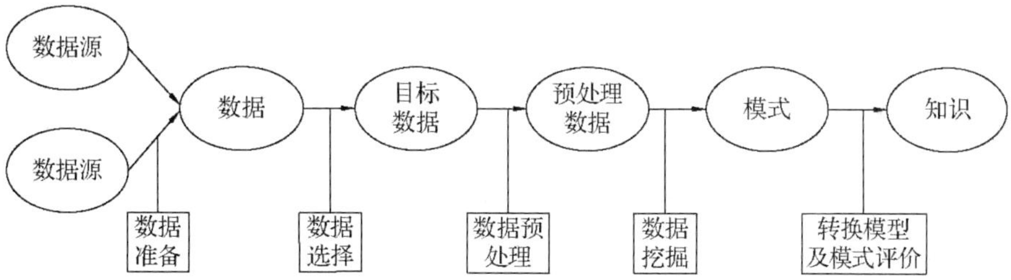

图 5-8 数据挖掘的过程

(1)数据准备

分为数据收集和获取以及数据集成两个步骤。数据收集和获取是指根据确定的数据分析对象确定进行挖掘的数据源，然后从各种类型的数据源中收集和提取数据。数据提取方法根据不同后台数据库系统而有很大不同。在数据提取过程中，可以采用数据描述语言进行定义以实现批处理方式的提取，也可以手工方式提取，以提供更大的灵活性。还可以利用数据库的查询功能以及一些操作，比如通过选择、映射、汇总等操作确定与任务相关的业务数据集合，以加快数据的提取速度。数据集成就是将多个数据源中的数据整合存放在一个统一的数据库或数据仓库中，其中可能包含多个异构操作型数据库，不同运行环境中的文件或其他数据提取组合，存放在一起。数据集成可以有效地解决语义模糊性、统一数据格式、消除冗余，为数据挖掘打下良好的基础。

(2)数据选择

数据挖掘通常并不需要集成后的所有数据，因为有些数据对于建立模型或发展模式没有太多帮助，而且如果数据与此次挖掘项目的目标有所偏差，还可能给数据挖掘带来负面影响，造成数据挖掘结果不准确、模式不可用。数据选择就是要在相关领域专家的指导下，从经过集成后的数据库或数据仓库中检索出与此次挖掘项目任务相关的数据集合，从而缩小范围，保证数据正确性和语义完整性，避免盲目搜索，从而提高数据挖掘的质量和效率。

(3) 数据预处理

数据挖掘过程中重要的一个环节，它可以保证数据挖掘所需数据集合的质量，这对数据挖掘来说至关重要。由于各应用系统的数据缺乏统一的定义，数据结构会有比较大的差异，因此各系统间的数据存在不一致性，很难直接使用。数据重复是应用系统实际使用过程中普遍存在的问题，几乎所有应用系统中都存在数据的重复和冗余现象。另外，由于系统设计的不完善以及一些使用过程中的人为因素，数据记录中可能会出现有些数据属性值丢失或不确定的情况，造成数据不完整。面对这些问题，需要对收集好的数据进行清理，使其适用于后续处理。这需要根据业务背景知识来了解数据库中每个字段的含义以及这个字段与其他字段的关系，同时也可根据实际的任务目标来制定清理数据的规则。在确定数据集合以后，首先要对提取出来的数据集合进行合法性检查，然后对数据值进行统一的标准化描述，从而具有相同的含义和相同的形式。再对含有错误、冗余、空值、歧义的数据进行清洗和整理，如平滑噪声数据、填写空缺数据以及处理不一致的数据等，从而保证数据的质量。

(4) 数据挖掘

首先要根据目标确定数据挖掘需要发现的任务属于哪种挖掘类型。然后选择合适的数据挖掘技术，根据选择的挖掘技术，选择合适的数据挖掘工具，利用数据挖掘工具，按照选择的算法在数据集合中进行数据挖掘操作。这一阶段大部分都是机器自动完成，但也需要在挖掘过程中不断地进行人机交互，提高数据挖掘的效率和准确性。

(5) 转换模型及模式评价

最后需要对数据挖掘过程中发现的模式进行解释评价，对挖掘结果的评价依赖于此次挖掘任务开始时制定的目标，由本领域的专家对所发现模式的新颖性和有效性进行评价。评估后可能会发现这些模式中存在冗余或无关的模式，应予以剔除。有些结果中发现的模式可能并不能满足任务的要求，这就需要返回之前的阶段，进行反复提取、反复操作，从而实现更有效、更准确的数据挖掘，进而发现新的更有效的知识。

5.4.4　常用森林资源数据挖掘技术

1) 归纳学习法

归纳学习方法是目前重点研究的方向，成果较多，从技术上看，分为决策树方法和集合论方法两大类。每类方法又含多个具体方法。

(1) 决策树方法

该方法是利用信息论的原理建立决策树，顾名思义，其分析模型看上去像一棵树，树的根结点是一个数据集合空间，每个分支结点是一个分类问题，是对一个单一属性的测试，该测试将数据集合空间分割成多个或更多块，每个叶结点是带有分类的数据分割。从决策树的根结点到叶结点的一条路径就形成了对相应对象的类型预测。这类方法的实用效果好，影响较大。

早期著名的决策树方法是 1986 年 Quiulan 提出的 ID3 方法，利用信息论中互信息(信息增益)寻找数据库中具有最大信息量的字段，建立决策树的一个结点，再根据字段的不同取值建立树的分枝，再由每个分枝的数据子集重复建树的下层结点和分枝的过程，这样就建立了决策树。这种方法对愈大的数据库效果愈好。ID3 方法以后又陆续开发了 ID4、ID5、C4.5 等方法。

图 5-9 显示采用 ID3 方法对表 5-5 数据所建立的决策树。

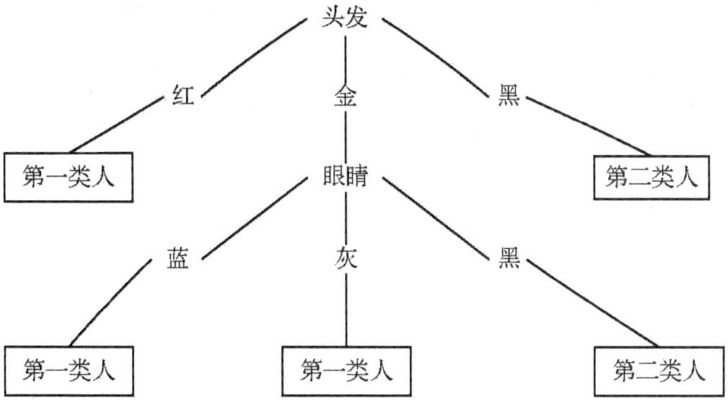

图 5-9　决策树结构

表 5-5　两类人的特征

分类	头发	眼睛	身高
第一类人	金	蓝	矮
	红	蓝	高
	金	蓝	高
	金	灰	矮
第二类人	金	黑	高
	黑	蓝	矮
	黑	蓝	高
	黑	灰	高
	金	黑	矮

(2)集合论方法

集合论方法是开展较早的方法。近年来，由于粗糙集理论的发展使集合论方法得到了迅速的发展。这类方法中包括覆盖正例排斥反例的方法、概念树方法、粗糙集(Rough Set)方法和关联规则挖掘。

其中粗糙集为数据挖掘提供了一种新的方法和工具，并拥有广阔的前景。首先，数据挖掘研究的实施对象多为关系型数据库，关系表可被看做粗糙集理论中的信息表或决策表，这个粗糙集方法的应用带来极大的方便。其次，粗糙集的约简理论可用于高维数据的预处理，以去除冗余属性从而达到降低维数的目的。第三，现实世界中的规则既有确定性的，也有不确定性的，从数据库中发现不确定性的知识，为粗糙集方法提供了用武之地。第四，运用粗糙集方法得到的知识发现算法有利于并行执行，可大大提高对大规模数据库中的知识发现效率。

2)仿生物技术

仿生物技术典型的方法是神经网络方法和遗传算法，这两类方法已经形成了独立的研究体系。它们在数据挖掘中也发挥了巨大的作用，将其归并为仿生物技术类。

(1)神经网络方法

人工神经网络是以人脑为基础的抽象模型，它模拟真实人脑神经网络的结构和功能，由大量神经元通过极为丰富和完善的连接，以及若干基本特性的某种理论抽象，简化和模拟而构成的一种信息处理系统。在数据挖掘中，神经网络的应用主要解决两个问题：知识表达和知识获取。知识表达是使神经网络中抽象的权值代表一定的知识。知识获取是给定一个已经训练好的神经网络，从中提取显式的知识。

实质上，神经网络是一个不依赖于模型的自适应函数估计器，因而不需要模型就可以实现任意的函数关系。突出特点是能够并行处理，并具有学习能力、适应能力和很强的容错能力。

神经网络中每个神经元都是一个结构相似的独立单元，它接受前一层传来的数据，并将这些数据的加权和输入非线性作用函数中，最后将非线性作用函数的输出结果传递给后一层。在神经网络模型中，大量神经元节点按一定体系结构连接成网状。神经网络一般都具有输入层、隐藏层和输出层。人工神经网络的结构大致可以分为前馈网络和反馈网络。图 5-10 显示了一个多层前馈网络的结构模型。

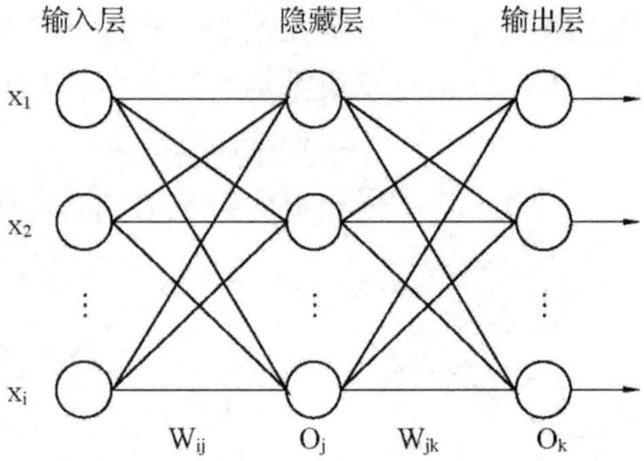

图 5-10　多层前馈网络的结构模型

(2)遗传算法

遗传算法是模拟生物进化过程的算法。它由以下 3 个基本算子组成，即繁殖(选择)，指从一个旧种群（父代）选择出生命力强的个体产生新种群（后代）的过程；交叉(重组)，是指选择两个不同个体(染色体)的部分（基因）进行交换，形成新个体；变异(突变)，是指对某些个体的某些基因进行变异（1 变 0，0 变 1）。

3)关联规则

关联规则用来揭示数据与数据间位置的相互依赖关系。它的任务是给定一个事务数据库 D，在基于支持度－置信度框架中，发现数据与项目之间大量有趣的相互联系，生成所有的支持度和可信度分别高于用户给定的最新支持度和最小可信度的关联规则。关联规则挖掘算法的设计主要就是处理以下两个问题：

①找到所有支持度大于等于最小支持度(min_ sup)的项目集(item sets)，这些项目称为频繁项目集(frequent item sets)。

②使用步骤①找到的频繁项目集，产生期望的规则。

一般的关联规则研究绝大多数都遵循这两个步骤。但由于步骤②不需要到数据库中读取信息，计算量不大，因此关联规则挖掘研究的重点放在步骤①上，即查找数据库中的频繁项目集和及其支持度。

查找频繁项目集有 3 种策略：经典的查找策略、基于精简集(condensed representation)的查找策略和基于最大频繁项目集(maximal frequent item sets)查找策略。

经典的方法是查找频繁项目集集合的全集。其中包括基于广度优先搜索策略的关联规则算法——Apiori 算法（通过多次迭代找出所有的频繁项目集）和基于深度优先搜索策略的 FP-Tree 算法，这两类算法都取得过很好的应用效果，但在不同的应用领域也会各有利弊。

与经典的查找方法不同，基于精简集的方法并不查找频繁项目集的全集，而是查找它的一个称为精简集的子集。然后可以利用这个精简集再衍生出完整的频繁项目集的全集及其支持度。理想的精简集应该远小于整个频繁项目集的全集，这样就可以极大地提高挖掘的效率。已知的精简集包括 Closed 集和 Free 集等。挖掘精简集的主要算法包括 A-Close 算法等。

基于最大频繁项目集的方法与前面两者都不同。它查找最大频繁项目集的集合。最大频繁项目集是指当且仅当它本身频繁而它的超集都不频繁。显而易见，最大频繁项目集是所有频繁项目集的集合。

4）聚类分析

聚类是人类一项最基本的认识活动，正所谓“物以类聚”。它将数据集分成若干不同的类，使得在同一类的数据对象尽可能相似，而不同类中的数据尽可能相异。聚类是一个无监督的学习过程，它同分类的根本区别在于：分类需要事先知道所依据的对象特征，而聚类是在不知道对象特征的基础上要找到这个特征，因此，在很多应用中，聚类分析作为一种数据预处理过程，是进一步分析和处理数据的基础。作为数据挖掘的功能，聚类分析可以作为一个获得数据分布情况、观察每个类的特征和对特定类进一步分析的独立工具。通过聚类，能够识别密集和稀疏的区域，发现全局的分布模式，以及数据属性之间的相互关系等。

目前已经提出了大量的聚类算法。算法的选择取决于数据的类型、聚类的目的和应用。主要的聚类算法可以分为：

①基于划分的方法（partitioning method），例如 K-means（K-平均）算法和 K-medoids（K-中心点）算法。

②基于层次的方法（hierarchical method）。

③基于密度的方法（density-based method），如 DBSCAN（density-based spatial clustering of application with noise）和 OPTICS（ordering points to identify the clustering structure）等。

④基于网格的方法（grid-based method），如 STING 算法和 CLIQUE 算法。

（5）统计学习

统计学习理论是一门研究基于经验数据的机器学习理论的科学。机器学习的研究目标是以观测数据为基础，通过对数据的研究得出目前尚不能通过原理分析得到的规律。然后利用这些规律去分析现实中的客观对象，对未来的数据进行预测。现实应用中存在大量人类尚无法准确认识但却可以进行观测的失误，因此机器学习在从现代科学技术到社会、经济等各个领域都有十分重要的应用。

常用的统计学习方法包括贝叶斯学习、支持向量机、回归分析等方法。

5.4.5 森林资源数据挖掘技术应用

（1）森林资源空间数据挖掘及可视化

王占刚等（2007）利用丰富的林业资源数据、基础地理数据以及遥感图像和地面调查数据，通过人机交互融入用户自身的专家知识和经验选择合适的挖掘方法，经过聚类、分类、统计、空间变换、叠加、融合等空间分析功能的处理，并反复选用适当的可视化模式将结果清晰美观地表达出来，为用户展示森林资源的空间分布规律、动态变化趋势以及实际经营管理情况。例如，表达树种、蓄积、龄组、林地面积和土壤分布等特征因子，从而揭示森林资源的结构、组成以及相互间的联系、影响、制约，并从时空两种尺度展示森林资源消长的特点与演变规律。以东北长白山森林数据为例，将可视化与数据挖掘集成为一个整体，针对不同空间对象采用不同的可视化表达模式，利用叠置、颜色、线型、符号来综合表达树种、年龄、树高、郁闭度、蓄积量等特征。在表达基本空间信息的基础上，通过用户交互不断改进可视化表达方式。利用各种专题统计图，真正实现可视化分析的目的。首先选定东北长白山地区森林资源图层。然后针对图层的不同字段通过人机交互选择多种表达模式；将优势树种以不同颜色的小班边界线表示；小班蓄积量以不同高度的柱状图表示；区域地形的坡度以不同颜色的多边形表示；该功能可以综合表达同一林业图层的多种信息。用户在此基础上通过形象思维能力进一步获取森林资源信息，如图 5-11 所示。图中所示为长白山东北部地区的森林资源分布图。图中优势树种信息由具有不同颜色的中空的线框表达，坡度信息由颜色渐变的实体多边形展示，每个林班的蓄积量值由柱状图表达。通过此图，用户可以有效地获取树种、坡度因子以及森林蓄积量之间的空间关系。可以看出，该地区优势树种主要包括阔叶林、混交林、白桦林、椴树林、杨树林、果树林、蒙古栎林、灌木林等，其中阔叶林与混交林所占比例较大；另外，该地区地形较为平缓，起伏不大，中部地区尤为平缓，坡度大于 9°的地区均分布在周边地区；蓄积量分布的特点是北部低、南部高。阔叶林、混交林与白桦林等优势树种绝大部分分布在地势平缓的地区；混交林地区与南部阔叶林的平均蓄积量较大，北部地区蓄积量均较小；蓄积量大的地区地势基本平稳。

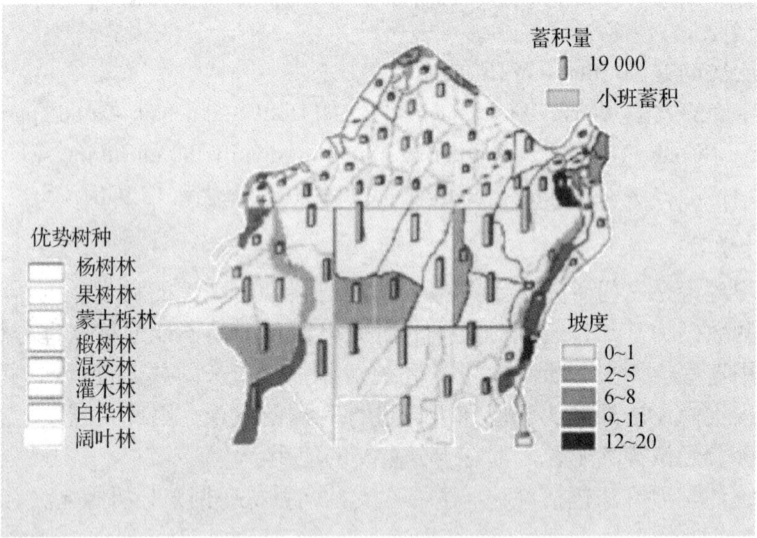

图 5-11　长白山东部森林资源信息挖掘结果图

(2)数据挖掘在林地立地分类和评价中的应用

林地立地分类与评价是森林经营管理的重要内容，是林业决策的依据和基础。罗玮(2008)应用层次聚类分析法对云南松三龄级的量化数据进行了聚类分析，聚类为三类的小班在同树种同龄级的条件下，树木的树高和胸径生长量出现了数据上的分化，说明不同类别的小班林地生产力存在差异，立地质量具有梯度性的变化。根据林地定级的概念，可将三类中的小班林地分别划分为第Ⅰ立地等级、第Ⅱ立地等级和第Ⅲ立地等级。并可据此对无林地小班进行林地等级评价，其结果可作为林业经营的辅助决策支持。此外，还采用数据挖掘中的决策树 C4.5 算法建立了云南松单株材积的区间估值模型。通过将单株材积量等宽离散为 5 个取值区间，为不同云南松小班建立了所属的单株材积区间，即不同的类。以年龄、树高、直径、疏密度及小班环境因子作为条件属性，以单株材积区间为决策属性建立决策树模型。决策树算法利用自身的性能选择自动选择贡献率最大的属性，消除噪声数据的影响。决策树的运行结果显示算法在剪枝过程中剪去了年龄、疏密度、所有的环境因子条件属性，仅保留了直径与树高两个属性作为分类属性，说明在一平浪地区云南松小班中，没有对单株材积影响较大的环境因子。用十折交叉验证法对决策树验证的结果，决策树的分类准确度达到了 93%。由决策树中提取的规则对训练数据进行统计，得到了云南松的以直径、树高为因变量的单株材积区间预测模型。

应用关联规则挖掘 Apriori 算法在云南松三龄级小班中进行规则提取。根据规则集建立了由规则推导得出的直径模型。由模型的拟合结果分析看出，假如规则评价较高，则由规则推导的模型分类正确度也较高；如规则评价较低，则模型性能较差。根据所提取规则的评估指标作为自变量，建立了云南松三龄级直径与环境地理因子的回归模型。在预测变量为离散型变量的情况下，通常不能直接采用传统的统计回归方法建模。利用数据挖掘的关联规则算法可以解决这一问题。经过比较采用数据挖掘技术建立的线性模型与直接采用量化的环境因子建立的模型，前者的误差明显小于后者，具有更好的拟合效果。

5.5　森林资源信息开发与利用评价

5.5.1　森林资源信息开发与利用评价的目的和意义

5.5.1.1　森林资源信息开发与利用评价的目的

森林资源信息开发与利用评价实质上是对森林资源信息开发活动的评价、森林资源信息利用活动的评价以及森林资源信息开发与利用相关管理活动的评价。森林资源信息开发活动的评价是对森林资源信息本身建设及开发成果进行的评价，目的在于反映森林资源信息的数量、目录检索、信息资源交换和信息资源加载的情况。森林资源信息利用活动的评价是对部门、单位以及社会公众利用森林资源信息状况的评价，目的在于反映森林资源信息利用的成果及其产生的社会效益或经济效益。森林资源信息管理活动的评价是对相关部门推动森林资源信息开发与利用的工作进行的评价，用以体现有关部门在推进当地森林资源信息开发与利用方面所做出的努力，目的在于反映有关部门在森林资源信息开发与利用领域制定政策、统筹规划、资金投入、人员培训、环境建设等工作的状况。

5.5.1.2　森林资源信息开发与利用评价的意义

(1)近期意义

森林资源信息开发与利用评价的目标是摸清当地森林资源信息开发与利用工作推

进情况、开发程度和利用水平，总结成功经验，发现不足和问题，逐步实现对森林资源信息开发与利用进展的纵向分析以及各地区、各部门之间的横向比较，积极推动和引导森林资源信息开发与利用工作。

(2) 远期意义

建立和完善森林资源信息开发与利用的评价体系和评价制度，将相关的森林资源信息开发与利用纳入相关部门的职能范围。逐步形成森林资源信息开发与利用的考核体系，将森林资源信息开发程度和利用水平作为考核有关部门效能的重要组成部分，促进森林资源信息开发与利用工作的制度化和法制化。开展森林资源信息开发与利用评价，是对森林资源信息开发与利用工作认识深化的重要表现，是森林资源信息开发与利用工作从自发走向自觉的重要标志。

5.5.2　森林资源信息开发与利用评价框架

5.5.2.1　森林资源信息生命周期(森林信息开发与利用阶段)

森林资源信息开发利用的工作流包括以下六个阶段：

(1) 森林资源信息规划

这是森林资源信息生命周期的初始阶段，是指将森林资源信息融入机构日常活动规程中，是使森林资源信息开发利用有效的基础。在森林资源信息规划阶段，需要将森林资源信息规划与机构的业务规划、政策、流程和法律以及发展趋势融合起来。

(2) 森林资源信息采集

这是指根据特定目的和需求将机构内外有关的森林资源信息创建、收集、采集和积聚、接收和获取的过程。

(3) 森林资源信息处理

这是将森林资源信息进行组织以便需要的时候方便定位和检索信息资源，是采用一定的方式，将大量、分散、杂乱的森林资源信息经过筛选、分析、标引、著录、整序、优化，形成一个便于用户有效利用的系统的过程。

(4) 森林资源信息传播与使用

这是指机构提供识别森林资源信息的服务，并以此为基础通过一定的渠道，依据相关的政策和法律将森林资源信息以一定的方式公开、交换、传递和共享，并最终为用户获取和利用。

(5) 森林资源信息存储与维护

这是指不同性质的森林资源信息需要以合适的形式通过适当的方法存储和维护起来。通过存储与维护，确保森林资源信息管理和存放的及时和安全，确保森林资源信息不是随机处置的。

(6) 森林资源信息处置与销毁

这是指对于不再活跃的森林资源信息和已经决定进行处置的森林资源信息进行管理的阶段。该阶段由影响森林资源信息的价值、法律管理概念和机构信息资源处置计划的法律和政策来进行指导，主要的方式为销毁、转让和转移。

5.5.2.2 评价模型

以森林资源信息生命周期理论为基础，借鉴能力成熟度评价模型的体系构成，对开发利用森林资源信息能力的评价，给出定性和定量的评价指标，以评价组织在森林资源信息开发利用方面的成熟度等级。图 5-12 显示出此评价方案的构成关系。

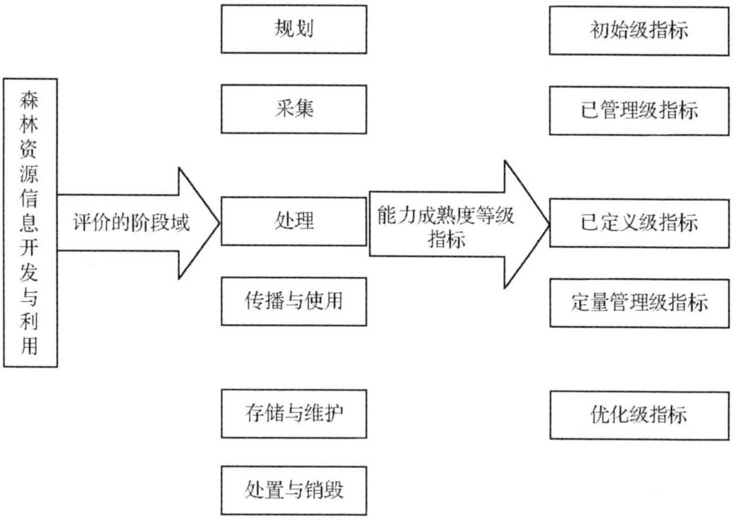

图 5-12 森林资源信息开发与利用评价模型

5.5.2.3 森林资源信息开发与利用等级

(1) 初始级

初始级是指森林资源信息开发与利用中的最低级水平，没有秩序、没有规程，只是根据需要随意进行。

(2) 已管理级

已管理级是指森林资源信息的开发与利用是在计划下，遵循一定的规程和方法有步骤地进行。

(3) 已定义级

已定义级是指组织机构对森林资源信息的开发与利用有统一的规划，并针对森林资源信息开发与利用的各个环节制定统一的规范和标准。

(4) 定量管理级

定量管理级是指组织机构能够对自身森林资源信息开发与利用情况达到定量的了解。

(5) 优化级

优化级是指组织机构在森林资源信息开发与利用中很好地解决了森林资源信息共享、森林资源信息的协同管理和提高森林资源信息开发与利用的效率和效益等问题。

表 5-6 为不同等级各阶段域的表现特征。

表 5-6　不同等级各阶段域的优化级表现特征

	初始级	已管理级	已定义级	定量管理级	优化级
规划	制定机构运行信息需求	规划制定规则，规划文档化	规范文档	定量体系	规划优化
采集	无计划	应用需求和计划	规程	采集表量化体系	工具支持
处理	无组织、无计划	有组织	法律政策、流程、技术	定量体系	以用户为中心的处理优化
传播与使用	无计划传播，简单使用	计划	规程、规划	定量体系	传播安全、渠道集成机制，使用完备、完善、便捷、好用等优化
存储与维护	无计划存储，应急维护	计划	规程、规划	存储管理与维护体系	存储管理与方法优化，预防性维护
处置与销毁	无计划	计划	规程、规划	管理体系	管理和方法优化

5.5.3　森林资源信息开发与利用评价方法和实施步骤

5.5.3.1　森林资源信息开发与利用评价方法

对森林资源信息开发与利用评价是针对某一特定林业机构进行的。根据机构的大小，评价时可以将其划分为多个组织范围，然后以组织范围为单位，确定评价对象，根据评价的目的和需要，选取阶段域和影响域分别进行能力成熟度等级的评价。最后再根据对不同范围、不同对象、不同阶段域、不同影响域以及不同指标项所设置的权重值，自下而上，分别计算出阶段域、组织范围和整个组织的加权评分，反映出组织机构中不同层次在森林资源信息开发与利用中的水平。具体需要确定如下几方面的权重值，在确定权重值时可以根据评价的目的和需要，采用德尔菲法，由专家打分，进行设定。评价模型如图 5-13 所示。

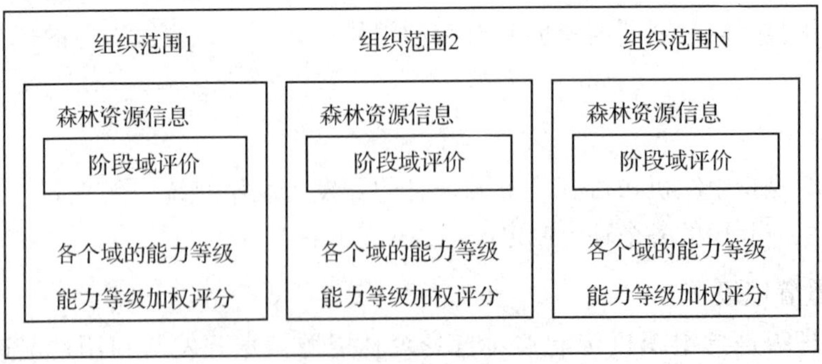

图 5-13　森林资源信息开发与利用评价模式

5.5.3.2　评价的实施步骤

根据本文提出的森林资源信息开发与利用评价方法，可以按照下面的步骤进行评价。

步骤1：确定组织和范围。确定对森林资源信息开发与利用进行一次评价的组织，以及组织内实施评价的范围，是一个部门、一个单位、一个区、一个林业局，还是一个市、一个省、一个地区等等。

步骤2：确定对象和时间范围。确定森林资源信息开发与利用的评价对象，并确定此次评价是截止到什么时间以前的森林资源信息开发与利用情况。

步骤3：成立评价组织。评价实施组要由被评价组织和范围的高层牵头，指定专门的负责人，并由评价专家和信息部门的信息责任人员和相关技术人员共同构成，评价专家一般来自外部。评价实施组的人数在5~7人范围内。如果评价的范围比较大，可以分层设置评价实施小组。

步骤4：明确评价目标。确定评价的阶段域和影响域，以及进行此次评价的目的。既要考察单个指标项、单个阶段、单个影响域的情况，进行同类的比较或为进一步发展计划的制订提供参考；又要考察阶段或影响域整体的能力水平，给出综合的评测。

步骤5：确定指标项及权重分布。根据此次评价的目的，确定评价阶段或影响域中的采集指标项和指标项的权重分布、评价阶段的权重分布和影响域的权重分布。

步骤6：采集指标项。将确定的评价指标项责任到人，明确采集方法、采集频度、记录方式、计算方法、时间要求和汇总渠道。

步骤7：评价指标项。根据采集的证据和数据，确定指标项的能力成熟度等级。

步骤8：产生评价结果。根据评价的目的和权重的设置，计算出绩效评分，标明强项和弱项，并提出进一步发展的建议。

步骤9：评价结果确认。评价结果由高层领导签字确认，此次评价工作结束。

5.5.4 森林资源信息开发与利用评价实例

关于森林资源信息开发与利用评价实例还没有，本文以刘强等(2005)进行的三个地区政府信息资源开发利用评价实例为例予以说明。

5.5.4.1 评价的关键和指标确定过程

结合公共部门绩效评估指标的四项基本方面，即经济、效率、效果、公正，提出一套由4个一级指标，11个二级指标和24个三级指标构成的政府信息资源开发利用水平评价指标体系，运用专家打分(德尔菲法)法，请专家为每个指标打分，剔除专家普遍认为不重要的指标和可操作性差的指标，保留专家普遍认为重要的若干指标，以下7个方面因素是政府信息资源开发利用水平评价的关键。

(1)领导对政府信息资源开发利用的重视程度

信息化工程是一把手工程，领导应率先垂范，同时，因为领导熟悉业务、熟悉部属、了解下属部门的运作情况，切身体察班子素质的优劣、工作质量的高低、政令贯通的程度，所以领导经常使用办公自动化系统和浏览政府网站更容易发现问题，同时也对工作起到无形的推动作用，对政府信息资源的开发利用起重要的促进作用。

(2)人力、资金等资源的投入情况

人力资源的投入情况是衡量信息资源开发利用水平的重要指标之一，可以通过政府对公务人员进行信息化培训的投入情况衡量这一指标。

信息资源开发利用过程中，普遍存在重硬件、轻软件，重设备、轻服务的误区，信息资源开发与信息基础设施建设比例严重失调。

(3) 政府网站建设情况

政府网站建设近几年来受到空前重视，目前，国际上不少从事电子政务绩效评估研究工作的机构，把研究重点聚焦在政府网站的绩效评价上。

(4) 网上办公情况

当前，电子政务建设已经不再满足于只是简单地由政府部门通过政府网站单向发布一些信息，较为复杂的跨部门与社会公众交互式的网上办公已经悄然兴起，对政府提供网上办公或服务次数的统计，可以间接反映政府信息资源数字化、有序化和网络化的程度。

(5) 信息资源共享情况

当前，政府信息资源不公开、不共享的现象还很严重，因此，可供政府各部门共享的数据应当作为评价政府信息资源开发利用水平的一个指标。另外，一些城市和地区还建立了政府信息资源共享目录，列入政府信息资源共享目录体系的信息可以通过互联网向社会公众提供，也可以通过电话咨询等方式提供。

(6) 法规标准制定的情况

目前，政府信息资源普遍存在公开和共享困难的问题，广州、上海等一些城市出台了政府信息公开规定，必须在法律层面对政府信息资源的开发利用给予保障。

(7) 政府在市民信息化方面的投入情况

市民是政府信息资源开发利用最大的受益群体，必须加大投入为市民提供获取政府信息资源的设备和遥感信息化方面知识和技能培训，尽量消除数字分化现象。

5.5.4.2 指标体系构建

通过上述分析后，构建政府信息资源开发利用评价指标体系，见表 5-7。并运用专家打分法，确定各评价指标体系中各指标的权重。

表 5-7 政府信息资源开发利用评价指标体系

一级指标	二级指标	三级指标	权重
开发力度	领导重视程度	党政领导对政府信息资源开发利用工作的重视程度	0.110
		党政领导浏览政府网站、使用办公自动化系统的频率	0.112
利用水平	人力资源	政府对工作人员进行信息化培训的课时数	0.072
	资金投入水平	用于购买软件和服务方面的资金投入的水平	0.104
	政府网站建设	政府网站信息资源总量	0.108
	网上办公	市民或企业每年通过网上办公手段接受服务的次数	0.112
	数据库共享	可供政府各部门共享使用并可保证更新的数据库数量	0.126
保障措施	信息公开共享	列入政府信息资源公开共享目录体系的信息条目总数	0.088
	法规标准完善程度	信息资源开发利用方面法律、法规、条例、规定及地方标准、规范的数量	0.096
	市民信息化投入	政府对市民利用信息资源方面设施和培训的投入	0.072

评价指标体系中，X_1，X_2，X_3，X_4，X_5，X_6 为客观定量指标，U_1 是主观效用指标，U_2，U_3，U_4 本来是客观定量指标，但由于准确统计这些指标有一定难度，为了方便评价，从实际出发，把这些指标视为主观效用指标，采用模糊评价，设定评语集 $V=\{A, B, C, D\}$，评语含义见表5-8。

表5-8 政府信息资源开发与利用评价指标中模糊评价指标的含义

评语	U_1	U_2	U_3	U_4
A	非常重视	经常使用或浏览	投入非常充足	投入非常充足
B	比较重视	有时使用或浏览	投入比较充足	投入比较充足
C	不太重视	很少使用或浏览	投入相对不足	投入相对不足
D	不重视	从来不使用或浏览	投入严重不足	投入严重不足

5.5.4.3 评价模型

评价指标体系中的主观效用指标采用模糊综合评价方法，客观定量评价指标选用具有激励(或惩罚)特征的动态评价方法，然后将模糊评价结果与动态评价结果相乘，得出最终的评价结果。

评价方法的具体步骤：

①确定评价对象集 $O=\{O_1, O_2, \cdots, O_L\}$。

②确定评价指标集，设评价指标集，$D=\{U, X\}$，$U=\{U_1, U_2, \cdots, U_m\}$，$D$ 中的 m 个主观指标。$X=\{X_1, X_2, \cdots, X_g\}$，$D$ 中的 g 个客观定量指标。

③确定评价指标的权重分配向量，$H=\{A, W\}$，$A=\{A_1, A_2, \cdots, A_m\}$ m 个主观指标权重，$W=\{W_1, W_2, \cdots, W_g\}$，$g$ 个客观定量指标权重。主观指标与客观指标的权重归一化：

$$\sum_{i=1}^{m} A_i + \sum_{j=1}^{g} w_j = 1 \tag{5-42}$$

④对主观效用指标的评价确定评语集

$V=\{V_1, V_2, \cdots, V_n\}$ 对每个主观效用指标进行模糊评价，获得模糊综合评价矩阵：

$$R=\begin{Bmatrix} R_{11} & R_{12} & \cdots & R_{1n} \\ R_{21} & R_{22} & \cdots & R_{2n} \\ \cdots & \cdots & \cdots & \cdots \\ R_{m1} & R_{m2} & \cdots & R_{mn} \end{Bmatrix} \tag{5-43}$$

式中，m 为主观指标数；n 为每个指标的评语等级数，每个指标的各等级之和为1，进行运算。

$B=A\cdot R$，然后将综合评价结果 B 转换为综合评价值 M。

⑤对客观指标进行评价

$$Y_k = \sum_{j=1}^{g} w_j x_{jk} \quad (1=<j<=g, 1=<k) \tag{5-44}$$

X_{jk}为 k 时刻的定量观测值，

令 $H_k=Y_k+T_k(Y_k-Y_{(k-1)}) \quad (1=<j<=g, 2=<k)$

H_k 为被评价系统在 k 时刻的具有激励作用的综合评价结果，其中 T_k 为激励因子。

⑥对主观指标评价和客观指标评价的综合

令 $C_k = M \cdot H_k$，为 k 时刻的综合运行状况。

5.5.4.4　实证研究

分别选取了两个直辖市的各一个区，以及某省的一个地级市(J, S, H)代表，进行实证研究，主观效用指标的评价结果由被评价地区信息化工作主管部门内部工作人员提供，把每个地区自评结果的各项指标进行规范化处理，则得到评价矩阵如表 5-9 所列。

表 5-9　主观效用指标评价矩阵

地区	U_1				U_2				U_3				U_4			
	A	B	C	D	A	B	C	D	A	B	C	D	A	B	C	D
J	0	0.5	0.3	0.2	0	0.8	0.2	0	0.2	0.4	0.2	0.2	0	0.2	0.6	0.2
S	0	0.6	0.3	0.1	0.2	0.5	0.3	0	0	0.5	0.4	0.1	0	0.2	0.5	0.3
H	0.3	0.6	0.1	0.0	0	0.3	0.7	0	0	0.2	0.7	0.1	0	0.1	0.7	0.2

选取加权平均型 $M = (\cdot, +)$ 算子计算综合评价结果

$$b_j = \sum_{k=1}^{m} (A_k \cdot R_{kj}) \tag{5-45}$$

由表 5-6 可知，$M = 4$，$A1$，$A2$，$A3$，$A4 = 0.110$，0.112，0.104，0.072，规范化后的表 5-10。

表 5-10　主观效用指标规范化后

地区	B_j			
	A	B	C	D
J	0.052	0.504	0.300	0.144
S	0.057	0.473	0.362	0.108
H	0.083	0.321	0.534	0.062

根据专家意见，设 A 级为 100 分，B 级为 70 分，C 级为 40 分，D 级为 0 分。求出综合分值 M。J、S、H 分别为 52.48，53.29，52.13

由表 5-6 可知，指标集中 6 个客观指标均为极大化指标，对被评价地区信息化工作主管部门提供的 2002 年和 2003 年各项指标统计数据用极值处理法进行量纲一化处理，结果见表 5-11。

表 5-11　客观定量指标的量纲一化结果

地区	X_1(人次 Xh)		X_2(G)		X_3(次)		X_4(G)		X_5(条)		X_6(个)	
	2002 年	2003 年	2002 年	2003 年	2002 年	2003 年	2002 年	2003 年	2002 年	2003 年	2002 年	2003 年
J	1.000	0.617	0.605	1.000	0.022	0.412	0.413	0.939	0	0	0	0
S	0.252	0.406	0.374	0.878	0.451	1.000	0	0.728	0	1	0.773	1.000
H	0	0	0	0.034	0	0	0.152	1.000	0	0	0.045	0.091

客观变量有 6 个，其权重 $W=(W_1, W_2, W_3, W_4, W_5, W_6)=0.072, 0.108, 0.112, 0.126, 0.088, 0.096)$。根据表5 中的数据，可计算出2002 年$J$，$S$，$H$三个地区客观变量评价指标值 Y_k 分别为 0.191 842，0.183 256，0.023 472；2003 年 Y_k 为 0.316 882，0.511 784，0.138 408. 由 $H_k=Y_k+K_k(Y_k-Y_{(k-1)})$，取 $K_k=0.5$，Y_k 为 2003 年的值，$Y_{(k-1)}$ 为 2002 年的值，计算出 H_k。J，S，H 的 H_k 分别为 0.379 402，0.676 048，0.195 876. 综合主观指标和客观指标，得出2002 年J，S，H的综合评价结果 C_k 分别为 10.068，9.766，1.224；2003 年为 19.911，36.027，10.211，评价结果是 2002 年J区第一，S区第二，H区第三；2003 年是S区第一，J区第二，H区第三。

思 考 题

1. 什么是森林资源信息开发？什么是森林资源信息利用？二者是什么关系？
2. 简述森林资源信息开发与利用种类及内涵。
3. 简述森林资源信息统计描述的具体内容。
4. 简述森林资源信息分析的类型和方法。
5. 简述森林资源信息检索的概念与技术。
6. 简述森林资源信息开发与利用评价框架。

第6章
森林资源信息管理系统需求分析

本章介绍了信息系统建设涉及因素、诺兰模型、信息系统建设的特点和技术部门；信息系统的生命周期；结构化系统开发方法、面向对象系统开发方法和原型法；信息系统开发和管理等。同时介绍了需求分析的任务、步骤；需求分析必须遵循的基本原则；需求分析的方法；数据流图和数据字典的运用；结构化语言、判定表和判定树的使用；E－R模型、层次方框图等的使用；需求分析文档和需求分析评审等。最后结合森林资源信息管理需求举例说明。

6.1 信息系统建设概述

6.1.1 信息系统建设历程

信息系统建设是一个综合的工程，它有其自身的规律和特点，又涉及文化、社会、技术、管理、环境、人员素质等多方面的因素。其建设有自身的规律，自20世纪80年代以来，许多专家学者通过对信息系统建设发展的成败经验的总结，研究其内在规律，其中最著名的是诺兰模型。

信息系统在组织(企业、部门)中的应用，一般要经历从初级到成熟的成长过程。诺兰(Nolan)总结了这一规律，于1973年首次提出了信息系统发展的阶段理论，并在1980年进一步完善了该理论，人们称之为诺兰模型。

诺兰模型把信息系统的成长过程划分为六个阶段：初装阶段、蔓延阶段、控制阶段、集成阶段、数据管理阶段和成熟阶段(图6-1)。

诺兰模型总结了发达国家信息系统建设的经验教训，具有普遍的指导意义。一般认为，模型中的各阶段是不能跳跃的。因此，在进行信息系统建设时，企业必须明确本单位所处的生长阶段，再根据该阶段的特点制定发展规划，确定开发策略，才会少走弯路，提高效率。诺兰模型还指明了信息系统在发展过程中的6种增长要素：①计算机硬软资源，从早期的磁带向最新的分布式计算机发展；②应用方式，从批处理方式到联机方式；③计划控制，从短期的、随机的计划到长期的、战略的计划；④管理信息系统(MIS)在组织中的地位，从附属于别的部门发展为独立的部门；⑤领导模式，开始时，技术领导是主要的，随着用户和上层管理人员越来越了解MIS，上层管理部门

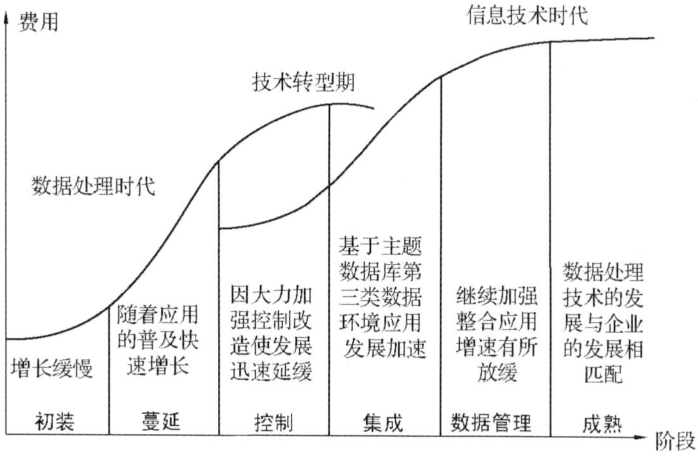

图 6-1　诺兰阶段模型

开始与 MIS 部门一起决定发展战略；⑥用户意识，从作业管理级的用户发展到中、上层管理级。

信息系统建设是一项复杂的社会、认知、系统工程，具有显著的工程特性。

企业信息系统建设的技术部门一般是企业的信息技术(IT)部，他们担任企业信息系统的开发和维护工作。IT 部的主要功能包括应用程序开发、系统支持、用户支持、数据库管理、网络管理和 Web 支持(图 6-2)。

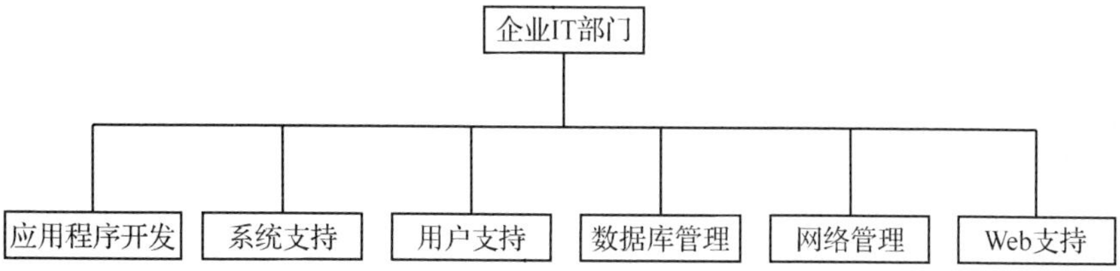

图 6-2　企业 IT 部门组织结构图

6.1.2　信息系统的生命周期

任何事物都有产生、发展、成熟、消亡(更新)的过程，信息系统也不例外。信息系统在其使用过程中随着其生存环境的变化，要不断维护、修改，当它不再适应需求的时候就要被淘汰，就要由新系统代替老系统，这种周期循环称为信息系统的生命周期。信息系统的生命周期可以分为系统规划、系统分析、系统设计、系统实施、系统运行和维护 5 个阶段(图 6-3)。

系统规划阶段的任务是对企业的环境、目标、现行系统的状况进行初步调查，根据企业目标和发展战略，分析各级管理部门的信息需求，确定信息系统的目标、功能、规模、资源，对建设新系统的需求做出分析和预测，并且根据需求的轻重缓急、现有资源状况和应用环境的约束，合理安排建设计划，从经济、技术等方面研究建设新系统的必要性和可能性。根据需要与可能，给出拟建系统的备选方案。对这些方案进行可行性分析，写出可行性分析报告。如果可行性分析报告审议通过，将新系统建设方案及实施计划编写成系统设计任务书。

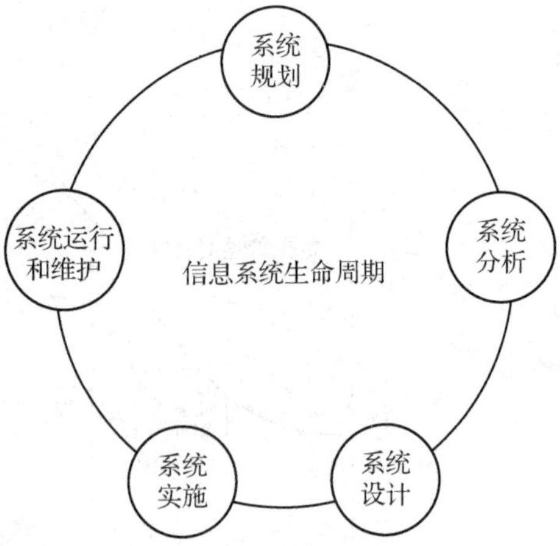

图 6-3　信息系统的生命周期

系统分析阶段的任务是根据系统设计任务书所确定的范围，对现行系统进行详细调查，描述现行系统的业务流程，指出现行系统的局限性和不足之处，确定新系统的基本目标和逻辑功能要求。可见，其目的是建立新系统的逻辑模型，所以这个阶段又称为逻辑设计阶段。这个阶段是整个系统建设的关键阶段，也是信息系统建设与一般工程项目的重要区别所在。这一阶段的主要工作是从业务调查入手，分析业务流程、分析数据与数据流程、分析功能与数据之间的关系，并根据用户的需求，确定新系统的逻辑模型，编写系统分析报告。

系统分析阶段的工作成果体现在系统需求说明书中，这是系统建设的必备文件。它既是给用户看的，也是下一阶段的工作依据。因此，系统需求说明书既要通俗，又要准确。用户通过系统需求说明书可以了解未来系统的功能，判断是不是其所要求的系统；系统需求说明书是系统设计的依据，也是将来验收系统的依据。

系统设计阶段的任务是根据系统需求说明书中规定的功能要求，考虑具体设计以实现逻辑模型的技术方案，也即设计新系统的物理模型，所以这个阶段又称为物理设计阶段。这个阶段又可分为总体设计和详细设计两个阶段。这个阶段的技术文档是系统设计说明书。这一阶段主要工作是根据系统分析报告所确定的逻辑模型，结合实际条件，确定新系统物理模型，即新系统实现的技术方案，包括总体设计、数据库设计、输入输出设计、模块结构和功能设计，编写系统设计报告。

系统实施阶段是将设计的系统付诸实施的阶段，该阶段的任务是根据系统设计报告所确定的物理模型，将设计方案转换为计算机上可实际运行的人机信息系统，编写系统实施报告。这一阶段的主要工作包括计算机等设备购置、安装和调试，程序的编写和调试，人员培训，数据文件转换，系统调试与转换等。此阶段的特点是几个互相联系、互相制约的任务同时展开，必须精心安排、合理组织。系统实施是按实施计划分阶段完成的，每个阶段应写出实施进度报告。系统测试之后写出系统测试分析报告。

信息系统建设完成交付使用后，便进入运行维护阶段。这个阶段工作主要有系统评价和系统维护。系统评价的主要任务是在系统运行期间，根据用户的反映和系统日常运行情况记录，定期对系统的运行状况综合考核，评价系统的工作质量和经济效益，为系统维护及再建设提供依据。系统维护的主要任务是记录系统运行情况，在原有系统的基础上进行修改、调整和完善，使系统能够不断适应新环境、新需要。

6.1.3　信息系统开发方法

随着信息技术的发展和信息系统的应用不断拓宽，人们日益感受到需要建立一种科学的系统开发方法理论，从而摆脱早期系统开发过程中随意性无方法论指导的不足。随着信息系统开发研究的不断深入，如今已经建立起一些较为成型的系统开发方法体系，其中常用的有结构化系统开发方法、面向对象开发方法和原型法等。

造成系统开发失败有多方面的原因，如缺乏科学管理基础、领导重视停留在口头上、业务人员有顾虑甚至抵触。人们对信息系统的复杂性缺乏足够的认识，将信息系统开发等同于“大程序”的编制工作，缺乏行之有效的开发信息系统的方法指导，从而造成了目标含糊、通信误解、步骤混乱、缺乏管理控制。

(1)结构化系统开发方法

在现有的众多信息系统开发方法中，基于系统生命周期的结构化的系统开发方法在实践中发展最为成熟，得到了广泛应用。

结构化方法产生于20世纪70年代中期。“结构化”一词出自程序设计，即熟知的结构化程序设计。1964年，波姆和雅科比尼(G. Jaeopini)提出结构化程序设计的理论，认为任何一个程序都可以用顺序、选择和循环三种基本逻辑结构来编制。戴克斯特拉(E. Dijkstra)等人主张程序中避免使用GOTO语句，而仅用上述三种结构反复嵌套来构造程序。在这一思想指导下，一个程序的详细执行过程可按“自顶向下，逐步求精”的方法确定，即把一个程序分成若干个功能模块，这些模块之间尽可能彼此独立，用作业控制语句或过程调用语句把这些模块联系起来，形成一个完整的程序。这种方法大大提高了程序员的工作效率，改进了程序质量，增强了程序的可读性和可修改性，修改程序的某一部分时，对其他部分的影响也不太大。可以说这种方法使程序设计由一种“艺术”成为一种“技术”。

结构化系统开发方法是用系统工程的思想和工程化的方法，按照用户至上的原则，采取结构化、模块化、自顶向下的方法对系统进行分析与设计。它是在生命周期法基础上发展起来的，其开发过程严格按照信息系统开发的生命周期将整个信息系统开发过程划分为5个相对独立的阶段(系统规划、系统分析、系统设计、系统实施、系统运行与维护)。在前三个阶段坚持自顶向下地对系统进行结构化划分：在系统调查和理顺管理业务时，应从最顶层的管理业务入手，逐步深入至最基层；在系统分析、提出目标系统方案和系统设计时，应从宏观整体考虑入手，先考虑系统整体的优化，然后再考虑局部的优化问题。在系统实施阶段，则坚持自底向上地逐步实施，即组织人员从最基层的模块做起(编程)，然后按照系统设计的结构，将模块一个个拼接到一起进行调试，自底向上、逐步地构成整个系统。

为了保证系统开发过程顺利进行，结构化方法遵循的原则有：面向用户的观点；严格区分工作阶段，每个阶段有明确的任务和应得的成果；按照系统的观点，自顶向下地完成系统的研制工作；充分考虑变化的情况；工作成果文献化、标准化。

结构化方法克服了传统方法的许多弊端，是最成熟、应用最广泛的一种工程化方法。当然，这种方法也有不足和局限性：系统开发的整个工作费时过长，难以适应环境的急剧变化；早期的结构化方法注重系统功能，兼顾数据结构方面不够；对用户需求的变更不能做出迅速的响应；维护工作繁重，专门人才紧缺。这些问题在应用中有的已得到解决，同时也产生了其他一些方法，如面向对象方法、原型法。

(2)面向对象的系统开发方法

面向对象的思想最早起源于一种名为Simula的计算机仿真语言。20世纪70年代间世的名为 Smalltalk 的计算机高级语言首次提出面向对象这一概念。到了 80 年代，由于 Smalltalk—80 和 C + + 语言的推出，使面向对象的程序设计语言趋于成熟，并为越来越多的人所理解和接受。从而形成了面向对象的程序设计(object-oriented programming, OOP)这一新的程序设计方法。OOP 使程序设计的思想方法更接近人们的思维方式，从而为人们提供了更有力的认识框架。这一认识框架并迅速地扩展到程序设计范围之外。

从 20 世纪 80 年代中、后期开始，人们将面向对象的思想引入系统开发中，进行了在系统开发各个环节中应用面向对象概念和方法的研究，出现了面向对象分析(object-oriented analysis, OOA)、面向对象设计(object-oriented design, OOD)等涉及系统开发其他环节的方法和技术，它们与面向对象程序设计(OOP)结合在一起，形成了一种新的系统开发方式模型，即面向对象(object-oriented, O - O)。它将客观世界抽象成若干相互联系的对象，然后根据对象和方法的特性研制出一套工具，使其能够映射为系统结构和进程，实现开发工作。

面向对象方法是由面向对象程序设计方法 OOP 发展起来的。OOP 的基本思想：客观世界的任何事物都是对象(object)；对象之间有抽象与具体、群体与个体、整体与部分等几种关系，这些关系构成对象的网络结构；抽象的、较大的对象所具有的性质，自然地成为其子类的性质，而不必加以说明，这就是继承性(inheritance)，对象之间可以互送消息(message)。

其基本思想可以这样来理解：客观事物由对象组成；对象由属性和方法组成；对象之间的联系通过消息传递机制来实现；具有继承性和封装性。

面向对象的系统开发方法的开发过程一般包括以下四个阶段：系统调查和需求分析；分析问题的性质和求解问题。一般称之为面向对象的分析，即 OOA；整理问题，一般称之为面向对象的设计，即 OOD；程序实现，一般称之为面向对象的程序，即 OOP。

面向对象方法具有封装性、抽象性、继承性和动态链接性。

(3)原型法

原型法的基本思想是在投入大量的人力、物力之前，在限定的时间内，用最经济的方法，开发出一个可实际运行的系统原型，以便尽早澄清不明确的系统需求。在原型系统的运行中用户发现问题，提出修改意见，技术人员完善原型，使它逐步满足用户的要求。

原型法既可以作为生命周期法的补充而作为辅助工具使用，也可以单独作为开发信息系统的工具。原型法基本步骤如下：明确用户基本信息需求；建立初始原型(集成原则、最小系统原则)；评价原型；修改和完善原型。修改后的原型又将交给用户试用、评价、提出意见，然后再修改，如此反复，直到用户和开发人员满意为止。

原型法体现了从特殊到一般的认识规律，更容易为人们所普遍掌握和接受。能增进用户与开发人员之间的沟通，用户在系统开发过程中起主导作用，易于启迪衍生式的用户需求。原型法充分利用最新的软件开发工具，开发效率非常高，从而缩短了开发周期，减少了开发费用。开发系统灵活，便于系统不断进行修改与扩充。

当然，原型法也有许多不足之处。原型法不如结构化方法成熟和便于管理控制。原型法需要有自动化工具加以支持。由于用户的大量参与，也会产生一些新的问题，如原型的评估标准是否完全合理。原型的开发者在修改过程中，容易偏离原型的目的，使用者在看到原型的功能逐步完备之后，以为原型可以联机使用了，而疏忽了原型对实际环境的适应性及系统的安全性、可靠性等要求，便直接将原型系统转换成最终产品。这种过早交付产品的结构，虽然缩短了系统开发时间，但损害了系统质量，增加了维护代价。

(4)CASE 方法

CASE(computer aided software engineering)是一种自动化或半自动化的方法，能够全面支持除系统调查外的每一个开发步骤。严格地讲，CASE 只是一种开发环境而不是一种开发方法。它是 20 世纪 80 年代末从计算机辅助编程工具、第四代语言(4GL)及绘图工具发展而来的。CASE 方法解决了从客观对象到软件系统的映射问题，支持系统开发的全过程；提高了软件质量和软件重用性；加快了软件开发速度；简化了软件开发的管理和维护；自动生成开发过程中的各种软件文档。

现在，CASE 中集成了多种工具，这些工具既可以单独使用，也可以组合使用。CASE 的概念也由一种具体的工具发展成为开发信息系统的方法学。

6.1.4 信息系统的开发管理

信息系统的开发方式有多种，如自行开发、委托开发、合作开发、咨询开发和外购软件等。每种开发方式都各有优点和不足之处，应该根据企业自身资源、技术力量、外部环境等各种因素进行选择。

企业要成功开发信息系统必须具备一定的基础条件，具体包括：领导重视，业务人员积极性高；有一定的科学管理基础；能组织一支系统的技术队伍；具备一定的资源。

在信息系统开发过程中，直接参与系统开发的人员有五类，分别为企业信息系统开发成功与否，企业高层领导重视是关键；项目主管是系统开发工作实际的业务领导者与组织者，他在系统开发中起着举足轻重的作用；系统分析员的主要任务是研究用户对信息系统的需求，进行可行性研究；进行系统分析与设计；负责对新系统的安装、测试和技术的编写；程序设计员的主要任务是按照系统分析员所提出的设计方案编制程序、调试程序、修改程序，直到新系统投入运行；企业管理人员参加系统开发的企业管理人员代表用户，他们的角色在系统开发过程中起着非常重要的作用。

6.2 信息系统需求分析技术

6.2.1 需求分析概述

需求分析的基本任务是要准确回答“系统必须做什么?”这个问题。具体任务为，确定对系统的综合要求，对系统的综合要求主要包括功能要求、性能要求、运行要求和其他要求四个方面。分析系统的数据要求，由系统的信息流归纳抽象出系统要求的数据以及数据的逻辑关系。导出目标系统的详细逻辑模型，通过以上二项分析的结果导出目标系统的详细逻辑模型。修正项目开发计划，编写用户手册概要。编写系统需求规格说明书，并提交审查。

需求分析的难点主要体现在问题的复杂性、交流障碍、不完备性和不一致性、需求易变性。为了克服上述困难，项目的参与者(包括软件设计开发人员和用户等)必须在需求分析过程中加强沟通和协调。一方面，软件设计人员应尽量使用通俗的语言与用户进行交流；另一方面，用户应积极主动地配合软件设计人员的工作。为了保证需求分析阶段能够提出完整、准确的系统逻辑模型，开发人员必须花费足够的时间，全面了解用户的需要，绝不能在需求模糊的情况下仓促进行系统的设计和编程。根据国外的统计资料表明，在典型环境下开发系统，需求分析阶段的工作量大约要占到整个系统开发工作量的20%左右。使用一些有效的需求分析方法(如结构化分析方法等)及自动化工具(如 CASE 工具)来进行需求分析。

需求分析阶段的工作，大致可分为以下几个步骤：通过调查研究，获取用户的需求。可以采取的调查方式有：发调查表、召开调查会、向用户领域的专家个别咨询、实地考察、跟踪现场业务流程、查阅与待开发系统有关的资料、使用各种调查工具等。去除非本质因素，确定系统的真正需求。描述需求，建立系统的逻辑模型。书写需求规格说明书，进行需求复审。

目前存在着许多需求分析的方法，虽然各种方法都有其独特的描述方式，但不论采用何种方法，需求分析都必须遵循以下的基本原则：能够表达和理解问题的数据域和功能域；能够将复杂问题分解化简；能够给出系统的逻辑视图和物理视图。

目前常见的需求分析方法有：功能分解方法、结构化分析方法、信息建模方法、面向对象的分析。

6.2.2　森林资源信息管理系统需求分析

(1) 森林资源管理工作的指导思想

以“三个代表”重要思想和《中共中央国务院关于加快林业发展的决定》为指导，以建设和培育稳定的森林生态系统、实现森林可持续经营为宗旨，以增加森林资源总量、提高森林质量、优化结构为主线，牢固树立和落实科学发展观，全面实施以生态建设为主的林业发展战略，准确把握相持阶段的特点和规律，深入贯彻严格保护、积极发展、科学经营、持续利用的方针，建立健全以林地林权管理为核心、资源利用管理为重点、综合监测为基础、监督执法为保障的森林资源管理体系，全面提升森林资源管理水平，为夺取相持阶段攻坚战的胜利提供有力保障。

(2) 战略布局

到 2010 年，森林资源总量明显增加，对于“东扩”地区，要“支持、放活”，就是对经济林业、平原林业及林产品深加工业给予大力支持，对非规划林地上的造林和一定规模的工业原料林要充分满足其采伐限额，逐步放开经营。对于“西治”地区，要“强护、少砍”，就是进一步加强森林资源管护，减少木材的砍伐量。对于“南用”地区，要“规范、管好”，就是进一步规范和促进商品林基地建设，大力支持速生丰产林、经济林、生物质能源林的发展和低产林的改造，鼓励珍贵树种、大径级材和工业原料林的培育，促进森林资源的科学经营、高效利用。对于“北休”地区，要“限产、管严”，就是将东北、内蒙古重点国有林区的木材产量调减到森林资源合理的承载力之内，继续严格保护天然林，使森林得以休养生息。

(3)依法加强森林资源权属管理

要进一步明晰森林资源产权，依法保护林权权利人的合法权益。对权属明确并核发林权证的，要严肃维护林权证的法律效力；对权属明确但尚未登记核发林权证的，要尽快依法登记发证；对权属不清或有争议的，要抓紧明晰，限期做出争议调处意见，尽快登记发证。要重点抓好退耕还林地的确权发证工作，退耕造林验收合格后，及时核发林权证。各级林业主管部门要加强对森林、林木、林地使用权流转过程中的发证管理，及时掌握流转动态，制定有效措施，监管服务到位，确保登记手续完备、发证程序合法。要稳定国有和集体林场的森林资源权属。国有森林、林木和林地使用权的流转，必须进行森林资源资产评估，并按规定审批，否则不能实施流转，不予核发林权证。

(4)强化林地保护管理

坚持把林地放在与耕地同等重要的位置，实施最严格的保护管理制度和措施。抓紧编制《全国林地保护利用规划》，按照分类保护、分区管理的原则，确定林地保护、利用等级，制定分区域的林地主导用途和利用方向，实施林地用途管制，确保林地面积只能增加不能减少。进一步完善林地征用占用审核审批制度，加强工程建设征用占用林地全过程的监管与服务，对征用占用林地选址情况、用地规模实行预先论证，确保工程建设不占或少占林地。要采取最严厉的措施，坚决遏制毁林开垦和乱占林地的行为，杜绝林地的非法流失。要把林地保护管理作为领导干部林业建设任期目标管理责任制的重要组成部分，把林地消长、征用占用林地审核率、补偿到位率、违法占用林地案件查处率等纳入考核内容，严格兑现奖惩。

(5)依法加强森林利用管理

坚持森林采伐限额制度不动摇，突出抓好森林可持续经营方案的编制与实施，严格执行“十一五”期间年森林采伐限额，加大对采伐限额执行情况的监督检查力度。坚持凭证采伐制度，切实强化林木采伐的源头管理，严格执行伐区调查、设计、拔交、验收等规定，严禁虚假设计和违规采伐，坚决杜绝超限额采伐现象的发生。坚持木材凭证运输制度，充分发挥木材检查站、林政稽查队的作用，依法加强对木材运输的监督检查，坚决杜绝非法木材进入市场流通。要依法强化木材经营加工的监督管理，科学制定发展规划，明确准入条件，严格审批管理，加强服务引导，规范市场秩序，坚决打击非法木材流通和违法经营加工木材的行为，为合法经营加工创造良好环境。要按照森林资源分类管理、分区施策的要求，抓紧修订和颁布实施森林采伐更新、木材运输、木材经营加工监管等方面的法规规章和技术规程。

(6)依法加强监测管理

要认真履行法定职责，切实加强各级森林资源监测管理，促进监测工作的规范化、制度化和系统化，进一步增强监测的时效性和预见性。要强化国家森林资源清查工作，优化方法，扩展内容，实现对森林资源和生态状况的综合监测和评价。要进一步搞好专项核(调)查，加强组织协调，整合核查资源，加大技术含量，提高全国营造林实绩综合核查、森林采伐限额和林地征占用情况检查的工作效率及成果质量。要加快二类调查步伐，实行地方负责、国家积极扶持的政策，有计划有步骤地推进二类调查工作的全面开展。并及时建立和更新森林资源档案，积极利用现代科技手段建立森林资源数据库，构建较为完备的地方森林资源监测体系。抓紧做好林业基础数表的检验和编制工作，建立健全监测技术标准、工作制度和管理规范，加强对监测数据采集、处理分析、报告编制、成果使用等的管理和监督。建立健全监测成果管理和信息发布制度。国家林业局负责对外公布全国和省级森林资源主要数据；各地需要对外使用的森林资源主要数据必须以此为准。要进一步加强监测行业资质和从业资格管理，实行监测单位资质和从业人员资格认证制度，做到监测单位按资质从业，从业人员持证上岗。要全面引入遥感、全球定位系统、地理信息系统、数据库系统，强化现代测量、数据储存等仪器设备的应用，支持和鼓励监测单位、科研教学单位和社会力量合作开展监测技术研发、创新和转化，积极推动建立用现代技术、装备武装的森林资源和生态状况综合监测体系，进一步提升监测能力和水平。

(7)切实加强森林资源监督

进一步建立和完善监督法规体系，尽快出台《森林资源监督办法》，严格规范监督行为，把监督工作纳入制度化、规范化、法制化轨道。各级森林资源监督机构要认真履行职责，依法对驻在地区的森林资源保护管理各项工作实施全面监督。重点监督领导干部林业建设任期目标管理责任制落实、林地非法流失、森林过量消耗和森林经营利用活动，以及自然保护区、湿地和野生动植物保护管理，采取事前介入、事中检查与事后督促整改相结合的方法，不断提高监督实效。

森林资源管理主要包括森林资源监测(图 6-4)、采伐利用管理、林地林权管理、森林资源监督、国家级公益林管理等工作。

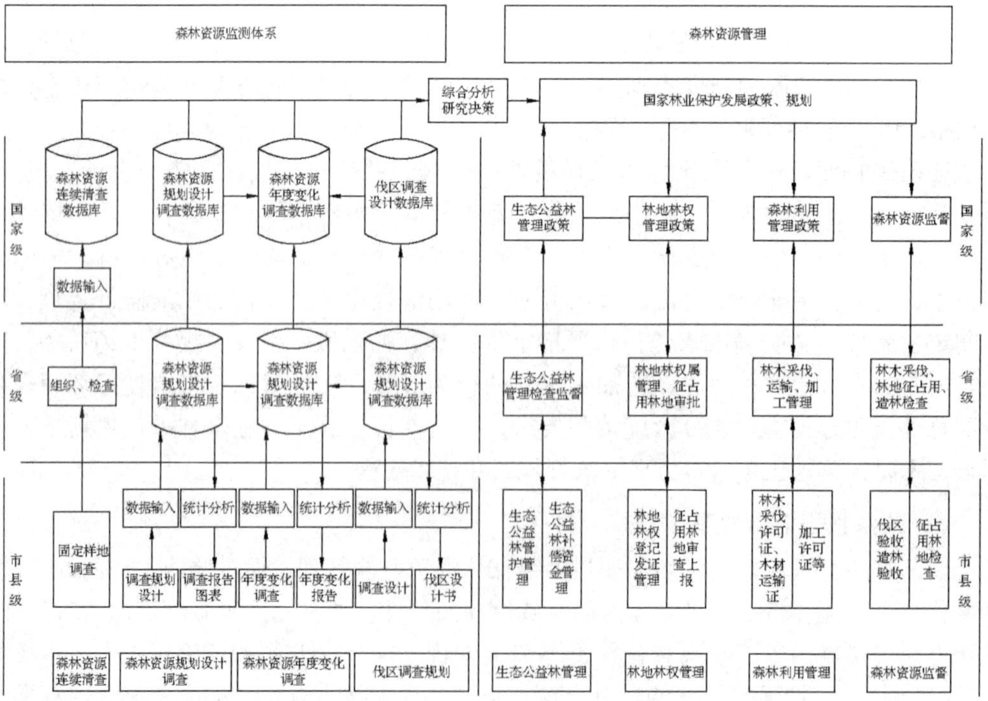

图 6-4　森林资源监管业务逻辑关系和流程图

6.2.3 需求分析常用方法与工具

(1)数据流图

在需求分析阶段，数据流(也称信息流)是系统分析的基础。所谓数据流，形象地说就是系统中“流动的数据结构”。数据流图(data flow diagram，DFD)是描述软件系统中数据处理过程的一种有力的图形工具。数据流图从数据传递和加工的角度出发，刻画数据流从输入到输出的移动和变换过程。由于它能够清晰地反映系统必须完成的逻辑功能，所以它已经成为需求分析阶段最常用的工具。

画数据流图的基本目的是利用它作为交流信息的工具。数据流图的另一个主要用途是作为分析和设计的工具。

数据流图的组成符号包括基本符号(表6-1)和附加符号(表6-2)。

表6-1 数据流图中的基本符号

符 号	含 义
	数据的源点或终点
	数据流
	数据存储
	加工

表6-2 数据流图的附加表示符号

符 号	含 义
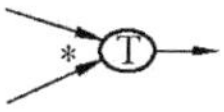	由数据 A 和 B 共同变换为数据 C
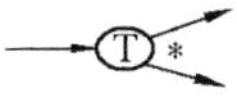	由数据 A 变换为数据 B 和数据 C
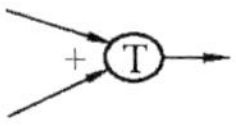	由数据 A 或 B，或者数据 A 和 B 共同变换为数据 C
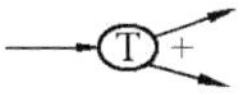	由数据 A 变换为数据 B 或 C，或者同时变换为数据 B 和 C
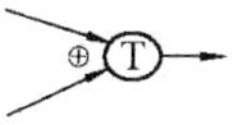	由数据 A 或 B 其中之一变换为数据 C
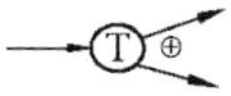	由数据 A 变换为数据 B 或 C 其中之一

数据流图绘制的主要步骤：确定系统的输入输出；由外向里画系统的顶层数据流图；自顶向下逐层分解，绘出分层数据流图(图6-5)。

假设某地区林业相关部门每天需要一张库存订货报表，报表按木材种类编号排序，

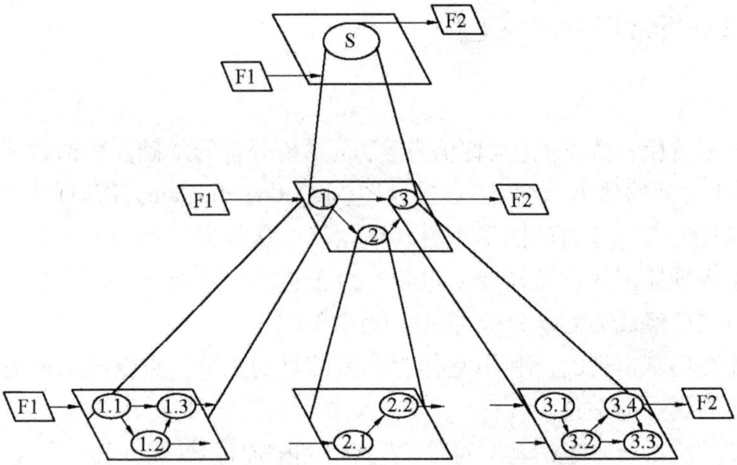

图 6-5　“自顶向下，逐步分解”过程示意

表中列出所有需要再次订货的木材种类。对于每个需要再次订货的木材种类应该列出下述数据：木材种类编号、木材种类名称、订货数量、目前价格、主要供应者和次要供应者。木材入库或出库称为事务，通过放在仓库中的 CRT 终端把事务报告给订货系统。当某种木材种类的库存数量少于库存量临界值时就应该再次订货。

数据流图有 4 种成分：源点或终点、加工、数据存储和数据流。因此，第一步可以从问题描述中提取数据流图的 4 种成分(表 6-3)。

表 6-3　从描述问题的信息中提取的数据图的元素

源点/终点	处理
采购员	产生报表
仓库管理员	处理事务
数据流	**数据存储**
订货报表	订货信息
零件编号	(见订货报表)
零件名称	库存清单 *
订货数量	零件编号 *
目前价格	库存量
主要供应商	库存量临界值
次要供应商	
事务	
零件编号 *	
事务类型	
数量 *	

对于上述的订货系统可以画出如图 6-6 所示的基本系统模型。

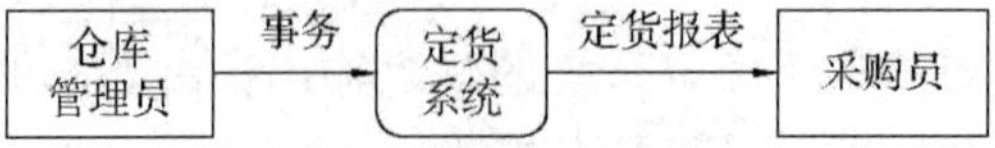

图 6-6　订货系统的顶层(0 层)数据流

图6-6毕竟太抽象了，从这张图上对订货系统所能了解到的信息非常有限。下一步应该把基本系统模型细化，描绘系统的主要功能。从表6-3可知，“产生报表”和“处理事务”是系统必须完成的两个主要功能，它们将代替图6-6中的“订货系统”，如图6-7所示。

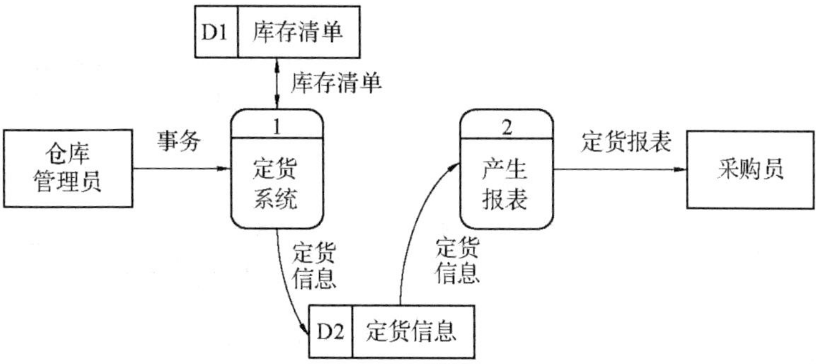

图6-7 订货系统的功能级第一层数据流

接下来应该对功能级数据流图中描绘的系统主要功能进一步细化(图6-8)。

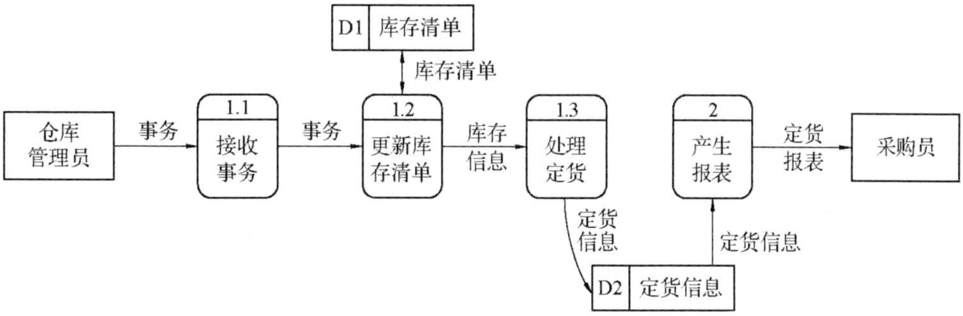

图6-8 处理事务的功能进一步分解后的第二层数据流

可以看得出，在绘制数据流图时，分层细化数据流图最为关键，下面再以某生态公益林工资管理系统为例，来强化一下如何细化数据流图的过程。某生态公益林财务部门要求人事部门在每月月初提供所有职工上个月的出勤情况和业绩情况，再将所有数据交给工资计算系统去处理，得到所有职工上个月的工资情况，并将工资转给相应的银行进行发放。请根据上述情况画出对应的数据流图。

①建立顶层数据流图(图6-9)

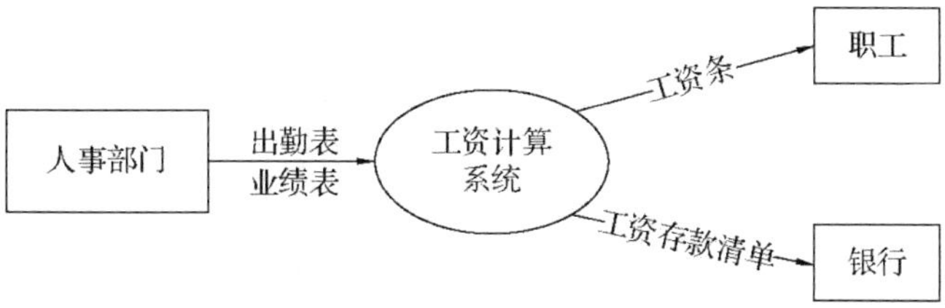

图6-9 工资计算系统的顶层(0层)数据流

②数据流图的分层细化(图 6-10)

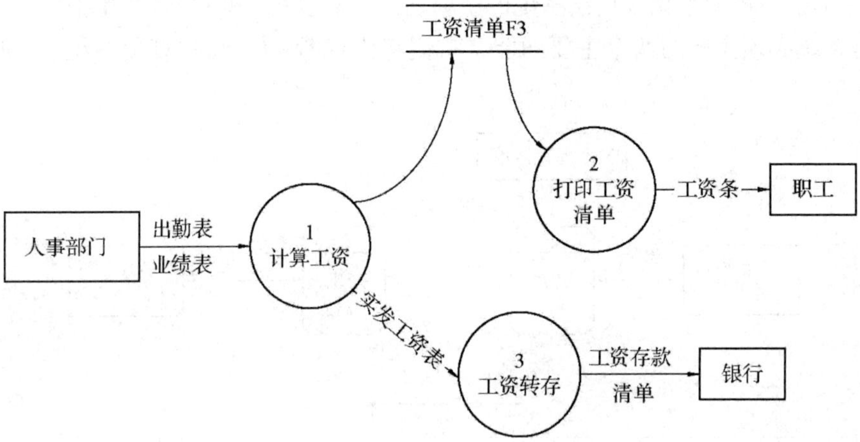

图 6-10　工资计算系统第一层数据流

③对第一层数据流图中的加工继续分解，则可得到第二层数据流图，如图 6-11 所示。

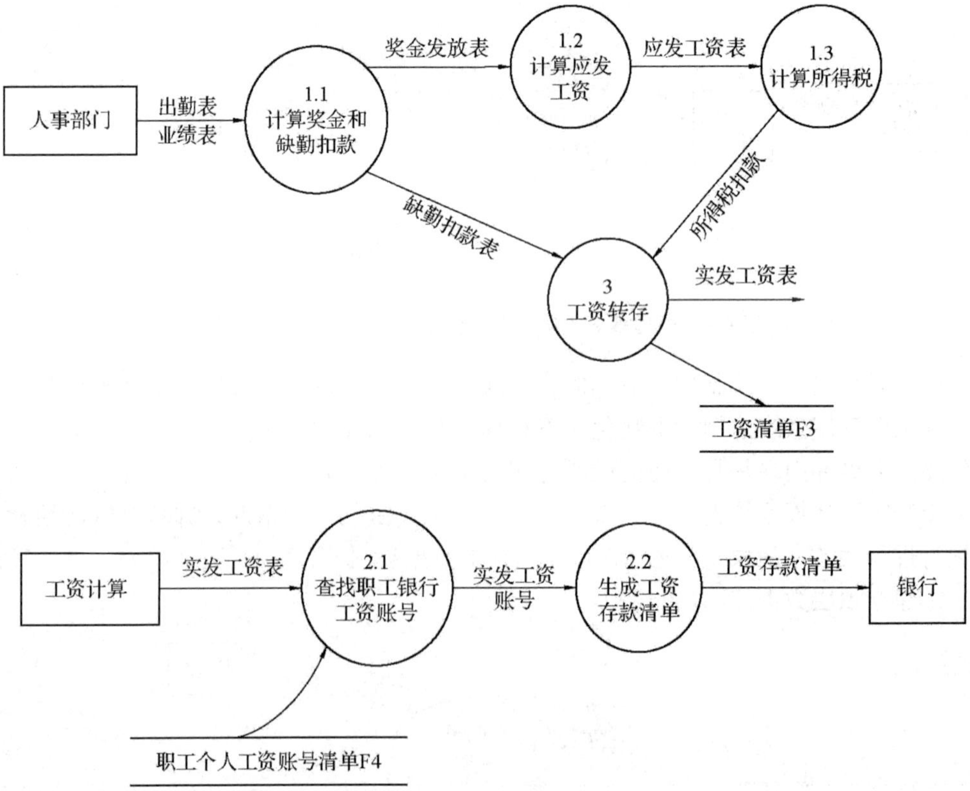

图 6-11　工资计算系统的第二层数据流

④若数据流图中的加工还可继续细化，则重复以上分解过程，直到获得系统的底层数据流图。工资计算系统的第三层数据流图如图 6-12 所示。

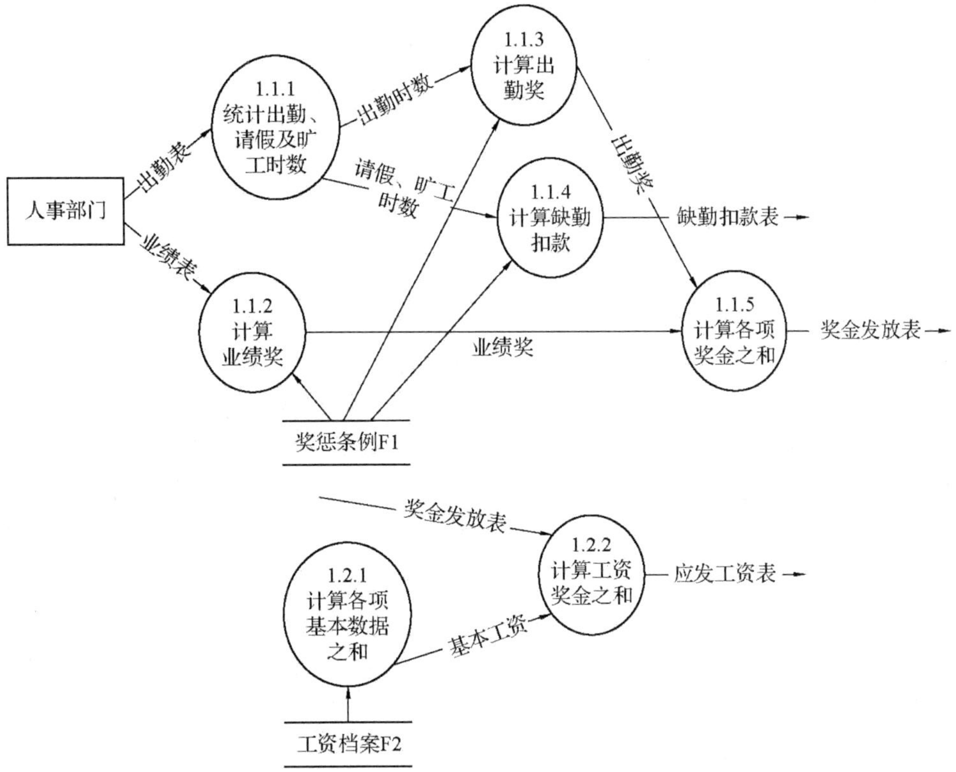

图 6-12 工资计算系统的第三层数据流

绘制数据流图的原则为：

①任何一个数据流至少有一端是处理框。

②数据流图中各构成元素的名称必须具有明确的含义且能够代表对应元素的内容或功能。具体来说，命名时要注意：名称要反映被命名的成分的真实和全部的意义，避免使用不反映实际内容的空洞词汇；名称要意义明确、易理解、无歧义，加工的名称一般以动词 + 宾语或名词性定语 + 动名词为宜；进出数据存储环节的数据流如内容和存贮者的数据相同，可采用同一名称。

③对数据流图中某个加工进行细化生成的下层数据流图，称为其上层图的子图。应保证分层数据流图中任意对应的父图和子图的输入/输出数据保持一致。

④在数据流图中，应按照层次给每个加工编号，用于表明该加工所处的层次及上、下层的父图与子图的关系。编号的规则为：顶层加工不用编号；第一层加工的编号为 1，2，…，n；第二层加工的编号为 1.1，1.2，…，2.1，…，n.1，n.2，…等，依此类推。

⑤在一套数据流图中的任何一个数据存储，必定有流入的数据流和流出的数据流，即写文件和读文件，缺少任何一种都意味着遗漏某些加工。

⑥数据流图只能由四种基本符号组成，是实际业务流程的客观映象，用于说明系统应该“做什么”，而不需要指明系统“如何做”。

⑦数据流图的分解速度应保持适中。通常一个加工每次可分解为 2 ~ 4 个子加工，最多不要超过 7 个，因为过快的分解会增加用户对系统模型理解的难度。

⑧数据流图绘制过程，就是系统的逻辑模型的形成过程，必须始终与用户密切接触，详细讨论，不断修改；另还要和其他系统建设者共同商讨以求一致意见。

数据流图难以在数据流图上标识出数据流、数据存储，加工和外部项的具体内容；不能反映系统中的决策与控制过程；难以对系统中人—机交互过程以及信息的反馈与循环处理进行描述。

(2)数据字典

没有数据字典准确地描述数据流图中使用的数据，数据流图就不严格。反之，没有数据流图，数据字典也难以发挥作用。只有把数据流图和对数据流图中每个数据的精确定义放在一起，才能共同构成系统的规格说明。

数据字典最重要的用途是作为分析阶段的工具。在结构化分析中，数据词典的作用是对数据流图上每个成分给以定义和说明。换句话说，数据流图上所有成分的定义和解释的文字集合就是数据词典，而且在数据字典中建立的一组严密一致的定义很有助于改进分析员和用户之间的通信。如果要求所有开发人员都根据公共的数据字典描述数据和设计模块，则能避免很多麻烦的接口问题；数据字典中包含的每个数据元素的控制信息是有价值的，因为列出了使用一个给定的数据元素的所有程序(或模块)，所以很容易估计改变一个数据将产生的影响，并且能对所有受影响的程序或模块做出相应的改变；最后，数据字典是开发数据库的第一步，而且是非常有价值的一步。

表6-4所给出了数据字典中的基本符号及其含义。

表6-4　数据字典中的基本符号及其含义

符号	含义	说明
=	表示定义为	用于对=左边的条目进行确切的定义
+	表示与关系	$X=a+b$ 表示 X 由 a 和 b 共同构成
[|]　[,]	表示或关系	$X=[a\|b]$ 与 $X=[a, b]$ 等价，表示 X 由 a 或 b 组成
(　)	表示可选项	$X=(a)$ 表示 a 可以在 X 中出现，也可以不出现
{　}	表示重复	大括号中的内容重复0到多次
$m\{\ \}n$	表示规定次数的重复	重复的次数最少 m 次，最多 n 次
“　”	表示基本数据元素	“”中的内容是基本数据元素，不可再分
..	连接符	month=1..12 表示 month 可取1~12中的任意值
* *	表示注释	两个星号之间的内容为注释信息

数据字典是关于数据流图中各种成分详细定义的信息集合，可将其按照说明对象的类型划分为四类条目，分别为数据流条目(表6-5)、数据项条目(表6-6)、数据文件条目(表6-7)和数据加工条目(表6-8)。

表 6-5　数据流条目例子——出勤表

数据流名称：出勤表
数据流别名：无
说明：由人事部门每月月底上报的职工考勤统计数字
数据流来源：人事部门
数据流流向：加工 1.2(计算应发工资)
数据流组成：出勤表 = 年份 + 月份 + 职工号 + 出勤时数 + 病假时数 + 事假时数 + 旷工时数
数据流量：1 份/月

表 6-6　数据项条目例子——职工号

数据项名称：职工号
数据项别名：employee_ no
说明：本生态公益林职工的唯一标识
类型：字符串
长度：6
取值范围及含义：1~2 位(00...99)为部门编号；3~6 位(XX0001...XX9999)为人员编号

表 6-7　数据文件条目——职工工资档案文件

数据文件名称：工资档案
说明：单位职工的基本工资、各项津贴及补贴信息
数据文件组成：职工号 + 国家工资 + 国家津贴 + 职务津贴 + 职龄津贴 + 交通补贴 + 部门补贴 + 其他补贴
组织方式：按职工号从小到大排列
存取方式：顺序
存取频率：1 次/月

表 6-8　数据加工条目——计算应发工资

数据加工名称：计算应发工资
加工编号：1.2
说明：根据职工的工资档案及本月奖金方法表数据计算每个职工的应发工资
输入数据流：奖金发放表及工资档案
输出数据流：应发工资表
加工逻辑：

```
    DO WHILE
        工资档案文件指针未指向文件尾
        从工资档案中取出当前职工工资的各项基本数据进行累加
       在奖金发放表中按职工号查找到该职工的奖金数
       对奖金数与工资基本数据的累加和进行求和得到该职工的应发工资数
ENDDO
```

建立数据字典时应遵守的原则：对数据流图上各种成分的定义必须严密、精确、易理解、唯一，不能存在二义性；书写格式应简洁且严格，风格统一、文字精练，数字与符号正确；命名、编号与数据流图一致；符合一致性与完整性的要求，对数据流

图上的成分定义与说明无遗漏项；应可方便地实现对所需条目的按名查阅；应便于修改和更新；没有冗余。

建立数据字典的常用方法有2种：手工建立和自动建立。

手工建立数据字典的内容并用卡片形式存放，其步骤如下：按4类条目规范的格式印制卡片；在卡片上分别填写各类条目的内容；先按图号顺序排列，同一图号的所有条目按数据流、数据项、数据文件和数据加工的顺序排列；同一图号中的同一类条目（如数据流卡片）可按名字的字典顺序存放，加工一般按编号顺序存放；同一成分在父图和子图都出现时，则只在父图上定义；建立索引目录。

自动建立主要是指利用计算机辅助建立并维护数据字典，其方法有2种：

①编制一个"数据字典生成与管理程序"，可以按规定的格式输入各类条目，能对字典条目增、删、改，能打印出各类查询报告和清单，能进行完整性、一致性检查等。美国密执安大学研究的PSL/PSA就是这样一个系统。

②利用已有的数据库开发工具，针对数据字典建立一个数据库文件，可将数据流、数据项、数据文件和加工分别以矩阵表的形式来描述各个表项的内容，见表6-9。

表6-9　数据流的矩阵表

编号	名称	来源	去向	流量	组成

然后使用开发工具建成数据库文件，便于修改、查询，并可随时打印出来。另外，有的数据库管理系统本身包含一个数据字典子系统，建库时能自动生成数据字典。

自动建立比手工建立数据字典有更多的优点，能保证数据的一致性和完整性，使用也方便，但增加了技术难度与机器开销。

(3)加工逻辑的描述

对数据流图的每一个基本加工，必须有一个基本加工逻辑说明。基本加工逻辑说明必须描述基本加工如何把输入数据流变换为输出数据流的加工规则；加工逻辑说明必须描述实现加工的策略而不是实现加工的细节；加工逻辑说明中包含的信息应是充足的、完备的、有用的和无冗余的。用于写加工逻辑说明的工具有结构化语言、判定表及判定树3种。

①结构化语言　一种介于自然语言（英语或汉语）和形式化语言之间的半形式化语言，形式化语言精确，但不易被理解，自然语言易理解，但它不精确，可能产生二义性。结构化语言取"长"补"短"，它是在自然语言基础上加了一些限定，使用有限的词汇和有限的语句来描述加工逻辑，即具有结构化程序的清晰易读的优点，又具有自然语言的灵活性，不受程序语言那么严格的语法约束。结构化语言的结构可分成外层和内层两层。

例如，一个林业处理系统中对"海拔"这个功能有如下要求：如果海拔低于50，则地貌为平原；如果海拔大于49小于800，则地貌只能是平原和低山；如果海拔大于799，则地貌只能是中山。

用结构化语言描述如下：

if 海拔 <50 then

```
begin
  地貌.Text：='平原'；
  坡向.Text：='无'；
  坡度.Text：='0'；
  坡位.Text：='平地'；
  裸岩率.Text：='0'；
  土壤厚度.Text：='51'；
  土壤母质风化状况.Text：='疏松'；
  土壤侵蚀度.Text：='轻度侵蚀'；
  腐殖质厚.Text：='0'；
end
else
if (海拔>49) and (海拔<800) then
begin
  地貌只能是平原和低山
end
else
if (海拔>799) then
begin
  地貌只能是中山
end;
```

当某一加工的实现需要同时依赖多个逻辑条件的取值时，对加工逻辑的描述就会变得较为复杂，很难采用结构化语言清楚地将其描述出来，而采用判定表则能够完整且清晰地表达复杂的条件组合与由此产生的动作之间的对应关系。

②判定表　其一般格式见表6-10，通常一张判定表由四部分组成：左上部列出所有条件；左下部是所有可能做的动作；右上部为各种可能组合条件，其中每一列表示一种可能组合；右下部的每一列是和每一种条件组合所对应的应做的动作。

表6-10　判定表的一般格式

条件列表	条件组合
动作列表	对应的动作

某数据流图中有一个"确定保险类别"的加工，指的是生态公益林巡护员保险时，要根据申请者的情况确定不同的保险类别。加工逻辑为：如果申请者的年龄在21岁以下，要额外收费；如果申请者是21岁以上并是26岁以下的女性，适用于A类保险；如果申请者是26岁以下的已婚男性，或者是26岁以上的男性，适用于B类保险；如果申请者是21岁以下的女性或是26岁以下的单身男性，适用于C类保险。除此之外的其他申请者都适用于A类保险。

构造一张判定表可采取以下步骤：提取问题中的条件，条件是年龄、性别及婚姻；标出条件的取值，为绘制判定表方便，用符号代替条件的取值，见表6-11。计算所有条件的组合数N：$N=m_i=3\times2\times2=12$；提取可能采取的动作或措施：适用于A类保险、B类保险、C类保险和额外收费；制作判定表，见表6-12；完善判定表。

表 6-11　条件取值表

条件名	取 值	符 号	取值数 m
年龄	年龄≤21 21 < 年龄≤26 年龄 > 26	C Y L	$m_1 = 3$
性别	男 女	M F	$m_2 = 2$
婚姻	未婚 已婚	S E	$m_3 = 2$

表 6-12　判定表

	1	2	3	4	5	6	7	8	9	10	11	12
年龄	C	C	C	C	Y	Y	Y	Y	L	L	L	L
性别	F	F	M	M	F	F	M	M	F	F	M	M
婚姻	S	E	S	E	S	E	S	E	S	E	S	E
A 类保险					√	√			√	√		
B 类保险				√				√			√	√
C 类保险	√	√	√				√					
额外收费	√	√	√	√								

判定表采用表格化的形式，适于表达含有复杂判断的加工逻辑；能够简洁，无二义性的描述所有的处理规则。但只能表示静态逻辑，不能作为通用的设计工具；判定表虽然能清晰地表示复杂的条件组合与应做的动作之间的对应关系，但其含义却不是一眼就能看出来的，初次接触这种工具的人要理解它需要有一个简短的学习过程；此外，当数据元素的值多于两个时，判定表的简洁程度也将下降。

③判定树　其是判定表的变种，也能清晰地表示复杂的条件组合与应做的动作之间的对应关系。优点是形式简单、直观，不需要任何说明，一眼就可以看出其含义，因此易于掌握和使用。缺点是判定树虽然形式上比判定表直观，但逻辑上没有判定表严格，用户在使用判定树时容易造成个别条件的遗漏；与判定表一样判定树只能表示静态逻辑，不能作为通用的设计工具。

加工逻辑说明是结构化分析方法的一个组成部分，上述 3 种描述加工逻辑的工具各有优缺点，对于顺序执行和循环执行的动作，用结构化语言描述；对于存在多个条件复杂组合的判断问题，用判定表和判定树描述。判定树较判定表直观易读，判定表进行逻辑验证较严格，能把所有的可能性全部都考虑到，可将两种工具结合起来，先用判定表作底稿，在此基础上产生判定树。字典是开发数据库的第一步，而且是非常有价值的一步。

(4) 需求分析的其他工具

除了上述工具之外，需求分析阶段还可能用到其他一些分析工具，包括 E - R 模型、层次方框图、IPO 图和 Warnier 图等。

E－R 模型由实体、联系和属性三个基本成分组成 。基本符号及含义见表 6-13。

表 6-13 E－R 模型中的基本符号

符 号	含 义
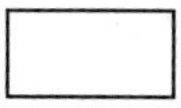	表示实体
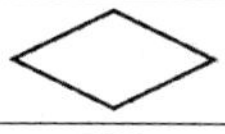	表示实体间的联系，与实体间的连线上需要数字标明具体的对应关系
	表示与实体有关的属性
	用于实体、属性及联系的连接

E－R 模型的实例(图 6-13)：

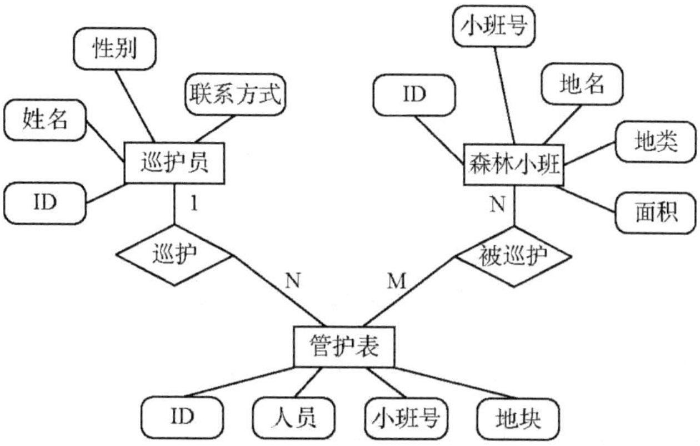

图 6-13 某森林小班管理的 E－R 模型

层次方框图通过树型结构的一系列多层次的矩形框描述复杂数据的层次结构。例如，某单位职工的实发工资由应发工资和扣款两部分组成，每部分又可进一步细分。如应发工资又可分为基本工资和奖金；基本工资又可分为国家工资、津贴、补贴；奖金也可分为出勤奖和业绩奖；津贴和补贴还可以再进一步地细分。用层次方框图表达的实发工资概念如图 6-14 所示。

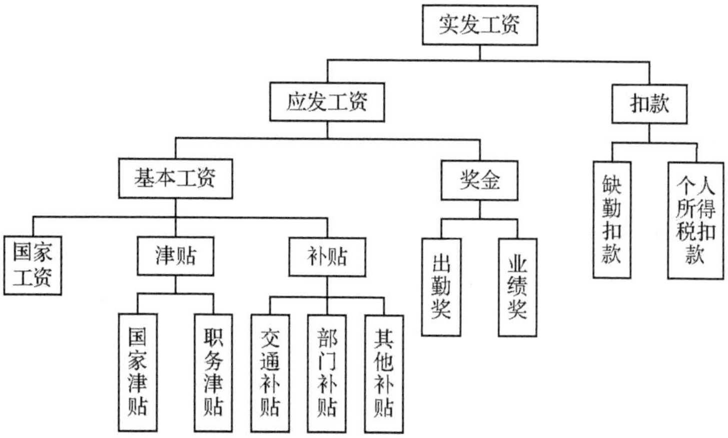

图 6-14 某单位职工实发工资的层次方框图

IPO 图是输入/处理/输出(input/process/output)的简称，它是美国 IBM 公司发展完善起来的一种图形工具，它能够方便地描绘输入数据、对数据的处理和输出数据之间的关系。

IPO 图使用的基本符号既少又简单，因此很容易学会使用。它的基本形式是在左边的框中列出有关的输入数据，在中间的框中列出主要的处理，在右边的框中列出产生的输出数据。处理框中列出处理的次序暗示了执行的顺序，但是用这些基本符号还不足以精确描述执行处理的详细情况。在 IPO 图中还用类似向量符号的粗大箭头清楚地指出数据通信的情况。如图 6-15 所示是一个主文件更新的例子，通过这个例子可以了解 IPO 图的用法。

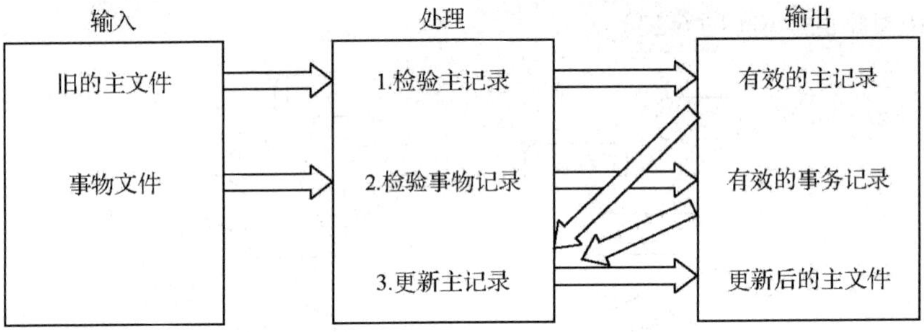

图 6-15　IPO 图的一个例子图

现在一般建议使用一种改进的 IPO 图，也称为 IPO 表(表 6-14)。

表 6-14　改进的 IPO 图的形式

IPO 表

系统：＿＿＿＿＿＿　　作者：＿＿＿＿＿＿

模块：＿＿＿＿＿＿　　日期：＿＿＿＿＿＿

编号：＿＿＿＿＿＿

被调用：	调用：
输入：	输出：
处理：	
局部数据元素：	注释：

Warnier 图是法国科学家 Warnier 提出的另一种描述数据层次结构的图形工具（图 6-16）。

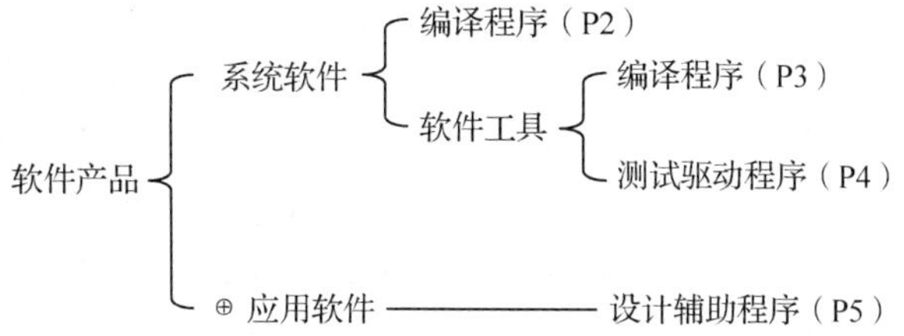

图 6-16　描绘一种软件产品的 Warnier 图

6.2.4　需求分析文档

描述信息系统需求的文档被称为《信息系统需求说明书》或《信息系统需求规格说明书》。《信息系统需求说明书》将详细、准确地反映最终确定的信息系统需求内容，并能够简要地反映需求分析的过程以及相关问题，既是对需求分析工作的总结，又作为后续阶段的工作纲领，系统设计、实现和测试都将按照信息系统需求进行。

《信息系统需求说明书》应该包括的内容和采用的格式，目前并没有形成统一的规范。如图 6-17 所示为《信息系统需求说明书》的一个参考格式，一般要说明引言、项目概述、具体需求。

信息系统需求说明书

1. 引言
    1.1　编写目的
    1.2　背景
    1.3　定义
    1.4　参考资料
2. 任务概述
    2.1　目标
    2.2　用户的特点
    2.3　假定与约束
3. 需求规定
    3.1　对功能的规定
    3.2　对性能的规定
    3.3　输入输出要求
    3.4　数据管理能力要求
    3.5　故障处理要求
4. 运行环境规定
    4.1　设备
    4.2　支持软件
    4.3　接口
    4.4　控制

图 6-17　信息系统需求说明书

衡量需求说明书好坏的标准包括：正确性、无歧义性、完全性、可验证性、一致性、可理解性、可修改性、可追踪性。

6.2.5　需求分析评审

需求评审的内容包括：系统定义的目标是否与用户的要求一致；系统需求分析阶段提供的文档资料是否齐全；文档中的所有描述是否完整、清晰、准确地反映了用户要求；与所有其他系统成分的重要接口是否都已经描述；主要功能是否已包括在规定的软件范围之内，是否都已充分说明；软件的行为和它必须处理的信息、必须完成的功能是否一致；设计的约束条件或限制条件是否符合实际；是否考虑了开发的技术风险；是否详细制定了检验标准，它们能否对系统定义成功进行确认。需求分析评审方法有：

①自查法　由需求分析人员对自己所确定的信息系统需求进行审核和验证，纠正需求中存在的问题。

②用户审查法　分析人员可以把《信息系统需求说明书》提交给用户，用户通过对需求文档的阅读找出不符合用户意图或用户认为不能实现的需求，双方再对这些有争议的需求进行讨论，最后达成一致认识。

③专家审查法　聘请业务领域、信息系统、政策、法律等方面的专家对信息系统需求进行审查。专家能够对用户和分析人员存在争议的需求以及隐藏着重大问题的需求进行甄别和判断。

④原型法　是对存在的有争议或拿不准的需求，通过建立原型进行验证，以确定需求的正确性。原型法是验证需求的一种十分有效的方法，同时也是帮助用户理解需求的一种好方法，但它要求有原型生成环境的支持。

6.3　森林资源信息管理系统的需求举例

6.3.1　森林资源地理信息管理系统需求分析案例

以珠海市森林资源地理信息管理系统的项目需求为例。

(1)建设目标

项目的总体目标是建立先进高效的森林资源地理信息管理系统，系统高效管理珠海市森林资源数据、制作各种林业专题地图，为森林资源管理提供科学、方便的辅助决策。项目建设也为以后的林政管理、营林项目管理、生态公益林管理、森林公园管理、森林防火指挥、森林病虫害防治信息化打下良好的基础。

(2)建设内容

根据珠海市森林资源地理信息管理系统需求，系统建设内容主要包括以下内容：

①森林资源地理信息管理系统建立　建立1:10 000的珠海市基础地理数据库，内容包括地形、水系、交通、居民点等基础地理信息；在基础地理数据的基础上建立珠海市森林资源专题数据库，在林业二类调查的基础上，制作完成森林资源(林种、树种)分布图、森林区划图、林相图、森林立地类型图、土地利用图及土壤图等。利用地理信息系统将图形与属性数据库有机结合在一起，实现森林资源档案的计算机一体化

管理，可以随时了解森林资源的状况及进行统计分析，也可以随时更新地图的图元和属性数据库的数据，并能输出图件资料。建立森林资源管理应用系统。在森林资源监测管理提供方便的数字化管理手段，为林相、林种图的更新、林业作业的定位和面积测量等提供数字化辅助。

②软硬件集成 包括操作系统、数据库、GIS 平台以及开发工具等软件的选型与采购，软硬件的安装与调试。

③项目管理和售后服务 包括确立本项目的实施过程和管理手段，为系统交付后制订完善的服务计划。

(3)技术要求

系统充分利用先进的计算机软件技术、地理信息技术、数据库技术、数据仓库与数据挖掘技术、空间数据处理与共享技术、数据定制技术、多媒体技术、虚拟现实技术等进行开发。系统以数据库做后台支持，相关资料的显示和输出要与数字地图紧密结合，具有良好的可视化界面。开发成果满足安全可靠，管理维护方便、系统抗干扰能力强的要求；同时具备容错、检错、纠错能力，信息恢复和系统重建能力。总体结构使用 C/S 体系。

(4)设计规范

设计过程将遵循以下国际标准、工业标准、国家行业法规、国家标准及行业标准：《中华人民共和国森林法》《中华人民共和国野生植物保护条例》《中华人民共和国水土保持法实施条例》《森林防火条例》《林业行政处罚听证规则》《森林采伐更新管理办法》《森林和野生动物类型自然保护区管理办法》等。

6.3.2 县局级森林资源信息管理系统设计及开发实例

系统分析与设计的基础是用户需求。在县林业局进行用户需求调研时，由于基层单位日常处理的事务繁杂，与之有关的上级部门及工程项目比较多，用户会提供各种数据、表格、文档却无法明确地提出对管理信息方面的需求，表 6-15 及表 6-16 是甘肃某县林业局进行用户需求调研时，根据用户的叙述所整理的用户需求表。系统分析人员首先需要界定系统边界，关注系统所关心的核心问题，在县局级森林资源管理信息系统中，重点关注与森林资源有关的信息，即：一类、二类、三类调查数据及其有关的图、表、文档等资料。系统分析者需要用各种用例图将现实问题用标准规范的系统建模语言抽象地表达出来，与用户进行沟通，达到相互理解，从而形成共识。

表 6-15 信息需求表

序号	编码	内容
1	A	林地面积信息
2	B	造林情况
3	C	资源变化情况
4	D	林业基本情况(人员、机构、自然地理条件等)

（续）

序号	编码	内　　容
5	E	林业效益（社会、生态、经济）
6	F	省市（地区）县近期及中长期发展规划、作业设计信息
		……

表 6-16　信息需求部门列表

序号	部门名称	需求信息
1	三北局	A、B、C、D、E、F、G、H、I、J
2	省林业厅	A、B、C、D、E、F、G、H、I
3	省三北局	A、B、C、D、E、F、G、H、I
4	白银市林业局	A、B、C、D、E、F、G、H、I
5	县委办	A、B、D、G
6	县政府	A、B、D、G
7	县发展规划局	B、D、G
		……

进行系统分析时，首先了解与林业局有关的机构的信息需求，列出角色表。然后找出与角色有关的用例，给出用例列表。第三步是描述用例。第四步是建立和完善各种用例模型。

构造需求模型的目的是：提取和分析用户的需求信息，构造需求模型，模型描述了用户需要什么，而不涉及系统如何构造和实现的特定细节，为下一步工作打下坚实的基础。产生需求用例模型的一般步骤是：确定业务参与者；确定业务需求用例；构造用例模型图；需求用例模型描述。确定用例和参与者之后，就可以描述各子系统范围和边界及各系统的主要功能。在此基础上，用用例图和用例描述表进一步分析用例。

思 考 题

1. 简述森林资源管理信息系统建设流程。
2. 森林资源管理信息系统的主要需求有哪些？

第7章

森林资源信息管理系统设计

本章介绍了信息系统设计的基本原理、优化规则，总体设计的目的、任务、文档、评审以及图形工具；面向数据流的总体设计方法——结构化设计方法的过程；同时介绍了详细设计的目的、原则、过程；详细设计说明书；详细设计工具；人—机界面设计要点等；重点介绍森林资源信息系统的架构、功能设计以及数据库设计。

7.1 信息系统总体设计

7.1.1 系统设计的目的、任务与依据

(1)目的与任务

系统设计将系统分析阶段所提出的、充分反映了用户信息需求的系统逻辑方案转换成可以实施的、基于计算机与网络技术的物理(技术)方案。

从信息系统的总体目标出发，根据系统分析阶段对系统的逻辑功能的要求，并考虑到经济、技术和运行环境等方面的条件，确定系统的总体结构和系统各组成部分的技术方案，合理选择计算机和通信软、硬件设备，提出系统的实施计划。

(2)系统设计的依据

①系统分析成果　系统分析的成果是系统设计的主要依据，系统设计是系统分析的继续，系统设计人员必须严格执照系统分析阶段的成果——“系统说明书”所规定的目标、任务和逻辑功能进行设计工作。对系统逻辑功能的充分理解是系统设计成功的关键。

②现行技术　主要指可供选用的计算机硬件技术、软件技术、数据管理技术以用数据通信与计算机网络技术。

③现行的信息管理和信息技术的标准、规范和有关法律制度。

④用户需求　系统的直接使用者是用户，进行系统设计时应充分尊重和理解用户的要求，特别是用户在操作使用方面的要求，尽可能使用户感到满意。

⑤系统运行环境　新系统的目标要与现行的管理方法相匹配，与组织的改革和发展相适应，要符合当前需要，适应系统工作环境。其中包括基础设施的配置情况、直

接用户的空间分布情况、工作地的自然条件及安全保密方面的要求，现行系统的硬、软件状况和管理与技术环境的发展趋势，在新系统的技术方案中要尽可能保护已有投资，又要有较强的应变能力，以适应未来的发展。

(3) 系统设计任务

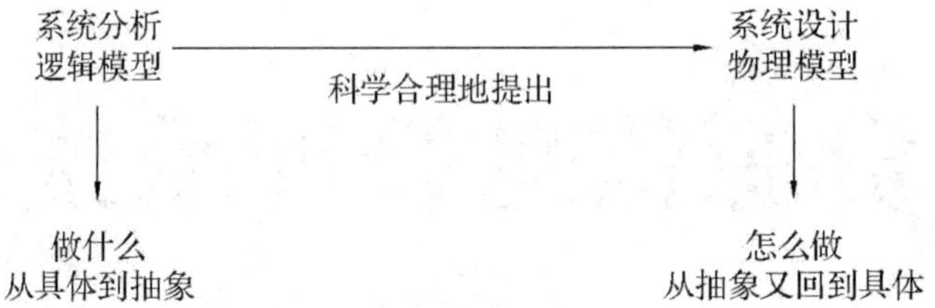

7.1.2　系统设计的基本原理和优化规则

7.1.2.1　信息系统设计的基本原理

在系统设计过程中应该遵循一些基本原理，包括：模块化设计原理、抽象原理、信息隐蔽和局部化原理、逐步求精原理、模块独立性原理等。

(1) 模块化设计原理

所谓模块是指具有相对独立性的，由数据说明、执行语句等程序对象构成的集合。程序中的每个模块都需要单独命名，通过名字可实现对指定模块的访问。模块化是指将整个程序划分为若干个模块，每个模块用于实现一个特定的功能。划分模块对于解决大型复杂的问题是非常必要的，可以大大降低解决问题的难度。

图 7-1 表达了模块数与系统开发成本之间的关系，可以看出当划分的模块数处于最小成本区时，开发系统的总成本最低。

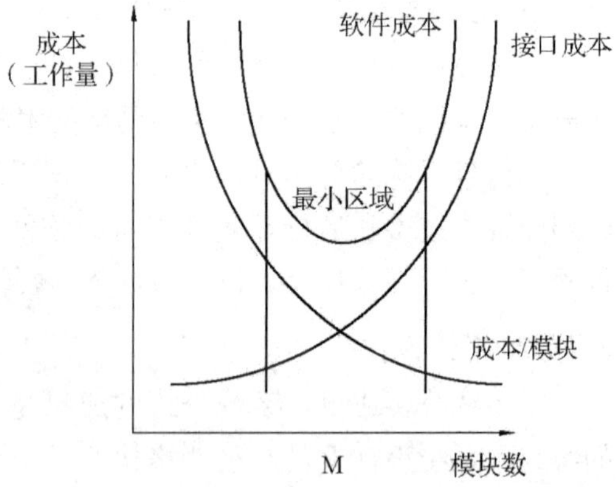

图 7-1　模块数与系统开发成本

程序错误通常局限在有关的模块及它们之间的接口中，模块化能使系统容易测试和调试，提高系统的可靠性。系统的变动往往只涉及少数几个模块，模块化能够提高系统的可修改性。使系统结构清晰，容易设计、阅读和理解，使得一个复杂的大型程序可以由许多程序员分工编写，并且可以进一步分配技术熟练的程序员编写困难的模块，有助于系统开发工程的组织管理。模块化还有利于提高程序代码的可重用性。

(2) 抽象原理

抽象是人类在解决复杂问题时经常采用的一种思维方式，它是指将现实世界中具有共性的一类事物的相似的、本质的方面集中概括起来，而暂时忽略它们之间的细节差异。在系统开发中运用抽象的概念，可以将复杂问题的求解过程分层，在不同的抽象层上实现难度的分解。在抽象级别较高的层次上，可以将琐碎的细节信息暂时隐藏起来，以利于解决系统中的全局性的问题。

结构化程序设计中自顶向下、逐步求精的模块划分思想正是人类思维中运用抽象方法解决复杂问题的体现。系统结构中顶层的模块抽象级别最高，控制并协调系统的主要功能且影响全局；系统结构中位于底层的模块抽象级别最低，具体实现数据的处理过程。采用自顶向下、由抽象到具体的思维方式，不但降低了系统开发中每个阶段的工作难度，简化了系统的设计和实现过程，还有助于提高系统的可读性、可测试性和可维护性。此外，在程序设计中运用抽象的方法还能够提高代码的可重用性。

(3) 信息隐蔽和局部化原理

应用模块化设计原理时，自然会产生的一个问题是“为了得到最好的一组模块，应该怎样分解系统呢?”信息隐蔽原理指出：应该这样设计和确定模块，使得一个模块内包含的信息(过程和数据)对于不需要这些信息的模块来说，是不能访问的。这一原理是由 D. L. Parnas 在 1972 年提出的，即有效的模块化可以通过一组独立的模块来实现，这些独立的模块彼此间仅仅交换那些为了完成系统功能而必须交换的信息。这一指导思想的目的是为了提高模块的独立性，即当修改或维护模块时减少把一个模块的错误扩散到其他模块中去的机会。因此，信息隐蔽简化了系统结构的复杂度，提供了程序模块设计标准化的可能性。

局部化的概念和信息隐蔽概念密切相关。局部化是指把一些关系密切的系统元素物理地放得比较近，严格控制数据对象可以访问的范围。在模块中使用局部数据元素就是局部化的一个例子。显然，局部化有助于实现信息隐蔽。

(4) 逐步求精原理

逐步求精是人类解决复杂问题时采用的基本方法，也是许多软件工程技术(例如，规格说明技术，设计和实现技术)的基础。可以把逐步求精定义为：“为了能集中精力解决主要问题而尽量推迟对问题细节的考虑。”

逐步求精之所以如此重要，是因为人类的认知过程遵守 Miller 法则：一个人在任何时候都只能把注意力集中在(7 ±2)个知识块上。但是，在开发系统的过程中，软件工程师在一段时间内需要考虑的知识块数远远多于 7。例如，一个程序通常不只使用 7 个数据，一个用户也往往有不只 7 个方面的需求。逐步求精方法的强大作用就在于，它能帮助软件工程师把精力集中在与当前开发阶段最相关的那些方面上，而忽略那些对整体解决方案来说虽然是必要的，然而目前还不需要考虑的细节，这些细节将留到以后再考虑。Miller 法则是人类智力的基本局限，我们不可能战胜自己的自然本性，只能接受这个事实，承认自身的局限性，并在这个前提下尽我们的最大努力工作。

(5) 模块独立性原理

模块独立性概括了把系统划分为模块时要遵守的准则，也是判断模块构造是不是合理的标准。模块独立性是指每个模块只完成系统要求的独立的子功能，并且与其他模块的联系最少且接口简单。

模块独立性可以从两个方面来衡量：模块本身的内聚和模块之间的耦合。前者反映的是模块内部各个成分之间的联系，所以也称块内联系；后者反映的是一个模块与其他模块之间的联系，所以又称块间联系。模块的独立性越高，则块内联系越强，块间联系越弱，因此必须尽可能设计出高内聚低耦合的模块。

7.1.2.2　信息系统设计的优化规则

(1)提高模块独立性

模块的内聚是指模块内部各成分间联系的紧密程度。对于内聚应该采取这样的设计原则：禁用偶然性内聚和逻辑性内聚，限制使用时间性内聚，少用过程性内聚和通信性内聚，提倡使用顺序性内聚和功能性内聚。

模块的耦合是指模块之间相互联系的程度。对于耦合应该采取这样的设计原则：尽量使用非直接耦合、数据耦合和特征耦合，少用控制耦合和外部耦合，限制公共耦合，完全不用内容耦合。

(2)模块的作用域应处于其控制域范围之内

模块的作用域是指受该模块内一个判定条件影响的所有模块范围；模块的控制域是指该模块本身以及所有该模块的下属模块(包括该模块可以直接调用的下级模块和可以间接调用的更下层的模块)。例如，如图 7-2 所示，模块 C 的控制域为模块 C、E 和 F；若在模块 C 中存在一个对模块 D、E 和 F 均有影响的判定条件，即模块 C 的作用域为模块 C、D、E 和 F，则显然模块 C 的作用域超出了其控制域。由于模块 D 在模块 C 的作用域中，因此，模块 C 对模块 D 的控制信息必然要通过上级模块 B 进行传递，这样不但会增加模块间的耦合性，而且会给模块的维护和修改带来麻烦(若要修改模块 C，可能会对不在它控制域中的模块 D 造成影响)。因此，系统设计时应使各个模块的作用域处于其控制域范围之内。

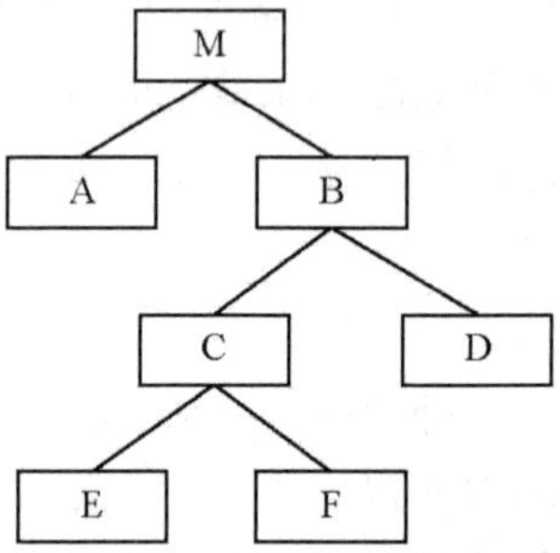

图 7-2　模块的作用域和控制域

若发现不符合此设计原则的模块，可通过下面的方法进行改进：

①将判定位置上移。如将图 7-2 中的模块 C 中的判定条件上移到上级模块 B 中或将模块 C 整个合并到模块 B 中。

②将超出作用域的模块下移。如将图 7-2 中的模块 D 移至模块 C 的下一层上，使模块 D 处于模块 C 的控制域中。

(3)系统结构中的深度和宽度不宜过大

所谓深度是指系统体系结构中控制的层数，它能够粗略地反映出软件系统的规模和复杂程度；所谓宽度是指系统体系结构内同一层次上模块个数的最大值，通常宽度越大的系统越复杂。例如，在如图 7-3 所示的系统结构图中，深度为 5，宽度为 8。

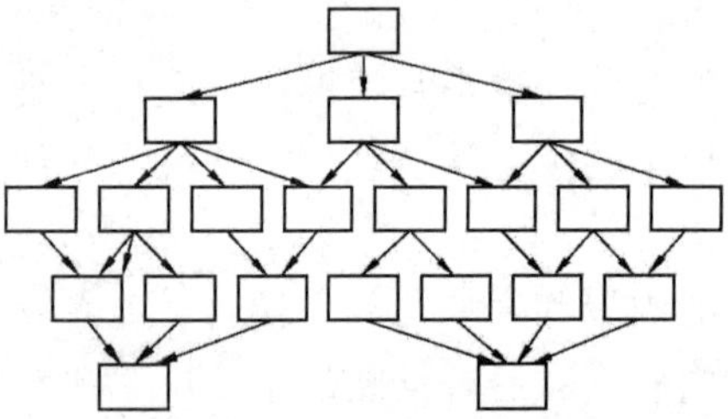
图 7-3　系统结构图示例

(4)模块应具有高扇入和适当的扇出

对一模块来说，扇入是指有多少上级模块直接调用它，如图 7-4(a)所示，模块 M 的扇入数为 n；扇出是指一个模块可以直接调用的下级模块数，如图 7-4(b)所示，模块 M 的扇出数为 k。

模块的扇入越大，则说明共享该模块的上级模块数越多，或者说该模块在程序中的重用性越高；而对于扇出，根据实践经验，在设计良好的典型系统中，模块的平均扇出通常为 3 ~4。

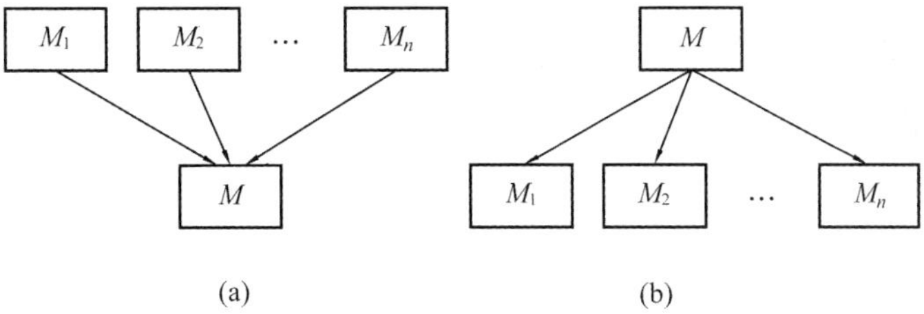

图 7-4 模块的扇入和扇出

(**a**)输入 (**b**)扇出

(5)保持适中的模块规模和复杂度

程序中模块的规模过大，会降低程序的可读性；而模块规模过小，势必会导致程序中的模块数目过多，增加接口的复杂性。对于模块的适当规模并没有严格的规定，但普遍的观点是模块中的语句数最好保持在 50 ~150 条语句左右，可以用 1 ~2 页打印纸打印，便于人们阅读与研究。为了使模块的规模适中，在保证模块独立性的前提下，可对程序中规模过小的模块进行合并或对规模过大的模块进行分解。

模块复杂度的限制是基于 McCade 复杂度度量方法提出的，该方法是计算由程序流程图得到的程序图中的环的个数 $V(G)$，实践表明 $V(G)=10$ 是模块规模和复杂度的合理上限。

(6)降低模块接口的复杂度

复杂的模块接口是导致系统出现错误的主要原因之一，因此在系统设计中应尽量使模块接口简单清晰。降低模块的接口复杂度，可以提高系统的可读性，减少出现错误的可能性，并有利于系统的测试和维护。例如，求一元二次方程的根模块 QUAD_ ROOT(TBL, X)，其中 TBL 和 X 分别是系数组参数和根数组参数，就不如将接口的参数简单化，模块变为 QUAD_ ROOT(A, B, C, X1, X2)，这样容易理解还不容易发生传递错误。

(7)设计单入口单出口的模块

这条规则告诫软件工程师不要使模块间出现内容耦合，设计出的每一个模块都应该只有一个入口一个出口，不要随便使用 GOTO 语句。当控制流从顶部进入模块并且从底部退出来时，系统是比较容易理解的，因此也是比较容易维护的。

(8)模块功能应该可以预测

要求设计出来的模块的功能应该能够预测，但也要防止模块功能过分局限。

7.1.3 总体设计概述

7.1.3.1 总体设计的目的和任务

总体设计就是回答“概括地说，系统应该如何实现?”这个问题，因此，总体设计又称为概要设计或初步设计。基本任务包括：设计软件系统结构(简称软件结构)、数据结构及数据库设计、编写总体设计文档、评审。

7.1.3.2　总体设计说明书

总体设计说明书是总体设计阶段结束时提交的技术文档，它的主要内容如下：

①引言　编写目的、背景、定义和参考资料。

②总体设计　需求规定、运行环境、基本设计概念、处理流程和结构。

③接口设计　用户接口、外部接口和内部接口。

④运行设计　运行模块的组合、运行控制和运行时间。

⑤系统数据结构设计　逻辑结构设计、物理结构设计、数据结构与程序的关系。

⑥系统出错处理设计　出错信息、补救措施和系统恢复设计。

7.1.3.3　总体设计的评审

总体设计完成之后必须提交评审，总体设计评审包括的内容有：

①可追溯性　确认该设计是否覆盖了所有已确定的系统需求，系统每一成分是否可追溯到某一项需求。

②接口　确认该系统的内部接口与外部接口是否已经明确定义。模块是否满足高内聚和低耦合的要求，模块作用范围是否在其控制范围之内。

③风险　确认该设计在现有技术条件下和预算范围内是否能按时实现。

④实用性　确认该设计对于需求的解决方案是否实用。

⑤技术清晰度　确认该设计是否以一种易于翻译成代码的形式表达。

⑥可维护性　确认该设计是否考虑了方便未来的维护。

⑦质量　确认该设计是否表现出良好的质量特征。

⑧各种选择方案　看是否考虑过其他方案，比较各种选择方案的标准是什么。

⑨限制　评估对该系统的限制是否现实，是否与需求一致。

⑩其他具体问题　对于文档、可测试性、设计过程等方面进行评估。

7.1.3.4　总体设计的图形工具

用于总体设计的图形工具有 HIPO 图和结构图，它们主要用来描述系统模块的层次结构。

(1) HIPO 图

HIPO(hierarchy plus input/processing/output)图是 IBM 公司在 20 世纪 70 年代发展起来的用于描述系统结构的图形工具。它实质上是在描述系统总体模块结构的层次图(H 图)的基础上，加入了用于描述每个模块输入/输出数据和处理功能的 IPO 图，因此它的中文全名为层次图加输入/处理/输出图。

HIPO 图中的 H 图。H 图在上一章介绍过了，但在 HIPO 图中为了使 H 图更具有可追踪性，可以为除顶层矩形框以外的其他矩形框加上能反映层次关系的编号。例如，工资计算系统的 H 图(图 7-5)。

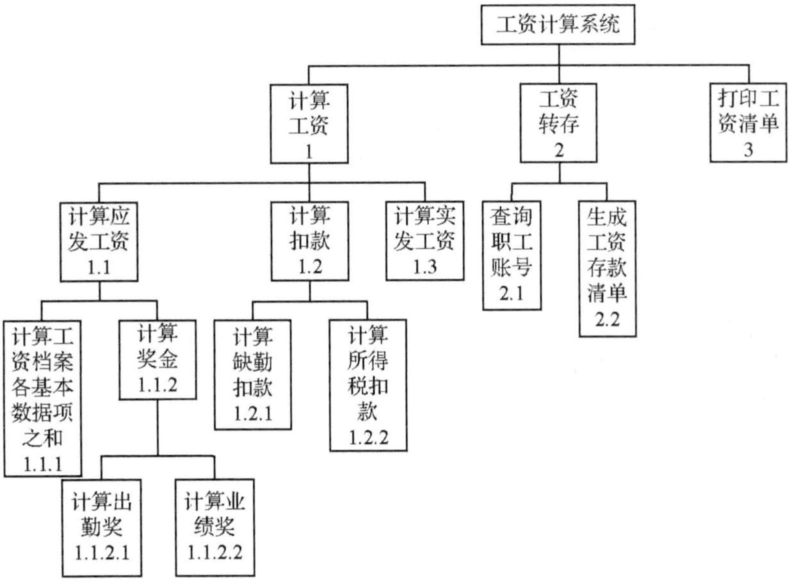

图 7-5 工资计算系统的 H 图

HIPO 图中的 IPO 图。IPO 图在上一章也介绍过，下面举个例子，例如，工资计算系统中的计算工资模块的 IPO 图(图 7-6)。

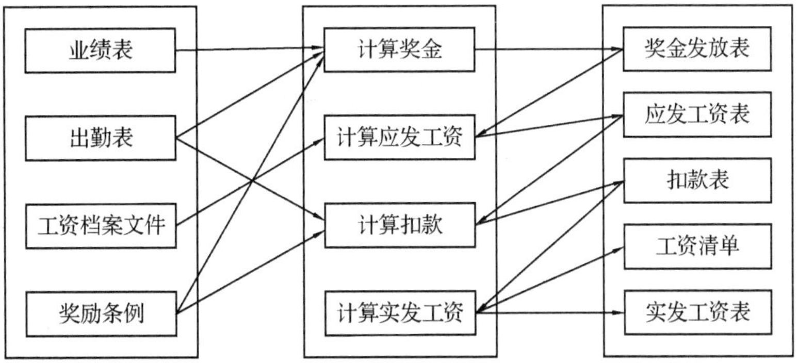

图 7-6 计算工资模块的 IPO 图

(2)结构图

Yourdon 提出的结构图(structure chart，SC)是进行系统结构设计的另一个有力工具。结构图能够描述出软件系统的模块层次结构，清楚地反映出程序中各模块之间的调用关系和联系。结构图中的基本符号及其含义见表 7-1。

表 7-1 结构图中的基本符号

符 号	含 义
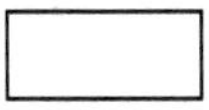	用于表示模块，方框中标明模块的名称
	用于描述模块之间的调用关系

（续）

符　号	含　　义
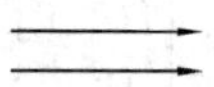	用于表示模块调用过程传递信息，箭头上标明信息名称，箭头尾部为空心圆表示传递的信息是数据，若为实心圆则表示传递的是控制信息
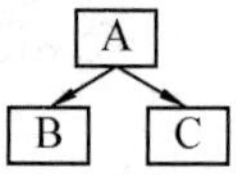	表示模块 A 选择调用模块 B 或模块 C
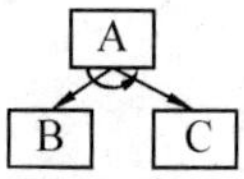	表示模块 A 循环调用模块 B 和模块 C

在系统结构图中，模块的类型有：传入模块、传出模块、变换模块和协调模块（图 7-7）。

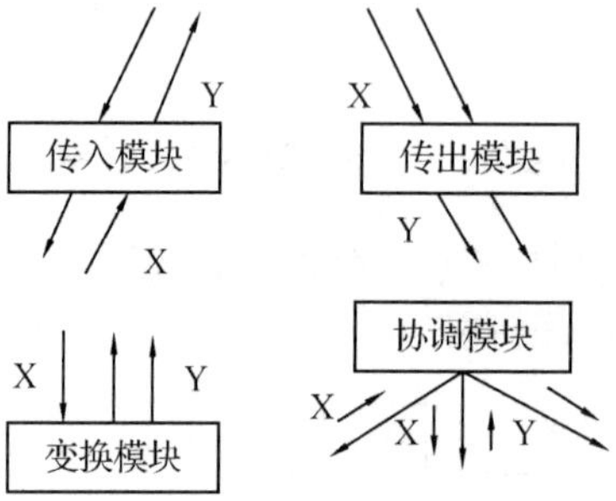

图 7-7　系统结构图模块

如图 7-8 就是一个描绘了产生最佳解的结构图的例子。

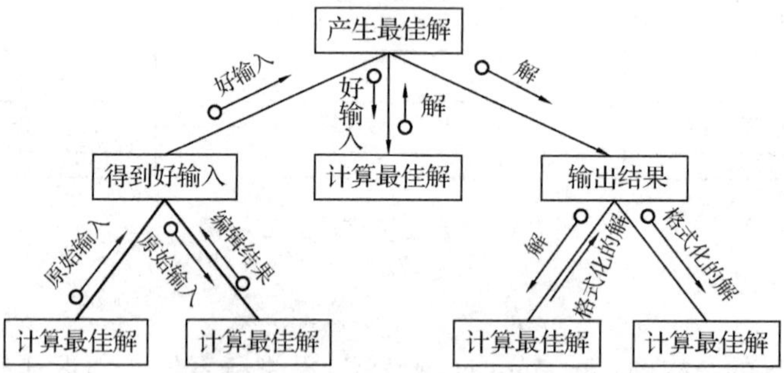

图 7-8　产生最佳解的结构图

7.1.4　面向数据流的总体设计方法

在总体设计中，主要采用面向数据流的设计方法，结构化设计方法是一种典型的面向数据流的总体设计方法。面向数据流的体系结构设计的过程如图 7-9 所示。

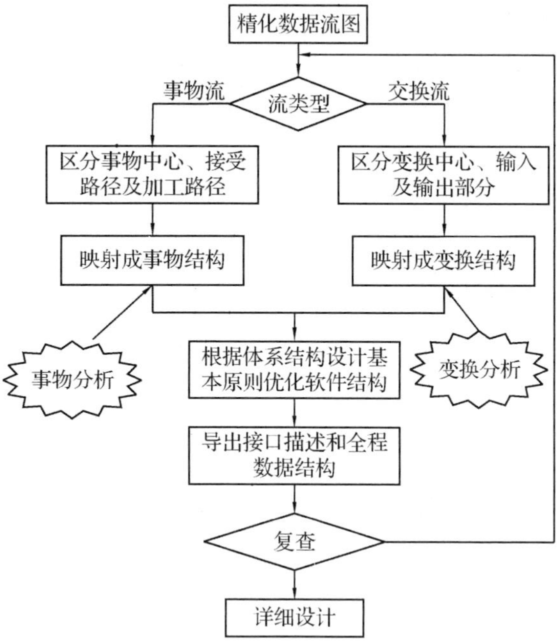

图 7-9 面向数据流的体系结构设计的过程

7.1.4.1 数据流图的类型

根据数据流图的结构特点通常可将数据流图划分为变换型数据流图和事务型数据流图两个基本类型。

(1)变换型数据流图

变换型数据流图呈现出的结构特点为：由(逻辑)输入、变换中心和(逻辑)输出三部分组成，如图 7-10 所示。

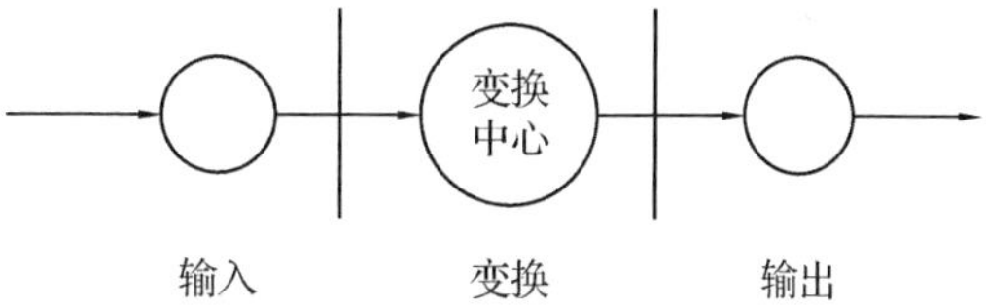

图 7-10 变换型数据流图

变换型数据处理问题的工作过程大致分为三步，即取得数据、变换数据和给出数据。由变换型数据流图映射出的变换型系统结构图，如图 7-11 所示。

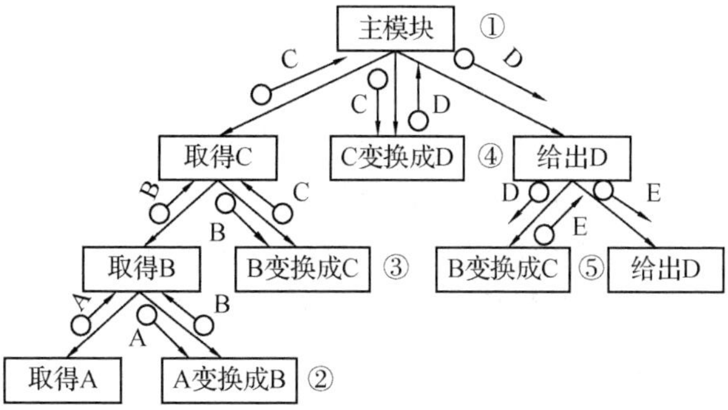

图 7-11 变换型系统结构图

(2)事务型数据流图

事务型数据流图呈现出的结构特点为：输入流在经过某个被称为"事务中心"的加工时被分离为多个发散的输出流，形成多个平行的加工处理路径，如图 7-12 所示。

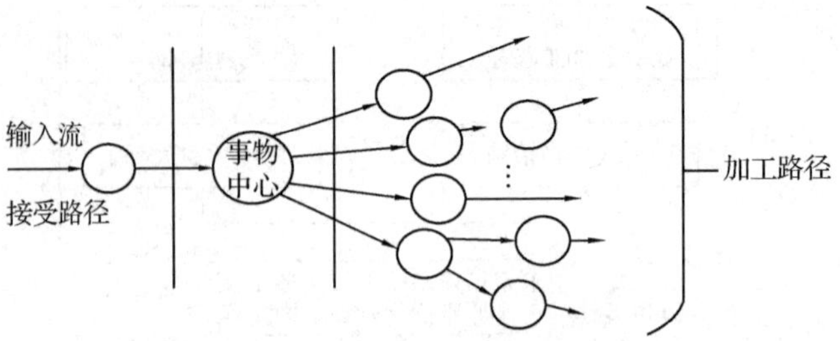

图 7-12　事务型数据流图

该类型数据流图所描述的加工过程为：外部数据沿输入通路进入系统后，被送往事务中心；事务中心接收输入数据并分析确定其类型；最后根据所确定的类型为数据选择其中的一条加工路径。由事务型数据流图映射出的事务型系统结构图，如图 7-13 所示。

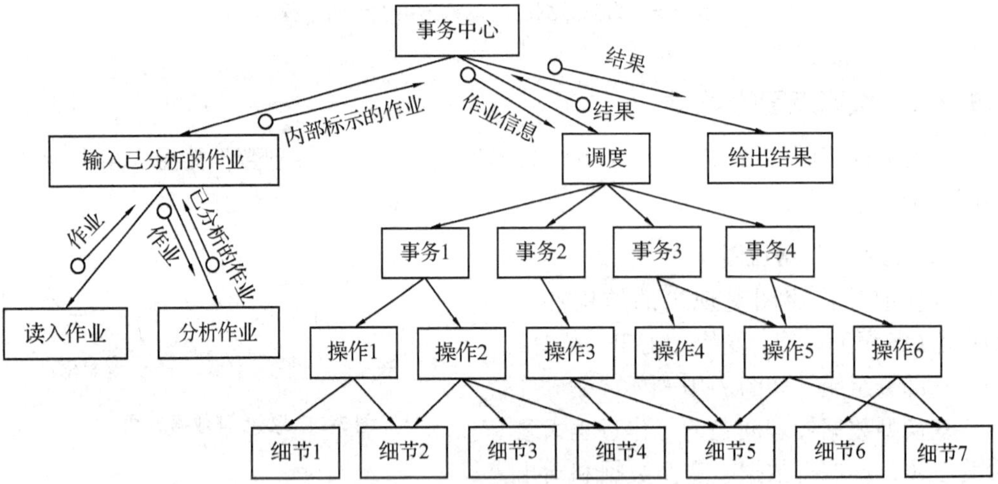

图 7-13　事务型系统结构图

7.1.4.2　变换分析

变换分析是一系列设计步骤的总称，经过这些步骤把具有变换流特点的数据流图按预先确定的模式映射成系统结构。变换分析的设计步骤为：复查基本系统模型→复查并精化数据流图→确定数据流图具有变换特性→确定输入流和输出流的边界，从而孤立出变换中心→完成"第一级分解"→完成"第二级分解"→使用设计度量和启发规则对第一次分割得到的系统结构进一步精化。

7.1.4.3　事务分析

事务分析的设计步骤和变换分析的设计步骤大部分相同或类似，主要差别仅在于由数据流图到系统结构的映射方法不同。过程如下：

①复审基本系统模型。

②复审和细化系统的数据流图。

③确定数据流图中含有变换流特征还是含有事务流特征。

以上三步与变换映射中的相应工作相同。

④识别事务中心和每一条操作路径上的流特征。事务中心通常位于几条操作路径的起始点上。

⑤将数据流图映射到事务型系统结构图，包括：输入分支、分类事务处理分支(调度)和输出分支。

⑥分解和细化该事务结构和每一条操作路径的结构。

⑦利用一些启发式原则来改进系统的初始结构图。

由事务流映射成的系统结构包括一个接收分支和一个发送分支。映射出接收分支结构的方法和变换分析映射出输入结构的方法很相像，即从事务中心的边界开始，把沿着接收流通路的处理映射成模块。发送分支的结构包含一个调度模块，它控制下层的所有活动模块；然后把数据流图中的每个活动流通路映射成与它的流特征相对应的结构。如图 7-14 所示说明了上述映射过程。

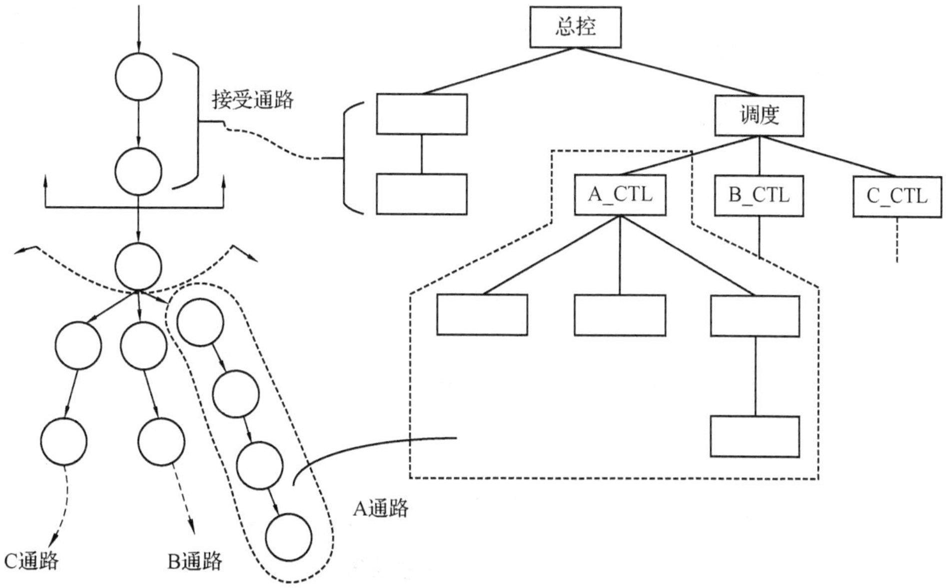

图 7-14　事务流映射图

7.1.4.4　混合结构分析

一个大型系统中常常是变换型和事务型的混合结构。为了导出它们的初始结构图，也必须同时采用变换分析和事务分析两种方法。对于一般情况，结构化设计的基本思路是，以变换分析为主，事务型为辅，导出初始设计。如图 7-15 所示，即系统的总体框架是变换型，其变换中心的下层分解则基于事务分析。对于复杂系统可能有若干变换中心，把变换分析和事务分析应用到同一个数据流图的不同部分，由此得到的子结构形成“构件”，可以利用它们构造完整的系统结构(图 7-16)。

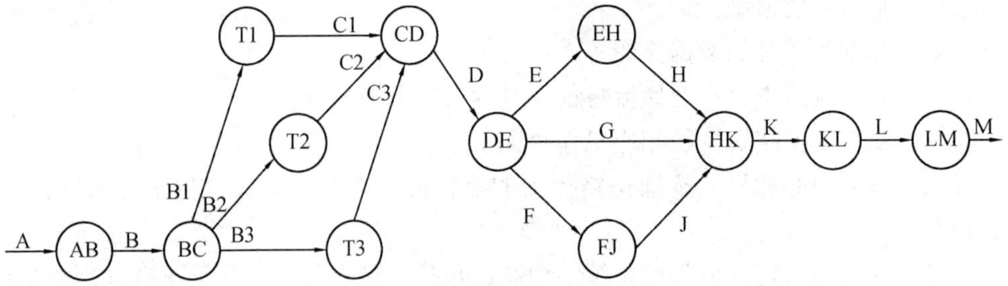

图 7-15 混合结构分析图

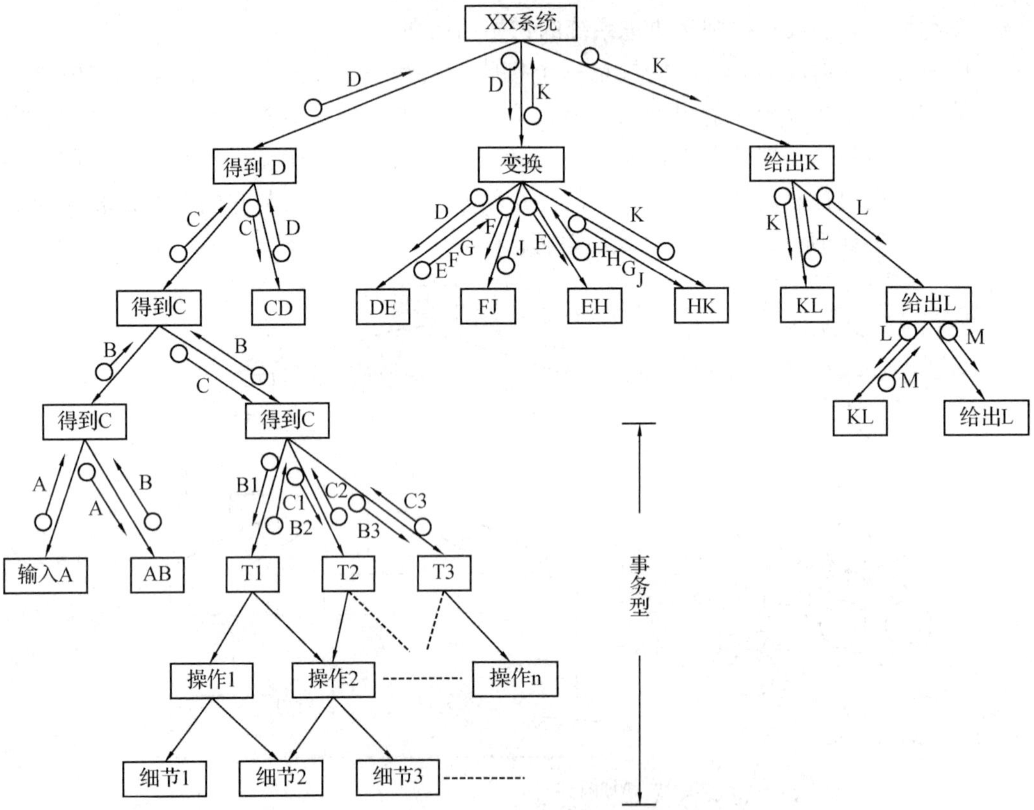

图 7-16 导出的初始模块结构

7.1.4.5 总体设计的实例

下面以第 6 章讨论过的工资计算系统数据流图为例来介绍变换分析建立软件结构的主要步骤。

划分边界，区分系统的输入、变换中心和输出部分。工资计算系统数据流图的划分如图 7-17 所示，用虚线将输入、变换中心和输出部分分开。

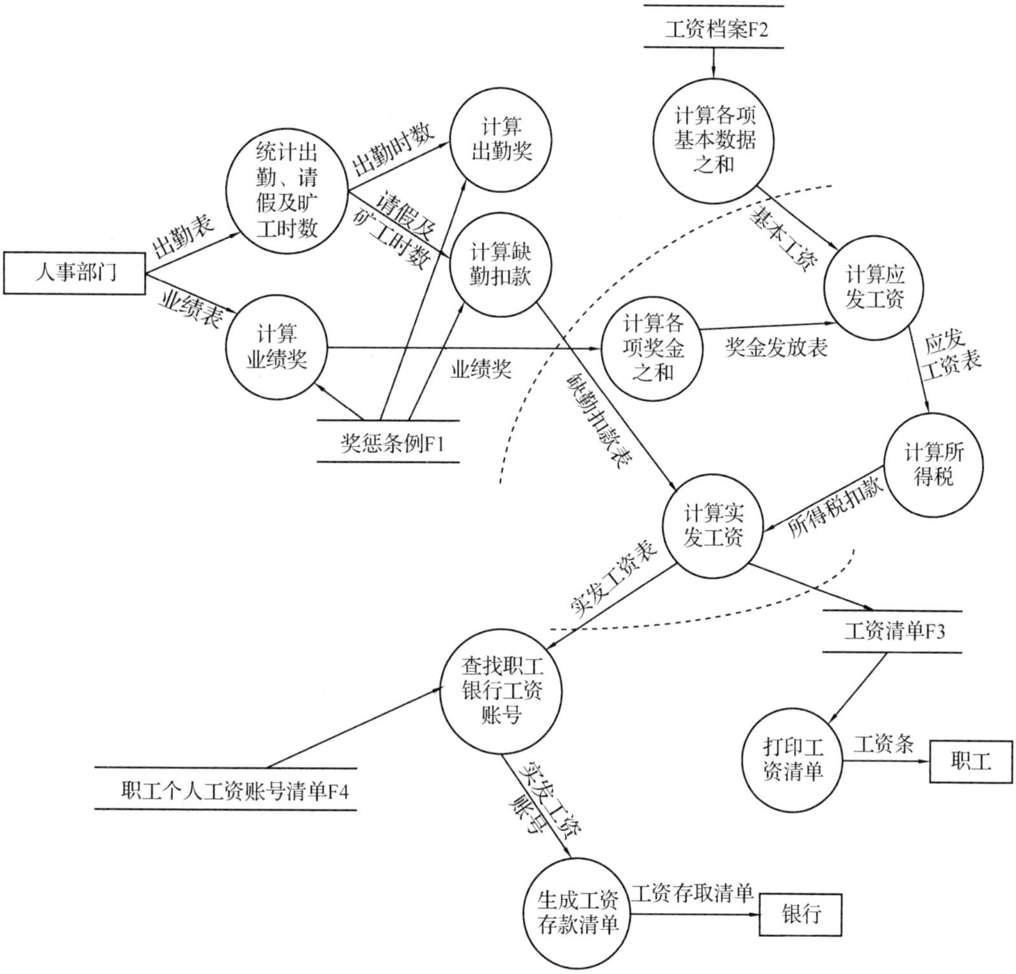

图 7-17 工资计算系统数据流图的划分图

完成第一级分解，设计系统的上层模块。工资计算系统的一级分解结果如图 7-18 所示。

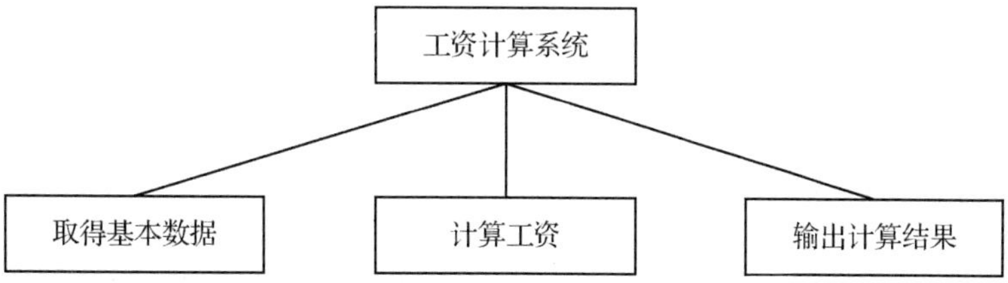

图 7-18 工资计算系统的一级分解图

完成第二级分解，设计输入、变换中心和输出部分的中、下层模块。完成二级分解后，工资计算系统的软件结构如图 7-19 所示(图中省略了模块调用传递的信息)。

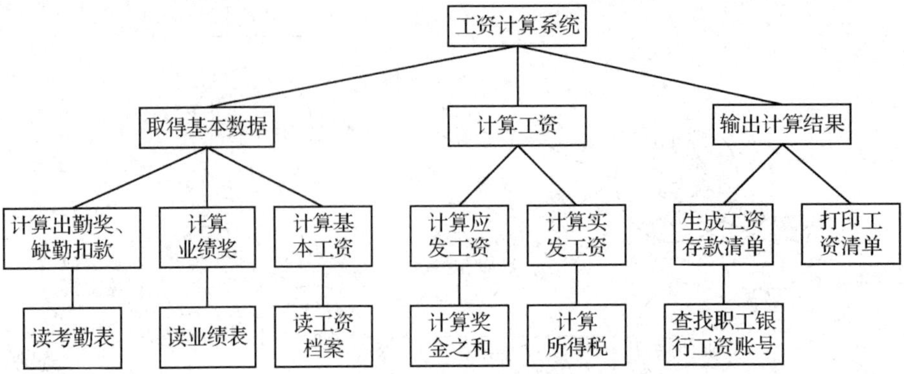

图 7-19　资计算系统的软件结构图

7.1.5　数据库设计

数据库设计是在选定的数据库管理系统基础上建立数据库的过程。数据库设计的步骤与系统开发的各个阶段相对应，如图 7-20 所示。

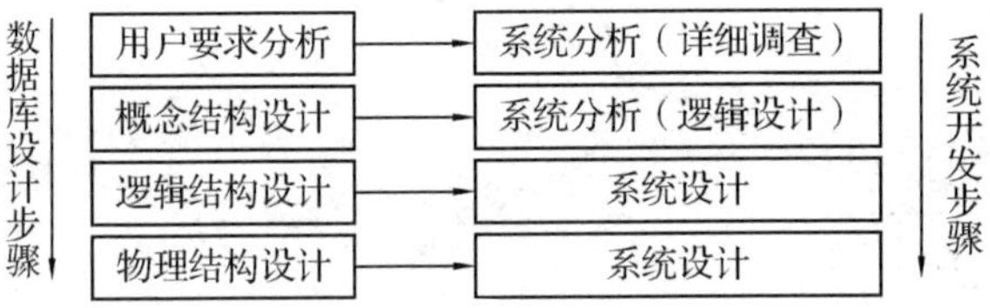

图 7-20　数据库设计步骤表

①数据库的概念结构设计　如前所述，概念结构设计应在系统分析阶段进行。任务是根据用户需求设计数据库的概念数据模型(简称概念模型)。概念模型是从用户角度看到的数据库，它可用 E－R 模型表示。

②数据库的逻辑结构设计　逻辑结构设计是将概念结构设计阶段完成的概念模型转换成能被选定的数据库管理系统(DBMS)支持的数据模型。数据模型可以由实体联系模型转换而来，也可以用基于第三范式(3NF)的方法来设计。接着是用 DBMS 提供的数据描述语言 DDL 定义数据模型。

③数据库的物理结构设计　内容包括：选用库文件的组织形式、存储介质的分配和存取路径的选择等。

7.1.6　计算机与网络系统方案的选择

一个现代化信息系统的主要支撑环境是一个完善的计算机系统，它由软件和硬件两大部分组成，合理选择和配置这一系统环境，可以以最小的代价获得最大的效益，因此是系统总体设计阶段的主要工作之一。通常，计算机系统方案选择要考虑的因素：

①选择依据　计算机系统方案的提出应主要考虑和依据系统的可行性报告、系统说明书和系统总体结构设计以及技术发展和市场有关性能与价格等。

②功能要求　主要考虑的是数据处理功能、数据存储功能、系统外设的功能、通信功能。

③市场考虑　计算机的选择，应考虑系统的升级情况和第三方软件的支持情况，

即系统应具有延续性。

④系统的配置 软、硬件的兼容性和可扩展性。

⑤培训要求 是否提供技术培训与操作培训。

⑥评价 是否满足所有功能要求并考虑到了今后的发展；配件是否齐全；软件是否丰富；技术是否先进；后援是否可靠；系统是否开放；价格是否合理。

7.1.7 总体设计规格说明书与评审

在总体设计阶段设计人员完成的主要文档是总体设计说明书，它主要规定软件的结构。包括：引言、任务概述、总体设计、接口设计、数据结构设计、运行设计、出错处理设计、安全保密设计。

7.2 信息系统详细设计

7.2.1 详细设计概述

详细设计也可以称为过程设计。详细设计的目的是为系统结构图中的每一个模块确定采用的算法和块内数据流图，用某种选定的表达工具给出清晰的描述，使程序员可以将这种描述直接翻译为某种语言程序(图 7-21)。为了能够使模块的逻辑描述清晰准确，在详细设计阶段应遵循的原则有：将保证程序的清晰度放在首位；设计过程中应采用逐步细化的实现方法；选择适当的表达工具。设计过程如下：

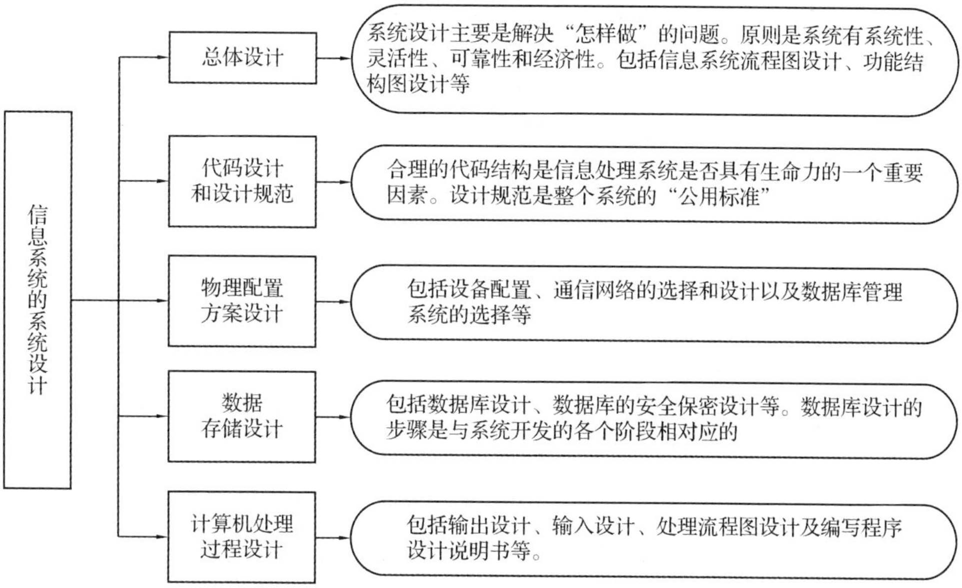

图 7-21 信息系统总体设计示意

①为每个模块确定采用的算法，并用适当的工具表达算法的过程，给出详细的描述。

②确定每一模块使用的数据结构和模块接口的细节，包括内部接口、外部接口、模块的输入、输出及局部数据等。

③为每个模块设计一组测试用例，以便在编码阶段对模块代码进行预定的测试。

④编写详细设计说明书，提交复审。

详细设计说明书包括引言、总体设计和模块描述。引言用于说明编写本说明书的目的、背景，定义所用到的术语和缩略语，以及列出文档中所引用的参考资料等。总体设计用于给出软件系统的体系结构图。模块描述依次对各个模块进行详细的描述，主要包括模块的功能和性能、实现模块功能的算法、模块的输入及输出、模块接口的详细信息等。

7.2.2　详细设计的工具

描述程序处理过程的工具称为过程设计工具，它们可以分为图形工具(程序流程图、盒图和 PAD 图)、表格工具(判定表和判定树)和语言(PDL 语言)3 类。

7.2.2.1　程序流程图

程序流程图也称为程序框图，它是历史最悠久、使用最广泛的一种描述程序逻辑结构的工具。程序流程图常用的基本符号如图 7-22 所示，用程序流程图表达的三种基本控制结构如图 7-23 所示。

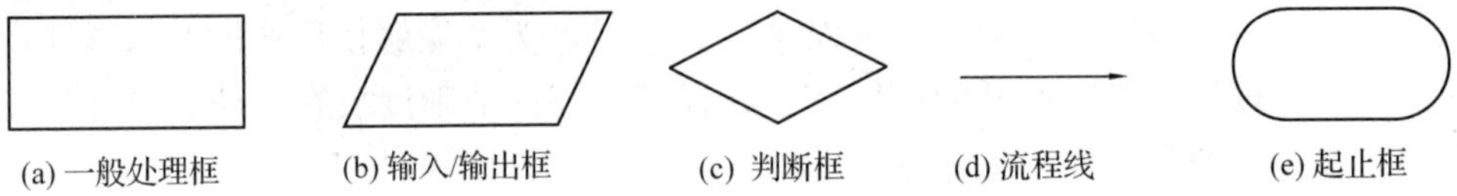

图 7-22　程序流程图常用的基本符号

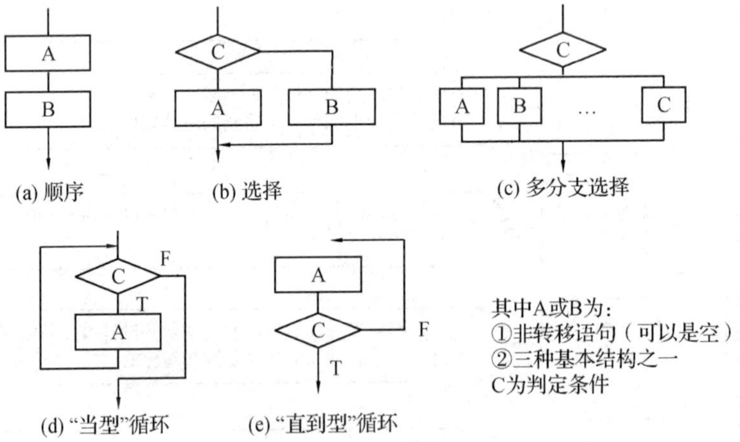

图 7-23　基本控制结构的表示方法

下面以求一组数中的最大值为例说明程序流程图的画法。如果要实现找出一组数中最大值这个功能，可将这组数存于一个数组 A 中，如果用语言描述其计算过程如下：

①输入一个数组 A，元素个数为 N；

②令最大数 MAX = $A(1)$(数组中的第一元素)；

③从 $A(2)$ 至 $A(N)$(即第二个元素至最末一个元素)依次与最大数 MAX 进行比较；

④如新元素 > MAX，则 MAX = 新元素；

⑤输出最大数 MAX。

用程序流程图来描述这一算法的过程，结果如图 7-24 所示。

程序流程图比较直观、清晰，使用灵活，便于阅读和掌握，因此，在 20 世纪 40 年代末到 70 年代初被普遍采用。但随着程序设计方法的发展，程序流程图的许多缺点逐渐暴露出来。

程序流程图可以随心所欲地画控制流程线的流向，但容易造成非结构化的程序结构，编码时势必不加限制地使用 GOTO 语句，导致基本控制块多入口多出口，这样会使系统质量受到影响，与系统设计的原则相违背。其本质上不支持逐步求精，它使程序员容易过早地考虑程序的具体控制流程，而忽略了程序的全局结构。程序流程图难以表示系统中的数据结构，对于大型系统而言，程序流程图描述过于琐碎，不容易阅读和修改。

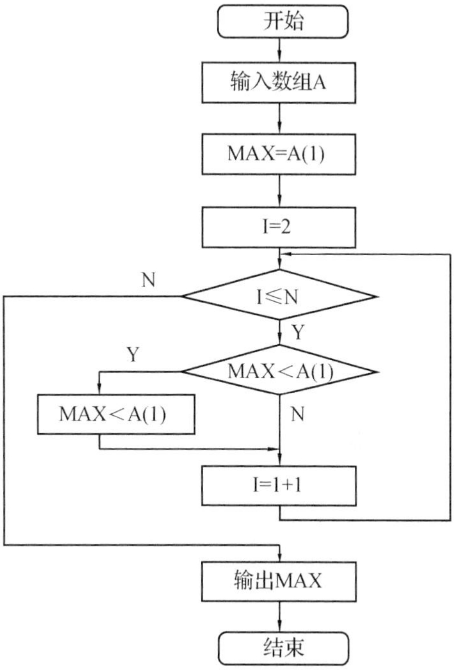

图 7-24 程序流程图

为了克服程序流程图的缺陷，要求程序流程图都应由三种基本控制结构顺序组合和完整嵌套而成，不能有相互交叉的情况，这样的程序流程图才是结构化的程序流程图。

7.2.2.2 盒图

盒图又称为 N－S 图(Nassi-Shneiderman 图)，它是由 Nassi 和 Shneiderman 按照结构化的程序设计要求提出的描述一种图形算法工具。用盒图表达的三种基本控制结构如图 7-25 所示。

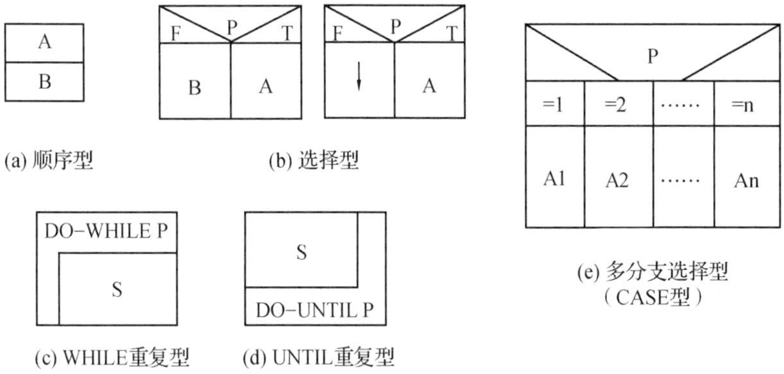

图 7-25 盒图控制结构图

以前面求一组数中最大值的算法为例，如用盒图描述，结果如图 7-26 所示。

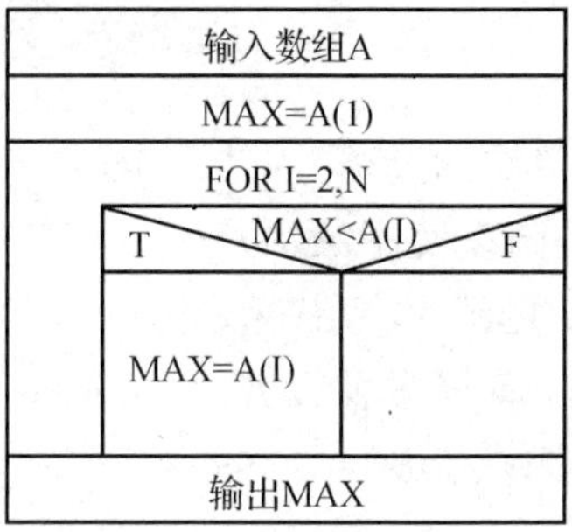

图 7-26 盒图算法

盒图所有的程序结构均用方框来表示，无论并列或者嵌套，程序的结构清晰可见；它的控制转移不能任意规定，必须遵守结构化程序设计的要求；很容易确定局部和全程数据的作用域；很容易表现嵌套关系，也可以表示模块的层次结构。

当程序内嵌套的层数增多时，盒图内层的方块越画越小，不仅会增加画图的困难，并将使图形的清晰性受到影响；当需要对设计进行修改时，盒图的修改工作量会很大。

7. 2. 2. 3 判定表和判定树

判定表和判定树工具在需求分析阶段已经详细地介绍过，这里就不再重复，下面举个实例再复习一下。请分别用判定表和判定树工具来描述某林业调查规划设计院工资档案管理系统中“职务津贴计算”加工逻辑过程。假定职工的职称只分为助理工程师（简称助工）、工程师和高级工程师（简称高工）三种，保底津贴分别是 350、400、500 元，并且单位根据职工的工作年限给予津贴适当的上浮奖励，具体上浮情况如下：无论助工、工程师和高工工作年限在 10 年以下的无浮动；对于在单位工作超过 10 年但不到 20 年的职工，助工、工程师津贴上浮 20%，高工上浮 30%；对于在单位工作超过 20 年的职工，助工津贴上浮 30%，工程师津贴上浮 35%，高工上浮 40%（表 7-2、图 7-27）。

表 7-2 工资判定表

条件组合		1	2	3	4	5	6	7	8	9
条件	职务	助工	工程师	高工	助工	工程师	高工	助工	工程师	高工
	工龄	<10	<10	<10	10~20	10~20	10~20	>20	>20	>20
动作	奖金基数 350	√			√			√		
	奖金基数 400		√			√			√	
	奖金基数 500			√			√			√
	上浮 20%				√	√				
	上浮 30%						√	√		
	上浮 35%								√	
	上浮 40%									√

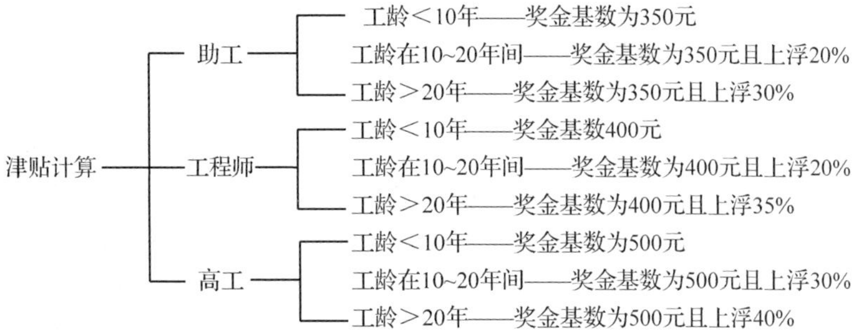

图 7-27 工资判定树

7.2.2.4 PDL 语言

PDL 语言即过程设计语言(process design language)，是一种用于描述程序算法和定义数据结构的伪码设计语言。

PDL 是一种"混杂"语言，它使用一种语言(通常是某种自然语言)的词汇来表示实际操作，同时却使用另一种语言(某种结构化的程序设计语言)的语法来定义控制结构和数据结构。自然语言的采用使算法的描述灵活自由、清晰易懂，结构化程序设计语言的采用使控制结构的表达具有固定的形式且符合结构化设计的思想。

PDL 语言的构成与用于描述加工的结构化语言相似但又有区别，主要区别在于：由于 PDL 语言表达的算法是编码的直接依据，因此其语法结构更加严格并且处理过程描述更加具体详细。

前面求一组数中最大值的过程如果用 PDL 语言描述，结果如下：

```
INPUT ARRAY A
MAX = A(1)
DO FOR I = 2 TO N
IF MAX < A(I)
SET MAX = A(I)
ENDIF
PRINT MAX
```

PDL 虽然不是程序设计语言，但是它与高级程序设计语言非常类似，只要对 PDL 描述稍加变换就可变成源程序代码，因此，它是详细设计阶段很受欢迎的表达工具。用 PDL 写出的程序，既可以很抽象，又可以很具体。因此，容易实现自顶向下逐步求精的设计原则。PDL 描述同自然语言很接近，易于理解，描述可以直接作为注释插在源程序中，成为程序的内部文档，这对提高程序的可读性是非常有益的。

PDL 的缺点是不如图形工具那样描述形象直观，对复杂条件的描述，不如判定表清晰、简单，因此常常将 PDL 描述与一种图形描述工具结合起来使用。

7.2.3 结构化程序设计方法

结构化程序设计是一种设计程序的技术，采用自顶向下、逐步细化的设计方法和单入口、单出口的控制技术，认为任何程序都可以通过顺序、选择(IF_THEN_ELSE 型选择)和循环(DO_ WHILE 型循环)3 种基本控制结构的复合实现。

如果只允许使用顺序、IF_ THEN_ ELSE 型分支和 DO_ WHILE 型循环这 3 种基本控制结构，则称为经典的结构程序设计；如果除了上述 3 种基本控制结构之外，还允许使用 DO_ CASE 型多分支结构和 DO_ UNTIL 型循环结构，则称为扩展的结构程序设计；如果再加上允许使用 LEAVE(或 BREAK)结构，则称为修正的结构程序设计。

结构化程序设计使用语言中的顺序、选择、重复等有限的基本控制结构表示程序逻辑，选用的控制结构只准许有一个入口和一个出口，复杂结构应该用基本控制结构进行组合嵌套来实现，语言中没有的控制结构，可用一段等价的程序段模拟。严格控制 GOTO 语句，仅在下列情形才可使用：用一个非结构化的程序设计语言来实现一个结构化的构造；若不使用 GOTO 语句就会使程序功能模糊；在某种可以改善的而不是损害程序可读性的情况下。

使用结构化程序设计，其自顶向下、逐步细化的方法符合人类解决复杂问题的普遍规律，可以显著提高系统开发的成功率和生产率。先全局后局部、先整体后细节、先抽象后具体的逐步求精过程开发出的程序有清晰的层次结构。使用单入口单出口的控制结构而不使用 GOTO 语句，使得程序的静态结构和它的动态执行情况比较一致。控制结构有确定的逻辑模式，编写程序代码只限于使用很少几种直截了当的方式。程序清晰和模块化使得在修改和重新设计一个系统时可以重用的代码量最大。程序的逻辑结构清晰，有利于程序正确性证明。

结构化方法编制的源代码较长，存储容量和运行时间有所增加(估计增加 10% ~ 20%)；有些非结构化语言不直接提供单入、单出的基本控制结构；个别情况下结构化程序的结构也十分复杂。然而随着计算机硬件技术的发展，存储容量和运行时间已经不是严重问题；如果使用非结构化语言编程，有限制地使用 GOTO 语句，常常可以达到既满足程序结构清晰的要求，又能够保证程序执行的效率。

在详细设计以及编码阶段采用自顶向下、逐步细化的方法，可以把一个模块的功能再逐步细化为一系列具体的处理步骤或某种高级语言的语句。逐步细化的步骤可以归纳为三步：

①由粗到细地对程序进行逐步的细化，每一步可选择其中一条或数条将它们分解为更多或更详细的程序步骤。

②在细化程序过程时，对数据的描述同时进行细化。

③每步细化均使用相同的结构语言，最后一步一般直接用伪码来描述。

7.2.4 人机界面设计

7.2.4.1 用户的使用需求分析

用户需求包含功能需求和使用需求。

(1)用户对计算机系统的要求

让用户灵活地使用，不必以严格受限的方式使用系统。为了完成人—机间的灵活对话，要求系统提供对多种交互介质的支持，提供多种界面方式，用户可以根据任务需要自己的特性，自由选择交互方式。系统能区分不同类型的用户并适应他们，要求依赖于用户类型和任务类型，系统自动调节以适应用户。系统的行为及其效果对用户是透明的。用户可以通过界面预测系统的行为。系统能提供联机帮助功能，帮助信息的详细程度应依据用户的要求。人—机交互应尽可能和人际通信相类似，要把人—机交互常用的例子、描述、分类、模拟等用于人—机交互中。系统设计必须考虑到人使用计算机时的身体、心理要求，包括机房环境、条件、布局等，以使用户能在没有精神压力的情况下使用计算机完成他们的工作。

(2)用户技能方面的使用需求

应该让系统去适应用户，对用户使用系统不提出特殊的身体、动作方面的要求，例如，用户只要能使用交互设备(如键盘、鼠标器、光笔)等即可，而不应有任何特殊要求。

用户只需有普通的语言通信技能就能进行简单的人—机交互。目前人—机交互中使用的是易于理解和掌握的准自然语言。要求有一致性的系统。一致性系统的运行过程和工作方式很类似于人的思维方式和习惯，能够使用户的操作经验、知识、技能推广到新的应用中。应该让用户能通过使用系统进行学习，提高技能。最好把用户操作手册做成交互系统的一部分，当用户需要时，有选择地进行指导性的解释。系统提供演示及示例程序，为用户使用提供范例。

(3)用户习性方面的使用需求

系统应该让在终端前工作的用户有耐心，这一要求是和系统响应时间直接相关联的。对用户操作响应的良好设计将有助于提高用户的耐心和使用系统的信心。能很好地对付易犯错误、健忘以及注意力不集中等习性。良好的设计应设法减少用户错误的发生，例如，采用图形点取方式。此外，必要的冗余长度、可恢复操作、良好的出错信息和出错处理等也都是良好系统所必须具备的，减轻用户使用系统的压力。系统应对不同用户提供不同的交互方式。例如，对于偶然型和生疏型用户可提供如问答式对话、菜单选择等交互方式；对于熟练型或专家型用户提供如命令语言、查询语言等交互方式；而直接操纵图形的用户界面以其直观、形象化及与人们的思维方式的一致性，更为各类用户所欢迎。

(4)用户经验、知识方面的使用需求

系统应能让未经专门训练的用户容易使用。能对不同经验知识水平的用户做出不同反应，例如，不同程序的响应信息、提示信息、出错信息等。提供同一系统，甚至不同系统间系统行为的一致性，建立起标准化的人—机界面。系统必须适应用户在应用领域的知识变化，应该提供动态的自适应用户的系统设计。

总之，良好的人—机界面对用户在计算机领域及应用领域的知识、经验不应该有太高要求，相反，应该对用户在这两个领域的知识、经验变化提供适应性。

(5)用户对系统的期望方面的要求

用户界面应提供形象、生动、美观的布局显示和操作环境，以使整个系统对用户更具吸引力。系统绝不应该使用户失望，一次失败可能使用户对系统望而生畏。良好的系统功能和人—机界面会使用户乐意把计算机系统当成用户完成其任务的工具。处理问题应尽可能简单，并提供系统学习机制，帮助用户集中精力去完成。其实际工作，减轻用户操作运行计算机系统的盲目性。

7.2.4.2　人—机界面的设计原则

(1)确定用户

确定用户是系统分析和设计的第一步，也就是标识使用应用系统的用户(最终用户)的类型。软件系统的设计者必须了解自己的用户，包括用户的年龄段、受教育程度、兴趣、工作时间、特殊要求等。“了解用户”是一个十分简单的想法，但在工程实践中常常是一个困难的要求。

从对计算机系统或者程序熟悉程度观点，计算机用户可以分为终端用户和系统程序员两类。终端用户指计算机系统的终端操作者或是使用者，这类用户通常不要求懂得计算机和程序，系统的用户界面要求易学、易用、可靠。对于系统程序员来说，他们熟悉系统运行环境，具有较熟悉的程序设计经验，通常要求具有对现有系统运行维护，甚至二次开发的能力。因此，他们要求系统模块结构良好。

(2)尽量减少用户的工作

在设计人—机计算机组成的人—机系统来完成一定的任务时，应该让计算机能积极主动，而让人尽可能地少做工作，因而使用户能更轻松、更方便地完成工作。为减少需要用户记忆的内容，用户界面设计中主要用以下办法：用提示选择，而不是输入命令串；联机帮助；增加可视化图形表示。

(3)一致性原则

人—机界面的一致性主要体现在输入、输出方面的一致性，具体是指在应用程序的不同部分，甚至不同应用程序之间，具有相似的界面外观、布局和相似的人—机交互方式以及相似的信息显示格式等。一致性原则有助于用户学习，减少学习量和记忆量。

(4)系统要给用户提供反馈

人—机交互系统的反馈是指用户从计算机一方得到信息，表示计算机对用户的动作所做的反应。使用户操作简便，并提供清晰的提示是用户界面设计的一个主要原则。其中需要注意：快速执行的公共操作；缺省输入和自由格式；系统提示显示。

(5)应有及时的出错处理和帮助功能

系统设计应该能够对可能出现的错误进行检测和处理，而且良好的系统设计应能预防错误的发生。

用户操作发生错误动作或者系统运行环境出现故障，通常是不可避免的事情。出错处理的主要设计应考虑如下因素：出错提示信息；错误现场记录；系统应该提供撤销以上动作的功能。

7.2.4.3　人—机界面实现的原则

(1)一般可交互性

为了提高可交互性的措施，在同一用户界面中，所有的菜单选择、命令输入、数据显示和其他功能应始终保持同一种形式和风格；通过向用户提供视觉和听觉上的反馈，保持用户与界面间的双向通信；对所有可能造成损害的动作，坚持要求用户确认，例如，提问"你肯定?"对大多数动作应允许恢复(UNDO)；尽量减少用户记忆上的负担；提高对话、移动和思考的效率，即最大可能地减少击键次数，缩短鼠标移动的距离，避免使用户产生无所适从的感觉；用户出错时采取宽容的态度；按功能分类组织界面上的活动；提供上下敏感的帮助系统；用简短的动词和动词短语提示命令。

(2)信息显示

如果人—机界面的显示信息不完整、不明确或不具智能，应用软件就无法真正满足用户的要求。信息可用多种方式显示：用正文、图像和声音；通过定位、移动和缩放；采用色彩、变形等。在信息显示方面只显示当前上下文有关的信息，不要使用户置身于大量的数据中，使用一致的标记、标准的缩写和隐含的颜色，允许用户保持可视化的上下相关性，生成有意义的出错信息，采用大小写、行首缩进和正文分组，尽可能用窗口来划分不同类型的信息。采用"模拟"显示方式。有些信息若采用"模拟"显示方式，更容易被理解。例如，用数字显示炼油厂的潜藏罐压不如采用温度计式的显示方式表示得直观。合理利用显示屏的可用空间。当采用多窗口时，应保证至少显示每个窗口的一部分。另外，选择显示屏时应考虑能否容纳要显示的应用软件。

(3)数据输入

用户的大部分时间都花在选取命令、键入数据以及其他的系统输入上。在许多应用场合，键盘仍是主要的输入介质，但鼠标、数字化仪，甚至语言识别系统等高效手段正不断涌现，并迅猛发展。数据输入时，尽量减少用户的输入动作，保证信息显示与数据输入的一致性，允许用户定制输入，交互方式应符合用户要求，屏蔽掉当前动作的上下文中不适用的命令，让用户控制交互的流程，为所有的输入动作提供帮助，去掉画蛇添足的输入。

7.3　森林资源信息管理系统设计解析

以县局级森林资源信息管理系统设计为例，主要介绍了系统数据库表、数据库表的分类和命名原则及系统的主要功能等。

(1)系统数据库表

系统表是系统设计者为管理整个系统而设计的表，软件开发人员根据系统表的内容，按设计者的要求，开发各种功能。包括代码类别表、代码表、系统名称表、区划级表、零级至三级类名索引表、表结构表、表结构 SQL 表和用户管理表。

(2)属性信息分类与表命名规则

信息分类与编码是数据组织、建立数据模型的前提。森林资源数据的种类比较多，若用管理系统软件进行管理，必须要对各类数据进行归类管理，统一命名规则，便于各类数据表的维护。

(3)系统主菜单及各部分功能简述

根据森林资源信息管理系统的主要功能分解图设计了系统主菜单，各部分功能简述见表 7-3。在表 7-3 所列的功能中，只有数据管理和图形管理具有通用功能，统计报表部分的通用性研究已有初步结果，正在完善。资源更新部分比较复杂，同时涉及空间信息和属性信息，还不能够达到通用的程度，需要在今后的研究中进行提高，在此只介绍资源更新的一般原理和方法。

表 7-3 系统主菜单及各部分功能简述

菜 单	功能简述	用户级别
1. 数据管理	三类资源数据库表 一类、二类包括数据录入、逻辑检查、数据标准化 三类数据只包括数据录入、数据编辑	1，2
2. 图形管理	空间数据管理：包括图形输入、编辑、制作专题图	1
3. 统计报表	资源统计及资源变化统计	1
4. 资源更新	二类数据资源更新	1
5. 信息查询	数据查询、图形查询、文档查询	1，3
6. 系统维护	代码维护、用户权限、各类系统表建立与维护等	1
7. 系统帮助	随机帮助	1

(4) 数据管理

数据库主要由空间数据库、属性数据库、派生库、文档库和参数库构成。由于属性数据和空间数据的编辑处理方式和管理软件的差异比较大，所以将属性数据和空间数据分开管理。属性数据库包含的数据非常广泛，主要有森林经理调查中的小班调查数据，各种样地数据、专业调查数据，作业设计验收数据及有关文档等。样地数据，特别是复位样地和固定样地的每木检尺记录，是构建生长预估模型、宏观控制小班调查结果的前提和基础。派生库主要指由属性数据库、样地数据库产生的资源统计、生产计划、资源变化，也包括作业设计施工后的验收数据。派生数据既可为营林生产管理子系统、统计报表管理子系统、资源更新管理了系统提供基础信息源，又可作为森林资源档案的部分内容存入档案及进行各种资源分析。文档库主要保存诸如森林经理调查规程、营林作业设计规程、森林资源调查报告、专项研究成果等。如通过森林经理调查规程中有关树种组、龄组的划分规定，可以对小班数据进行检查或直接将这些规定应用到小班调查数据的录入中，以实现这些因子的自动生成。营林作业设计的文档可以为作业设计提供依据，并可通过有关程序设计，辅助和检查作业设计的合理性。

以森林资源小班数据管理为例，简述数据管理功能。小班属性数据管理系统模型如图 7-28 所示，小班数据管理功能为：插入、删除、排序、检索、提交、刷新、逻辑检查、数据灌入、数据导出、数据标准化。

(5) 数据标准化

数据标准化的目的是将不同地方的数据(数据集、数据表、数据项不同、数据编码不同)按照“数字林业标准规范”和“数字林业平台技术标准”的要求，转化为符合标准的省级数据格式，并向省级数据中心提交。现在一般比较通用的数据交换格式是 XML 格式。数据标准化流程如图 7-29 所示。数据标准化三层的对应关系在系统维护功能中建立，在数据标准化窗口完成数据的标准化转换和数据提交。通过标准化转换，地方

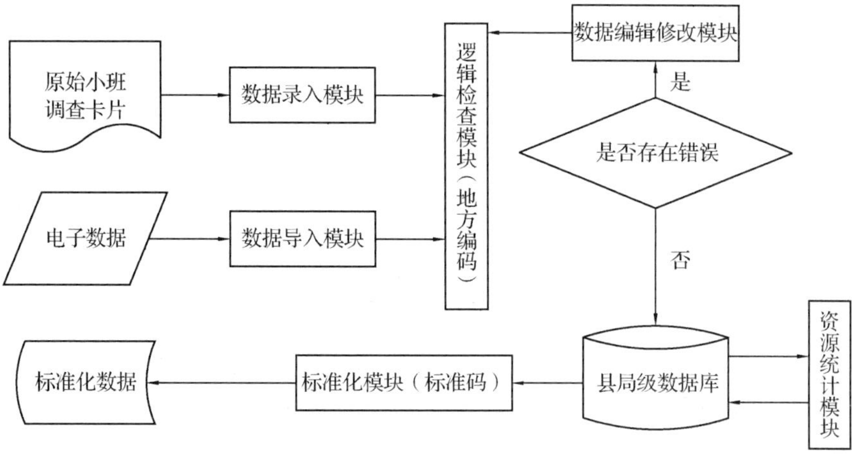

图 7-28 属性数据管理系统流程图

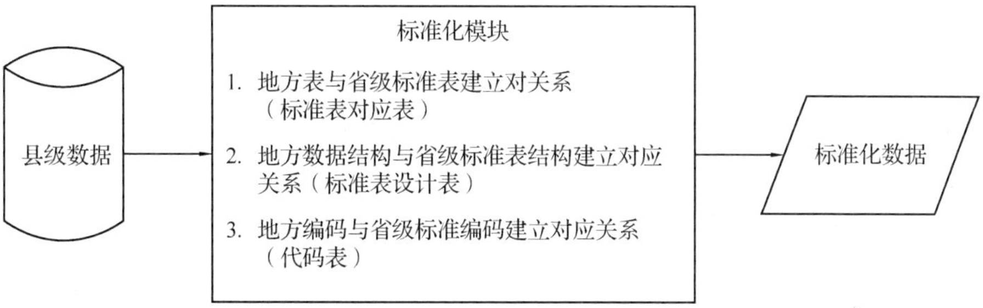

图 7-29 数据标准化流程图

即可以向上级(省级)提供符合数字林业标准规范的、可以共享的标准化数据。

(6)空间数据组织与管理

空间数据主要包括栅格数据(*.img， *.jpg， *.bmp 等)及矢量数据。在县局级森林资源管理信息系统中主要包括下面几种图，见表 7-4。其中 1~7 为基础图，7~10 为专业图。单位 1 为县林业局，单位 2 为乡镇(林场)。在县局级空间矢量数据数据管理工作中需要注意的是建立严格的地方空间要素(点、线、文字)编码，只有建立了严格的地方空间要素编码才能进行各类要素的查询与管理(制图等)。空间数据由 GIS 软件进行管理。

表 7-4 图形数据种类及命名

编 号	名 称	单 位	比例尺	属性因子
1	行政区划图	1、2	1:25 万、1:10 万、1:5 万、1:1 万	各区划级的概况
2	行政区划位置点图	1、2	1:25 万、1:10 万、1:5 万、1:1 万	代码、区划单位名称
3	矢量地形图	1、2	1:25 万、1:10 万、1:5 万、1:1 万	序号、海拔高
4	地物点图	1、2	1:25 万、1:10 万、I: 5 万、1:1 万	序号、代码、名称
5	地物线图	1、2	1:25 万、1:10 万、1:5 万、1:1 万	序号、代码、名称、长度
6	遥感影像	1、2	1:25 万、1:10 万、1:5 万、1:1 万	

（续）

编 号	名 称	单 位	比例尺	属性因子
7	栅格地形图	1、2	1: 25 万、1: 10 万、1: 5 万、1: 1 万	
8	小班区划图	2	1: 2.5 万、1: 1 万	小班属性库
9	作业设计图	2	1: 2.5 万、1: 1 万	作业计划库
	作业验收图	2	1: 2.5 万、1: 1 万	作业验收库
10	资源变化图	2	1: 2.5 万、1: 1 万	资源变化库

(7) 资源更新

引起资源小班数据变化的原因主要有3类：林分自然生长、人为活动影响和自然灾害。由于营林生产活动而引起的资源变化数据由营林验收表中得到，异常原因(自然灾害、人为破坏)引起的资源变化数据需要单独记载，林分自然生长的变化用生长率或全林整体生长模型更新。全部变化数据由资源变化数据录入程序输入。资源更新主要分为图形更新和资源数据更新。

图形更新的主要目的是根据原森林资源小班区划图和森林资源变化图生成森林资源过渡图和关联图。关联图主要描述了原小班、变换小班、过渡小班及新小班之间的空间和属性之间的关系。图形更新程序的另一个主要任务是根据 GIS 所求的面积、资源变化图的面积及原小班图的面积计算新小班的面积，并进行面积平差，即保证在变换小班内的过渡斑块面积与变化小班面积一致，原林班面积保持不变，有出入的面积平差到该林班中面积最大的小班中。

属性数据更新分为：由资源变化关联库、资源变化库及原小班数据库生成森林资源过渡库；由森林资源过渡库生成新小班数据库。森林资源过渡库中包含有新小班的信息及原小班的信息，从而可以统计资源地类面积变化表等。

(8) 系统维护

为了实现系统的可扩充性、通用性、地方兼容性，系统中设计了比较完备的系统表及系统表管理功能。系统管理员可以利用系统工具建立或导入地方代码表；修改任意一种原始表的结构及字段与代码表的对应关系；方便的导入任何种类的地方已有数据；通过建立表级、字段级及代码的对应关系，就可以运行数据标准化模块将地方数据标准化。包括系统名称维护、用户维护、国标码维护、地方代码维护、原始表维护和派生表维护。

思 考 题

1. 举例说明森林资源管理信息系统总体设计的目的、任务。
2. 举例说明森林资源管理信息系统的详细设计的目的、原则、过程。

第8章

森林资源信息管理系统开发

本章介绍了程序编码的目的；程序设计语言成分、层次、特性和分类及对程序设计语言的选择；程序的编码风格问题；程序的效率问题；程序设计的途径以及程序设计工具；同时介绍了系统测试的意义、目的和基本原则；系统测试的方法和过程；系统测试的步骤；系统测试方案的设计；系统调试；系统的可靠性分析。

8.1 信息系统程序编码

8.1.1 编码的目的

编码目的是使用选定的程序设计语言，把模块的过程描述翻译为用该语言书写的源程序。

8.1.2 程序设计语言

要了解一种程序设计语言，首先必须了解它的基本成分，程序设计语言的基本成分包括下面四部分：

①数据部分　程序中能构造的数据类型，用以描述程序中使用的各种类型的数据，如变量、数组、指针、文件等。

②运算部分　程序中允许执行的运算，用以描述程序中所需执行的运算。

③控制部分　程序中允许使用的控制结构，用它们构造程序的控制逻辑。

④传输部分　程序中用以传输数据的方式，如输入/输出语句。

程序设计语言包括语法、语义和语用。语法是指用来表示构成语言的各个记号间的组合规则。语法不涉及这些记号的含义，也不涉及使用者。语义是指用来表示按照各种表示方法所表示的各个记号的特定含义，但它不涉及使用者。语用是指表示构成语言的各个记号和使用者之间的关系。

程序设计语言有心理特性、工程特性和技术特性。所谓程序设计语言的心理特性，就是指能够影响编程者心理的语言性能。这种影响主要表现在歧义性、简洁性、局部性和顺序性。工程特性主要体现在可移植性、语言编译器的实现效率、开发工具的支持、可维护性。在确定了系统开发项目的需求后，根据项目的特性选择具有相应技术特性的程序设计语言对保证系统的质量具有非常重要的作用。

通常可将程序设计语言分为面向机器语言和高级语言两大类。面向机器语言包括机器语言和汇编语言两种。高级语言按其应用特点的不同，可分为通用语言和专用语言两大类。通用语言指可用于解决各类问题、可广泛应用于各个领域的程序设计语言。专用语言是为了解决某类特殊领域的问题而专门设计的具有独特语法形式的程序设计语言。

目前还有一种按代(Generation)划分程序设计语言的方法：第一代语言(如机器语言、汇编语言)、第二代语言(如 FORTRAN、COBOL)、第三代语言(如 Pascal、C、C++)和第四代语言(如 SQL)。

在选择程序设计语言时通常要考虑因素包括：项目的应用领域、系统开发的方法、系统的运行环境、算法和数据结构的复杂性、系统开发人员的知识、系统用户的要求、工程的规模、可以得到的软件开发工具、系统的可移植性要求。

8.1.3　程序的编程风格

所谓编程风格就是程序员在编写程序时遵循的具体准则和习惯做法。为了写出好程序应该遵循源程序文档化、数据说明、语句结构、输入/输出方法四个方面的规则。

8.1.3.1　源程序文档化

编写源程序文档化的原则为：

(1)使用恰当的标识符命名

标识符即符号名，包括模块名、变量名、常量名、标号名、子程序名、数据区名以及缓冲区名等。为了便于阅读程序时对标识符作用进行正确的理解，标识符的命名应注意以下几个问题：选用具有实际含义的标识符，例如，表示次数的量用 Times，表示总量的用 Total，表示平均值的用 Average，表示和的量用 Sum 等。为了便于程序的输入和区分，标识符的名字不宜过长，不同的标识符不要取过于相似的名字。

(2)程序应加注释

注释分序言性注释和功能性注释。序言性注释一般置于每个模块的起始部分，主要内容包括说明每个模块的用途和功能；说明模块的接口即调用形式、参数描述及从属模块的清单；数据描述，是指重要数据的名称、用途、限制、约束及其他信息；开发历史，指设计者、审阅者姓名及日期，修改说明及日期。

功能性注释一般嵌在源程序体中，用以描述其后的语句或程序段是在做什么工作，或是执行了下面的语句会怎么样。注释用来说明程序段，而不是每一行程序都要加注释。使用空行或缩进或括号，以便很容易区分注释和程序。要使用正确，修改了程序也应相应地去修改注释。

(3)用好空格、空行和移行提高视觉组织

恰当地利用空格，可以突出运算的优先性，避免发生运算的错误。自然的程序段之间可用空行隔开；移行也叫做向右缩格，它是指程序中的各行不必都在左端对齐，都从第一格起排列，这样做使程序完全分不清层次关系。特别是对于选择语句和循环语句，把其中的程序段语句向右做阶梯式移行，可以使程序的逻辑结构更加清晰。

8.1.3.2 数据说明

在设计阶段已经确定了数据结构的组织及其复杂性。在编写程序时，则需要注意数据说明的风格。为了使数据定义更易于理解和维护，可以参考下述的一些指导原则：

(1)数据说明的次序应当规范化

如在 FORTRAN 程序中数据说明次序为：常量说明、简单变量类型说明、数组说明、公用数据块说明、所有的文件说明。在简单变量类型说明中还可进一步要求，可按下面顺序排列：整型量说明、实型量说明、字符量说明、逻辑量说明。

(2)说明语句中变量安排要有序化

当多个变量名在一个说明语句中说明时，应当对这些变量按字母的顺序(a ~ z)排列。带标号的全程数据(如 FORTRAN 的公用块)也应当按字母的顺序排列。例如，把

INTEGER size, length, width, cost, price

写成

INTEGER cost, length, price , size, width

(3)使用注释说明复杂数据结构

如果设计了一个复杂的数据结构，应当使用注释来说明在程序实现时这个数据结构的固有特点。例如，对 PL/1 的链表结构和 PASCAL 中用户自定义的数据类型，都应当在注释中做必要的补充说明。

8.1.3.3 语句结构

在构造语句时，在一行内只写一条语句，并且采取适当的移行格式，使程序的逻辑和功能变得更加明确。许多程序设计语言允许在一行内写多个语句，但这种方式会使程序可读性变差，因而不可取。程序编写首先应当考虑清晰性，不要刻意追求技巧性，使程序显得过于紧凑。对复杂的表达式应加上必要的括号使表达更加清晰。由于人的一般思维方式对逻辑非运算不太适应，因此在条件表达式中应尽量不要使用否定的逻辑表示。

为了不破坏结构化程序设计中结构的清晰性，尽量只采用三种基本的控制结构来编写程序，在程序中应尽量不使用强制转移语句 GOTO。避免使用临时变量而使可读性下降。避免使用空的 ELSE 语句和 IF…THEN IF…的语句，这种结构容易使读者产生误解。为了便于程序的理解，不要书写太复杂的条件，嵌套的重数也不宜过多。为了缩短程序的代码，在程序中应尽可能地使用编译系统提供的标准函数。对于程序中需要重复出现的代码段，应将其用独立模块(函数或过程)实现。除非对效率有特殊要求，程序编写要做到清晰第一，效率第二。不要为了追求效率而丧失了清晰性。程序效率的提高主要应通过选择高效的算法来实现。首先要保证程序正确，然后才要求提高速度。反过来说，在使程序高速运行时，首先要保证它是正确的。不要修补不好的程序，要重新编写。也不要一味地追求代码的复用，要重新组织。对太大的程序，要分块编写、测试，然后再集成。

8.1.3.4 输入/输出

为了使用户能方便地进行数据的输入，力求简单，尽量避免给用户带来不必要的麻烦。交互式输入数据时应有必要的提示信息，提示信息可包括：输入请求、数据的格式及可选范围等。程序应对输入数据的合法性进行检查。若用户输入某些数据后可能会产生严重后果，应给用户输出必要的提示并在必要的时候要求用户确认。当需要输入一批数据时，不要以记数方式控制数据的输入个数，而应以特殊标记作为数据输入结束的标志。应根据系统的特点和用户的习惯设计出令用户满意的输入方式。

设计数据输出方式时，输出数据的格式应清晰、美观。如对大量数据采用表格的形式输出，可以使用户一目了然。输出数据时要加上必要的提示信息。例如，表格的输出一定要带有表头，用以说明表格中各项数据的含义。

8.1.4 程序的效率问题

程序效率是指程序的执行速度及程序占用的存储空间。效率是一个性能要求，目标在需求分析给出。追求效率应建立在不损害程序可读性或可靠性基础之上，要先使程序正确、清晰，再提高程序效率。其根本途径在于选择良好的设计方法、良好的数据结构与算法，而不是靠编程时对程序语句做调整。在满足上述准则的基础上，依照下述一些方法来提高程序的效率。

(1)算法对效率的影响

源程序的效率与详细设计阶段确定的算法的效率直接有关，在将详细设计翻译转换成源程序代码后，算法效率则反映为对程序的执行速度和存储容量的要求。

在设计向程序转换的过程中，提高效率方法有：在编程序前，尽可能化简有关的算术表达式和逻辑表达式；仔细检查算法中嵌套的循环，尽可能将某些语句或表达式移到循环外面；尽量避免使用多维数组；尽量避免使用指针和复杂的表；采用“快速”的算术运算；不要混淆数据类型，避免在表达式中出现类型混杂；尽量用整数算术表达式和布尔表达式；许多编译程序具有“优化”功能，可以自动生成高效率的目标代码。

(2)影响存储器效率的因素

提高存储器效率的关键是程序的简单性，用于优化存储空间使用的指导原则有：对于变动频繁的数据最好采用动态存储；可根据需要采用存储单元共享等节约空间的技术；选用具有紧缩存储器特性的编译程序，在必要时甚至可采用汇编语言；采用结构化程序设计，将程序划分为大小合适的模块。一个模块或若干个关系密切的模块的大小最好与操作系统页面的容量相匹配，以减少页面调度的次数，提高存储效率。

(3)影响输入/输出的因素

输入/输出可分为两种类型：面向人(操作员)的输入/输出、面向设备的输入/输出。关于面向设备的输入/输出，下面提出了一些提高输入/输出效率的指导原则：输入/输出的请求应当最小化；安排适当的缓冲区，以减少频繁的信息交换；对辅助存储(例如磁盘)，选择尽可能简单的、可接受的存取方法；对辅助存储的输入/输出，应当成块传输；对终端或打印机的输入/输出应考虑设备特性，尽可能改善质量和速度；任何不易理解的、对改善输入/输出效果关系不大的措施都是不可取的；任何不易理解的所谓“超高效”的输入/输出是毫无价值的；好的输入/输出程序设计风格对提高输入/输出效率会有明显的效果。

8.1.5 程序设计途径

目前主要有两种程序设计方法，分别称为自顶向下的程序开发方法和自底向上的程序开发方法。

使用自顶向下的方法开发程序，程序员首先实现软件结构的最高层次，用“存根”代表较低层次的模块，所谓存根就是简化模拟较低层次模块功能的虚拟子程序。实现了软件结构的一个层次之后，再用类似方法实现下一个层次，如此继续下去直到最终用程序设计语言实现了最低层为止。自底向上的方法和上述开发过程相反，从最底层开始构造系统，直至最终实现了最高层次的设计为止。

一般说来，用自顶向下的开发方法得到的程序可读性较好，可靠性也较高；用自底向上的开发方法得到的程序往往局部是优化的，系统的整体结构性较差。但是，采用自底向上的开发方法能够及早发现关键算法是否可行，发生较大返工的可能性较小。

为了高效低成本地生产出高度可靠的程序代码，人们研究出一类特殊的程序，用它们能生成用户需要的程序，这也就是程序设计自动化的概念。目前至少有三种不同途径可以实现程序设计自动化。

第一种途径是使用某种方式精确地定义用户的需求，经检验后由一个专门的程序把对用户需求的定义转变成程序代码。

第二种途径本质上是软件设计的模块化概念的推广。它的基本想法是：积累大量具有良好文档的模块，这些模块本身应该是高内聚的、有灵活而且精确定义的接口。此外，还应该提供构造主程序或新模块时可以使用的语句。用户以“问答”的方式与系统交互作用，使用系统提供的语句，确定调用哪些已有的模块以及调用的次序和方式。

第三种途径是所谓的扩展的自动化程序设计范型，这是基于知识的途径。这种实现程序设计自动化的途径，是由美国南加州大学信息科学研究所首先提出来的。

下面简单讨论几种程序设计工具。

——编译程序

是最基本的程序设计工具。可以和编译系统结合在一起的一个重要工具是交叉参照程序，它能给出程序对象的名字的类型，程序中说明每个名字的位置(行号)，以及访问每个对象的语句的行号。更复杂的交叉参照程序还能提供每个模块的参数表和参数类型，模块的局部变量表和模块引用的全程变量表。当需要修改某个全程变量时，这类信息很有用处。

——代码管理系统

一个大型软件开发项目通常有许多程序员参加编码，程序代码往往分散在许多不同的文件夹或库中，而且可能既有程序代码又有目标代码。可能在不同时期会生产出同一个系统的许多不同版本，这些不同的版本分别适合于不同环境的需要。与大型软件系统相联系的主要问题是，记录程序模块开发和维护的历程，确定模块间的相互依赖关系，保证在同一个系统的不同版本中的公共代码是一致的。

目前已经开发出一些软件工具系统可以自动地完成代码管理工作，例如，UNIX/PWB 系统中的 MAKE 和 SCCS 是其中的两个代表。

8.2　信息系统测试

8.2.1　系统测试的基本概念

所谓系统测试就是为了发现程序中的错误而执行程序的过程。

系统测试在系统生命周期中横跨了两个阶段。通常在编写出每个模块之后就对它做必要的测试(称为单元测试)，模块的编写者和测试者是同一个人，编码和单元测试属于系统生命周期的同一个阶段。在这个阶段结束之后，对软件系统还应该进行各种综合测试，这是系统生命周期中的另一个独立的阶段，通常由专门的测试人员承担这项工作。

大量统计资料表明，系统测试的工作量往往占系统开发总工作量的 40% 以上，在极端情况，测试那种关系人的生命安全的系统所花费的成本，可能相当于其他开发步骤总成本的 3～5 倍。

基于不同的立场，测试存在着两种完全不同的目的。从用户的角度出发，普遍希望通过系统测试暴露系统中隐藏的错误和缺陷，以考虑是否可接受该产品。从系统开发者的角度出发，则希望测试成为表明系统产品中不存在错误的过程，验证该系统已正确地实现了用户的要求，确立人们对系统质量的信心。

Grenford J. Myers 就系统测试的目的提出下列观点：测试是程序的执行过程，目的在于发现错误；一个好的测试用例在于能发现至今未发现的错误；一个成功的测试是发现了至今未发现的错误的测试。

设计测试的目标是想以最少的时间和人力系统地找出系统中潜在的各种错误和缺陷。

系统测试是一项非常复杂的、需要创造性和高度智慧的任务。主要基本原则有：应该把“尽早地和不断地进行系统测试”作为系统测试者的座右铭；程序员或程序设计机构应避免测试自己设计的程序；测试用例的设计不仅要有输入数据，还要有与之对应的预期结果；测试用例的设计不仅要有合法的输入数据，还要有非法的输入数据；要充分注意测试过程中的群集现象；严格执行测试计划，排除测试的随意性；应当对每一个测试结果做全面检查；除了检查程序是否做完了它应做的事之外，还要检查它是否做了不应该做的事；在对程序修改之后要进行回归测试；妥善保留测试计划、全部测试用例、出错统计和最终分析报告，并把它们作为系统的组成部分之一，为维护提供方便。

8.2.2　系统测试方法

系统测试方法一般包括静态测试与动态测试两大类。

(1)静态测试

指被测试程序不在机器上运行，而是采用人工检测和计算机辅助静态分析的手段对程序进行检测。

人工测试是指不依靠计算机而靠人工审查程序或评审软件的测试方法，包括个人复查、走查和会审。个人复查指源程序编完以后，直接由程序员自己进行检查。走查指在预先阅读过该系统资料和源程序的前提下，由测试人员扮演计算机的角色，用人工方法将测试数据输入被测程序，并在纸上跟踪监视程序的执行情况，让人代替机器沿着程序的逻辑走一遍，发现程序中的错误。会审，测试成员在会审前仔细阅读系统有关资料，根据错误类型清单，填写检测表，列出根据错误类型要提问的问题。会审时，由程序作者逐个阅读和讲解程序，测试人员逐个审查、提问、讨论可能产生的错误。

计算机辅助静态分析。这种方法是指利用静态分析工具对被测试程序进行特性分析，从程序中提取一些信息，以便检查程序逻辑的各种缺陷和可疑的程序构造。

(2)动态测试

指通过运行程序发现错误，一般意义上的测试大多是指动态测试。为使测试发现更多的错误，需要运用一些有效的方法。通常测试任何产品有两种方法：一是测试产品内部结构及处理过程；二是测试产品的功能。对软件产品进行动态测试时，也用这两种方法，分别称为白盒测试法和黑盒测试法。

白盒测试法把测试对象看作一个打开的盒子，测试人员须了解程序的内部结构和处理过程，以检查处理过程的细节为基础，对程序中尽可能多的逻辑路径进行测试，检验内部控制结构和数据结构是否有错，实际的运行状态与预期的状态是否一致。

黑盒测试法把被测试对象看成一个黑盒子，测试人员完全不考虑程序的内部结构和处理过程，只在系统的接口处进行测试，依据需求说明书，检查程序是否满足功能要求。因此，黑盒测试又称为功能测试或数据驱动测试。

无论采用白盒测试还是黑盒测试，只要对每一种可能的输入情况都进行测试，就可以得到完全正确的程序，这种包括所有可能输入情况的测试称为穷尽测试。但对于实际程序，穷尽测试通常是无法实现的，下面来分析一下原因。

使用白盒实现穷举测试，要求程序中的每条可能的通路至少执行一次，即使对于一个规模很小的程序，通常也无法实现。例如：一段具有多重选择和循环嵌套的程序，循环次数为 20 次，如图 8-1 所示。那么它包含的不同执行路径数达 520（≈9.54 ×

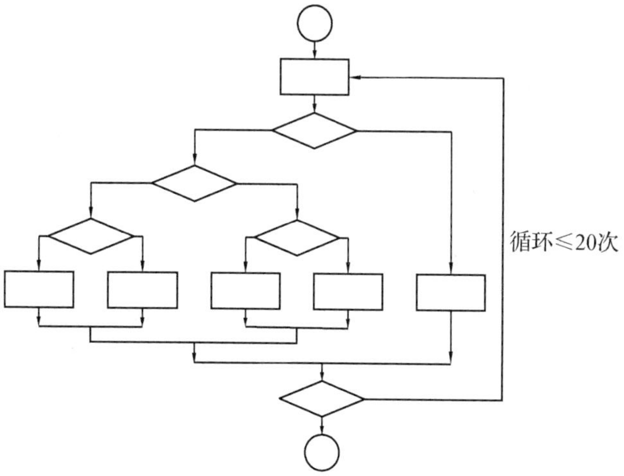

图 8-1 一个小程序的流程图

1013)条，若要对它进行穷举测试，覆盖所有的路径。假设测试一条路径需要 1ms，假定一天工作 24h，一年工作 365 天，那么想把所有路径测试完，需 3024 年。

使用黑盒测试，为了实现穷举测试，至少必须对所有有效输入数据的各种可能的组合进行测试，但由此得到的测试数据往往大到根本无法测试的程度。例如，一个程序需要输入两个整型变量 A，B，输出一个变量 C。如果机器字长为 32 位，则每个输入数据的可能取值为 232 个，两个输入数据的各种可能发生的排列组合共有 232 × 232 = 264 种，此程序执行大约 264 次才能达到穷尽测试。假定每执行一次程序需要 1ms，执行上述 264 次大约需要 5 亿年！上述程序测试只是针对有效的输入数据进行的测试，还应对无效的输入数据进行测试，因为利用无效输入数据往往能发现更多的错误。因此，穷举测试输入的数据量非常大，根本无法一一实现。系统测试的过程如图 8-2 所示。

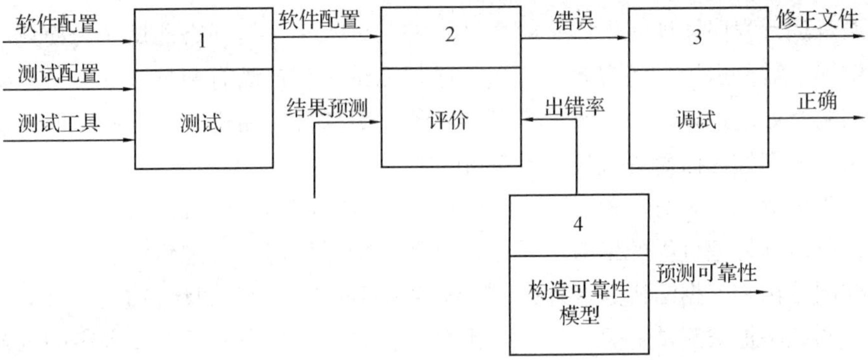

图 8-2　系统测试过程

测试过程有三类输入：系统的软件配置、测试配置和测试工具。软件配置指被测试系统的文件。测试配置指测试方案、测试计划、测试用例、测试驱动程序等文档。测试工具：指为了提高测试效率而设计的支持系统测试的软件。

测试的结果要与预期的结果相比较，即是评价。如果不符，就意味着错误，需要改正，也就是要进行纠错。调试指找到出错的原因与位置并纠错，包括修正文件直到系统正确为止。通过对测试出的系统出错率的分析，建立模型，得出可靠的数据，指导系统的设计与维护。

8.2.3　系统测试的步骤

大型软件系统的测试步骤基本由以下四个步骤组成：单元测试、集成测试、确认测试和系统测试，如图 8-3 所示。

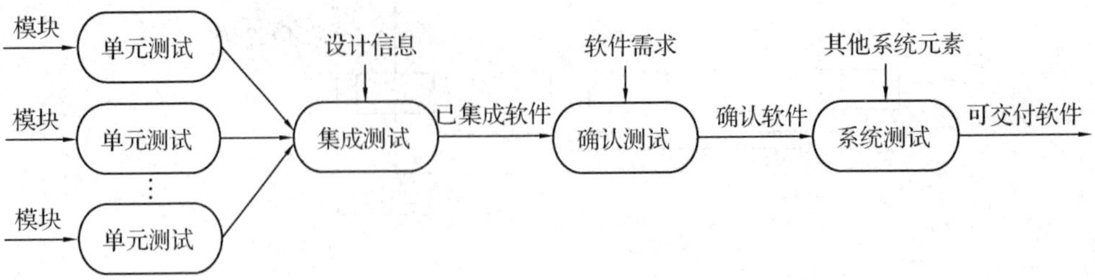

图 8-3　系统测试步骤

图 8-4 列出了软件工程领域中的测试与系统开发各阶段之间的关系。

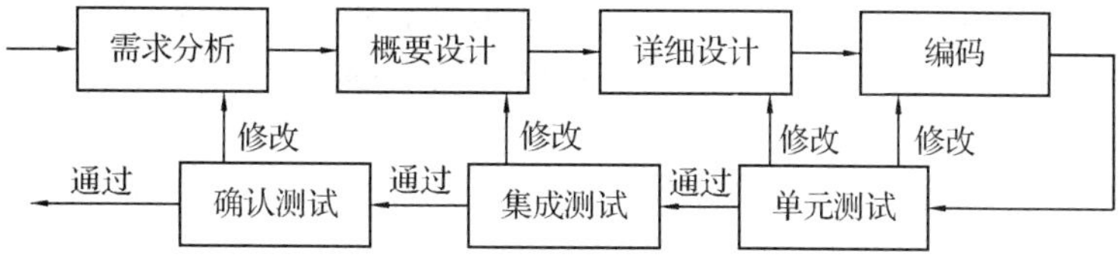

图 8-4 测试与开发关系图

8.2.3.1 单元测试

所谓单元是指程序中的一个模块或一个子程序，它是程序中最小的独立编译单位。因此，单元测试也称模块测试，有时也叫逻辑测试或结构测试。

单元测试的方法一般采用白盒法，以路径覆盖为最佳准则，且系统内多个模块可以并行地进行测试。单元测试和编码属于软件工程过程的同一个阶段，因为单元模块一般比较简单，为了节约时间提高效率，往往由编程人员自己进行，在编写出源程序代码并通过了编译程序的语法检查之后，就可以开始单元测试了。

单元测试主要针对模块接口测试、局部数据结构测试、路径测试、错误处理测试、边界测试 5 个基本特征进行测试。此外，如果对模块运行时间有要求的话，还要专门进行关键路径测试，以确定最坏情况下和平均意义下影响模块运行时间的因数。这类信息对进行性能评价是十分有用的。

可以应用人工测试和计算机测试这两种类型的测试，完成单元测试工作。人工测试源程序可以由编写者本人非正式地进行，也可以由审查小组正式进行，后者称为代码审查，它是一种非常有效的程序验证技术，对于典型的程序来说，可以查出 30% ~ 70% 的逻辑设计错误和编码错误。由于被测试的模块往往不是独立的程序，它处于整个系统结构的某一层位置上，被其他模块调用或调用其他模块，其本身不能进行单独运行，因此在单元测试时，需要为被测模块设计驱动模块和桩模块。

8.2.3.2 集成测试

集成测试是指在单元测试的基础上，将所有模块按照设计要求组装成一个完整的系统而进行的测试，故也称组装测试或联合测试。主要有非渐增式测试和渐增式测试两类。

非渐增式测试首先对每个模块分别进行单元测试，然后再把所有的模块按设计要求组装在一起进行的测试。渐增式测试是逐个把未经过测试的模块组装到已经测试过的模块上去，进行集成测试。每加入一个新模块进行一次集成的测试，重复此过程直至程序组装完毕。

非渐增式方法把单元测试和集成测试分成两个不同的阶段，前一阶段完成模块的单元测试，后一阶段完成集成测试。而渐增式测试把单元测试与集成测试合在一起，同时完成。非渐增式需要更多的工作量，因为每个模块都需要驱动模块和桩模块，而渐增式利用已测试过的模块作为驱动模块或桩模块，因此工作量较少。散渐增式可以较早地发现接口之间的错误，非渐增式只有到最后组装时才能发现。渐增式有利于排错，发生错误往往和最近加进来的模块有关，而非渐增式发现接口错误被推迟到最后，而且很难判断是哪一部分接口出错。渐增式测试比较彻底，已测试的模块和新的模块组装在一起又接受测试。非渐增式开始可并行测试所有模块，能充分利用人力，对测试大型系统很有意义。

考虑到目前计算机硬件价格下降，人工费用上升，系统错误纠正越早代价越低等特点，采用渐增式方法测试较好。也可考虑将两种方法结合起来，一些模块分别测试，然后将这些测试过的模块再用渐增式逐步结合进软件系统中去。

渐增式测试组装模块主要有自顶向下集成和自底向上集成两种。

自顶向下集成是一个为人们广泛采用的组装软件的途径。从主控制模块(主程序)开始，沿着软件的控制层次向下移动，从而逐渐把各个模块结合起来。在把附属于(以及最终附属于)主控制模块的那些模块组装到软件结构中去时，或者使用深度优先的策略，或者使用宽度优先的策略。度优先的结合方法是先组装在软件结构的一条主控制通路上的所有模块，选择一条主控制通路取决于应用的特点，并且有很大任意性。例如，如图 8-5 所示。

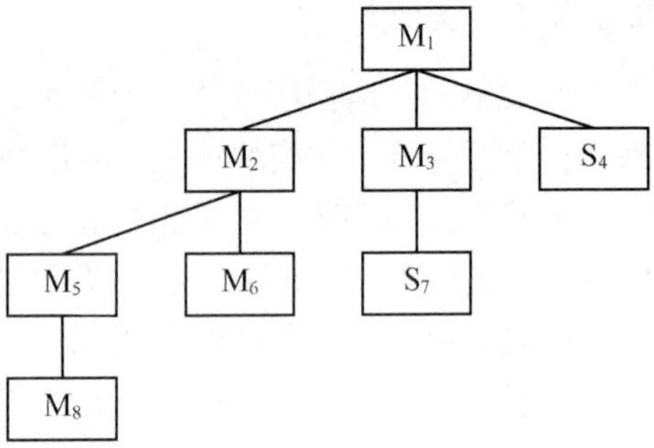

图 8-5　自顶向下集成

自底向上集成指从“原子”模块(即在系统结构最底层的模块)开始组装和测试。因为是从底部向上结合模块，总能得到需要的下层模块处理功能，所以不需要设计桩模块。如图 8-6 所示描绘了自底向上的结合过程。

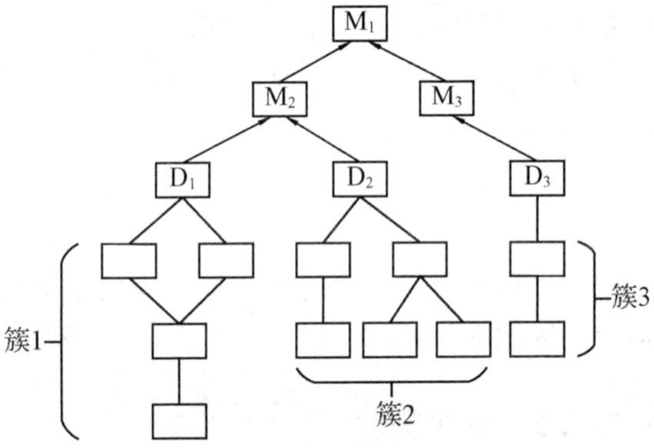

图 8-6　自底向上集成

一般说来，一种方法的优点正好对应于另一种方法的缺点。自顶向下集成测试方法的主要优点是不需要设计驱动模块，不需要测试驱动程序，能够在测试阶段的早期实现并验证系统的主要功能，而且能在早期发现上层模块的接口错误。自顶向下测试方法的主要缺点是需要设计桩模块，低层关键模块中的错误发现较晚，而且用这种方法在早期不能充分展开人力。可以看出，自底向上集成测试方法的优缺点与上述自顶向下测试方法的优缺点正好相反。

在测试实际的软件系统时，应该根据软件系统的特点以及工程进度安排，选用适当的测试策略。一般来说，纯粹自顶向下或纯粹自底向上的策略可能都不实用，人们在实践中创造出了许多混合策略：

①衍变的自顶向下的渐增式测试：首先对输入/输出模块和引入新算法模块进行测试；再自底向上组装成为功能相当完整且相对独立的子系统；然后由主模块开始自顶向下进行渐增式测试。

②自顶向下的渐增式测试：首先对含读操作的子系统自底向上直至根结点模块进行组装和测试；然后对含写操作的子系统做自顶向下的组装与测试。

③这种方式采取自顶向下的方式测试被修改的模块及其子模块；然后将这一部分视为子系统，再自底向上测试。

8.2.3.3 确认测试

确认测试也称为验收测试或有效性测试，它的目标是使用实际数据进行测试，从而验证系统是否能满足用户的实际需要，验证系统的有效性。

确认测试必须有用户积极参与，或者以用户为主进行。用户应该参加设计测试方案，使用用户接口输入测试数据并且分析评价测试的输出结果。为了使用户能够积极主动地参与确认测试，特别是为了使用户能有效地使用这个系统，通常在验收之前由开发部门对用户进行培训。确认测试一般使用黑盒测试法。一项重要任务是复查系统配置。复查的目的是保证系统配置的所有成分都齐全，各方面的质量都符合要求，文档内容与程序完全一致，具有系统维护阶段所必需的细节，而且全部文档都已经编好目录。

大多数系统产品的开发者使用一种称为 α 测试和 β 测试(Alpha-testing and Beta-testing)的过程来发现只有用户才能发现的错误。

α 测试是由一个用户在开发环境下进行测试，也可以是开发机构内部的人员在模拟实际操作环境下进行的测试。测试的关键在于尽可能逼真地模拟实际运行环境和用户对系统产品的操作，并尽最大努力涵盖所有可能的用户操作方式。可见，α 测试是在一个受控制环境下的测试。β 测试是由系统的多个用户在一个或多个用户的实际使用环境下进行的测试。与 α 测试不同的是，开发者一般不在现场。因此，β 测试是系统不在开发者控制的环境下的“活的”应用。用户记录在测试过程中遇到的所有问题，包括真实的以及主观认定的，定期向开发者报告。开发者在综合用户报告之后，必须做出相应的修改，然后才能将系统产品交付给全体用户使用。

8.2.3.4 系统测试

系统测试是把通过确认测试的系统，作为基于计算机系统的一个整体元素，与整个系统的其他元素结合起来，在实际运行环境下，对计算机系统进行一系列的集成测试和有效性测试。系统测试主要分为：恢复测试，主要检查系统的容错能力；安全性测试，检验在系统中已存在的系统安全性措施、保密性措施是否发挥作用，有无漏洞；强度测试，检查在系统运行环境不正常到发生故障的时间内，系统可以运行到何种程度的测试。性能测试，测试系统软件在被组装进系统的环境下运行时的性能。

8.2.4 系统测试方案的设计

设计测试方案是测试阶段的关键技术问题。所谓测试方案包括下述三方面内容：具体的测试目的(例如，要测试的具体功能)，应该输入的测试数据和预期的输出结果。通常又把测试数据和预期的输出结果称为测试用例。下面详细地介绍白盒和黑盒测试方法。

8.2.4.1　白盒测试方法

白盒测试方法把测试对象看作一个透明的盒子，它允许测试人员利用程序内部的逻辑结构及有关信息，设计或选择测试用例，对程序所有逻辑路径进行测试。通过在不同点检查程序的状态，确定实际的状态是否与预期的状态一致。因此白盒测试又称为结构测试或逻辑驱动测试。逻辑覆盖和基本路径测试是两种常见的白盒测试技术。

(1)逻辑覆盖

所谓逻辑覆盖是对一系列测试过程的总称，这组测试过程逐渐进行越来越完整的通路测试。根据覆盖源程序语句详尽程度的不同有不同的覆盖标准，即语句覆盖、判定覆盖、条件覆盖、判定-条件覆盖、条件组合覆盖和路径覆盖。例如，如图 8-7 所示是一个被测模块的程序流程图。

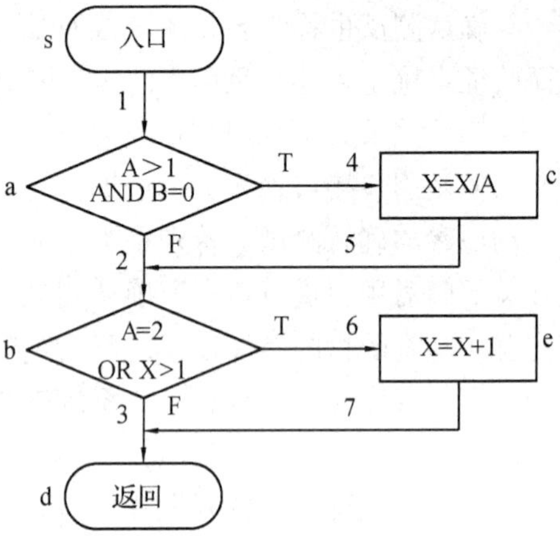

图 8-7　程序流程图

它的源程序(用 PASCAL 语言书写)如下：

```
   PROCEDURE EXAMPLE ( A, B: REAL;
VAR X: REAL);
   BEGIN
   IF(A>1)AND(B=0)
   THEN X: =X/A;
   IF(A=2)OR(X>1)
   THEN X: =X+1
   END;
```

下面以它为例来介绍一下几种不同的逻辑覆盖标准。

语句覆盖为了暴露程序中的错误，至少每个语句应该执行一次。语句覆盖的含义是，选择足够多的测试数据，使被测程序中每个语句至少执行一次。

为了使每个语句都执行一次，图 8-7 程序的执行路径应该是 sacbed，为此只需要输入下面的测试数据(实际上 X 可以是任意实数)：$A=2$，$B=0$，$X=4$。

通过上例可以看出，这组数据只测试了条件为真的情况，若实际输入的条件为假时有错误显然测试不出来。事实上，语句覆盖对程序的逻辑覆盖很少，语句覆盖只关心判定表达式的值，而没有分别测试判定表达式中每个条件取不同值的情况。在上例中，为了执行 sacbed 路径以测试每个语句，只需两个判定表达($A>1$)AND($B=0$)和($A=2$)OR($X>1$)都取真值，上例中测试数据足够满足要求。但是，若程序中第一个判断表达式中的逻辑运算符“AND”错写成“OR”，或把第二个判定表达式中的条件“$X>1$”误写成“$X<1$”，上组测试数据则不符要求，不能查出这些错误。与后面所介绍的其他覆盖相比，语句覆盖是最弱的逻辑覆盖准则。

判定覆盖又叫分支覆盖，它的含义是，不仅每个语句必须至少执行一次，而且每个判定的每种可能的结果都应该至少执行一次，也就是每个判定的每个分支都至少执行一次。

对于上述例子来说，能够分别覆盖路径 sacbed 和 sabd 的两组测试数据，或者可以分别覆盖路径 sacbd 和 sabed 的两组测试数据，都满足判定覆盖标准。例如，用下面两组测试数据就可做到判定覆盖：

Ⅰ. $A=3$，$B=0$，$X=3$（覆盖 sacbd）

Ⅱ. $A=2$，$B=1$，$X=1$（覆盖 sabed）

判定覆盖的缺点仍然是覆盖的不全，只覆盖了路径的一半，如将 $X>1$ 误写成 $X<1$，上组Ⅰ数据仍覆盖 sacbd，可见判定覆盖仍然很弱，但比语句覆盖强。

条件覆盖的含义是，不仅每个语句至少执行一次，而且使判定表达式中的每个条件都取到各种可能的结果。

上图例子中共有两个判定表达式，每个表达式中有两个条件，为了做到条件覆盖，应该选取测试数据使得在 a 点有下述各种结果出现：

$A>1$，$A\leqslant1$，$B=0$，$B\neq0$

在 b 点有下述各种结果出现：

$A=2$，$A\neq2$，$X>1$，$X\leqslant1$

只需要使用下面两组测试数据就可以达到上述覆盖标准：

Ⅰ. $A=2$，$B=0$，$X=4$

（满足 $A>1$，$B=0$，$A=2$ 和 $X>1$ 的条件，执行路径 sacbed）

Ⅱ. $A=1$，$B=1$，$X=1$

（满足 $A\leqslant1$，$B\neq0$，$A\neq2$ 和 $X\leqslant1$ 的条件，执行路径 sabd）

条件覆盖通常比判定覆盖强，因为它使判定表达式中每个条件都取到了两个不同的结果，判定覆盖却只关心整个判定表达式的值。例如，上面两组测试数据也同时满足判定覆盖标准。但是，也可能有相反的情况：虽然每个条件都取到了两个不同的结果，判定表达式却始终只取一个值。例如，如果使用下面两组测试数据，则只满足条件覆盖标准并不满足判定覆盖标准(第二个判定表达式的值总为真)：

Ⅰ. $A=2$，$B=0$，$X=1$

（满足 $A>1$，$B=0$，$A=2$ 和 $X\leqslant1$ 的条件，执行路径 sacbed）

Ⅱ. $A=1$，$B=1$，$X=2$

（满足 $A\leqslant1$，$B\neq0$，$A\neq2$ 和 $X>1$ 的条件，执行路径 sabed）

为解决这一矛盾，需要对条件和分支兼顾。

既然判定覆盖不一定包含条件覆盖，条件覆盖也不一定包含判定覆盖，自然会提出一种能同时满足这两种覆盖标准的逻辑覆盖，这就是判定/条件覆盖。它的含义是，选取足够多的测试数据，使得判定表达式中的每个条件都取到各种可能的值，而且每个判定表达式也都取到各种可能的结果。

对于上图的例子而言，下述两组测试数据满足判定/条件覆盖标准：

Ⅰ. $A=2$，$B=0$，$X=4$

Ⅱ. $A=1$，$B=1$，$X=1$

但是，这两组测试数据也就是为了满足条件覆盖标准最初选取的两组数据，因此，有时判定/条件覆盖也并不比条件覆盖更强。而且，判定/条件覆盖也有缺陷。从表面来看，它测试了所有条件的取值。但实际并不是这样。因为一些条件往往掩盖了另一些条件。对于条件表达式$(A>1)AND(B=0)$来说，只要$(A>1)$的测试为真，才需测试$(B=0)$的值来确定此表达式的值，但是若$(A>1)$的测试值为假时，不需再测$(B=0)$的值就可确定此表达式的值为假，因而$B=0$没有被检查。同理，对于$(A=2)OR(X>1)$这个表达式来说，只要$(A=2)$测试结果为真，不必测试$(X>1)$的结果就可确定表达式的值为真。所以对于判定/条件覆盖来说，逻辑表达式中的错误不一定能够查得出来。

条件组合覆盖是更强的逻辑覆盖标准，它要求选取足够多的测试数据，使得每个判定表达式中条件的各种可能组合都至少出现一次。对于上图的例子，共有八种可能的条件组合，它们是：

(a)$A>1$，$B=0$　(b)$A>1$，$B\neq0$　(c)$A\leqslant1$，$B=0$　(d)$A\leqslant1$，$B\neq0$

(e)$A=2$，$X>1$　(f)$A=2$，$X\leqslant1$　(g)$A\neq2$，$X>1$　(h)$A\neq2$，$X\leqslant1$

和其他逻辑覆盖标准中的测试数据一样，条件组合(e)~(h)中的X值是指在程序流程图第二个判定框(b点)的X值。

下面的四组测试数据可以使上面列出的八种条件组合每种至少出现一次：

Ⅰ. $A=2$，$B=0$，$X=4$(针对1，5两种组合，执行路径sacbed)

Ⅱ. $A=2$，$B=1$，$X=1$(针对2，6两种组合，执行路径sabed)

Ⅲ. $A=1$，$B=0$，$X=2$(针对3，7两种组合，执行路径sabed)

Ⅳ. $A=1$，$B=1$，$X=1$(针对4，8两种组合，执行路径sabd)

显然，满足条件组合覆盖标准的测试数据，也一定满足判定覆盖、条件覆盖和判定/条件覆盖标准。因此，条件组合覆盖是前述几种覆盖标准中最强的。但是，满足条件组合覆盖标准的测试数据并不一定能使程序中的每条路径都执行到，例如，上述四组测试数据都没有测试到路径sacbd。

路径覆盖需要选取足够多测试数据，使程序的每条可能路径都至少执行一次。图8-8是由图8-7得出的程序图，对于图8-8而言，共有四条可执行的路径：1-2-3；1-2-6-7；1-4-5-3和1-4-5-6-7。对应于这四条路径，下面四组测试数据可以满足路径覆盖标准：

Ⅰ. $A=1$，$B=1$，$X=1$(执行路径1-2-3)；

Ⅱ. $A=1$，$B=1$，$X=2$(执行路径1-2-6-7)；

Ⅲ. $A=3$，$B=0$，$X=1$(执行路径1-4-5-3)；

Ⅳ. $A=2$，$B=0$，$X=4$(执行路径1-4-5-6-7)。

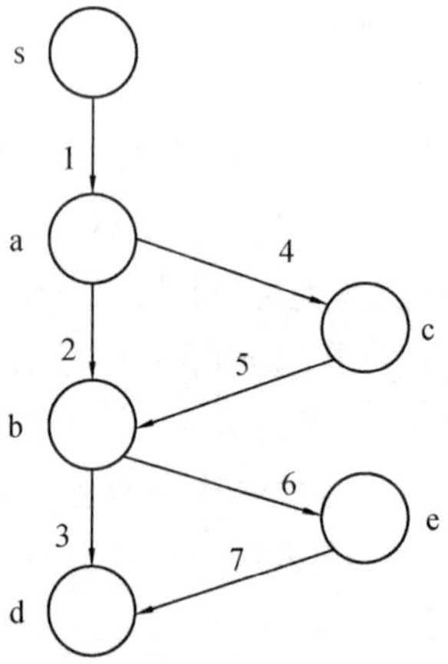

图 8-8　程序图

路径覆盖相对来说是相当强的逻辑覆盖标准。测试数据暴露程序错误的能力比较强，有一定的代表性，它能够保证程序中每条可能的路径都至少执行一次。但是路径覆盖并没有检验表达式中条件的各种组合情况，而只考虑每个判定表达式的取值。若把路径覆盖和条件覆盖组合起来，可以设计出检错能力更强的测试数据。

现将6种覆盖标准作比较，见表8-1。

表 8-1 覆盖标准比较表

发现错误能力 弱→强	语句覆盖	每条语句至少执行一次
	判定覆盖	每个判定的每个分支至少执行一次
	条件覆盖	每个判定的每个条件应取到各种可能的值
	判定/条件覆盖	同时满足判定覆盖和条件覆盖
	条件组合覆盖	每个判定各条件的每一种组合至少出现一次
	路径覆盖	使程序中每一条可能的路径至少执行一次

(2)基本路径测试

基本路径测试也是一种常用的白盒测试技术。设计测试用例的步骤如下：

第一步：依据过程设计的结果画出相应的程序图(图 8-9)。

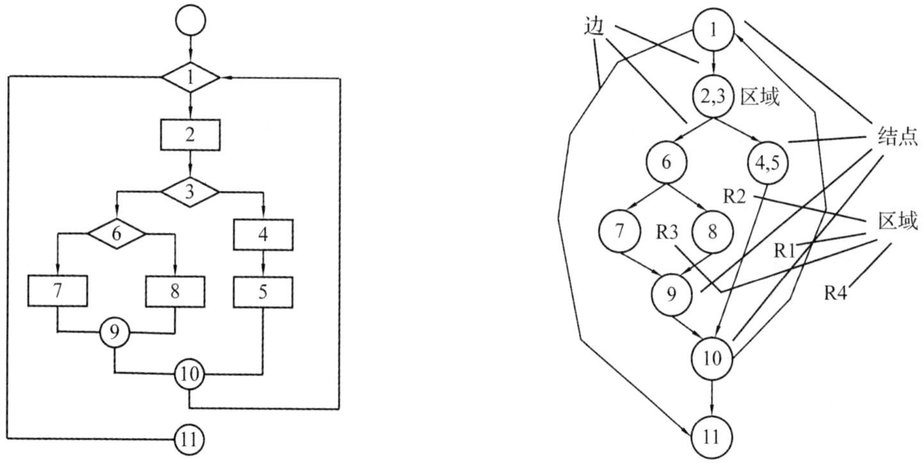

(a) (b)

图 8-9 程序图

(**a**)程序流程图 (**b**)程序图

第二步：计算程序图的环形复杂度。

McCabe 定义程序图的环路复杂性为此平面图中区域的个数。对于连通图而言区域个数为边和结点圈定的封闭区域数加上图形外的区域数 1。例如，图 8-9(b) 的 $V(G)=4$。

第三步：确定只包含独立路径的基本路径集。

所谓线性独立路径是指这样的路径，该路径至少引入了程序的一个新处理语句集合或一个新条件，用程序图术语描述，独立路径中至少包含一条在定义该路径之前不曾用过的边。

使用基本路径测试法设计测试用例时，程序的环形复杂度决定了程序中独立路径的数量，而且这个数是确保程序中所有语句至少被执行一次所需要的测试数量的上限。

例如，在图 8-9(b)中，一组独立的路径是：

path1：1－11

path2：1 - 2 - 3 - 4 - 5 - 10 - 1 - 11

path3：1 - 2 - 3 - 6 - 7 - 9 - 10 - 1 - 11

path4：1 - 2 - 3 - 6 - 8 - 9 - 10 - 1 - 11

路径 path1，path2，path3，path4 组成了控制流图的一个基本路径集。

第四步：设计出可强制执行基本集合中每条路径的测试用例

设计测试用例，确保基本路径集中的每一条路径的执行。在测试过程中，执行每个测试用例并把程序实际输出的结果与预期结果相比较。一旦执行完全部测试用例，就可以确保程序中所有语句都至少被执行了一次，而且每个判定条件都分别取过 true 值和 false 值。

必须注意，一些独立的路径如例中的 path1，往往不是完全孤立的，有时它是程序正常的控制流的一部分，这时，这些路径的测试可以是另一条路径测试的一部分。

8.2.4.2　黑盒测试方法

通常，白盒测试在测试过程的早期阶段进行，而黑盒测试则主要用在测试过程的后期。黑盒测试是功能测试，因此设计测试用例时，需要研究需求说明和概要设计说明中有关程序功能或输入、输出之间的关系等信息，从而与测试后的结果进行分析比较。黑盒测试技术不能取代白盒测试技术，它是与白盒测试技术互补的方法。黑盒测试很可能发现白盒测试不易发现的其他不同类型的错误。

用黑盒技术设计测试用例的方法一般有 4 种：等价类划分法、边界值分析法、错误推测法和因果图法，但没有一种方法能提供一组完整的测试用例以检查程序的全部功能，在实际测试中应该把各种方法结合起来使用。

(1)等价类划分法

使用这一方法设计测试用例要经历划分等价类(列出等价类表)和选取测试用例两步。

划分等价类指某个输入域的子集合。在该子集合中，各个输入数据对于揭露程序中的错误都是等效的，测试某等价类的代表值就等价于对这一类其他值的测试。等价类的划分有两种不同的情况：有效等价类是指对于程序的规格说明来说，是合理的、有意义的输入数据构成的集合；无效等价类是指对于程序的规格说明来说，是不合理的、无意义的输入数据构成的集合。

在设计测试用例时，要同时考虑有效等价类和无效等价类的设计。划分等价类是一个比较复杂的问题，下面提供了几条经验供参考：如果输入条件规定了取值范围或值的个数，则可以确立一个有效等价类和两个无效等价类；如果输入条件规定了输入值的集合，或者是规定了“必须如何”的条件，这时可确立一个有效等价类和一个无效等价类；如果输入条件是一个布尔量，则可以确定一个有效等价类和一个无效等价类；如果规定了输入数据的一组值，而且程序要对每个输入值分别进行处理。这时可为每一个输入值确立一个有效等价类，此外针对这组值确立一个无效等价类，它是所有不允许的输入值的集合；如果规定了输入数据必须遵守的规则，则可以确立一个有效等价类(符合规则)和若干个无效等价类(从不同角度违反规则)。

在确立了等价类之后，建立等价类表，列出所有划分出的等价类，见表 8-2。

表 8-2 价类表

输入条件	有效等价类	无效等价类
……	……	……
……	……	……

确定测试用例，根据已划分的等价类，步骤为：为每一个等价类规定一个唯一编号；设计一个新的测试用例，使其尽可能多地覆盖尚未被覆盖的有效等价类，重复这一步，直到所有的有效等价类都被覆盖为止；设计一个新的测试用例，使其仅覆盖一个尚未被覆盖的无效等价类，重复这一步，直到所有的无效等价类都被覆盖为止。

例如：某一报表处理系统，要求用户输入处理报表的日期。假设日期限制在 1990 年 1 月至 1999 年 12 月，即系统只能对该段时期内的报表进行处理。如果用户输入的日期不在此范围内，则显示输入错误信息。该系统规定日期由年、月的 6 位数字字符组成，前 4 位代表年，后两位代表月。现用等价类划分法设计测试用例，来测试程序的“日期检查功能”。

划分等价类画出等价类表并编号：通过分析本例可以将输入条件划分成 3 个有效等价类，7 个无效等价类，见表 8-3 所列。

表 8-3 等价表

输入等价类	有效等价类	无效等价类
报表日期的类型及长度	1. 6 位数字字符	2. 有非数字字符 3. 少于 6 个数字字符 4. 多于 6 个数字字符
年份范围	5. 在 1990—1999 之间	6. 小于 1990 7. 大于 1999
月份范围	8. 在 1 ~ 12 之间	9. 等于 0 10. 大于 12

为有效等价类设计测试用例，对于表中编号为 1，5，8 对应的 3 个合理等价类，用一个测试用例覆盖，例如，设计一个测试用例“199706”。

为每一个无效等价类至少设计一个测试用例(表 8-4)。

表 8-4 无效等价表

测试数据	期望结果	覆盖范围
99MAY	输入无效	2
19995	输入无效	3
1999005	输入无效	4
198912	输入无效	6
200001	输入无效	7
199900	输入无效	9
199913	输入无效	10

(2)边界值分析法

经验表明，处理边界情况时程序最容易发生错误。例如，许多程序错误出现在下标、纯量、数据结构和循环等等的边界附近。因此，设计使程序运行在边界情况附近的测试方案，暴露出程序错误的可能性更大一些。

再如，在做三角形设计时，要输入三角形的 3 个边长 A、B 和 C。这 3 个数值应当满足 A >0，B >0，C >0，A + B > C，A + C > B，B + C > A，才能构成三角形。但如果把 6 个不等式中的任何一个“ >”错写成“≥”，那个不能构成三角形的问题恰出现在容易被疏忽的边界附近。

使用边界值分析方法设计测试方案首先应该确定边界情况，这需要经验和创造性，通常输入等价类和输出等价类的边界，就是应该着重测试的程序边界情况。选取的测试数据应该刚好等于、刚刚小于和刚刚大于边界值。也就是说，按照边界值分析法，应该选取刚好等于、稍小于和稍大于等价类边界值的数据作为测试数据，而不是选取每个等价类内的典型值或任意值作为测试数据。

通常设计测试方案时总是联合使用等价类划分和边界值分析两种技术。

为确定等价类的边界，现介绍几种常用的经验：

如果输入条件规定了值的范围，可以选择正好等于边界值的数据作为合理的测试用例，同时还要选择刚好越过边界值的数据作为不合理的测试用例。如输入值的范围是[1，100]，可取 0，1，100，101 等值作为测试数据。

如果输入条件指出了输入数据的个数，则按最大个数、最小个数、比最小个数少 1 及比最大个数多 1 等情况分别设计测试用例。如一个输入文件可包括 1 ~ 255 个记录，则分别设计有 1 个记录、255 个记录，以及 0 个记录和 256 个记录的输入文件的测试用例。

对每个输出条件分别按照以上两个原则确定输出值的边界情况。如一个学生成绩管理系统规定，只能查询 95 ~ 98 级大学生的各科成绩，可以设计测试用例，使得查询范围内的某一届或四届学生的学生成绩，还需设计查询 94 级、99 级学生成绩的测试用例。由于输出值的边界不与输入值的边界相对应，所以要检查输出值的边界不一定可能，要产生超出输出值之外的结果也不一定能做到，但必要时还需试一试。

如果程序的输入/输出数据是一个有序集合，则应该注意表中的第一个元素、最后一个元素及表中只剩一个元素的情况。

如果输入/输出为一个线性表，则应该考虑输入/输出有 0 个、1 个和可能的最大元素个数的情况。

针对前面所述的报表处理系统中的报表日期输入条件，程序中判断输入日期(年月)是否有效，假设使用如下语句：

```
IF( ReportDate < = MaxDate) AND( ReportDate > = MinDate)
THEN 产生指定日期报表
ELSE 显示错误信息
ENDIF
```

如果将程序中的“ < = ”误写为“ < ”，则上例的等价类划分中所有测试用例都不能发现这一错误，这时就应该配合使用边界值分析法。

(3)错误推测方法

在测试程序时，人们根据经验或直觉推测程序中可能存在的各种错误，从而有针对性地编写检查这些错误的测试用例，这就是错误推测法。错误推测法没有确定的步骤，凭经验进行。它的基本思想是列出程序中可能发生错误的情况，然后根据这些情况选择测试用例。

对于程序中容易出错的情况已有一些经验总结出来，下面列出一些供参考：零作为测试数据往往容易使程序发生错误；通过分析规格说明书中的漏洞来编写测试数据；根据尚未发现的软件错误与已发现软件错误成正比的统计规律，进一步测试重点测试时已发现错误的程序段；等价类划分与边界值分析容易忽略组合的测试数据，因而，可采用判定表或判定树列出测试数据；与人工代码审查相结合，两个模块中共享的变量已被做修改的，可用来做测试用例。因为对一个模块测试出错，同样会引起另一模块的错误。

例如，对于一个排序程序，根据经验可以列出以下几项需特别测试的情况：输入表为空；输入表只含一个元素；输入表中所有元素均相同；输入表中已排好了序。

(4)因果图法

如果在测试时必须考虑输入条件的各种组合，可使用一种适合于描述对于多种条件的组合，相应产生多个动作的形式来设计测试用例，这就需要利用因果图。因果图方法最终生成的是判定表，它适合于检查程序输入条件的各种组合情况。用因果图生成测试用例的基本步骤：

①分析软件规格说明描述中，哪些是原因(即输入条件或输入条件的等价类)，哪些是结果(即输出条件)，并给每个原因和结果赋予一个标识符。

②分析软件规格说明描述中的语义，找出原因与结果之间、原因与原因之间对应的关系，根据这些关系，画出因果图。

③由于语法或环境限制，有些原因与原因之间，结果与结果之间不可能同时出现。为表明这些特殊情况，在因果图上用一些记号标明约束或限制条件。

④把因果图转换成判定表。

⑤把判定表的每一列拿出来作为依据，设计测试用例。

通常在因果图中用Ci表示原因，用Ei表示结果，其基本符号如图8-10所示。各结果表示状态，可取值“0”或“1”。“0”表示某状态不出现，“1”表示状态出现。主要的原因和结果之间的关系有：

恒等：表示原因与结果之间一对一的对应关系。若原因出现，则结果出现。若原因不出现，则结果也不出现。

非：表示原因与结果之间的一种否定关系。若原因出现，则结果不出现。若原因不出现，反而结果出现。

或(V)：表示若几个原因中有一个出现，则结果出现，只有当这几个原因都不出现时，结果才不出现。

与(Λ)；表示若几个原因都出现，结果才出现。若几个原因中有一个不出现，结果就不出现。

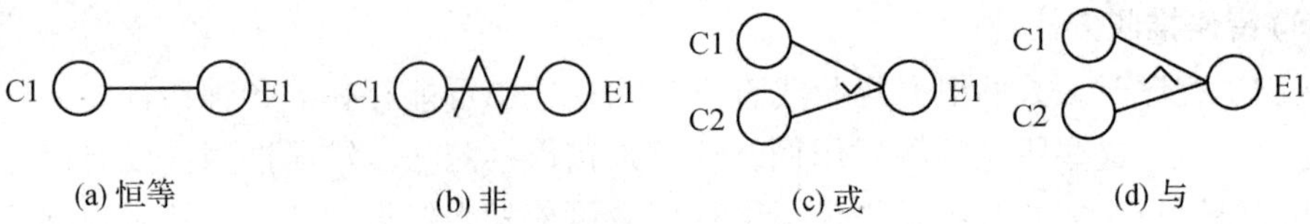

图 8-10　因果图基本符号

为了表示原因与原因之间，结果与结果之间可能存在的约束条件，在因果图中可以附加一些表示约束条件的符号，如图 8-11 所示。

E(互斥)：它表示 a、b 两个原因不会同时成立，两个中最多有一个能成立。

I(包含)：它表示 a、b、c 三个原因中至少有一个必须成立。

O(唯一)：它表示 a 和 b 当中必须有一个，且仅有一个成立。

R(要求)：它表示当 a 出现时，b 必须也出现。不可能 a 出现，b 不出现。

M(屏蔽)：它表示当 a 是 1 时，b 必须是 0。而当 a 为 0 时，b 的值不定。

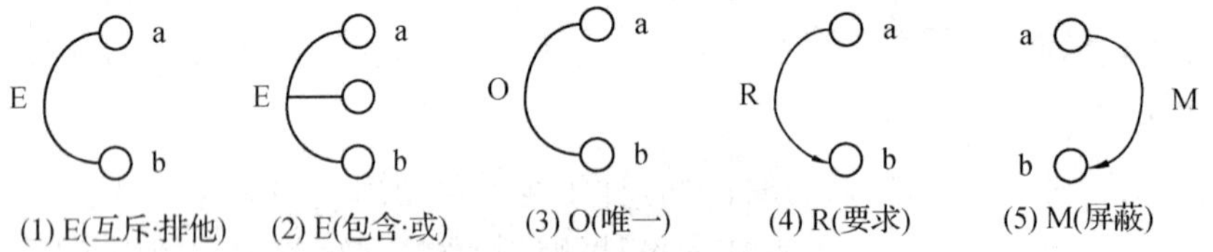

图 8-11　因果图约束条件的符号

例如，有一个处理单价为 5 角钱的饮料的自动售货机软件测试用例的设计。

若投入 5 角钱或 1 元钱的硬币，押下[橙汁]或[啤酒]的按钮，则相应的饮料就送出来。若售货机没有零钱找，则一个显示[零钱找完]的红灯亮，这时在投入 1 元硬币并押下按钮后，饮料不送出来而且 1 元硬币也退出来；若有零钱找，则显示[零钱找完]的红灯灭，在送出饮料的同时退还 5 角硬币。分析这一段说明，列出原因和结果。

原因	结果
1. 售货机有零钱找	21. 售货机“零钱找完”灯亮
2. 投入 1 元硬币	22. 退还 1 元硬币
3. 投入 5 角硬币	23. 退还 5 角硬币
4. 按下橙汁按钮	24. 送出橙汁饮料
5. 按下啤酒按钮	25. 送出啤酒饮料

画出因果图，如图 8-12 所示。所有原因结点列在左边，所有结果结点列在右边。建立四个中间结点，表示处理的中间状态。

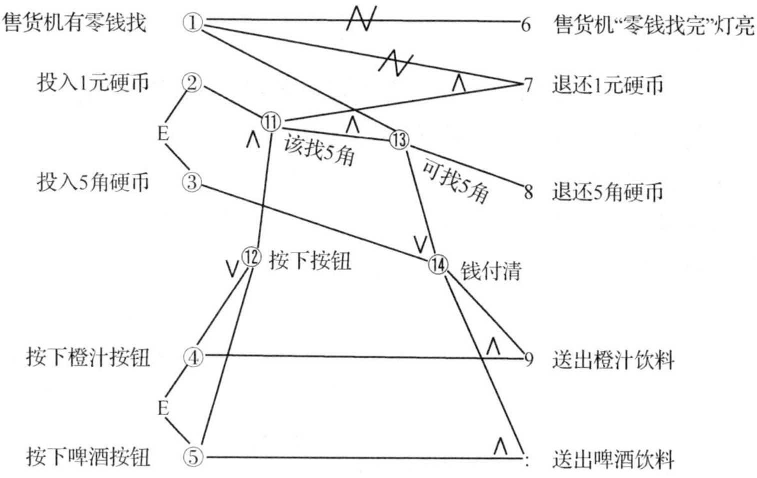

图 8-12 因果图

中间结点：

11. 投入 1 元硬币且按下饮料按钮

12. 按下“橙汁”或“啤酒”的按钮

13. 应当找 5 角零钱并且售货机有零钱找

14. 钱已付清

由于 2 与 3，4 与 5 不能同时发生，分别加上约束条件 E。

转换成判定表，见表 8-5。在判定表中，阴影部分表示因违反约束条件的不可能出现的情况，应删去。第 16 列与第 32 列因什么动作也没做，也删去。最后可根据剩下的 16 列作为确定测试用例的依据，判定中没有被划去的每一列就是一个测试用例。

表 8-5 判定表

序号		1	2	3	4	5	6	7	8	9	10	11	12	13	14	15	16	17	18	19	20	21	22	23	24	25	26	27	28	29	30	31	32
条件	①	1	1	1	1	1	1	1	1	1	1	1	1	1	1	1	1	0	0	0	0	0	0	0	0	0	0	0	0	0	0	0	0
	②	1	1	1	1	1	1	1	1	0	0	0	0	0	0	0	0	1	1	1	1	1	1	1	1	0	0	0	0	0	0	0	0
	③	1	1	1	1	0	0	0	0	1	1	1	1	0	0	0	0	1	1	1	1	0	0	0	0	1	1	1	1	0	0	0	0
	④	1	1	0	0	1	1	0	0	1	1	0	0	1	1	0	0	1	1	0	0	1	1	0	0	1	1	0	0	1	1	0	0
	⑤	1	0	1	0	1	0	1	0	1	0	1	0	1	0	1	0	1	0	1	0	1	0	1	0	1	0	1	0	1	0	1	0
中间结果	⑪						1	1	0		0	0	0		0	0	0						1	1	0		0	0	0		0	0	0
	⑫						1	1	0		1	1	0		1	1	0						1	1	0		1	1	0		1	1	0
	⑬						1	1	0		0	0	0		0	0	0						0	0	0		0	0	0		0	0	0
	⑭						1	1	0		1	1	1		0	0	0						0	0	0		1	1	1		1	1	1
结果							0	0	0		0	0	0		0	0	0						1	1	1		1	1	1		0	0	0
							0	0	0		0	0	0		0	0	0						1	1	0		0	0	0		0	0	0
							1	1	0		0	0	0		0	0	0						0	0	0		0	0	0		0	0	0
							1	0	0		1	0	0		0	0	0						0	0	0		1	0	0		0	0	0
							0	1	0		0	1	0		0	0	0						0	0	0		0	1	0		0	0	0
测试结果							Y	Y	Y		Y	Y	Y		Y	Y							Y	Y	Y		Y	Y	Y		Y	Y	

8.2.4.3　实用综合测试策略

系统测试策略把设计测试用例的方法集成到一系列经过周密计划的测试步骤中去，从而大大提高系统测试的效果，使得系统开发获得成功。

以上介绍了几种常用的测试方法，使用每种测试方法都可以设计出一些有用的测试用例。但没有一种方法可以设计出全部的测试用例。通常的做法是，用黑盒设计基本的测试用例，再用白盒补充一些必要的测试用例。具体地说，可以使用下述策略结合各种方法：在任何情况下都应使用边界值分析法，用这种方法设计的用例暴露程序错误能力强。设计用例时，应该既包括输入数据的边界情况又包括输出数据的边界情况；必要时用等价类划分方法补充一些测试用例；再用错误推测方法补充一些测试用例；对照程序逻辑，检查已设计测试用例的逻辑覆盖标准，如果没有达到要求的覆盖标准，应当再补充足够的测试用例；如果需求说明中含有输入条件的组合情况，则一开始就可使用因果图法。

综合使用黑盒测试的边界值分析法、等价类划分法和错误推测法，可以设计出如下测试的情况。有效的输入情况有：等边三角形、等腰三角形、任意三角形、非三角形、退化三角形。无效的输入情况有：零数据、含负整数、遗漏数据(少于三个数据)、含非整数、含非数字字符。根据上述各种情况设计测试用例见表 8-6。

表 8-6　测试表

测试内容	测试数据			测试结果
	a	b	c	
等边三角形	5, 5, 5			有效
等腰三角形	3, 4, 4	4, 3, 4	4, 4, 3	有效
任意三角形	3, 4, 5	4, 5, 3	5, 3, 4	有效
非三角形	5, 4, 9	4, 9, 5	9, 5, 4	有效
零数据	0, 4, 5	4, 5, 0	5, 0, 4	无效
	0, 0, 4	0, 4, 0	4, 0, 0	无效
	0, 0, 0			无效
负整数	-5, 5, -5			无效
	-5, -4, 3	-4, 3, -5	3, 5, -4	无效
	-5, 4, 3	4, 3, -5	3, -5, 4	无效
遗漏数据	5, 4, -	-, 5, 4	5, -, 4	无效
非数字字符	3, 4, W			无效
非整数	2E3, 2.5, 4			无效

最后，检查上述数据的覆盖程度，覆盖测试通常达到程序图中所有边的覆盖即可。表 8-7 列出了第一种至第四种测试数据所覆盖的边。仅仅这四种测试数据已经实现了所有边的覆盖，因此，对于本例用黑盒法设计的测试用例已经足够，不需要用白盒法补充测试数据了。

表 8-7 覆盖测试表

编 号	测试数据	覆盖的边
1	5，5，5	1，2，3，4，5，6，7，8
2a	3，4，4	1，2，3，4，14，16，17，19，20，8
2b	4，3，4	1，2，3，4，14，18，19，20，8
2c	4，4，3	1，2，3，4，515，19，20，8
3a	3，4，5	1，2，3，4，14，16，21，22，8
3b	4，5，3	1，2，3，4，14，16，21，22，8
3c	5，3，4	1，2，3，4，14，16，21，22，8
4a	5，4，9	1，2，3，11，12，13，8
4b	4，9，5	1，2，10，12，13，8
4c	9，5，4	1，9，12，13，8

8.2.5 系统调试

调试是指在成功地进行了测试之后，进一步诊断和改进程序中存在的错误过程。它由两部分工作组成：确定在程序中存在发生错误的确切的性质和位置；对程序进行修改和排除(图 8-13)。

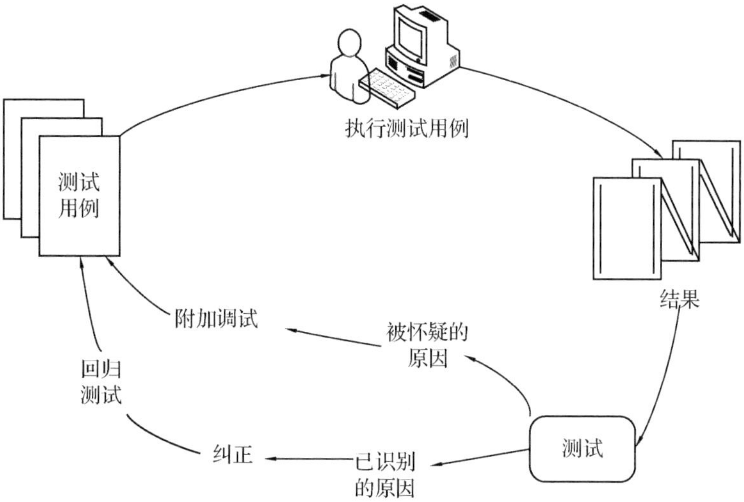

图 8-13 系统调试的过程

调试是一个相当艰苦的过程，除了开发人员心理方面的障碍外，还因为隐藏在程序中的错误具有下列特殊的性质：错误的外部征兆远离引起错误的内部原因，对于高度耦合的程序结构此类现象更为严重；纠正一个错误造成了另一错误现象(暂时)的消失；一些错误征兆只是假象；因操作人员一时疏忽造成的某些错误征兆不易追踪；错误是由于分时，而不是程序引起的；输入条件难以精确地再构造(例如，某些实时应用的输入次序不确定)；错误征兆时有时无，此现象对嵌入式系统尤其普遍；错误是由于把任务分布在若干台不同处理机上运行而造成的。

在系统调试过程中，可能遇见大大小小、形形色色的问题。随着问题的增多，调试人员的压力也随之增大，过分地紧张导致开发人员在排除一个问题的同时又引入更多的新问题。

常用的调试方法有简单的调试方法、归纳法调试、演绎法调试、回溯法调试。

(1)简单的调试方法

在程序中插入打印语句。运行部分程序，具体可采用以下方法：把不需要执行的语句段前和后加上注释符，使这段程序不再执行。调试过后，再将注释符去掉；在不需要执行的语句段前加判定值为“假”的 IF 语句或者加 GOTO 语句，使该程序不执行。调试结束后，再撤销这些语句，使程序复原；借助于调试工具。

(2)归纳法调试

归纳法是一种从特殊到一般的思维过程，从对个别事例的认识当中，概括出共同特点，得出一般性规律的思考方法。归纳法调试从测试结果发现的线索(错误迹象、征兆)入手分析它们之间的联系，导出错误原因的假设，然后再证明或否定这个假设。归纳法调试的具体步骤如下：收集有关数据，列出程序做对了什么、做错了什么的全部信息。组织数据，整理数据以便发现规律，使用分类法构造一张线索表。提出假设，分析线索之间的关系，导出一个或多个错误原因的假设。如果不能推测一个假设，再选用测试用例去测试，以便得到更多的数据。如果有多个假设，首先选择可能性最大的一个。证明假设，假设不是事实，需要证明假设是否合理。不经证明就根据假设改错，只能纠正错误的一种表现(即消除错误的征兆)或只纠正一部分错误。如果不能证明这个假设成立，需要提出下一个假设。

(3)演绎法调试

演绎法是一种从一般的推测和前提出发，运用排除和推断过程作出结论的思考方法。演绎法调试是列出所有可能的错误原因的假设，然后利用测试数据排除不适当的假设，最后再用测试数据验证余下的假设确实是出错的原因。步骤如下：列出所有可能的错误原因的假设：把可能的错误原因列成表，不需要完全解释，仅是一些可能因素的假设。排除不适当的假设，应仔细分析已有的数据，寻找矛盾，力求排除前一步列出的所有原因。如果都排除了，则需补充一些测试用例，以建立新的假设；如果保留下来的假设多于一个，则选择可能性最大的原因做基本的假设。精化余下的假设，利用已知的线索，进一步求精余下的假设，使之更具体化，以便可以精确地确定出错位置。证明余下的假设，做法同归纳法。

(4)回溯法调试

该方法从程序产生错误的地方出发，人工沿程序的逻辑路径反向搜索，直到找到错误的原因为止。例如，从打印语句出错开始，通过看到的变量值，从相反的执行路径查询该变量值从何而来。该方法对小型程序寻找错误位置非常有效。

调试由确定错误的性质和位置和改正错误两部分组成，调试原则也相应分成两类。确定错误的性质和位置的原则，思考与错误征兆有关的信息；避开死胡同；调试工具当做辅助手段来使用；避免用试探法。改正错误的原则，注意错误的群集现象；注意只修改了错误的征兆；当心修正一个错误的同时有可能会引入新的错误；修改错误的过程将迫使人们暂时回到程序设计阶段；修改源代码而不要去修改目标代码。

8.2.6　系统的可靠性

系统可靠性模型使用故障率数据，估计系统将来出现故障的情况并预测系统的可靠性。

对于系统可靠性有许多不同的定义，其中多数人承认的一个定义是：系统可靠性是程序在给定的时间间隔内，按照规格说明书的规定成功地运行的概率。

通常用户也很关注系统可以使用的程度。一般说来，对于任何其故障是可以修复的系统，都应该同时使用可靠性和可用性衡量它的优劣程度。系统可用性的一个定义是：系统可用性是程序在给定的时间点，按照规格说明书的规定，成功地运行的概率。

可靠性和可用性之间的主要差别是，可靠性意味着在0到 t 这段时间间隔内系统没有失效，而可用性只意味着在时刻 t，系统是正常运行的。因此，如果在时刻 t 系统是可用的，则有下述种种可能：在0到 t 这段时间内，系统一直没失效（可靠）；在这段时间内失效了一次，但是又修复了；在这段时间内失效了两次修复了两次；……

如果在一段时间内，软件系统故障停机时间分别为 t_{d1}，t_{d2}…，正常运行时间分别为 t_{u1}，t_{u2}，…，则系统的稳态可用性为：

$$A_{SS} = \frac{T_{up}}{T_{up} + T_{down}} \tag{8-1}$$

式中，$T_{up} = \sum t_{ui}$；$T_{down} = \sum t_{di}$。

如果引入系统平均无故障时间 *MTTF* 和平均维修时间 *MTTR* 的概念，则(8-1)式可以变成

$$A_{ss} = \frac{MTTF}{MTTF + MTTR} \tag{8-2}$$

平均维修时间 *MTTR* 是修复一个故障平均需要用的时间，它取决于维护人员的技术水平和对系统的熟悉程度，也和系统的可维护性有重要关系。平均无故障时间 *MTTF* 是系统按规格说明书规定成功地运行的平均时间，它主要取决于系统中潜伏的错误的数目，因此和测试的关系十分密切。

8.3　森林资源信息管理系统开发解析

以汪清林业局森林资源信息管理系统为例，“汪清林业局森林资源信息管理系统”是“天然林区森林资源监测与经营管理技术研究”课题中的一部分，在该系统中首次实现了森林资源数据及图面资料的同步更新。

(1)系统封面及主菜单

图8-14、图8-15为汪清林业局教材资源信息系统封面及菜单。

图 8-14　汪清林业局森林资源信息管理系统封面

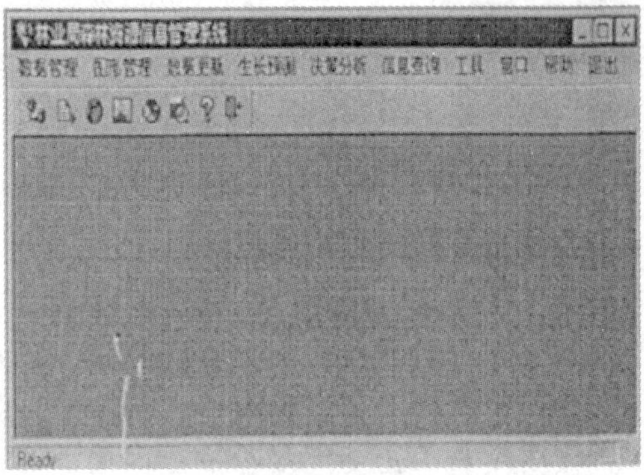

图 8-15　汪清林业局森林资源信息管理系统主菜单

(2) 数据管理

主要功能如图 8-16 所示，包括小班数据管理及样地数据管理（样地数据统计，如图 8-17所示）等。

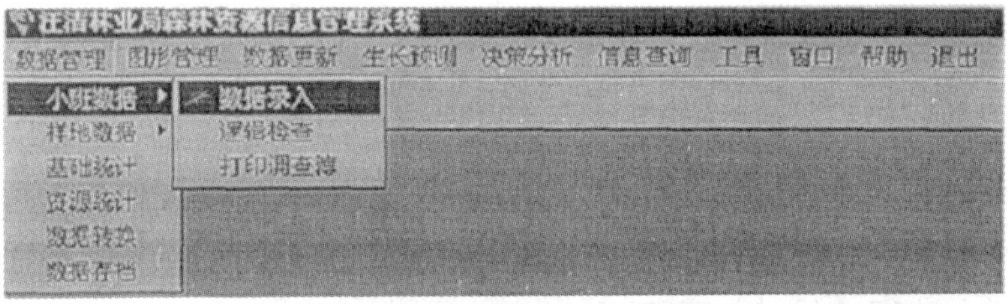

图 8-16　数据管理菜单

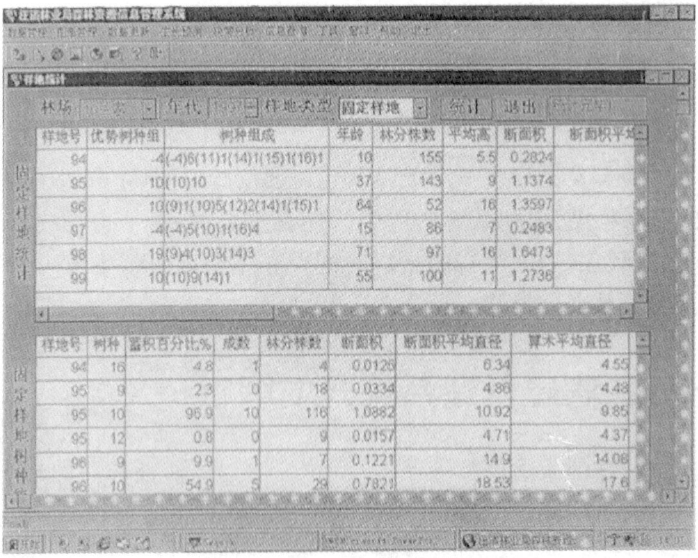

图 8-17　固定样地统计窗口

(3) 图形管理

主要功能如图 8-18 所示，其中比较有特色的功能是自动生成林相图，如图 8-19 所示。

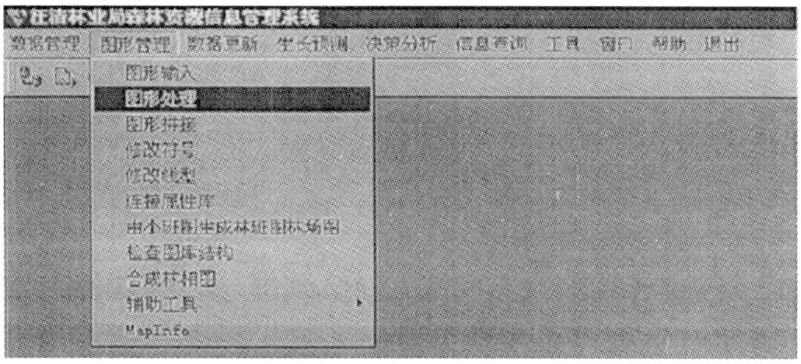

图 8-18 图形管理菜单

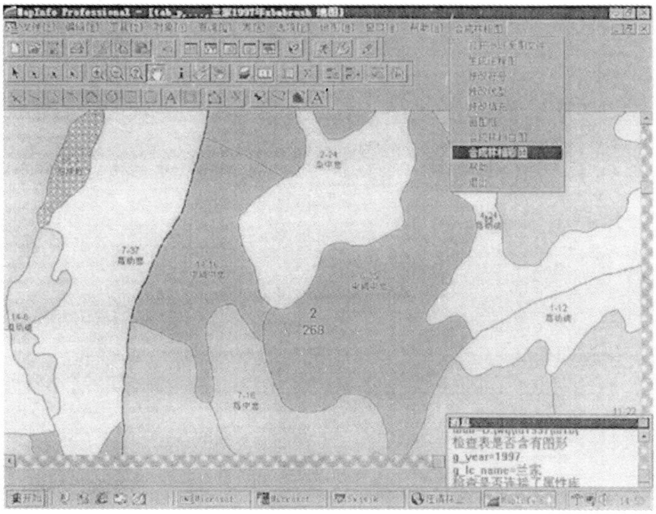

图 8-19 自动合成林相彩图窗口

(4)资源更新

森林资源更新流程如图 8-20 所示，更新部分的主要功能如图 8-21 所示。选择作业小班菜单的功能是：根据用户所输入的条件选择作业小班，生成作业计划草图（图 8-22），供用户调整作业计划，生成作业计划图。作业后，经验收，得到作业验收图。变化图中包含了作业验收图和其他变化图。然后进行图形和数据的更新，如图 8-23 至图 8-26所示。

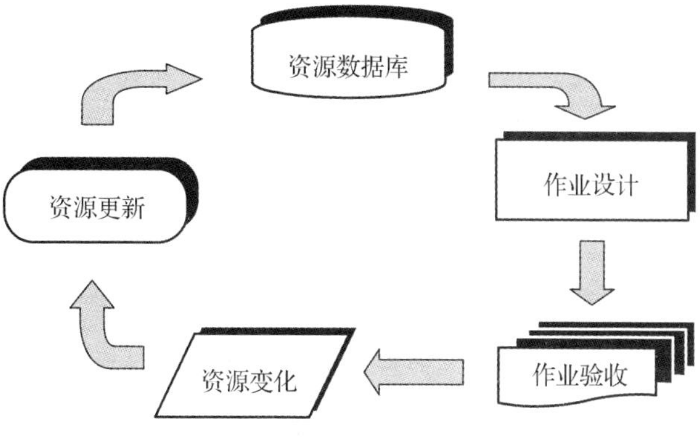

图 8-20 森林资源更新流程图

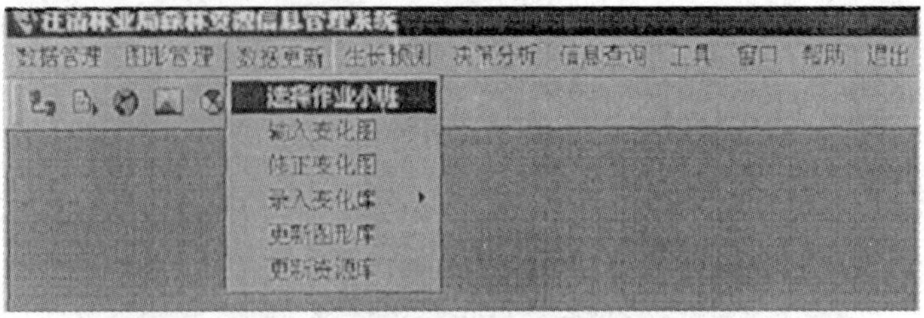

图 8-21　森林资源更新菜单

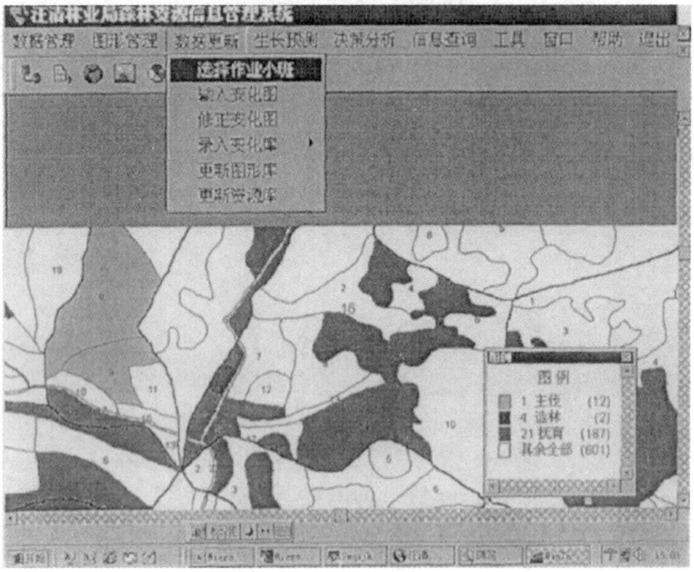

图 8-22　作业计划草图

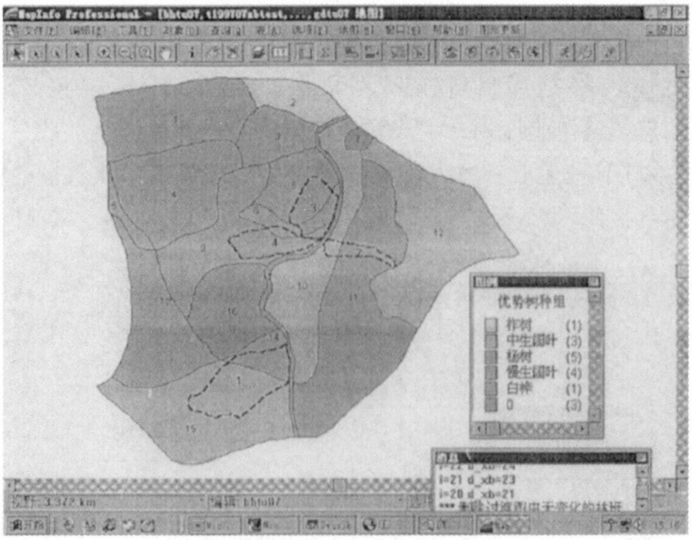

图 8-23　某个林班的小班区划图和资源变化图(红色斑块)

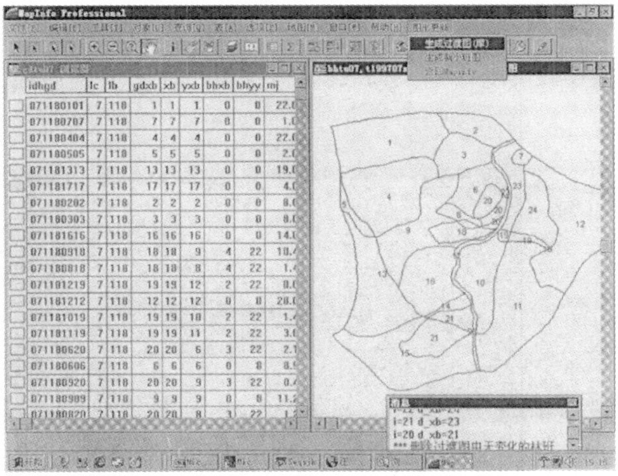

图 8-24 资源变化过渡图和数据

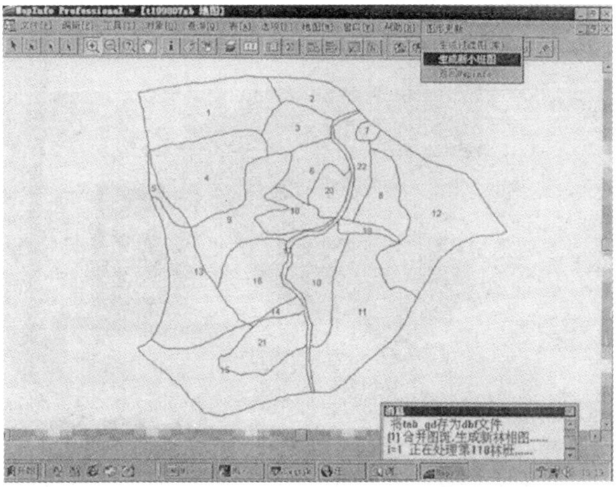

图 8-25 某林班的新小班区划图

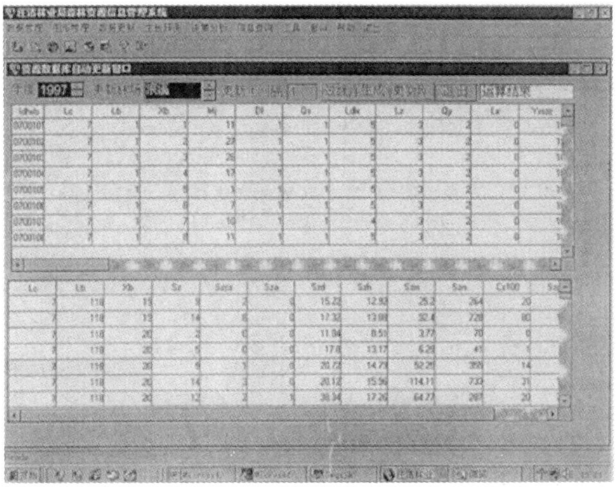

图 8-26 数据更新窗口

(5)生长预测

部分的功能如图 8-27 所示。主要是根据林分生长模型，预测用户输入林分或某现实林分的生长情况。

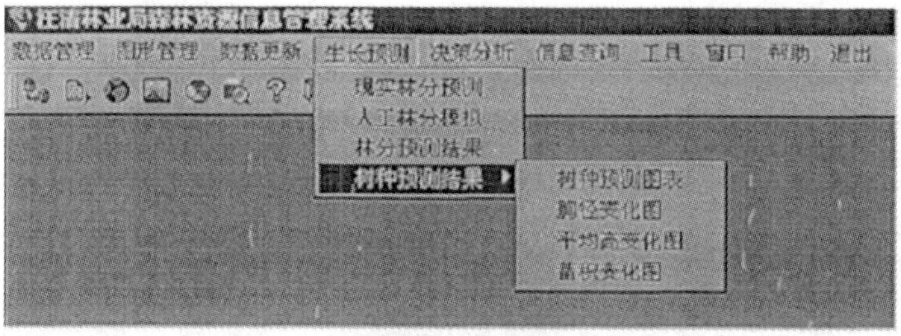

图 8-27　生长预测菜单

(6)信息查询

主要功能如图 8-28 所示，可以查询林业局概况、全林业局各林场信息(图 8-29)及样地信息(图 8-30)等。

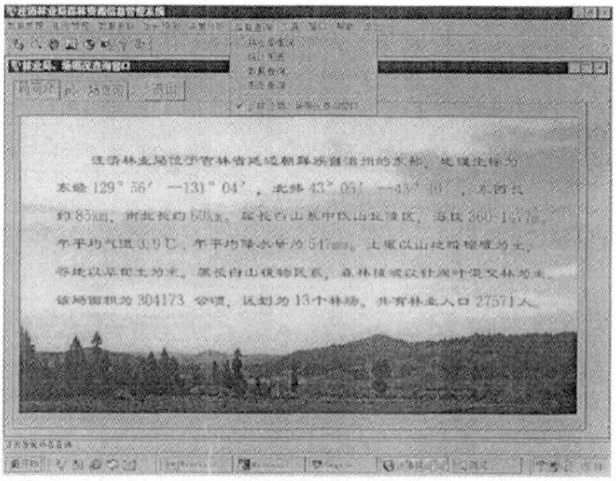

图 8-28　林业局概况信息

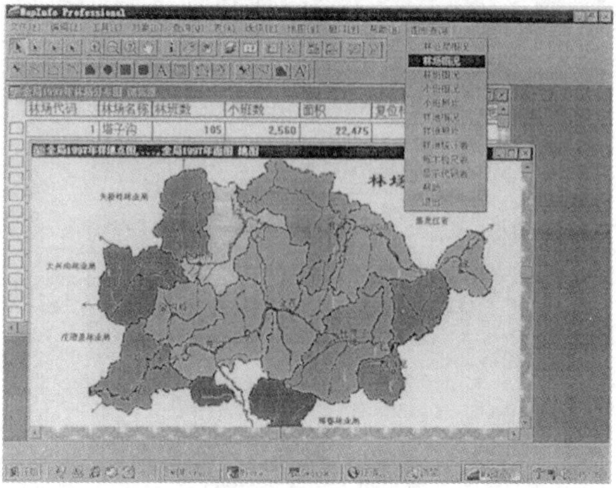

图 8-29　全局林场分布图

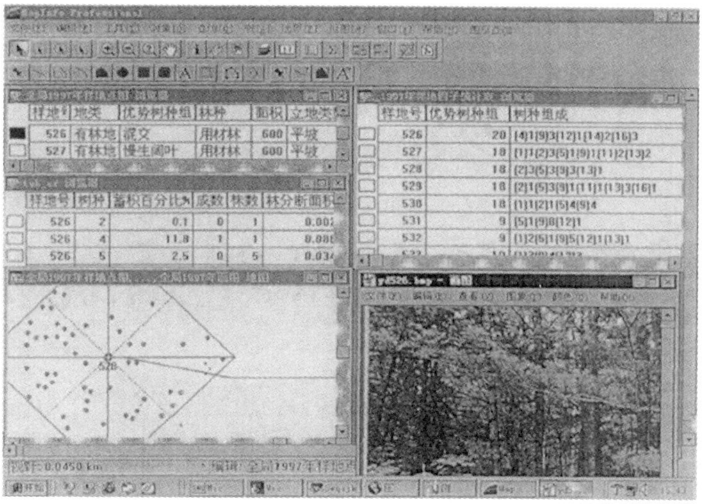

图 8-30 样地情况图

思 考 题

1. 举例说明森林资源管理信息系统开发的目的、任务。
2. 举例说明森林资源管理信息系统如何测试。

第9章 森林资源信息管理系统实施

9.1 森林资源连续清查信息管理系统

9.1.1 业务概述

国家森林资源清查(简称一类调查)是全国森林资源监测体系的重要组成部分，是为掌握宏观森林资源现状及其消长动态，制定和调整林业方针政策、制定林业发展战略规划，监督检查领导干部实行森林资源消长任期目标责任制提供依据。国家森林资源清查以省(自治区、直辖市)为单位进行，以抽样调查为基础，采用设置固定样地为主，定期实测的方法，在统一时间内，按统一的要求查清全国森林资源宏观现状及其消长变化规律，其成果是评价全国和各省(自治区、直辖市)林业和生态建设的重要依据。森林资源连续清查成果内容丰富，具有较强的可靠性、连续可比性和系统性。从20世纪70年代开始，在全国各省先后建立了每5年复查一次的森林资源连续清查体系。

森林资源连续清查信息管理系统功能主要是分析处理样地调查数据，功能模块包括森林资源样地调查数据录入、逻辑检查、系统设置、数据库维护、材积公式定义、样木材积计算、样地蓄积计算、抽样统计分析、动态变化分析、信息查询、统计报表输出等。

9.1.2 业务流程

森林资源清查业务流程主要为：

①调查样地复位　根据上次调查记录的样地地理位置和设置在林地中样地四角标志，确定固定样地位置，确保严格复位。

②样地样木调查　调查样地地类、林种、郁闭度、优势树种，土壤、海拔高度、坡度、坡向等森林和生态环境因子，测量样地内每棵林木的胸径、树高等样木因子，绘制每棵林木的位置图，并严格记录调查样木复位率。

③样地调查数据输入　将样地调查数据输入计算机、进行逻辑检查、材积公式定义、样木材积计算、样地蓄积计算，建立完整样地数据库。

④统计分析汇总　进行抽样统计分析、动态变化分析、统计报表汇总等。通过计算估计出森林覆盖率、林木总蓄积量、每年森林资源生长量、每年森林资源消耗量及其动态变化。

⑤编制调查成果　森林资源清查成果是反映全国和各省(自治区、直辖市)森林资源状况最权威的数据。其主要成果包括：地面固定样地和样木因子的基础数据库，全国、各省以及流域森林资源现状表、动态变化表和成果报告，全国森林资源分布图、各省森林资源分布图、遥感影像图等，全国和各省森林资源信息处理和管理系统。

9.1.3 系统功能模块

(1)原始数据输入

在设计原始数据输入程序时，尽量使输入界面美观、简洁，尽量与原始输入卡片的外观一致，同时又要尽可能地减少击键次数、减少意外出错的可能，提高数据输入的速度。在设计样地因子数据输入界面时，对于要求输代码的因子，加入了代码合法性检验功能；而对于其他因子，则加入了用户自定义的输入范围检查功能。在设计样木数据输入界面时，加入了纵向和横向两种输入方式，针对纵向输入方式，还实现了纵向相同数据的复制功能。该功能主要有县级资源站应用，数据输入完毕后交由设区市检查审核，市资源总站入库。

(2)通用数据逻辑检查

录入数据逻辑检查是指：对经过对比、订正的原始数据进行的数据项之间的逻辑关系检查。从一般意义上讲，逻辑检查实质上是用数据之间所应遵循的一些专业上的标准或尺度，去检查或衡量已有的数据，从而判断数据是否正确的一种数据校验方法。

本系统针对一类清查数据逻辑检查的特点，将逻辑检查所用的标准或尺度与逻辑检查的过程分开，用户可以直接定义、扩充和完善这些标准或尺度，而逻辑检查程序则保持不变，从而实现了"以不变应万变"，使逻辑检查模块完全可以适应各市具体情况的变化。

(3)通用样木单株材积计算

市的材积公式，结合其适用范围，临时自行编制单株材积计算程序，因而费时、费力、通用性较差，容易造成重复性劳动。因此，对各市材积公式的特点进行分析、提炼，寻求一种能统一管理、维护和使用各市材积公式的方法，并编制出通用的材积计算程序，不仅可以减轻内业统计人员的工作量，而且对提高单株材积计算的速度和准确性也大有裨益。

(4)数据交换程序设计

数据交换包括两方面的内容：一方面，将其他系统的数据转换成文本文件，然后再利用 Oracle 数据库系统提供的实用工具 R，将文本文件加载到数据库中的特定基表中；另一方面，还设计了文本方式数据提取界面，用户在其权限范围内，可以从数据库中任意挑选其所需的数据形成文本文件，供本系统以外的其他系统使用。在数据挑选过程中，用户可以对数据项、任意查询条件、数据的排序、多表关联以及数据项的运算关系表达式等诸多方面，进行灵活地控制。

(5)统计分析

统计分析主要是用于统计部颁 56 个一类统计报表。经过报表打印模块，可将统计出的数字转换成可浏览和打印的表格。

本系统中，森林资源现状分析报表均由样地因子和样木因子库统计而来。动态分析，特别是生长消耗动态分析，是本系统的重点和难点。整个统计分析的基本功能模块如下：

①数据库索引　建立、删除或检查样地、样木数据库索引，以提高数据查询、处理和分析的速度。

②代码归并及选项　检查林种、权属、起源的代码情况。如与部颁规定不同，则将其转换成部颁标准代码。如权属是 2 位码，则可将它转换成一位码。

③异常样木数据处理及单株建模　从前后期样木中分离出复位样木，分树种、径级计算样本特征数和进行以 4 倍标准差为临界值的异常复位样木剔除；剔除后的复位样木数据作为原始数据分树种建立单株胸径及材积生长的回归模型，并完成单株模拟。

④各类生长消耗计算　在单株模拟的基础上，分别按样地计算各类型生长量与消耗量，此预处理结果将作为派生数据库保留，供报表统计用。

⑤报表统计　以来自野外调查的样地因子、样木检尺和来自生长消耗数据预处理的生长消耗数据为数据源，按简单随机抽样方法统计方法。在统计过程中，各种代码库是必需的，它们参与报表的生成。

⑥数据基表形式备份与恢复　对原始数据表进行备份检查，如果库中没有备份基表，则进行备份；如果现在使用的原始数据表因某种原因而不能满足要求，需要重新恢复原始状态时，该功能用备份中的数据更新现有数据。

(6)信息查询

在设计信息查询程序时，包含了原始数据查询、利用 SQL * Plus 进行随机查询和图形信息查询三个方面的内容。关于原始数据查询，利用与原始数据输入相同的界面，根据用户输入的任意组合的查询条件，将满足条件的所有数据显示出来；关于 SQL * Plus 随机查询，我们只是提供了一个调用接口，有关 SQL * Plus 本身的强大功能和使用方法，请参阅有关的使用说明；关于图形信息查询，提供了一个直观而简洁的操作界面，将统计结果中主要的森林资源信息，以形式多样的统计图的形式显示出来。

(7)报表打印程序

报表打印模块主要完成部颁 56 个统计报表的表格文件生成和各报表的打印输出。报表输出分为屏幕浏览和打印输出两种形式。其中，报表打印与设备无关，即可以在当前 Windows 所支持的任何打印机上，打印输出本系统所生成的所有报表。

9.1.4　系统功能实现

(1)登录界面

每次进入系统都要从登录界面开始。登录界面如下图 9-1。选择相应的子系统进入，这里选择一类资源连续清查系统，然后在弹出的界面填入登录信息，每一项都不能为空，然后点击确定按钮或取消退出，如果登录成功将进入系统的主界面。

图 9-1 登录界面

系统工作界面如图 9-2 所示：

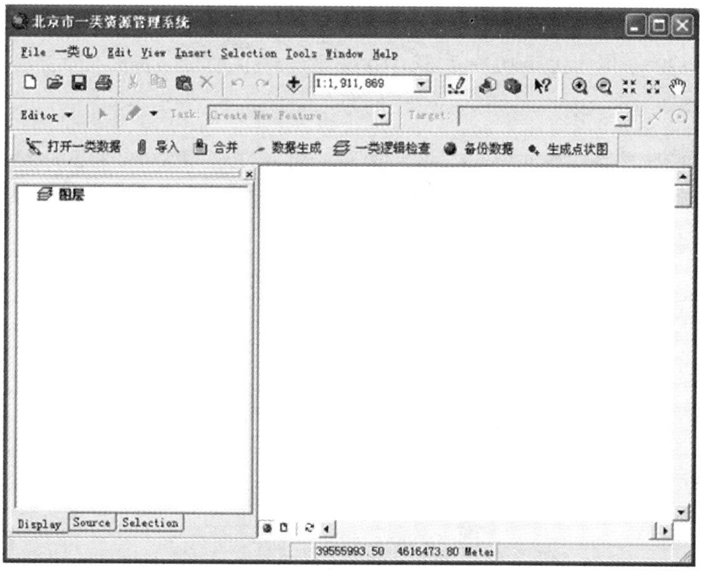

图 9-2 系统工作界面

打开一类数据是将已有的一类数据添加到当前文档中，并导入到库中导入的表包括：

样地调查簿—plotpaper、样地因子调查—plot、跨角林调查—coner、每木调查—tally、树高测量记录—height、荒漠化程度调查记录—gobidegree、灾害调查记录—disaster、植被调查记录—vegetation、天然更新调查记录—update、复查期内样地变化调查记录—plotchange。如果此目录有符合条件的数据，将会看到如图 9-3 所示结果。

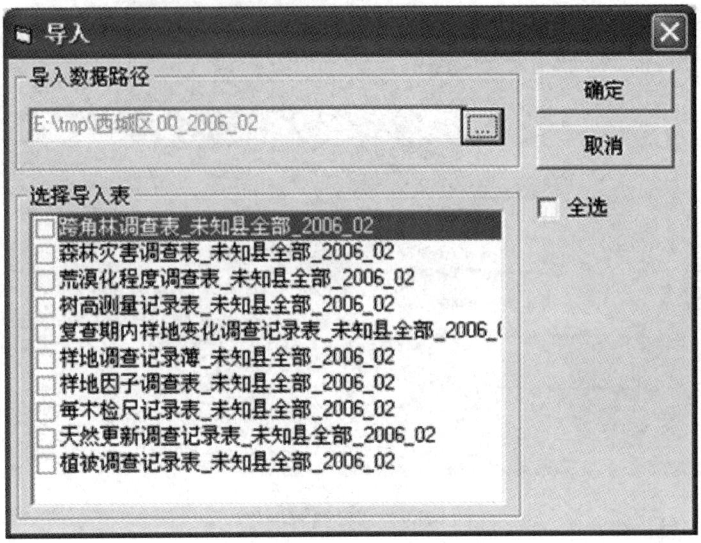

图 9-3　导入窗口

合并是将某年某个区县的分组(可以选择多个分组)合并到县级数据中，可以选择将某县所有的分组合并，也可以合并其中的几组(图 9-4)。另外一种合并是将某年几个县的数据合并成市级数据。

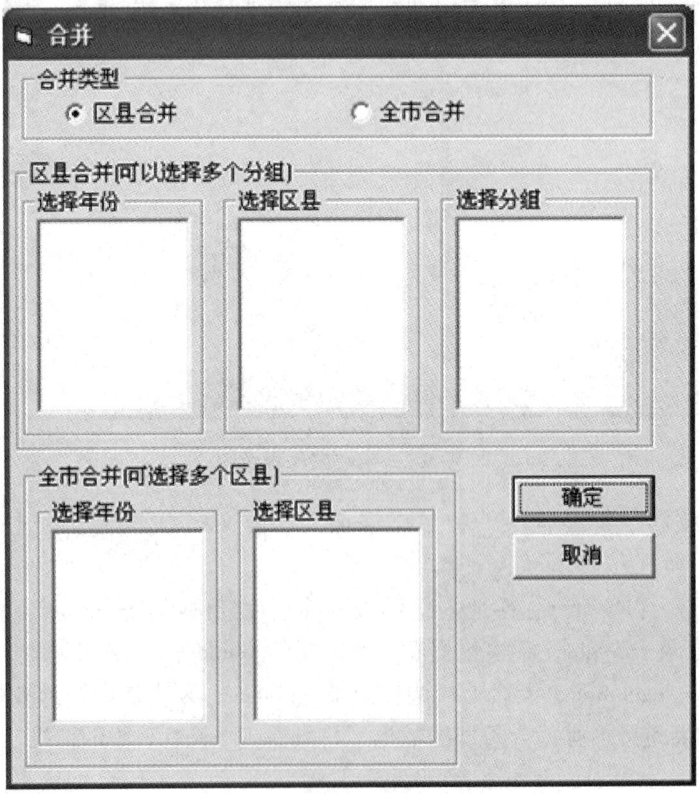

图 9-4　合并窗口

数据生成是将地块按照所属区县分成不同的组，以便调查。数据生成的步骤为：选择区县→选择地块(按住 Ctrl 键可以多选)→选择分组→选择生成年份→选择存放路径→确定。如果地块已经被分组，则会将已分组的地块号显示在已分组地块栏里，可以对其进行重新分组(图 9-5)。

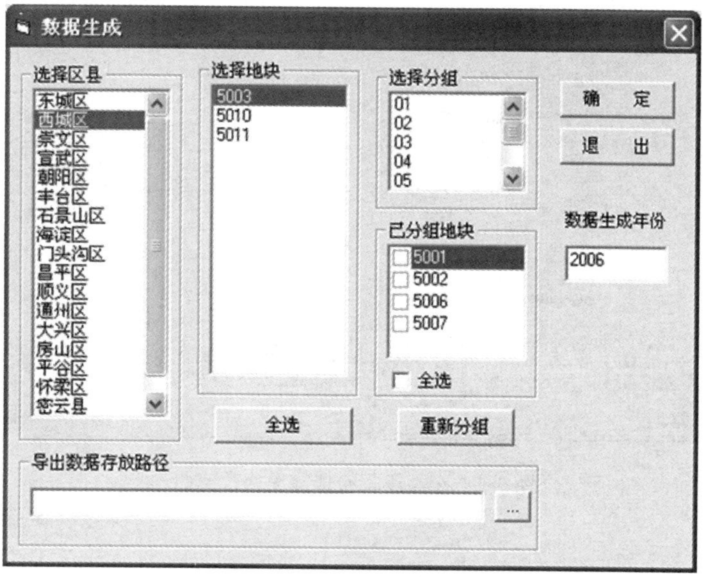

图 9-5 数据生成窗口

一类逻辑检查。选择要检查的区县、组号、年份，系统会根据用户选择，组合成要检查的文件名，如果这些文件不存在于数据库中，则系统提示"数据不存在"，否则就进行逻辑检查，如图 9-6 所示：

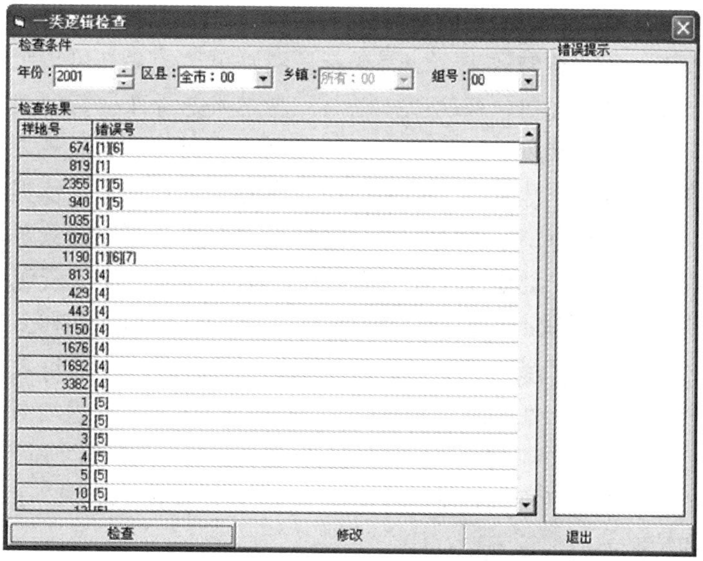

图 9-6 一类逻辑检查

在图 9-7 界面上可进行样地调查记录簿等 10 个表的修改。选择图中线框所示部分可将对话框上半部分隐藏。

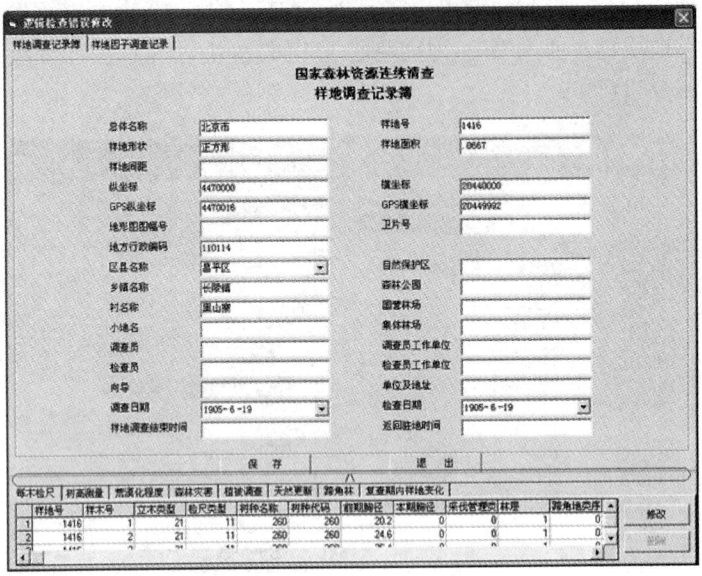

图 9-7　一类逻辑检查错误修改窗口

9.2　森林资源规划设计调查信息管理系统

9.2.1　业务概述

森林资源规划设计调查(简称二类调查)以国有林业局(场)、自然保护区、森林公园等森林经营单位或县级行政区域为单位，为基层林业生产单位掌握森林资源的现状及动态，分析检查经营活动的效果，编制或修订经营单位的森林可持续经营方案、总体设计和县级林业区划、规划、基地造林规划，建立和更新森林资源档案，制定森林采伐限额，制定林业工程规划，区域国民经济发展规划和林业发展规划，实行森林生态效益补偿和森林资源资产化管理，指导和规范森林科学经营提供依据。按山头地块进行的一种森林资源调查方式。调查的内容包括编制有关调查经营数表，确定各级经营界限，查清森林、林木、林地以及林区内野生动植物和微生物等资源的种类、数量与分布，以及诸如森林更新、病虫害、森林火灾、珍稀动植物、森林多种效益评价等专业调查，客观反映调查区域自然、社会经济条件，综合分析和评价森林资源与经营管理状况。二类调查是经营性调查，一般每 10 年进行一次。随着各地对二类调查工作的重视以及遥感技术的发展和进步，利用高分辨率遥感图像(如 SPOT5)结合地面调查的方式开展二类调查，不仅极大地减少了外业调查的工作量，也提高了调查速度、调查成果的质量和精度。

森林二类调查信息管理平台的设计与开发，在保证系统强大功能的基础上，实现较完善的林业专题应用的功能，使之能够真正地满足森林经营管理的需要。应包含森林资源空间信息和属性信息的采集、处理、查询、分析、输出等功能能够，方便地制作专题图能够快速进行空间信息和属性信息的双向查询，能够为管理者提供有效的辅助决策信息。

9.2.2 业务流程

森林资源规划设计调查业务流程主要为：

①小班区划 按小班区划条件划分小班，并绘制小班区域位置图。

②小班调查 调查林地地类、林种、权属、林木的树种组成、优势树种、郁闭度、起源、平均胸径、平均树高、平均年龄等林木因子和土壤、海拔高度、坡度坡向等生态环境因子。

③数据输入 进行数据的采集、逻辑检查、蓄积计算，建立森林资源调查小班数据库。

④数据统计分析 生成各类统计表、绘制输出森林分布图。通过计算估计出各经营单位和各级行政单位的森林覆盖率、林木蓄积量、每年森林资源生长量、每年森林资源消耗量、各类森林资源的面积和蓄积及其动态变化。

⑤编制调查成果 编制成果报告、森林资源分布图、林相图，建立森林资源档案管理数据库等。

⑥综合评价 根据调查分析数据，对森林资源经营管理、经营措施等成效进行综合评价，提出新一轮的森林资源经营方针和目标、经营措施和经营方案。

9.2.3 系统数据库的设计

根据国家林业局提出的数据库建设规范和二类调查工作管理、规划的需要以及建库的要求，将数据库分为两个部分：基础数据库和管理数据库。

(1)基础数据库

基础数据分为五大类林业基础地理数据、林业资源数据、专题数据、社会经济数据和栅格数据。逻辑分类如图 9-8 所示。

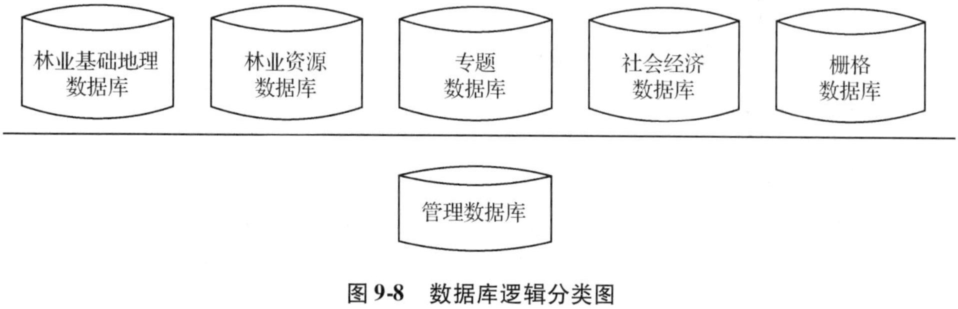

图 9-8 数据库逻辑分类图

林业基础地理数据库包括行政区划、居民地、铁路、公路、水系、地貌、地理格网等要素，其中包含地形要素间的空间关系及相关属性信息。

森林资源数据库主要是二类调查数据，森林资源档案数据，森林分布图、林相图、森林土壤类型分布图等数据。森林资源数据的准确性、完备性和时效性非常重要，它是规划、决策的主要依据之一。

专题数据包括林业区划图、林地林权图、调查样地分布图、森林火险等级分布图、森林资源评价图、资源预测图、造林规划图、树木种源规划图、自然保护区规划图、森林公园规划图、环境保护规划图、土地利用规划图等。

社会经济数据库主要包括与森林资源管理有关社会经济数据，包括人口分布图、居民点分布图、交通分布图、木材加工利用分布图、资源消耗分布图等。

栅格数据库包括遥感影像、数字高程模型、坡度坡向图等。

(2) 管理数据库

管理数据包括元数据、数据字典、符号库、代码库、模型库以及其他管理数据。如图 9-9所示。

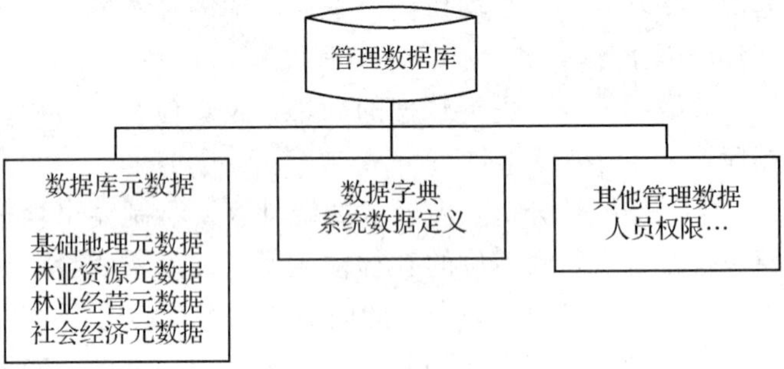

图 9-9　管理数据库结构图

元数据是关于数据的数据，用于描述数据的内容、覆盖范围、质量、管理方式、数据的所有者、数据的提供方式等有关信息。按照空间属性森林资源信息可分为空间数据和非空间数据两大类。

在森林资源数据库中，建立层元数据，分别与数据库、数据集、数据项和数据值相对应，即系统层、数据集层、数据项层和数据值层。

系统层处在最高的层次上，它随系统存在，由数据库管理系统统一管理，系统在每次启动时先读取这部分内容，进行系统初始化，为即将进行的数据操作准备系统层元数据记录数据使用的软硬件环境、数据使用规范、数据标准等信息。

数据集层元数据随数据库存在，是空间数据集和属性数据库的描述数据。

数据项元数据是对数据项的说明性数据，位于数据集层的内部，随数据集存在。对空间数据，数据项元数据是对具体空间数据组织的说明，对属性数据就是对数据项的长度、类型等的说明。

数据值元数据是对具体的数据值的说明性数据，随数据项存在。

9. 2. 4　系统功能实现

(1) 用户管理模块

系统分为管理员和普通用户。管理员具有管理权限，可以增加用户、修改用户、删除用户。管理员拥有对数据修改的权利，而普通用户则不可以进行此操作。通过登录来控制权限。

登录是系统对用户身份的确认过程，系统如需用户输入三次密码，若三次均是密码错误没有通过，系统视该使用者为非法用户，强制退出系统。如图 9-10 所示。

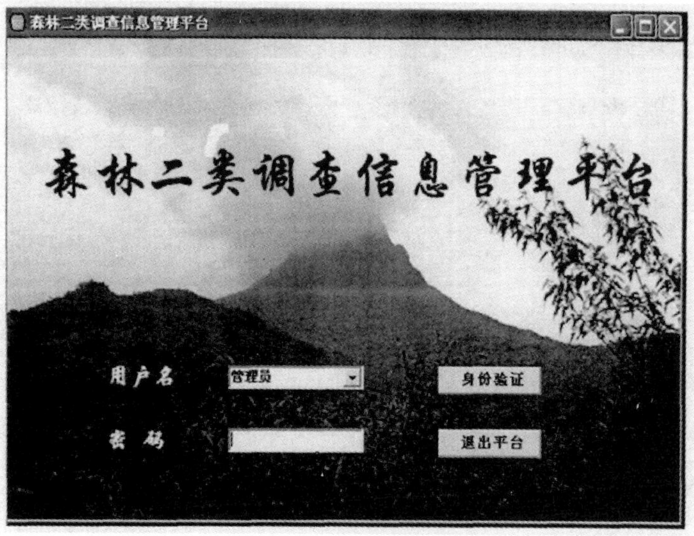

图 9-10　系统登录界面图

(2)图层管理模块

该模块的操作对象为图层，基本功能有 Shape 文件的加载、修改、删除；图层的添加、打开、关闭、保存等；地图放大、缩小、漫游、还原显示、刷新等浏览功能空间数据查询功能。

(3)属性数据管理模块

属性数据输入的工作是地理信息系统的一项重要的工作，一般数据量都很大。本管理平台设计了双模式属性输入方式，即代码输入方式和下拉框输入方式。代码输入方式是默认的方式，输入者在输入代码后回车，代码会自动转换为汉字，并且光标会自动定位到下一个输入因子，同时该因子的代码表显示在提示框中。下拉框输入方式是可选择的，选中下拉框输入选项，可以看到在选中的单元格中有下拉按钮，拉开后可以选择所需要的值。如图 9-11所示。

图 9-11　系统登录界面图

森林资源规划设计调查细则规定了 13 种统计表格式。统计报表是二类调查信息管理的重要内容是对二类调查信息的进一步提炼，也是对二类调查成果的总结。二类信息管理平台是针对图面上所具有的小班属性而言的，图库一体保证了数据的一致性和连续性，所形成的统计表也是针对当前图面所连接的属性进行统计，保证了统计报表的真实可靠性。统计报表模块共有调查簿打印输出、统计表打印输出和统计结果导出三项功能。在连续打印时，可以直接生成目录和页码，结束了以前手工填写目录和页码的历史。统计结果的输出，可以将生成的结果导出为等格式，增强了统计成果的重用性。具体功能如图 9-12 所示。

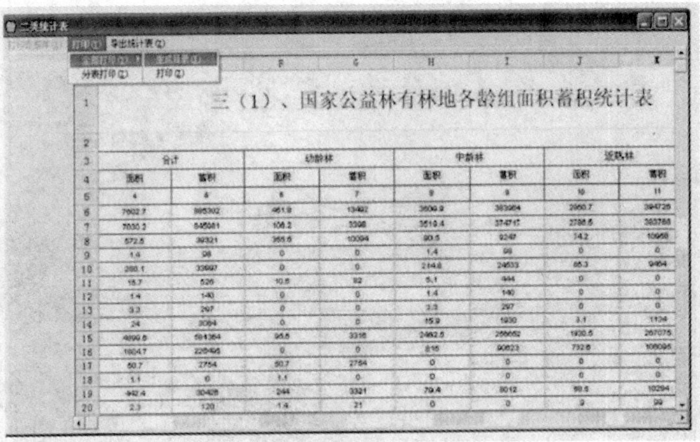

图 9-12　统计报表打印输出图

(4) 专题图制作模块

专题图根据其内容的复杂程度不同，其编制的具体步骤也不同。但是按照时间顺序，一般可分为专题图编制计划阶段、数据准备与分析阶段、地图设计与制作阶段、专题图输出阶段。

在专题图编制计划阶段的主要任务是提出编图的目的和要求，明确专题图使用对象，确定地图的主题内容、图幅范围等。

收集资料、准备数据是制图的一项重要工作，要求资料内容完整、精度高、时效性强。需要的资料主要包括图像资料、文字资料、数据资料。

地图设计与制作阶段是专题图制作的关键阶段。地图设计包括以下内容：进一步确定专题图的主题内容和用途确定图幅范围、比例尺、投影和经纬网格密度；确定地图处理加工的方法；确定专题内容在图上的表现形式，专题内容在图上的表现形式有两种，分别是主图和附表，其中主图反映主要的内容，附图附表是对主图的补充说明；专题内容的制图综合。

(5) 地图整饰和输出模块

一幅完整的地图除了包含反映地理数据的线划及色彩要素以外，还必须包含与地理数据相关的一系列辅助要素，如图名、图例、指北针比例尺统计图表等，所有这些辅助要素的放置都作为地图整饰工作。

9.3　森林资源作业设计调查信息管理系统

9.3.1　业务概述

作业设计调查(简称三类调查)是以某一特定范围或作业地段为单位，对森林资源、立地条件及更新状况等进行详细调查，目的是满足林业基层生产单位安排具体生产作业(如主伐、抚育伐、更新造林等)需要而进行的一种调查，其调查成果是分期逐步实施森林经营方案，合理组织生产、科学培育和经营利用森林资源的作业依据。面积较小时通常采用每木检尺法，以便获得较为准确的各种森林资源数据，面积较大时也常采用标准地法进行估测各种森林资源数据。作业设计调查包括采伐作业设计、低产林改造设计、人工抚育设计、森林更新设计、人工造林设计、封山育林设计等作业设计调查。

营造林工程建设具有典型的空间特性，需要对地块的地理位置以及地块的属性进行描述，采用地理信息系统(geographic information system，GIS)对其信息进行管理是最科学的。目前的营造林管理系统大多只是侧重管理地块的属性数据，而通过描述地块地理位置图形数据进行管理的较少。本管理系统以营造林管理工作为主线，以方便用户为最终目的，以 GIS 技术为核心，采用集成式技术，以 Visual Basic 6.0 为开发平台，集成了 MapInfo Professional 7.0 地理信息系统，实现了对营造林工程的一体化管理。

9.3.2 系统总体设计

(1)系统总体目标

系统设计的总体目标是应用地理信息技术实现营造林工程的信息管理，同时提供工程建设的相关信息，包括图形数据和属性数据，实现图形数据与真实的地理坐标相吻合，为有关部门实行工程管理和决策提供准确依据。

(2)功能设计

依据系统设计目标，以信息系统开发方法论为原则，开展系统建设。目前，营造林各个工程的属性差异很大，若对每个工程做简单的单独管理势必造成工程信息资料的混乱。对目前营造林工程管理现状和业务进行分析，确定各个工程的数据库结构。本管理系统研制的目的是对目前实施的十项营造林工程进行统一管理，这些工程包括：退耕还林工程、封山育林工程、冠下造林工程、枯死树更新改造工程、农防林更新改造工程、改培速生丰产林工程、迹地更新工程、三北四期防护林工程、生态草工程、一般营造林工程。每个工程的管理功能设计都概括为：GPS 数据导入、数据库连接、图像配准、数据维护、数据统计与分析、数据接收与上报等。不同工程管理之间的差别在于属性数据方面，可以同时打开多个过程进行管理，工程间信息的切换由系统自动完成。

(3)界面设计

系统界面又称用户界面，是人与计算机之间传递、交换信息的媒介，是用户使用计算机系统的综合操作环境，良好的用户界面是保证系统正常运行的一个重要因素，影响到用户对系统的应用态度，进而影响到系统功能的发挥。本管理系统采用 Windows 流行的资源管理器的界面，窗口的左边为文件夹的树状结构窗口，用于浏览和打开地图，右边为地图窗口。工具条的功能与图标的设置和 MapInfo Professional 相似，使用 MapInfo 的用户容易适应，当鼠标放到工具条按钮时，它的功能会有提示，使操作员方便操作。考虑到扩大地图窗口的视野范围，还设计了开关按钮显示或隐藏文件夹树状结构窗口。本系统可以对多个地图窗口进行管理，窗口间的切换直接影响到工作效率。

本系统主窗口上部设置有 Tab 控件，打开一个地图窗口，Tab 控件会对应产生不同的按钮，通过选择按钮可以切换到所需要的地图窗口，同时根据窗口所对应的工程改变菜单命令内容，还可以对打开的地图窗口平铺或层叠。

(4) 工作流程

造林工程信息管理系统的应用流程如图 9-13 所示。

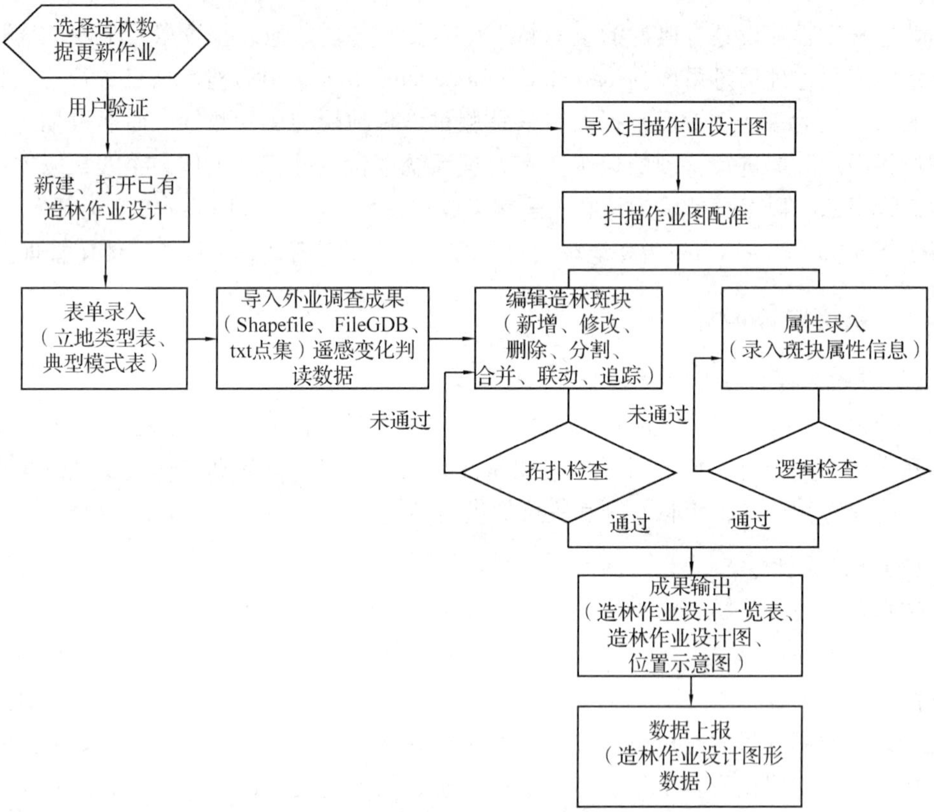

图 9-13　造林工程信息管理系统工作流程

9.3.3　系统的主要技术要点

(1) 开发模式的选择

MapInfo 公司为开发人员应用 MapInfo Professional 提供了两种方式：应用 MapBasic 进行二次开发和基于 OLE 自动化的集成开发。由于 MapBasic 是一种非可视化编程环境，因此用户在进行二次开发时难以创建独具特色的用户界面。基于 OLE 自动化的开发就是编程人员通过标准化编程工具，如 VC、VB、Delphi 等建立自动化控制器，然后通过传送类似 MapBasic 语言的宏命令对 MapInfo 进行操作。这种开发模式运行速度相对较慢，但这种开发方法能随心所欲地制作出美观友好的界面，将地理操作与非地理操作融为一体，并且几乎能实现 100% 的 MapInfo 功能。

(2) 可选择的开放纠错的双模式属性输入

属性数据输入的工作是地理信息系统的一项重要工作，一般数据量都很大，所以属性数据录入是数据管理的一个瓶颈。目前提高属性数据输入速度的方法大多数采用代码输入的方式，即在输入的内容比较固定的情况下，对每一种情况进行编码，输入时只输入代码，系统自动转换为所代表的含义。本管理系统设计了双模式属性输入方式，即代码输入方式和下拉框输入方式。代码输入方式是默认的方式，输入者在输入代码后回车，并且光标会自动定位到下一个输入因子，同时该因子的代码表显示在提示框中。下拉框输入方式是可选择的，是给那些对键盘操作不熟悉的操作员提供的另一种输入方式。选中下拉框输入选项时，可以看到在选中的单元格中有下拉按钮，拉开后可以选择所需要的值。各工程属性字段比较多，有些字段在一些调查地区不涉及，如四旁树的因子，输入时可能显得累赘，选择性是指可以通过设置输入项目来设定你要输入的字段。纠错性是指当输入的内容与选项的内容不符时，系统会阻止内容的输入。

(3)图像的单点配准

以往的营造林工程信息管理的图面资料大都是只有一个控制点，并且每一张 A4 纸上有多个位置不相关的地块，用常规的方法将这些地块矢量化进入地理信息系统管理，每一个地块需要至少有 3 个控制点，这样工作起来非常麻烦。本系统添加了单点配准的功能，通过该功能对图像配准时，只需标定图纸的北向、填写一个控制点的坐标和图的比例尺即可，大幅度提高了工作效率。

(4)GPS 数据的应用

目前林业基层单位广泛应用 GPS，以往的 GPS 数据利用方式是将数据重新抄写并记录到计算机中，此种做法不能对 GPS 采集的数据直接利用，造成数据资源的浪费和使用的不便捷。本研究对 Mapsource 导出的 GPS 所记录的航点、航线、航迹文本文件的存储结构进行了分析。以从 Mapsource 导出的航线 TXT 文件为例，文件的顶部列出了全部的记录点，包括记录点的名称、坐标值等信息；接下来是对航线的描述，包括航线名称、所属的记录点号以及各个点号之间的关系。依据这种数据逻辑关系，读取其中的坐标，形成地块的图形数据。

9.4 森林资源专项调查信息管理系统

9.4.1 系统概述

随着科学技术的发展，计算机、通讯、航空航天等技术的进展，森林火在监测、预测等技术经历着从人工向自动化、信息化的方向发展。其中一个重要的方向就是采用“3S”技术进行森林防火。利用 RS 技术进行火点监测；采用 GIS 进行资料收集、存储、处理、空间分析和统计、查询；运用 GPS 为扑火人员导向和定位、测算火场面积等等。

系统从防火信息日常业务出发，以防火信息管理为重点，以“3S”技术、数据库技术为核心，以基础地理数据为空间信息平台，以森林资源专题信息为基础，集日常业务管理、消防装备管理、火情分析、灾后评估等专题信息于一体，借助于 Visual C#.NET，利用组件式 GIS 开发周期短、易于移植、便于维护等优点，对日常防火相关信息、火灾定位、火情预测等关键技术进行研究，建立了防火信息管理系统，可为火灾发生提供充足的分析数据，便于决策者进行决策。

森林防火系统的构成可分为以下组成部分：基础信息的管理、专题信息管理、林火预报、指挥调度与灾后评估。其中森林火险的预测预报、森林火灾的监测是极为重要的环节，一则可以提高人们的安全用火意识，二则可以及时扑救林火，避免酿成大的火灾。

9.4.2　系统体系架构

系统主要是 GIS 与 MIS 的结合，MIS 体现防火信息管理业务流程，GIS 主要是将相关的林业信息、火灾位置情况、人员物资调度等信息反映在地图上，标记历史火灾发生地点、火灾扑救指挥调度信息等，二者相互依托是任何一个完善的 GIS 信息系统中必不可少的组成部分。

(1) 设计原则

为更好地满足新形势下防火信息管理工作的需要，在设计系统集成方案时遵循如下原则：

①实用性　易于使用、更新和维护，用户界面友好，功能明确，执行效率高，确保系统运行的可靠性；

②针对性　结合林场日常业务运作，设计合理的功能模块；

③标准化和规范化　在系统设计和实施过程中，数据在数据库下进行管理，参照国家“数字林业”的标准及森林资源规划设计调查的规范和标准；

④可扩展性　在系统建设过程中应充分考虑其可扩展性，为数据库的内容扩充、数据增长、数据更新和功能增强预留足够的发展空间，因此，采用了模块化集成，方便对用户功能需求进行扩展。

(2) 系统体系结构

本系统采用以 C/S 架构面向数据操作和管理用户为主的模式，以 Visual C#为开发语言，进行组件式开发，实现开发可扩展、易维护的应用系统。系统的三层体系结构如图 9-14 所示。

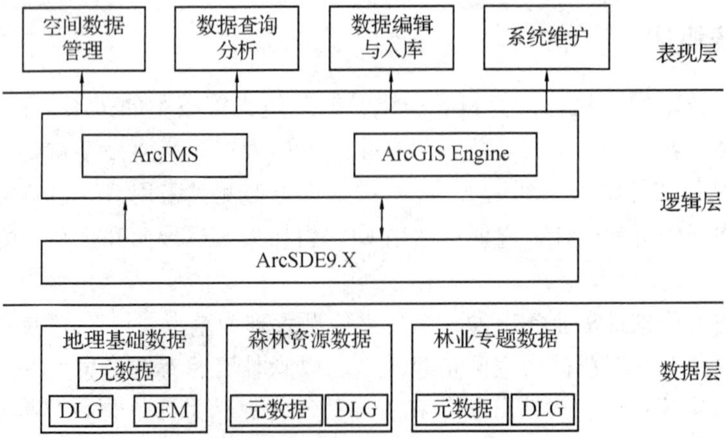

图 9-14　系统的三层体系结构图

9.4.3 系统数据库的构建

系统数据库是存储护林防火信息系统所需数据的“仓库”，是整个护林防火信息系统的重要技术支撑，任何子系统中的功能操作都要以数据库的调用为基础和前提。数据的合理优化组织是应用程序高效运行的有力保证。

森林防火信息管理系统要求有充足的数据作为决策基础，主要包括基础数据、防火专题数据两大类。基础空间数据包括道路、河流、林业局、林场、林班、小班和行政区划等。其中道路、河流、林业局、林场、行政区划等是通过对地形图配准之后在ArcGIS 中数据采集得到的，包括 1∶1 万、1∶10 万、1∶25 万 3 个比例尺。林班、小班数据是在森林资源二类调查所得小班基础上，通过对当前 TM 和 SPOT 遥感影像进行解译，获得实时的森林小班数据，其属性数据记录了树种、单位蓄积、权属、地类、组成、优势树种、林龄、胸径等多种信息，都是由外业实地调查得到，根据林业局提供的信息直接输入数据库中的。防火专题数据是与防火工作密切相关的一些图层信息，是林火扑救时必不可少的信息，见表 9-1。

表 9-1 防火专题数据

名称	图层名	几何特征	要素内容	数据格式
森林火险等级分布图	HXDJ	面	根据植被类型、人口密度和道路密度划分各县的森林火险等级	Shape 文件或 GeoDatabase 数据格式
森林防火瞭望塔分布图	LWTFB	点	提供瞭望塔分布点	Shape 文件或 GeoDatabase 数据格式
森林防火通道分布图	FHTD	线	提供防火通道分布图	Shape 文件或 GeoDatabase 数据格式
森林防火隔离带分布图	FHGLD	线	提供防火隔离带分布图	Shape 文件或 GeoDatabase 数据格式
森林防火设施布局图	FHSS	点	提供防火设施布局分布图	Shape 文件或 GeoDatabase 数据格式

根据空间数据的逻辑结构和 GeoDatabase 数据模型，空间数据库的逻辑层次结构划为 4 级：总库—子库—逻辑层—物理层。数据库采用分层管理的模式，并根据功能主题，模仿数据仓库技术，划分为行政区划数据集、林业资源数据集、防火专题数据集。在数据调度中，根据用户的视野范围，采用分级显示技术，即将所有数据建立在一个工作空间中，不同类型及不同比例尺数据放在不同的数据源中，根据用户的需要加载相应的数据。

9.4.4 系统功能

系统以模块化结构为主体，按类别将所有功能模块归纳在一起，程序界面统一调用各大功能模块。系统功能设计如图 9-15 所示。

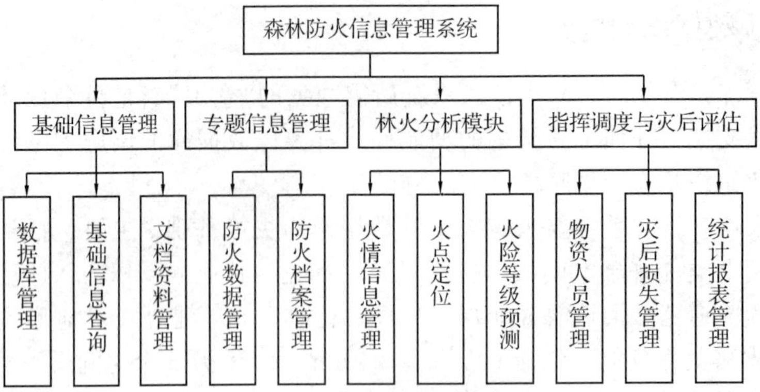

图 9-15 系统功能设计

(1)基础信息管理

该模块是 GIS 最重要的部分，提供存储、编辑、检索、查询、显示、维护与更新空间数据库等功能，实现了数据库管理、基本信息查询、文档资料管理。该模块不仅可根据用户的要求，从多种途径如属性或图形、图像入手对基础地理数据(如河流、道路)和森林小班资源数据进行灵活查询与检索，并将查询结果以文字、图形、图像或统计报表等形式显示，而且将需要的成果图、成果档案等文字信息或图表信息上传到数据库进行统一管理。

(2)专题信息管理

专题信息管理是森林防火信息管理的核心功能，主要根据林场日常业务流程，将防火数据进行分类，按类别将防火专题数据如常备防火队伍、防火设施(瞭望塔、蓄水池等)、防火隔离带信息(自然阻隔如河流、地貌，工程阻隔如道路、生土阻隔)、专兼职护林员情况、森林防火责任单位等信息进行管理，实现数据更新、查询等功能。另外，GIS 具有强大的图形编辑功能，可根据需要进行图形编辑，叠加防火专题要素，制作防火专题图，并对专题图信息进行统计，输出报表，为使用者提供详细的专题图与统计信息。

(3)林火分析模块

火点定位：根据某监测点的监测区域内提供的火点坐标或林场人员上报的火点相对位置，进行火点准确定位与相对定位，并将火点位置落实到森林资源分布图中，查看资源、道路、水系、居民点分布及地形情况，为扑火救援工作提供实际的火场环境信息。

火险等级预测：森林火险预报是指依据一些客观因素，针对森林火灾的发生发展规律，采用一定数理方法所作出的预测。综合考虑研究区所处的地理位置和气候条件，利用气象数据、植被类型数据、地形地貌数据等进行火险等级分析并形成相应的火险等级分布图。

(4)指挥调度与灾后评估

根据火灾发生的空间位置，搜索林火发生地附近的物资与人员信息，并结合基础地图数据，进行扑火资源的调度，合理制定扑救指挥方案；火灾扑救结束后，勾绘出火灾发生区域范围，进行灾后损失评估。

9.5 基于互联网的林场森林资源信息分布式管理系统

9.5.1 系统简介

国内林业管理体系中，林场是最基层的管理机构，也是大量森林资源信息的生产者。各个林场积累的大量数据类型多样，性质各异。有矢量数据和栅格数据，也有属性数据，还有各种需求的小班数据。但由于不同林场采用不同的管理方法和管理软件，数据存在多种异构，影响森林资源数据的共享，因此有必要对林场森林资源数据的管理进行研究。而处理多种异构数据，并实现最终数据共享，最有效的方式就是基于互联网的分布式管理。

对于矢量数据，一方面，采用基于中介(wrapper/mediator)的方法，利用 GML 作为标准格式进行空间数据的异构性消解，从而实现地理空间信息的查询和集成，然后以 Web Services 的方式提供服务。另一方面，充分利用 OGC 的空间数据 Web 服务规范，利用 WMS 地图服务和 WFS 要素服务等空间数据服务标准，不仅可以解决数据异构性问题，还可解决空间数据大规模应用时的互操作问题。

根据遥感影像的特点和林场对影像的应用需求，将各种不同来源不同格式的影像采用统一格式存贮在关系型数据库中，以此消除异构数据在存贮结构上的差异性，影像数据采用分波段、分块技术存贮，并采用最邻近法、立方卷积等方法构建影像金字塔。影像元数据被划分为影像基本信息、影像源信息、影像存储信息以及影像波段信息等若干部分，同时存放在关系型数据库中。基于大型关系型数据库的多用户并发共享能力提供对影像分布式管理的基础支持。

基于网络服务理念，提出林业遥感影像服务管理模式，将服务器划分为注册服务器和数据服务器，分别提供影像服务的注册功能和数据服务功能。在两类服务器上分别部署注册服务、影像管理服务、元数据和数据服务等。影像服务采用 REST 架构风格进行设计，遵从无状态性、统一接口等约束，以资源的方式基于 HTTP 协议为用户提供共享服务。研发了林场遥感影像分布式管理服务系统实现影像服务的发布和管理，研发了影像元数据服务、影像数据服务程序，以及影像显示控件，实现远程动态高效地调用服务器端的影像并进行快速显示。

针对林场应用的实际，分析了林场分布式森林资源数据的管理策略、管理层次结构和组成，各层之间的关系，以及与外部环境之间的关系，提出了以数据提供者为中心的基于 OGC 空间数据服务规范的数据服务技术，并以此提出了数据节点管理技术，形成全局数据逻辑组织模式和协同工作机制，进一步提出了森林资源分布式数据管理体系结构。图 9-16 显示了系统研发的技术路线。

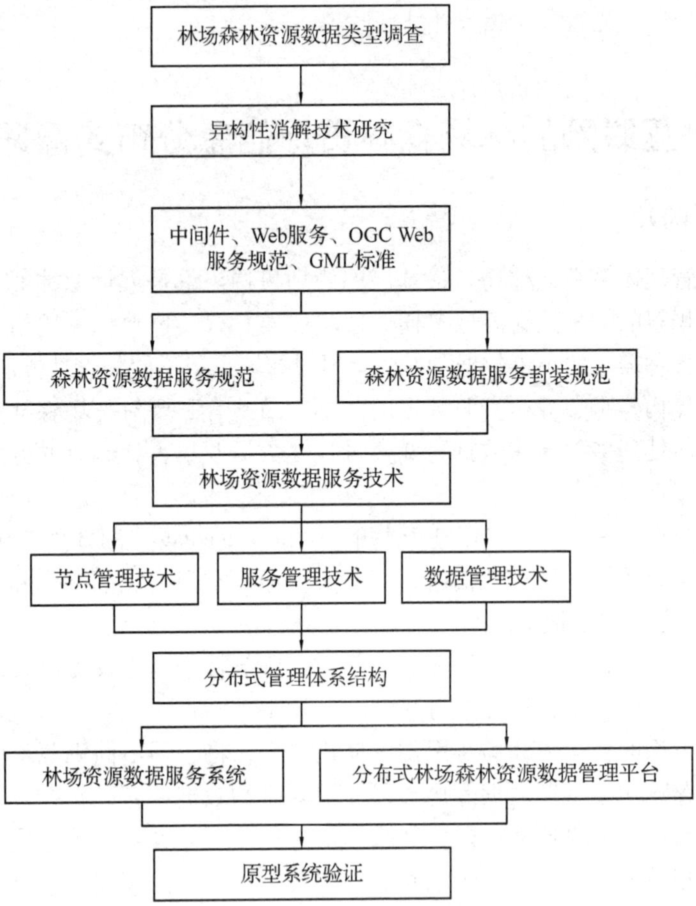

图 9-16　林场资源数据分布式管理系统技术路线

9.5.2　系统实现

9.5.2.1　林场资源空间数据异构性的消解

森林资源空间数据的异构性主要表现为因数据生成方式不同而造成的数据文件格式不同，如林场普遍使用的采用 ArcGIS 工具生成的 shp 文件和采用 MapInfo 工具生成的 mapinfo 文件。近年来由于空间数据库的使用，ArcGIS SDE 成为存储和提取空间数据库信息的主要工具。这种异构性的存在，限制了森林资源数据的有效共享和集成。我们从两个层次考虑异构性的消解。一方面，我们采纳开放地理信息联盟(open geospatial consortium，OGC)提出的 Web 空间数据服务如 Web 地图服务(web map service)和 Web 要素服务(web feature service)作为森林资源数据的输出访问，这种标准服务既可以消除资源数据的异构性，还可以保证数据的互操作性。另一方面，采纳 OGC 提出的 GML (geography markup language)标准空间数据格式作为中间数据，从而实现数据异构性的消解。GML 提供适用于互联网环境的空间信息编码方式，允许对地理空间数据进行高效率编码，实现空间和非空间数据的内容和表现形式的分离，易于将空间信息和非空间信息进行整合，以一种可扩展和标准化的方式为基于 Web 的 GIS 建立了良好的技术，为网络时代的地理空间 Web 领域提供了开放式的标准。作为对 GML 的补充，OGC 接受了 Google 公司提出的 KML（keyhole markup language）作为一个空间数据表达和可视化的规范。本研究也采用了 KML 格式作为空间数据的输出，可以实现林场资源数据的异构性消解，也提供了林场资源空间数据与支持 KML 格式的 GIS 系统的集成途径。对元数据的描述采用 XML 作为数据交换格式（图 9-17）。

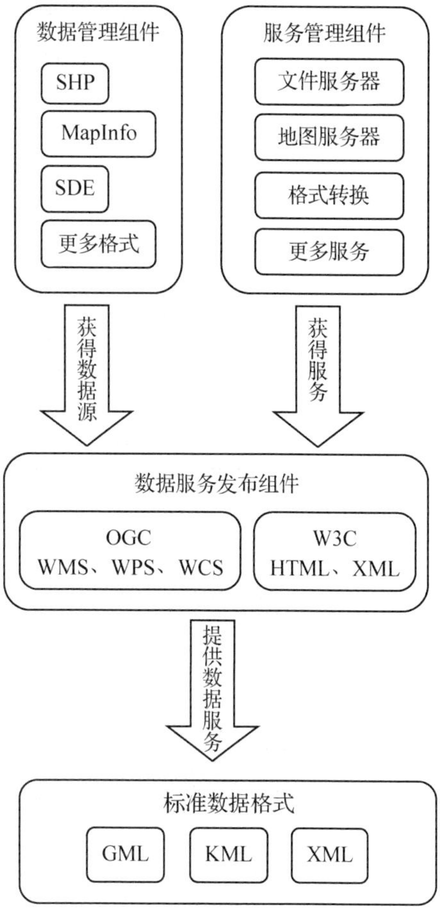

图 9-17　森林资源数据异构性消解逻辑图

9.5.2.2　林场资源数据服务及共享技术

传统的林场资源数据共享主要依靠数据文件的复制，这种方式简单易于操作，因此我们在林场空间数据服务中提供了数据文件的下载服务，保证了与传统工作模式兼容。但数据文件强烈依赖于工具软件，如 shp 文件必须使用 ArcGIS 系列工具才能使用。由于 ArcGIS 产品价格昂贵，对于林场来说是一个沉重的负担。OGC 提供了空间数据 Web 服务的规范，利用这些规范，可以提供基于标准的空间数据服务，用户不用关心数据的原始信息，只需要关注服务提供的内容。基于此，提出了森林资源数据服务规范和森林资源数据服务封装规范，并遵循这些规范设计，实现了林场资源数据服务及共享系统。系统中从数据到形成数据服务的流程如图 9-18 所示。

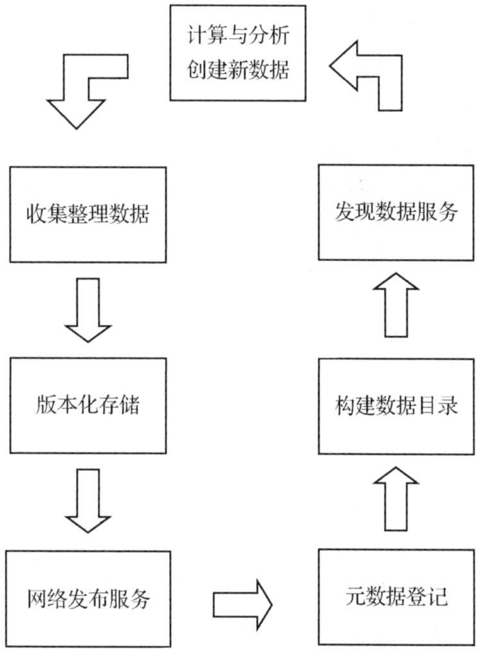

图 9-18　森林资源数据形成数据服务的流程

林场资源数据服务与共享系统由数据组件、服务组件、数据服务发布模块和元数据服务组件四大部分组成(图 9-19)。

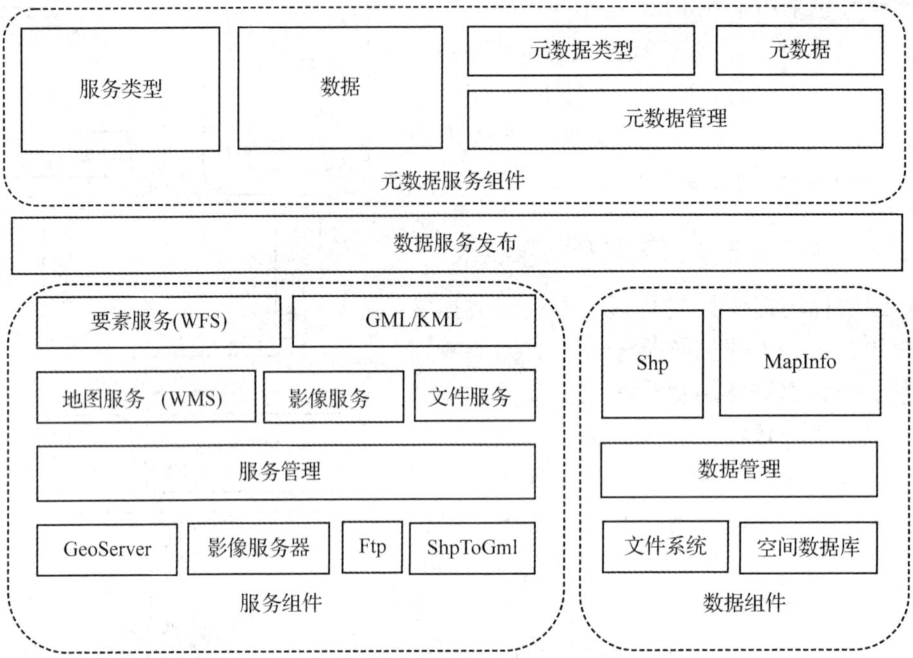

图 9-19　林场资源数据服务及共享系统结构图

9.5.2.3　管理系统

(1)数据组件

数据组件涉及数据管理、数据类型/存储格式和数据源管理等内容。数据类型分为文件系统和空间数据库，实现了广泛使用的 shp 文件、Mapinfo 文件和空间数据库(SDE 接口)3 种异构空间数据的管理为例插件式的开放接口。为实现数据管理模块结构简单、易于扩展和方便使用，所有的数据采用键值对方式按照属性与属性值分类组织。数据格式管理则采用多种数据格式对应多个数据存储的多对多关系进行组织，提取某一种数据格式与数据存储的属性集合即可完成数据源的定义。键值对的存储策略保证了模块结构简单，而动态组合存储方式使得系统容易扩展。这样的结构可以保证用户在使用中只需要关注数据源的增删操作，便于使用。图 9-20 显示了广西壮族自治区良凤江节点所管理的数据源列表。

(2)数据服务发布模块

数据服务发布模块负责服务组件与数据组件的组合操作，分别获取两组件提供的服务能力与资源数据信息，遵循森林资源数据服务封装规范相关内容，自动将服务组件所能提供的服务与数据组件所管理的数据进行配对并生成数据服务发布信息，利用动态部署功能发布至服务器环境，从而完成数据服务与数据的动态连接，实现数据服务的发布。该模块还提供数据获取服务的实时监控功能，如数据服务当前状态、服务节点环境与负载信息。提供控制各项服务的启动和停止操作实现远程服务管理功能。

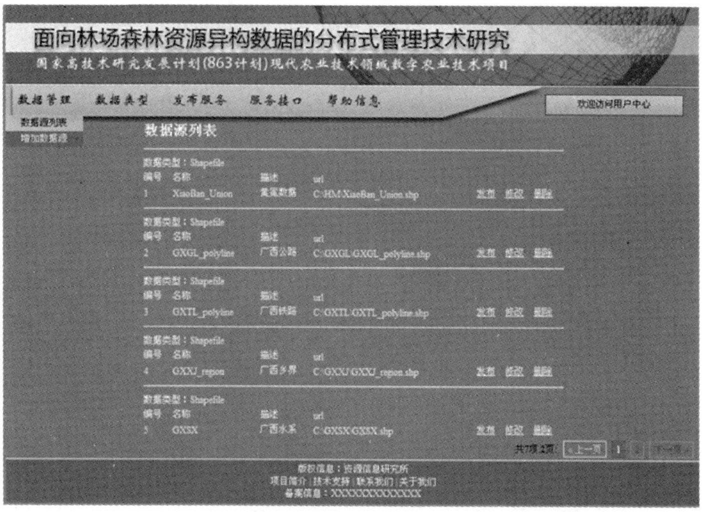

图 9-20　数据源列表

图 9-21 显示了节点已发布的数据服务状态，包含遥感影像数据服务(RsrImagery)、数据格式转换服务(Converter)、数据下载服务(FileDownload)和基于 GeoServer 的 WMS/WFS/KML 服务。可以利用右侧的删除按钮删除某项数据服务。

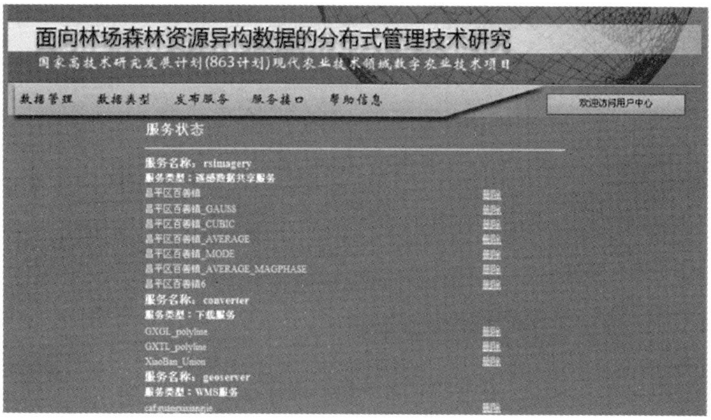

图 9-21　已发布的数据服务列表

图 9-22 显示了通过 KML 服务获得的黄冕林场部分小班 KML 输出结果在 Google Earth 上的叠加效果。

(6)元数据服务组件

元数据服务组件根据数据服务发布和部署处理结果，具有自动生成数据服务元数据能力。元数据服务依据数据服务类型(WMS，WFS，影像数据服务、FTP 等)分别提供不同服务类型的元数据信息，同时还对外暴露数据服务的元数据类型获取和查询的访问接口。实现了元数据构建策略，即服务节点根据数据服务类型的增加、减少变化进行更新元数据，形成数据服务类型与元数据的一一对应关系。与完整的单独元数据提供方式相比较，可以有效减少数据更新量与频率，更好地提高组件响应速度。此外，系统还提供了详细的访问接口说明，为利用数据服务开发应用系统提供了便利条件。

图 9-22　数据输出为 KML 格式在 Google Earth 上的叠加效果

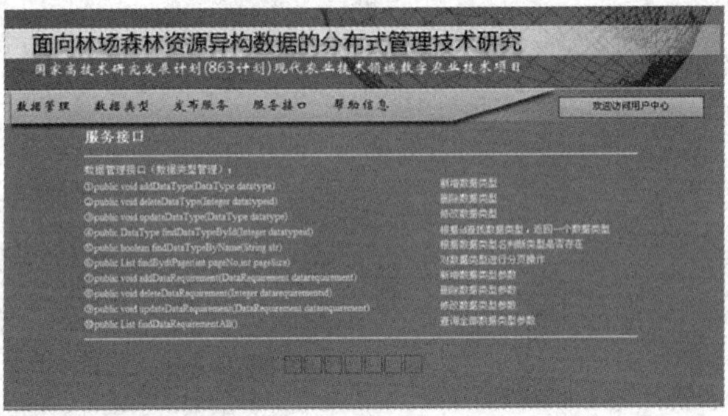

图 9-23　系统服务接口说明

图 9-23 显示了服务接口属名界面。

9.5.3　实际应用

为了验证系统所提供的数据服务的可用性，我们将基于 ArcGIS Server 所开发的桉树培育、经营管理决策支持系统移植到分布式林场数据资源管理系统上，利用分布式林场数据资源管理共享系统所提供的 WMS 服务，与 ArcGIS Server 所提供的地图服务，进行了对比。结果表明，桉树培育、经营决策支持系统在分布式林场数据资源管理共享系统所提供的数据服务的支持下，能够获得与 ArcGIS Server 同样的运行结果，从而验证了分布式林场数据资源管理共享系统的可用性和有效性。图 9-24 左图显示了基于分布式林场数据资源管理与共享系统的桉树培育、经营决策支持系统的小班选择界面，右图显示了基于 ArcGIS Server 的桉树培育、经营决策支持系统的小班选择界面。从两个界面来看，除了 ArcGIS Server 已经对空间数据进行了颜色定义外，数据显示没有差别。如果对分布式林场数据资源管理系统中的空间数据显示方式进行格式化定义，也可以达到与 ArcGIS Server 相同的色彩显示效果。

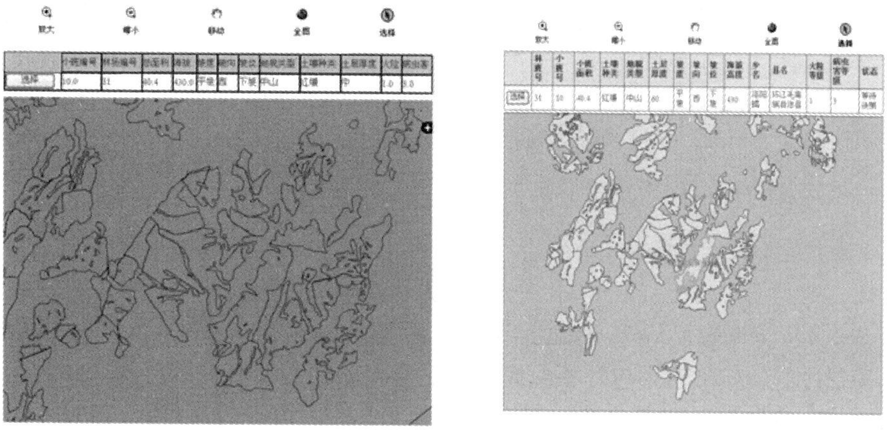

图 9-24 林场森林资源数据分布式管理系统中数据调用与在 ArcGIS 中调用的比较

9.6 基于物联网的林业生态工程监测信息管理系统

9.6.1 系统简介

针对三北防护林工程生态监测设施薄弱的问题，设计实现了防护林生态监测中无线传感器网络基础架构。在此基础上将传感器信息封装成为基于 OGC 标准的服务，形成基于 OGC 标准的传感网(Sensor Web)系统，应用范围较广，方便系统集成，利于传感器信息的共享。系统整体结构如图 9-25 所示。

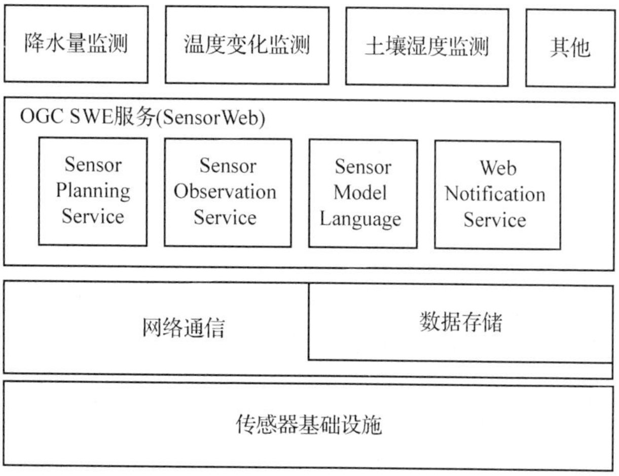

图 9-25 系统整体结构

传感器基础设施是传感器物理设备，传感器节点部署所需的平台，以及支撑传感器运行所需的能源等基础设施。网络通讯是传感器节点之间互联、传感器与网络之间互联的基本条件，通过网络把传感器采集的数据存入数据存储中心进行集中管理。

(1)基于 OGC 标准的传感网系统

在互联网环境中，用户只需要关心传感器监测数据是什么，而不关心传感器基础设施的信息、不关心传感器是怎样获得的数据。而在系统的应用层存在着不同的运行平台，故本系统采用服务的方式，使得在不同平台上都可以进行远程数据获取或控制。

服务可解决不同平台下的远程调用，但如果没有一个统一的标准，相同服务的输入输出定义可能会出现差异，服务间无法互操作，这样使用不同服务提供商提供的服务就变得错综复杂，不利于系统的扩展。

(2)基于 SWE 标准的服务系统

开放式地理信息系统协会 OGC(the open GIS consortium) 国际组织提出全球感测网(sensor web enablement，SWE)概念。SWE 框架是一个传感器网络标准，包含了对传感器信息发现注册的定义，还包含了对控制传感器服务的定义，信息通知服务的定义等，与传感器相关信息基本都有定义。遵从该标准可以解决服务的互操作(Interoperability)问题，系统的扩展性也显著增强。所以本系统基于 SWE 标准设计，系统结构图如图 9-26所示。

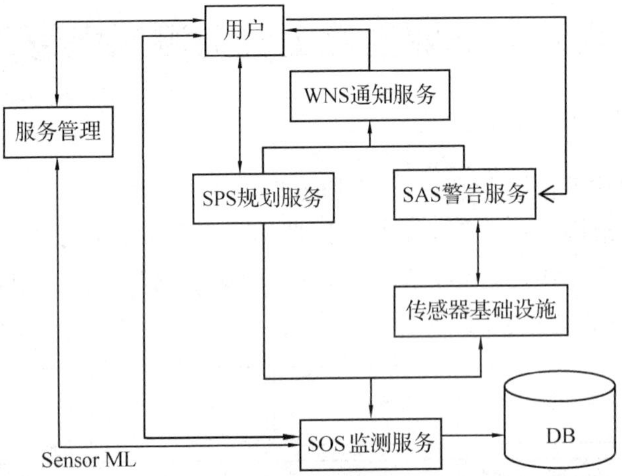

图 9-26　基于 SWE 标准的服务系统结构图

①传感器监测服务(sensor observation service，SOS)　提供了管理已发布的传感器和获得传感器数据尤其是监测数据的 API 接口。通过该接口发送请求、过滤、获得传感器数据及传感器系统信息。通过这个服务，用户能够获取一个或多个传感器的监测、传感器和平台的描述，并对这些信息进行注册。

②传感器规划服务(sensor planning service，SPS)　对用户发送请求的可用性判定，配置不同类型传感器，向传感器发送数据收集命令，是一个互操作服务，用户与传感器网络监测环境的中间媒介。

③传感器警告服务(sensor alert service，SAS)　根据给定条件，判定来自传感器的数据是否构成警告，如构成，则将它封装为一个警告性通知。

④Web 通知服务(web notification service，WNS)　异步发送来自 SPS 和 SOS 的警告信息。

⑤传感器建模语言(sensor model language，SensorML) 描述单个传感器或多个传感器信息，使传感器容易被发现，并包含传感器地理位置信息。

9.6.2 监测系统门户

基于SensorWeb传感网服务系统，开发了防护林无线传感环境监测系统门户。通过此门户，可以实时查看原型示范区和自主产品示范区各监测节点的实际情况、每个节点配置的传感器信息，可实时浏览获取的数据，也可查询历史数据、进行简单统计分析。图9-27至图9-34显示了通过监测系统门户可进行的操作。

图9-27 防护林无线传感生态监测系统及应用技术门户

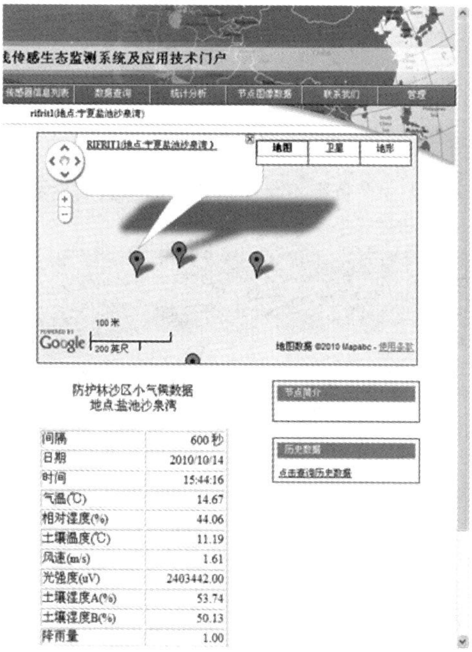

图9-28 监测节点位置信息及采集数据信息

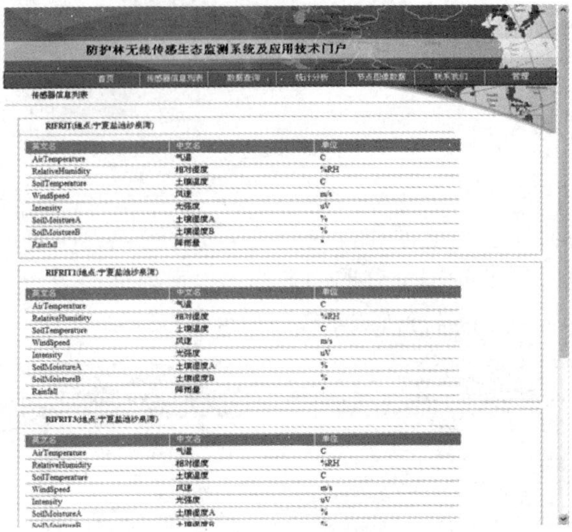

图 9-29　各节点传感器信息

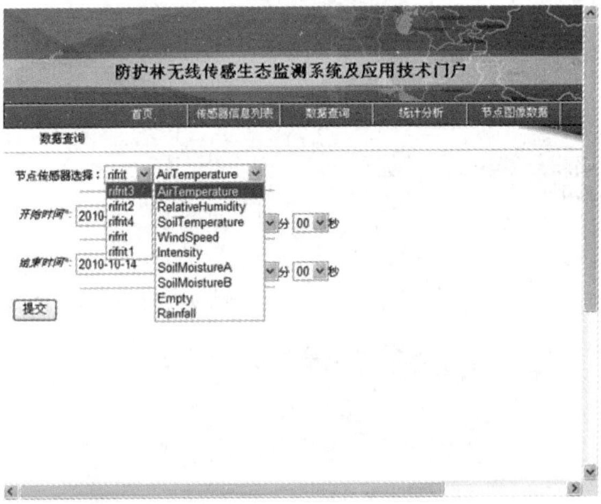

图 9-30　各节点传感器采集数据查询界面

图 9-31　节点 rifrit 气温传感器历史数据查询结果

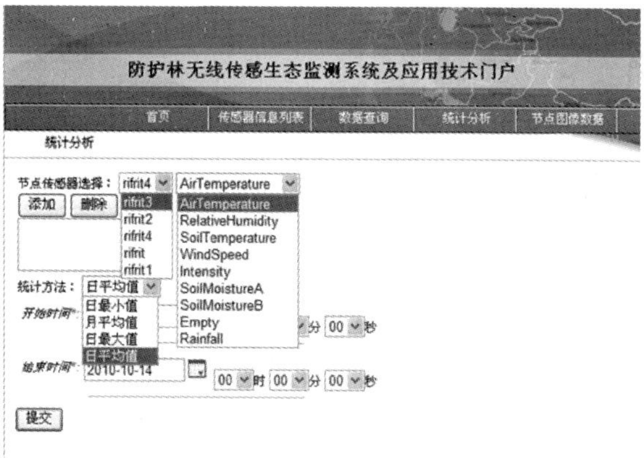

图 9-32　历史数据统计分析界面

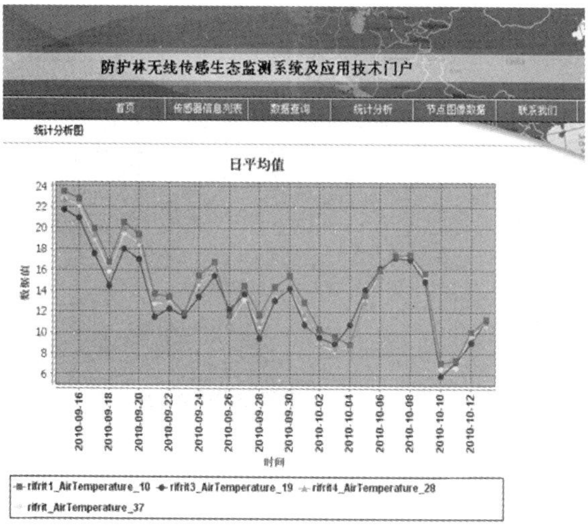

图 9-33　一个月气温日平均值统计结果

图 9-34　各节点图像采集查询界面

9.7　基于云计算的林业生态工程监测信息管理平台

9.7.1　系统总体架构

传感器网络管理平台位于数据存储计算环境与传感器网络的中间区域。系统架构的设计方案负责传感设备的配置与控制、传感数据的监测与分析、系统内部管理与维护，以及验证与授权任务。系统总体架构如图 9-35 所示。

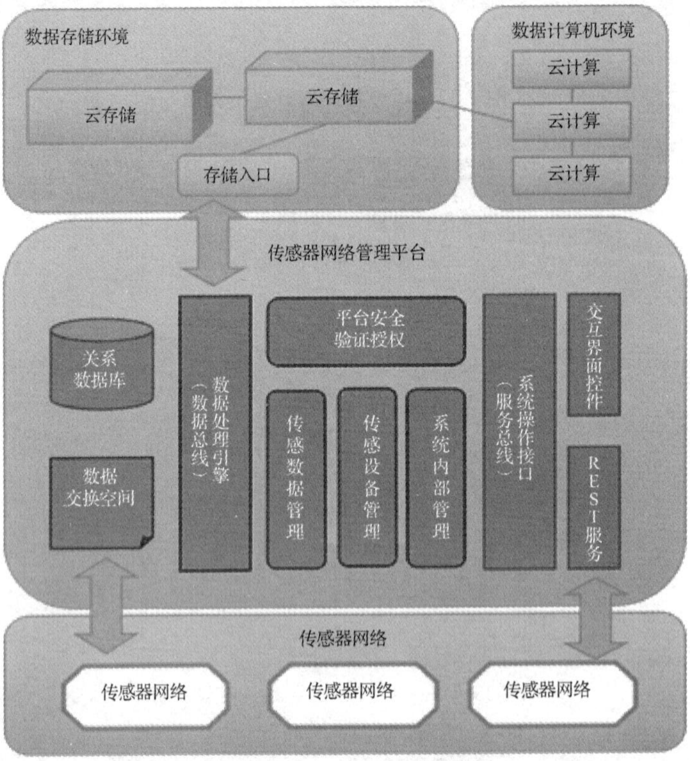

图 9-35　系统总体架构

9.7.2　核心框架设计

核心层的设计包括平台安全验证授权、传感数据管理、传感设备管理、系统内部管理四个部分。支持应用系统集成开发，平台对外提供用户交互界面控件和 REST 服务两个接口。

(1) 传感数据管理部分

解决各厂商设备提交的数据格式、表述形式的不同，需要逐类别解析传感数据或文件，保持原始数值语义转码为平台标准的传感数据。

传感数据统一存储标准后，使得海量数据持久化能力显著提高。格式标准的数据能够建立索引信息，有利于提高数据检索速度，使用者拥有更好的交互感受。

传感数据的存储具备时间属性和空间属性，面向行业专用用户提供监测内容的实时信息，监测数据变化趋势适时触发机制。

传感数据大量累积后，通过数学模型计算分类聚合或汇总统计的大数据分析方法，提供多粒度数据服务满足各层次使用者的数据分析需要。

(2)传感设备管理部分

传感设备的数量随监测范围的扩大逐渐增长，工程施工采用分阶段多批次完成部署。这段时间传感设备持续研发并改进功能，继续供应更新版本的产品。

平台管理多厂商多版本设备的方法，采用集中收集、描述设备信息，分别设置全局唯一编码给予区分。对于传感器网络管理者，根据版本信息分辨设备功能特点，分门别类统计全网设备数量。

设备管理功能不是简单存储描述信息，维护传感网络正常运行是重要工作。为系统运营管理人员建立设备参数或配置文件的存储策略，采用版本化技术记录变化历史，始终保持每台设备的初始化信息有效。

管理平台如果仅接收数据的功能，就失去传感器网路的概念。本部分功能的重点传感设备的反向控制功能。当传感数据监视程序触发某些事件，按照预先编排顺序执行系列动作。对于行业专用应用系统的开发，可以灵活定制多种反向控制逻辑，实现业务系统与物联网的融合。

(3)系统内部管理部分

数据总线与服务总线的规划方式，不限制技术实现方案。要求平台能够根据业务规模提供不同种类的实施组合，满足多层级用户的需求。

存储环境和计算环境在运行时配置，将灵活性由编译阶段迁移至运行阶段完成平台组装。这样设计的好处是可根据开发团队的技术能力，灵活调整开发周期的管理。

平台服务接口的自动发布技术。将用户的反馈和建议形成新功能，及时补充进管理平台。

运行环境状态监视和平台资源统计的功能，所有管理平台运行的仪表数据汇聚至整合界面。系统管理员使用工具套件的交互界面，完成以往不同应用程序间跳转的窘境。

(4)平台安全验证授权部分

此部分的设计涵盖访问者身份验证、系统功能使用授权、系统运行日志记录。需要安全保护的内容包括平台用户、传感设备、传感数据、服务接口的软件硬件部分。这部分的功能贯穿整个管理平台。

(5)开放的访问接口

交互界面负责提供使用者控制系统功能的可视化控件，还有传感数据的图形化分析。采用B/S架构设计允许多用户并发使用管理平台全部功能。

发布的可视化控件，接受按需求订制应用系统的方案，快速集成开发的优势。管理平台需要发布新功能，直接体现交互控件的发布。应用系统常用的交互界面控件完备，应用系统进入订单模式生产流程，有效缩短项目交付时间，提升行业竞争力。

高级的REST服务是跨平台、跨开发语言的第三方应用集成技术。本接口提供的功能，满足开发者无缝融合自己的应用系统，与可视化控件无任何差别。改变您的信息应用系统，具有物联网的大数据分析能力。

9.7.3　系统实现

(1) 开发环境

源代码编辑器：Eclipse Kepler

软件管理工具：Maven 3

版本库管理工具：Subversion 2.2.x

开发语言：Java 7 + HTML 5 + JavaScript

云服务器：阿里云主机 * 2 网络带宽 4Mbps

(2) 系统开发特点

管理传感网络中数量众多的传感设备登记、传感数据的接收、传感网络的定义，以及传感设备反向控制等管理功能，面向数据分析人员提供空间位置信息、多媒体数据展示、监测数据趋势分析和数据获取等应用功能。本软件基于 Internet 基础网络环境，采用主流的 HTTP 协议提供平台服务。满足传感网络世界中大数据量传输和高并发访问的服务需求。图 9-36 显示了系统运行界面。

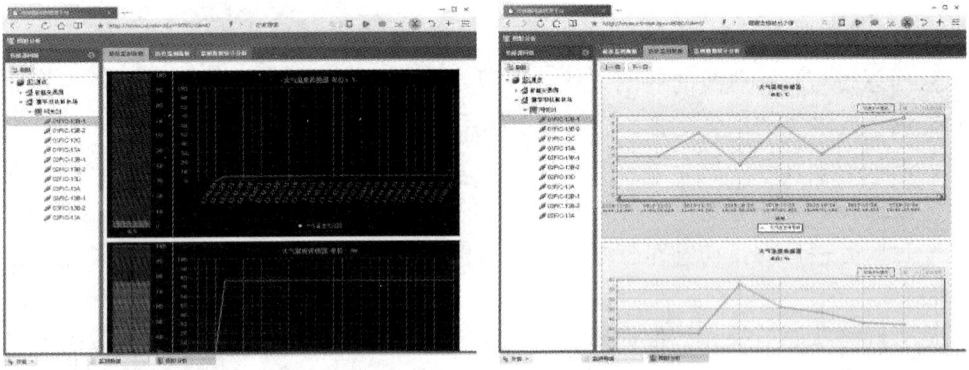

图 9-36　系统运行界面

平台具有五大功能模块：管理传感器网络、浏览监测数据、分析趋势变化、在线播放多媒体数据、地图定位数据标绘组成。系统提供模拟桌面窗口式运行的网络浏览环境，有效缩短使用者对新软件各种功能的学习时间。在此还提供了丰富的 API 接口，随着软件功能的迭代支持快速的模块扩展，同时适用于无线互联网 App 的开发。只要浏览器支持 HTML5 语言，不论是 PC 端还是手持设备端，均可以完成平台所有的操作。

思　考　题

1. 简述森林资源连续清查信息管理系统与森林资源规划设计调查信息管理系统的异同。

2. 简述基于互联网的森林资源信息分布式管理系统与基于物联网的森林资源信息管理系统的区别。

第10章 森林资源信息管理展望

森林资源信息管理内容丰富，涉及面极其广泛，是一项十分复杂的系统工程。自20世纪80年代以来，经过近30年的不懈努力，特别是近几年的大力推进，中国林业信息化建设取得了明显成效，森林资源信息管理水平也在逐步追赶国际先进水平。进入21世纪，随着计算机网络技术的发展，一些省建立了覆盖全省的森林资源信息管理系统，实现了森林资源信息的网络化管理（方陆明等，2003）和GIS管理（李晓玲等，2008）。随着物联网、大数据、云计算等技术的迅速发展，基于物联网（于新文，2014；王雪峰，2011；陈雄华，2013）、大数据（李世东，2014；蓝学等，2015）和云计算技术（刘亚秋，2011；孙伟，2013）的森林资源信息管理系统也开始出现。近年来，随着“互联网+”的快速普及，互联网跨界融合创新模式进入林业领域，利用移动互联网、物联网、大数据、云计算等技术推动信息化与林业深度融合，开启了“智慧林业”大门，国家林业局也适时提出了《中国智慧林业发展指导意见》，为我国智慧林业的发展指明了方向，促使我国林业“互联网+”和“智慧林业”逐步走上有序、快步发展的轨道。这些新技术的出现，既是森林资源信息管理学科发展的挑战，也是巨大的机遇。

10.1 现代森林资源信息管理面临的机遇与挑战

10.1.1 现代森林资源信息管理面临的机遇

森林资源信息管理的研究基本能够与新技术的发展与时俱进，但由于行业的特点，应用还有相当大的滞后。随着《中国智慧林业发展指导意见》的制定和国家对互联网+的大力推动，为我国森林资源信息管理发展提供了巨大的机遇和挑战。

机遇首先表现在森林资源信息管理完全符合“互联网+”的精神。“互联网+”是创新2.0下的互联网发展的新业态，是知识社会创新2.0推动下的互联网形态演进及其催生的经济社会发展新形态。“互联网+”是互联网思维的进一步实践成果，推动经济形态不断地发生演变，从而带动社会经济实体的生命力，为改革、创新、发展提供广阔的网络平台（綦成元，曹淑敏，2015）。

通俗来说，“互联网+”就是“互联网+各个传统行业”，但这并不是简单的两者相加，而是利用信息通信技术以及互联网平台，让互联网与传统行业进行深度融合，创造新的发展生态。它代表一种新的社会形态，即充分发挥互联网在社会资源配置中的优化和集成作用，将互联网的创新成果深度融合于经济、社会各领域之中，提升全社会的创新力和生产力，形成更广泛的以互联网为基础设施和实现工具的经济发展新形态。

森林资源信息管理涉及林业的方方面面，虽然已经有很多基于互联网的管理，但森林资源信息所涉及的各个领域之间缺乏沟通和融合的机制，包括数据的共享和融合、管理的互相配合、乃至制定决策时的各部门、机构间的互动协作，都可以在互联网+的背景下得以实现。

智慧林业是指充分利用云计算、物联网、大数据、移动互联网等新一代信息技术，通过感知化、物联化、智能化的手段，形成林业立体感知、管理协同高效、生态价值凸显、服务内外一体的林业发展新模式。智慧林业的核心是利用现代信息技术，建立一种智慧化发展的长效机制，实现林业高效高质发展。智慧林业是智慧地球的重要组成部分，是未来林业创新发展的必由之路，是统领未来林业工作、拓展林业技术应用、提升应用管理水平、增强林业发展质量、促进林业可持续发展的重要支撑和保障。而森林资源信息管理从森林资源数据采集获取、传输、管理、到数据分析建模、决策以及应用，这些技术都可以起到重要的支撑作用。采用物联网技术，可以实现从森林环境感知、数据获取、传输到云端管理的策略；采用云计算可以实现无所不在的数据资源、服务资源乃至计算资源共享，从而实现森林资源信息管理的泛在计算和移动计算；大数据分析和挖掘则可以实现现存森林资源信息中隐藏的知识发现，通过各种大数据挖掘技术和数据共享技术，进一步可以实现多源数据的融合，实现森林资源信息价值的最大化。这都为森林资源信息管理提供了巨大的机遇。

10.1.2 现代森林资源信息管理面临的挑战

技术的发展为我们带来了机遇，但由于森林资源信息管理的发展还存在若干问题，因此也为我们利用这些机遇带来了挑战。

首先，森林资源信息管理在全国的发展极不均衡。主要表现研究与应用的脱节，各地信息技术应用水平和基础设施建设水平不一。研究与应用的脱节是由于科研与应用推广机制的不完善，往往科研项目完成后成果即束之高阁，虽然大部分科研项目有应用推广环境，但由于经费的限制，推广规模不可能很大，示范效应并不特别明显。而信息技术应用水平不一则主要是由于技术门槛过高。信息技术本身属于高速发展的领域，知识更新迅速，新技术层出不穷，对技术人才的要求非常高，因此，很多基层森林资源信息管理部门得不到新技术人才的支持，新技术的应用受到限制。基础设施建设水平不一则与各地经济发展水平密切相关。东部沿海地区经济发达，有充裕的资金支持，因此基础设施建设比较发达。相反，西部地区则由于资金限制，基础设施建设滞后，制约了森林资源信息管理水平的提高。但随着生态文明建设的逐步推进，“绿水青山就是金山银山”理念的深入，相信这些问题将逐渐得以解决。

其次，相关的标准规范不完善，或难以适应当前的技术发展。标准规范的重要性不言而喻，没有标准规范体系的支撑，森林资源信息管理就很难在全国范围内统一实施。行业主管部门也很重视标准规范的制定，国家林业局在《全国林业信息化建设技术指南2008—2020》中专门规定了标准与规范体系建设。近期也组织相关部门开始制定林业物联网、智慧林业的标准与规范体系。

第三，信息资源共享还局限在某个领域内。即使在林业行业内也难以实现跨地区、跨部门的信息资源共享，导致综合决策所依赖的信息资源需要多方协调、综合处理才能够可用，而不是按需获取、随时可用。一方面，在于管理部门的条块分割，各自为政，没有跨地区、跨部门资源共享的动力；另一方面，实现资源共享的技术支撑不够。例如，分布式资源管理、统一服务技术等在研究领域很活跃，但在应用领域很难得到真正的应用。

第四，更大的挑战则来源于物联网技术广泛应用后的感知数据的融合和数据挖掘，这需要对多源不确定信息进行综合处理和利用，即对来自多个信息源的数据进行多级别、多方面、多层次的处理，从而产生新的有意义的信息，并在此基础上进行数据挖掘。

10.2 针对现代信息技术的森林资源信息管理对策建议

森林资源信息管理技术的发展与信息技术的发展密切相关，尤其是与GIS、遥感技术、人工智能技术的发展紧密相关。而在互联网+背景下，数字林业开始转向智慧林业，森林资源信息管理也开始采用物联网、云计算、大数据、移动物联网等最新的信息技术来丰富自己的内容。在这一过程中，不仅要消化吸收快速发展的信息技术，更应该针对森林资源信息管理本身的特点和规律，有的放矢，抓住机遇，迎接挑战，更好的解决森林资源信息管理问题。

信息基础设施建设是智慧林业大发展的基础，没有完善的基础设施的支撑，智慧林业将无从谈起，智慧林业中的森林资源信息管理则只能停留在研究阶段，难以得到具体应用和大规模实施。因此，首先应该完善基础设施建设，包括云存储、云计算基础设施、网络基础设施以及移动物联网基础设施等。在政策上促进和鼓励中西部基础设施建设，尽快使全国发展水平基本一致，有利于智慧林业的发展，有利于现代森林资源信息管理的发展。

逐步完善标准规范体系。面向具体应用，认真研究国际标准和国内外已有的先进标准，对适合我国森林资源信息管理的标准积极采用；根据开发等建设需要重点修订完善已有标准；优先制定林业信息化建设急需的、共性的、基础性和关键性的标准；提高强制性标准的比例；鼓励推荐性标准的应用推广。一些地方林业部门已制定了地方标准，在国家标准与地方标准之间，可以遵循以下原则：地方标准必须符合国家标准的总要求，在不违背国家标准原则的基础上，可以根据地方的实际需求进行扩充，或者一些地方标准可通过一套转换机制转换到国家标准。有些地方标准可以分阶段、逐步统一到国家标准。地方已有的森林资源信息，需要有一种标准转化机制，通过该转化机制，可以统一成国家规定的标准数据。对于新调查的数据，则按照国家标准处理。

将行业内森林资源信息共享落到实处，支撑科学决策。首先，要完善跨部门的信息共享机制，在行业机制上进行改革，建立鼓励行业内不同部门之间信息交换和共享的机制，从而使得跨部门的数据共享能够真正落到实处。其次，要加强森林资源信息共享技术的研发和应用，研究成果不仅仅停留在研究层面，从机制上重视科研成果的应用推广，促进森林资源信息共享技术的实际应用。

大数据时代数据的积累急剧增加，不仅要对这些海量数据进行科学有效的组织管理，还要尽快开展对这些大数据的深度融合分析应用和数据挖掘。另外，森林资源信息来源多样，这些通过不同途径、手段和方法获得的森林资源数据，非常有必要进行多源数据空间和时间尺度转换、长时间序列及精细和标准化数据集生成等技术的发展，实现多源数据的深度融合，进而开展数据挖掘，从海量的历史数据中，挖掘出潜在的规则、模式和知识，发现数据间的联系，并在现有数据基础上，预测未来的数据和某些发展趋势，为科学决策服务。

思 考 题

你所能想到的机遇与挑战是什么？

参考文献

白降丽，彭道黎，唐晓红. 2005. 我国森林资源调查技术发展趋势[J]. 山西林业科技(1)：4-7.

曹瑞昌，吴建明. 2002. 信息质量极其评价指标体系[J]. 情报探索(4)：6-8.

陈端吕，陈晚清. 2002. 基于GIS技术的森林经营优化与辅助决策系统[J]. 中南林业调查规划，21(03)：44-47.

陈尔学，李增元，庞勇，等. 2007. 基于极化合成孑L径雷达干涉测量的平均树高提取技术[J]. 林业科学，43(4)：66-70.

陈平留，林杰. 1985. 地位指数表编制的程序设计[J]. 福建林学院学报，5(1)：51-59.

陈述彭. 2002. 地理信息系统导论[M]. 北京：科学出版社.

陈雄华. 2013. 林业物联网云网关关键技术研究与初步设计[D]. 北京：中国林业科学研究院.

陈雪峰，曾伟生，熊泽彬，等. 2004. 国家森林资源连续清查的新进展[J]. 林业资源管理(5)：40-42.

程弘，费乙，熊奎山. 1988. 森林资源二类调查野外数据采集、预处理系统[J]. 林业资源管理(12)：24-35.

戴家学，汪贤武. 1997. 森林资源数据更新方法初探[J]. 安徽林业科技(1)：28-29.

邓成，梁志斌. 2012. 国内外森林资源调查对比分析[J]. 林业资源管理(5)：12-17.

董乃钧，陈谋询. 1988. 森林资源管理信息系统的研究与实施[J]. 林业资源管理(5)(增)：36-41.

杜栋. 2007. 信息管理学教程[M]. 4版. 北京：清华大学出版社.

杜中柱. 1985. 微型计算机在森林资源管理上的应用[J]. 中南林业调查规划(3)：29-30.

方陆明. 2001. 我国森林资源信息管理的发展[J]. 浙江林学院学报，18(3)：322-328.

方陆明. 2002. 森林资源网络化管理[M]. 北京：科学出版社.

方陆明，陈谋询. 2003. 信息时代的森林资源信息管理[M]. 北京：中国水利水电出版社.

方陆明，唐丽华，陈勤娟. 2003. 森林资源信息管理网络系统的构建——以浙江杭州地区为例[J]. 南京林业大学学报：自然科学版，27(3)：67-69.

高金萍，陆守一. 2008. 森林资源小班数据更新管理中时空一体化数据模型研究[J]. 西北林学院学报，23(5)：188-192.

高智勇，高建民，王侃昌，等. 2006. 基于信息结构要素的信息质量定义与内涵分析[J]. 计算机集成制造系统，12(10)：1724-1728.

冠文正. 1993. 林火管理信息系统[M]. 北京：中国林业出版社.

郭仁安. 2011. GIS中属性数据质量控制的研究与探讨[J]. 地理信息世界，2(1)：19-21.

郭源生，李志男，吴循. 2012. 物联网产业技术与应用[M]. 北京：兵器工业出版社.

国家发展改革委员会高技术司，中国信息通信研究院. 2015. 大融合，大变革：《国务院关于积极推进"互联网+"行动的指导意见》解读. 北京：中共中央党校出版社.

国家林业局. 2014. 国家森林资源连续清查技术规定[M]，北京：中国林业出版社.

国家林业局. 2014. 中国森林资源报告(2009—2013)[M]. 北京：中国林业出版社.

贺庆棠. 2001. 中国森林气象学[M]. 北京：中国林业出版社.

贺姗姗，张怀清，彭道黎. 2008. 林分空间结构可视化研究综述[J]. 林业科学研究，21(增刊)：

100 - 104.
洪玲霞，陆元昌，雷相东，等.2005. 县级森林资源信息管理系统设计[J]. 林业科学研究，18(3)：284 - 291.
洪伟，陈平留，林杰.1984. 林场森林资源数据处理系统[J]. 福建林学院学报，4(2)：1 - 6.
纪希禹，韩秋明，李微，李华锋.2009. 数据挖掘技术应用实例[M]. 北京：机械工业出版社.
鞠洪波，邓桂林，罗立武，等.1994. 南方国有林场资源经营管理辅助决策信息系统[J]. 林业科技通讯(12)：10 - 12.
康晓东.2004. 基于数据仓库的数据挖掘技术[M]. 北京：机械工业出版社.
蓝学，韦绪，覃德文.2015. 浅谈大数据分析在生态林业上的运用[J]. 经济研究导刊 (6)：55 - 56.
郎奎建，唐守正.1987. IBMPC 系列程序集[M]. 北京：中国林业出版社.
李春干，罗鹏. 2015. 中国森林资源信息管理的历史、现状和发展趋势[J]. 世界林业研究，28(4)：64 - 67.
李海军，朱群雄.2004. 基于 MapX 的空间数据挖掘模型及其应用[J]. 计算机应用，24(2)：125 - 128.
李培培.2007. GIS 在森林资源信息管理中的应用[J]. 内蒙古林业调查设计，30(2)：58 - 60.
李世东.2014. 大数据时代中国智慧林业门户网站建设[J]. 电子政务(3)：111 - 117.
李晓玲，周定辉，王玲，等.2008. 基于 GIS 的辽宁省森林资源档案更新系统的研制[J]. 林业资源管理(6)：107 - 112.
李雄飞.2010. 数据挖掘与知识发现[M]. 北京：高等教育出版社.
林业部.2000. 中华人民共和国森林法实施条例[M]. 北京：中国法制出版社.
林业部调查规划院主编. 1980. 森林调查手册[M]. 北京：中国林业出版社.
刘德隅.1984. 云南森林资源史料的探寻[J]. 云南林业调查规划(2)：39 - 41.
刘华，陈永富，鞠洪波，等. 2012. 美国森林资源监测技术对我国森林资源一体化监测体系建设的启示[J]. 世界林业研究，25(6)：64 - 68.
刘强，甘仞初.2005. 政府信息资源开发利用综合评价模型与实证[J]. 北京理工大学学报，25(11)：1024 - 1028.
刘亚秋，景维鹏，井云凌.2011. 高可靠云计算平台及其在智慧林业中的应用[J]. 世界林业研究，24(05)：18 - 24.
刘振英.1995. 世界贷款国家造林项目信息系统介绍[J]. 林业资源管理(2)：68 - 69.
罗玮.2008. 数据挖掘在森林资源管理中的应用[D]. 昆明：西南林学院.
马文乔，陆守一，孙美娟，等.2006. 森林资源档案管理系统中数据更新方法的探讨[J]. 农业网络信息(9)：41 - 42.
秦琳.2009. 基于 RS 和 GIS 的森林资源档案更新技术研究及应用[J]. 江苏林业科技，36(4)：32 - 34.
邵峰晶.2009. 数据挖掘原理与算法[M]. 2 版. 北京：科学出版社.
宋铁英.1990. 面向森林经营的决策支持系统 FMDSS[J]. 北京林业大学学报，12(4)：28 - 33.
孙淑清.2004. 现代技术在我国森林病虫害监测管理中的应用[J]. 防护林科技，59(2)：38 - 39.
孙伟.2012. 林业资源信息云计算服务体系研究[D]. 北京：中国林业科学研究院.
唐守正.1991. 论南方人工林林业局(场)森林资源集约经营管理[J]. 林业科学研究(4)(增)：1 - 7.
唐守正，冯益明，洪玲霞，等.2000. PowerBulider 下天然林森林资源数据更新设计与实现[J]. 林业科学研究，13(4)：439 - 442.
唐小明.1994. WINGIS 进行森林资源地理信息管理概述[J]. 林业资源管理(6)：10 - 16.
滕起和，魏淑红.1985. 河北省森林资源连续清查数据处理与管理系统设计与实现[J]. 西北华北林业调查规划(3)：5－11.
汪璀，吴保国.2010. 县级森林资源信息管理系统中数据更新方法的探讨[J]. 农业网络信息(5)：38－40.
王长文，陈国林，牟惠生.2004. PDA在林业野外数据采集上的应用———以吉林省林业调查规划院研制开发的系统为例[J]. 林业资源管理(6)：71－74.
王凯，宋平，易国和.2007. 黄丰桥国有林场森林资源数据更新的问题及对策[J]. 湖南林业科技，34(4)：93－94.
王丘.2001. 农业经济信息资源开发利用模式研究[J]. 计算机与农业(3)：1－4.
王闃，彭世揆，佘光辉.2006. Apriori算法在森林资源二类调查数据分析中的应用[J]. 南京林业大学学报，3(3)：63－65.
王巍.2008. 集成"3S"技术的PDA在森林资源二类调查中的功能优势分析[J]. 林业勘查设计(4)：93－94.
王伟.2004. 县级森林资源信息管理系统构架初步研究[D]. 北京：北京林业大学.
王雪峰.2011. 林业物联网技术导论[M]. 北京：中国林业出版社.
王占刚，庄大方，邱冬生，等.2007. 林业数据挖掘与可视化的应用分析[J]. 地球信息科学，9(4)：19－22.
王智超，冯仲科，闫飞，等.2013. 全站仪测树的内外业一体化方法研究[J]. 西北林学院学报，28(6)：134－139.
吴保国.1994. 森林资源档案管理软件设计中几个问题探讨[J]. 林业资源管理(10)：91－96.
吴达胜，范雪华，应志辉.2004. 空间数据挖掘技术在森林资源信息管理中的应用研究[J]. 浙江林业科技，24(3)：68－73.
吴润，郑小贤. 2009. 森林资源信息分类编码研究[J]. 中国林业(3)：58.
武红智，陈改英.2004. 基于GIS的马尾松毛虫灾害空间扩散规律分析[J]. 遥感学报，8(5)：475－480.
许辉熙，刘强，薛万蓉.2010. 县级林相图GIS数据库构建及其数据质量控制研究——以四川省石棉县为例[J]. 资源开发与市场，2(1)：1－3.
颜文希，梁标，陈义刚，等.1982. 应用小班类型中心抽样建立场级C. F. I. 体系[J]. 中南林业调查规划(2)：1－5.
杨超，武刚，卢泽洋.2006. 森林资源数据更新[J]. 河北林果研究，21(2)：170－176.
杨廷奎，陈士俊.1986. 福建森林资源调查数据处理系统简介[J]. 林业勘察设计(1)：6－7.
于新文.2014. 林业物联网技术与应用[J]. 科技成果管理与研究(9)：4.
曾明宇，陈振雄，刘庭威.2010. 基于ANN的森林蓄积遥感估测研究[J]. 中南林业调查规划，29(3)：36－38.
詹昭宁. 1986. 林业专业调查技术规定[J]. 林业资源管理(8)：4－7.
张会儒，李春明. 2006. 森林资源信息共享中信息的分类与编码研究[J]. 西北林学院学报，21(4)：189－192.
张茂震，宋铁英，唐小明，等. 2005. 森林资源信息分类编码方法[J]. 福建林学院学报，25(2)：147－152.
张文涛，严耕.2010. 清代东北地区森林史料述论[J]. 黑龙江农业科学(12)：104－109.
赵尘.1995. 国外森林工程计算机应用研究的进展[J]. 林业资源管理(2)：18－21.
赵方.1988. 森林资源数据库及管理子系统[J]. 林业资源管理(10)：56－63.
赵峰，庞勇，李增元，等.2009. 机载激光雷达和航空数码影像单木树高提取[J]. 林业科学，45(10)：81－87.

赵宪文，尹关聪，汤伟，等. 1991. 大比例尺航空照片测高估测森林蓄积量的研究[J]. 林业科学研究，4(2)：122 - 127.

中国国家标准化委员会. 2011. 森林资源规划设计调查技术规定[S]. 北京：中国标准出版社.

中国农业百科全书编务委员会. 1989. 中国农业百科全书 · 林业卷(下)[M]. 北京：农业出版社.

周龄，包玉海，陈凤臻. 2014. 基于 SuperMap IS. NET 森林资源网络地理信息平台的设计与实现——以内蒙古鄂托克旗为例[J]. 赤峰学院学报(自然科学版)，30(3)：14 - 16.

FAO. GlobalForest Resources Assessment[EB/OL]. [2010 - 11 - 20]. http：//www. fao. org/forestry/fra/24691/en/.

Inmon W H. 1992. Building the Data Warehouse[M]. NewYork：John Wiley&Sons, inc.

附　录

附录一：国家森林资源连续清查信息记录表

样　地　调　查　记　录

总体名称：________________　　样地面积：________________

样地形状：________________　　横：________样地间距：________

样地地理坐标：纵：__________　　卫片号：________________

地形图图幅号：______________　　林业行政编码：□□□□□□

地方行政编码：□□□□□□

地（市、州）：______________　　林业企业局：______________

县（市、旗）：______________　　自然保护区：______________

乡（镇）：________________　　森林公园：________________

村：____________________　　国有林场：________________

小地名：__________________　　集体林场：________________

调查员：__________________　　工作单位：________________

__________________　　________________

__________________　　________________

向　导：__________________　　单位及地址：______________

检查员：__________________　　工作单位：________________

__________________　　________________

调查日期：________________　　检查日期：________________

样 地 号：________________

一、样地定位与测设

样地号：______ 驻地出发时间：______　　找到样点标桩时间：__________

样地引点位置图

坐标方位角______
磁方位角______
引线距离______
罗差______

N ↑

⊙

引点定位物（树）	名称	编号	方位角	水平距

样地位置图

N ↑

⊙

样地	名称	编号	方位角	水平距
西南角				
定位物				
（树）				

引点特征说明：________________

____

____

____

样地特征说明：________________

____

____

____

备注：特征说明指引点或样地附近的小路、山谷、山峰、建筑物、输电线路等有利于寻找的信息。

样地引线测量记录

测站	方位角	倾斜角	斜距	水平距	累计		测站	方位角	倾斜角	斜距	水平距	累计

样地周界测量记录

测站	方位角	倾斜角	斜距	水平距	累计		测站	方位角	倾斜角	斜距	水平距	累计
							绝对闭合差		相对闭合差		周长误差	

二、样地因子调查记录

1 样地号		/	22 腐殖质厚度		/	43 * 产期		
2 样地类别		/	23 枯枝落叶厚度		/	44 平均胸径		/
3 纵坐标		/	24 * 植被类型			45 平均树高		/
4 横坐标		/	25 灌木覆盖度		/	46 郁闭度		/
5 GPS 纵坐标		/	26 灌木平均高		/	47 * 森林群落结构		
6 GPS 横坐标		/	27 草本覆盖度		/	48 * 林层结构		
7 * 县(局)代码[1]			28 草本平均高		/	49 * 树种结构		
8 * 地貌			29 植被总覆盖度		/	50 * 自然度		
9 海拔		/	30 * 地类			51 * 可及度		
10 * 坡向			31 * 土地权属[1]			52 * 森林灾害类型		
11 * 坡位			32 * 林木权属[1]			53 * 森林灾害等级		
12 坡度		/	33 * 森林类别[1]			54 * 森林健康等级		
13 * 地表形态			34 * 公益林事权等级[1]			55 四旁树株数		/
14 沙丘高度		/	35 * 公益林保护等级[1]			56 杂竹株数		/
15 覆沙厚度		/	36 * 商品林经营等级			57 * 天然更新等级		
16 侵蚀沟面积比例		/	37 * 抚育措施[1]			58 * 地类面积等级		
17 基岩裸露		/	38 * 林种[1]			59 * 地类变化原因		
18 * 土壤名称			39 * 起源			60 * 有无特殊对待		
19 * 土壤质地			40 * 优势树种			61 调查日期		/
20 土壤砾石含量		/	41 平均年龄		/			
21 土壤厚度		/	42 * 龄组					

备注：13～17、19、20 只调查林地样地；带[1]的因子依据现有相关资料确定和填写，不带[1]的因子现地调查填写；带 * 号的因子同时用代码和文字填写，不带 * 号的因子直接用调查数填写，下表同。

三、跨角林调查记录

1 样地号		/	/	6 * 林木权属	/	/	/	11 郁闭度			
2 跨角地类序号	1	2	3	7 * 林种	/	/	/	12 平均树高			
3 面积比例				8 * 起源	/	/	/	13 * 森林群落结构	/	/	/
4 * 地类	/	/	/	9 * 优势树种	/	/	/	14 * 树种结构	/	/	/
5 * 土地权属	/	/	/	10 * 龄组	/	/	/	15 * 商品林经营等级	/	/	/

备注：带 * 号的因子斜杠上方填写代码，斜杠下方填写文字。

四、每木检尺记录

样地号______

样木号	立木类型	检尺类型	树种		胸径		采伐管理类型	林层	跨角地类序号	方位角	水平距	备注
			名称	代码	前期	本期						
1												
2												
3												
4												
5												
6												
7												
8												
9												
10												
11												
12												
13												
14												
15												
16												
17												
18												
19												
20												
21												
22												
23												
24												
25												
26												
27												
28												
29												
30												

五、样木位置示意图

样地号______

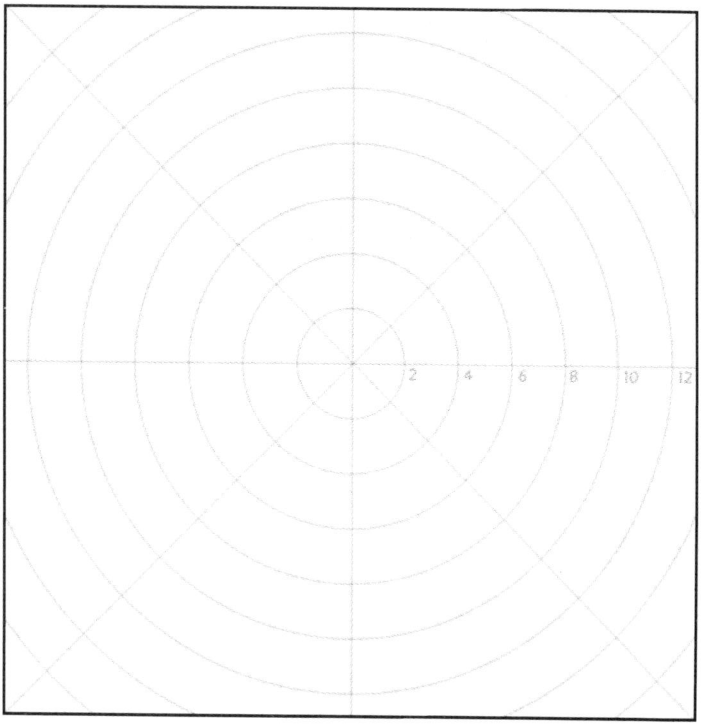

固定标志说明：____

____

____

备注：包括样地标志保存，前期有无错误处理，本期标志补设，中心点暗标设置，挖土壤坑槽等情况。

六、树(毛竹)高测量记录

样木号	树种	胸径	树高	竹枝下高		样木号	树种	胸径	树高	竹枝下高
						平 均	/	/		

备注：乔木树种测量胸径和树高，毛竹测量胸径和竹枝下高。

七、森林灾害情况调查记录

序　号	灾害类型	危害部位	受害样木株数(%)	受　害　等　级			
				无	轻微	中等	严重

八、植被调查记录

植被类型	灌　木				草　本			地被物		
植被名称										
平均高(m)										
覆盖度(%)										

九、下木调查记录

名称	高度	胸径	名称	高度	胸径	名称	高度	胸径

十、天然更新情况调查记录

树　种	株　数			健康状况	破坏情况
	高＜30cm	30≤高＜50cm	高≥50cm		

十一、复查期内样地变化情况调查记录

项目	地类	林种	起源	优势树种	龄组	植被类型
前期						
本期						
变化原因						
样地有无特殊对待及其说明						

十二、未成林造林地调查记录

未成林造林地情况	造林年度	苗龄	初植密度（株/ hm²）	苗木成活（保存）率（%）	抚育管护措施					树种组成	
					灌溉	补植	施肥	抚育	管护	树种	比例

样地调查结束时间：________ 返回驻地时间：________

附录二：国家森林资源连续清查信息统计表

附表 1　各类土地面积按权属统计表

统计单位：　　　　　　　　　　　　　　　　　　　　　　　　单位：百公顷

土地权属	林木权属	总计	林地																	非林地合计	森林覆盖率%
			林地合计	乔木林地	灌木林地			竹林地	疏林地	未成林造林地	苗圃地	迹地				宜林地					
					小计	特殊灌木林地	一般灌木林地					小计	采伐迹地	火烧迹地	其他迹地	小计	造林失败地	规划造林地	其他宜林地		
1	2	3	4	5	6	7	8	9	10	11	12	13	14	15	16	17	18	19	20	21	22

附表 2　各类林木蓄积按权属统计表

统计单位：　　　　　　　　　　　　　　　　　　　单位：百公顷、百立方米、万株

土地权属	林木权属	活立木总蓄积	乔木林蓄积	疏林地蓄积	散生木蓄积	四旁树	
						株数	蓄积
1	2	3	4	5	6	7	8

附表 3　乔木林各龄组面积蓄积按权属和林种统计表

统计单位：　　　　　　　　　　　　　　　　　　　　单位：百公顷、百立方米

权属	林种	合计		幼龄林		中龄林		近熟林		成熟林		过熟林	
		面积	蓄积	面积	蓄积	面积	蓄积	面积	蓄积	面积	蓄积	面积	蓄积
1	2	3	4	5	6	7	8	9	10	11	12	13	14

附表 4　乔木林各龄组面积蓄积按优势树种统计表

统计单位：　　　　　　　　　　　　　　　　　　　　单位：百公顷、百立方米

优势树种	合计		幼龄林		中龄林		近熟林		成熟林		过熟林	
	面积	蓄积	面积	蓄积	面积	蓄积	面积	蓄积	面积	蓄积	面积	蓄积
1	2	3	4	5	6	7	8	9	10	11	12	13

附表5　乔木林各林种面积蓄积按优势树种统计表

统计单位：　　　　　　　　　　　　　　　　　　单位：百公顷、百立方米

优势树种	合计		防护林		特用林		用材林		薪炭林		经济林	
	面积	蓄积	面积	蓄积	面积	蓄积	面积	蓄积	面积	蓄积	面积	蓄积
1	2	3	4	5	6	7	8	9	10	11	12	13

附表6　天然林资源面积蓄积按权属统计表

统计单位：　　　　　　　　　　　　　　　　　　单位：百公顷、百立方米

土地权属	林木权属	合计		天然林面积蓄积				灌木林地面积		疏林地	
		面积	蓄积	天然林面积计	乔木林面积蓄积		竹林面积	特殊灌木林地	一般灌木林地	面积	蓄积
					面积	蓄积					
1	2	3	4	5	6	7	8	9	10	11	12

附表7　天然乔木林各龄组面积蓄积按权属和林种统计表

统计单位：　　　　　　　　　　　　　　　　　　单位：百公顷、百立方米

权属	林种	合计		幼龄林		中龄林		近熟林		成熟林		过熟林	
		面积	蓄积	面积	蓄积	面积	蓄积	面积	蓄积	面积	蓄积	面积	蓄积
1	2	3	4	5	6	7	8	9	10	11	12	13	14

附表8　天然乔木林各龄组面积蓄积按优势树种统计表

统计单位：　　　　　　　　　　　　　　　　　　单位：百公顷、百立方米

优势树种	合计		幼龄林		中龄林		近熟林		成熟林		过熟林	
	面积	蓄积	面积	蓄积	面积	蓄积	面积	蓄积	面积	蓄积	面积	蓄积
1	2	3	4	5	6	7	8	9	10	11	12	13

附表9　天然乔木林各林种面积蓄积按优势树种统计表

统计单位：　　　　　　　　　　　　　　　　　　单位：百公顷、百立方米

优势树种	合计		防护林		特用林		用材林		薪炭林		经济林	
	面积	蓄积	面积	蓄积	面积	蓄积	面积	蓄积	面积	蓄积	面积	蓄积
1	2	3	4	5	6	7	8	9	10	11	12	13

附表 10　人工林资源面积蓄积按权属统计表

统计单位：　　　　　　　　　　　　　　　　　　　　　　　　单位：百公顷、百立方米

土地权属	林木权属	合　计		人工林面积蓄积				灌木林地面积		未成林造林地面积	疏林地	
		面积	蓄积	人工林面积计	乔木林面积蓄积		竹林面积	特殊灌木林地	一般灌木林地		面积	蓄积
					面积	蓄积						
1	2	3	4	5	6	7	9	10	11	12	13	14

附表 11　人工乔木林各龄组面积蓄积按权属和林种统计表

统计单位：　　　　　　　　　　　　　　　　　　　　　　　　单位：百公顷、百立方米

权属	林种	合　计		幼龄林		中龄林		近熟林		成熟林		过熟林	
		面积	蓄积	面积	蓄积	面积	蓄积	面积	蓄积	面积	蓄积	面积	蓄积
1	2	3	4	5	6	7	8	9	10	11	12	13	14

附表 12　人工乔木林各龄组面积蓄积按优势树种统计表

统计单位：　　　　　　　　　　　　　　　　　　　　　　　　单位：百公顷、百立方米

优势树种	合　计		幼龄林		中龄林		近熟林		成熟林		过熟林	
	面积	蓄积	面积	蓄积	面积	蓄积	面积	蓄积	面积	蓄积	面积	蓄积
1	2	3	4	5	6	7	8	9	10	11	12	13

附表 13　人工乔木林各林种面积蓄积按优势树种统计表

统计单位：　　　　　　　　　　　　　　　　　　　　　　　　单位：百公顷、百立方米

优势树种	合　计		防护林		特用林		用材林		薪炭林		经济林	
	面积	蓄积	面积	蓄积	面积	蓄积	面积	蓄积	面积	蓄积	面积	蓄积
1	2	3	4	5	6	7	8	9	10	11	12	13

附表 14　竹林面积株数按权属和林种统计表

统计单位：　　　　　　　　　　　　　　　　　　　　　　　　单位：百公顷、万株

权　属	林种	竹　林总面积	毛　竹				杂　竹	
			面　积	总株数	竹林株数	散生株数	面　积	株　数
1	2	3	4	5	6	7	8	9

附表15　经济林面积按权属和类型统计表

统计单位：　　　　　　　　　　　　　　　　　　　　　　单位：百公顷

权　属	乔灌类型	合　计	果树林面积	食用原料林面积	林化工业原料林面积	药用林面积	其他经济林面积
1	2	3	4	5	6	7	8

附表16　疏林地各林种面积蓄积按优势树种统计表

统计单位：　　　　　　　　　　　　　　　　　　　　　　单位：百公顷、百立方米

优势树种	合　计		防护林		特用林		用材林		薪炭林		经济林	
	面积	蓄积	面积	蓄积	面积	蓄积	面积	蓄积	面积	蓄积	面积	蓄积
1	2	3	4	5	6	7	8	9	10	11	12	13

附表17　灌木林地各林种面积按权属和类型统计表

统计单位：　　　　　　　　　　　　　　　　　　　　　　单位：百公顷

权　属	类型	合　计	防护林	特用林	用材林	薪炭林	经济林
1	2	3	4	5	6	7	8

附表18　各类土地面积动态表(1)/(2)

统计单位：　　　　　　　　　　　　　　　　　　　　　　单位：百公顷

项　目	调查时间		前后期之差	前后期年平均差	年均净增率%
	后期	前期			
1	2	3	4	5	6
面积总计					
林地合计					
乔木林地					
灌木林地计					
特殊灌木林地					
一般灌木林地					
竹林地					
疏林地					
未成林造林地					
苗圃地					
迹地					
采伐迹地					
火烧迹地					
其他迹地					

（续）

项　　目	调　查　时　间		前　后　期 之　　差	前　后　期 年平均差	年均 净增率%
	后期	前期			
宜林地合计					
造林失败地					
规划造林地					
其他宜林地					
非林地合计					
森林覆盖率(%)					

附表 19　各类林木蓄积动态表(1)/(2)

统计单位：　　　　　　　　　　　　　　　　　　　　　　单位：百立方米

项　　目	调　查　时　间		前　后　期 之　　差	前　后　期 年平均差	年均 净增率%
	后期	前期			
1	2	3	4	5	6
活立木总蓄积					
乔木林蓄积合计					
防护林蓄积					
特用林蓄积					
用材林蓄积					
薪炭林蓄积					
经济林蓄积					
疏林地蓄积					
散生木蓄积					
四旁树蓄积					

附表 20　乔木林各龄组面积蓄积动态表

统计单位：　　　　　　　　　　　　　　　　　　　　单位：百公顷、百立方米

项目	龄组	后期		前期		前后期 差值	前后期 年平均差	年均净 增率(%)
		现状	%	现状	%			
1	2	3	4	5	6	7	8	9
面积	合计							
	幼龄林							
	中龄林							
	近熟林							
	成熟林							
	过熟林							

（续）

项目	龄组	后期		前期		前后期差值	前后期年平均差	年均净增率(%)
		现状	%	现状	%			
蓄积	合计							
	幼龄林							
	中龄林							
	近熟林							
	成熟林							
	过熟林							

附表 21　乔木林各林种面积蓄积动态表

统计单位：　　　　　　　　　　　　　　　　单位：百公顷、百立方米

项目	林种	后期		前期		前后期差值	前后期年平均差	年均净增率(%)
		现状	%	现状	%			
1	2	3	4	5	6	7	8	9
面积	合计							
	防护林							
	特用林							
	用材林							
	薪炭林							
	经济林							
蓄积	合计							
	防护林							
	特用林							
	用材林							
	薪炭林							
	经济林							

附表 22　乔木林针阔叶面积比重按起源动态表

统计单位：　　　　　　　　　　　　　　　　单位：百公顷、%

起源	项目	后期面积	前期面积	后期比重	前期比重	比重变化值
1	2	3	4	5	6	7
合计	针叶林					
	针阔混					
	阔叶林					
天然林	针叶林					
	针阔混					
	阔叶林					
人工林	针叶林					
	针阔混					
	阔叶林					

附表 23 乔木林质量因子按起源动态表

统计单位： 单位：立方米、厘米

起源	蓄积量(hm^2)			株 数(hm^2)			平 均 郁 闭 度			平 均 胸 径		
	前 期	后 期	前 后期之 差	前 期	后 期	前 后期之 差	前 期	后 期	前 后期之 差	前 期	后 期	前 后期之 差
1	2	3	4	5	6	7	8	9	10	11	12	13

附表 24 天然林资源动态表

统计单位： 单位：百公顷、百立方米

项 目	后 期	前 期	前后期差值	前后期年平均差	年均净增率(%)
天然乔木林面积					
天然乔木林蓄积					
天然竹林面积					
天然林面积合计					
天然林蓄积合计					
天然疏林地面积					
天然疏林地蓄积					
天然灌木林地面积					
其中：特殊灌木林地					

附表 25 天然乔木林各龄组面积蓄积动态表

统计单位： 单位：百公顷、百立方米

项 目	龄 组	后 期		前 期		前后期差 值	前后期年平均差	年均净增率(%)
		现 状	%	现 状	%			
1	2	3	4	5	6	7	8	9

附表 26 天然乔木林各林种面积蓄积动态表

统计单位： 单位：百公顷、百立方米

项 目	林 种	后 期		前 期		前后期差 值	前后期年平均差	年均净增率(%)
		现 状	%	现 状	%			
1	2	3	4	5	6	7	8	9

附表 27　人工林资源动态表

统计单位：　　　　　　　　　　　　　　　　　　　　　　　单位：百公顷、百立方米

项　　目	后 期	前 期	前后期差值	前后期年平均差	年均净增率(%)
人工乔木林面积					
人工乔木林蓄积					
人工竹林面积					
人工林面积合计					
人工林蓄积合计					
人工疏林地面积					
人工疏林地蓄积					
人工灌木林地面积					
其中：特殊灌木林地					
未成林造林地面积					

附表 28　人工乔木林各龄组面积蓄积动态表

统计单位：　　　　　　　　　　　　　　　　　　　　　　　单位：百公顷、百立方米

项 目	龄 组	后 期		前 期		前后期差 值	前后期年平均差	年均净增率(%)
		现 状	%	现 状	%			
1	2	3	4	5	6	7	8	9

附表 29　人工乔木林各林种面积蓄积动态表

统计单位：　　　　　　　　　　　　　　　　　　　　　　　单位：百公顷、百立方米

项 目	林 种	后 期		前 期		前后期差 值	前后期年平均差	年均净增率(%)
		现 状	%	现 状	%			
1	2	3	4	5	6	7	8	9

附表 30　林木蓄积年均各类生长量消耗量统计表

统计单位：　　　　　　　　　　　　　　　　　　　　　　　　　单位：百立方米、%

类别	总生长								总消耗						其中：采伐未测		其中：枯损未测		净生长	
	合 计		进界生长		保留生长		未测生长		合 计		采 伐		枯 损							
	量	率	量	率	量	率	量	率	量	率	量	率	量	率	量	率	量	率	量	率
1	2	3	4	5	6	7	8	9	10	11	12	13	14	15	16	17	18	19	20	21

附表 31　乔木林各龄组年均生长量消耗量按起源和林种统计表

统计单位：　　　　　　　　　　　　　　　　　　　　　　单位：百立方米、%

起源	林种	合计				幼龄林				中龄林				近熟林				成熟林				过熟林			
		总生长		总消耗		总生长		总消耗		总生长		总消耗		总生长		总消耗		总生长		总消耗		总生长		总消耗	
		量	率	量	率	量	率	量	率	量	率	量	率	量	率	量	率	量	率	量	率	量	率	量	率
1	2	3	4	5	6	7	8	9	10	11	12	13	14	15	16	17	18	19	20	21	22	23	24	25	26

附表 32　乔木林各龄组年均生长量消耗量按优势树种统计表

统计单位：　　　　　　　　　　　　　　　　　　　　　　单位：百立方米、%

优势树种	合计				幼龄林				中龄林				近熟林				成熟林				过熟林			
	总生长		总消耗		总生长		总消耗		总生长		总消耗		总生长		总消耗		总生长		总消耗		总生长		总消耗	
	量	率	量	率	量	率	量	率	量	率	量	率	量	率	量	率	量	率	量	率	量	率	量	率
1	2	3	4	5	6	7	8	9	10	11	12	13	14	15	16	17	18	19	20	21	22	23	24	25

附表 33　总体特征数计算表

统计单位：　　　　　　　　　　　　　　　　　　　　　　单位：个、百公顷、百立方米

项目	复查测定样本单元数（个）							样本单元数 n	样本平均数 M	标准差 S	变动系数（%）	抽样精度（%）	估测区间		样地复位率（%）	样木复位率（%）
	合计	复测	增设	改设	目测	放弃	临时						中值	误差限		
1	2	3	4	5	6	7	8	9	10	11	12	13	14	15	16	17

附录三：森林资源规划设计调查统计表

附表 A1　各类土地面积统计表　　单位：hm^2

统计单位	总面积	林地使用权	森林类型	林地																							非林地	森林覆盖率	林木绿化率
				合计	有林地				疏林地	灌木林地				未成林造林地			苗圃地	无立木林地				宜林地				辅助生产用地			
					小计	乔木林地	红树林地	竹林地		小计	特灌林地		其他灌木林	小计	人工造未成林	封育未成林		小计	采伐迹地	火烧迹地	其他无立木林地	小计	宜林荒山荒地	宜林沙荒地	其他宜林地				
											灌木经济林	其他																	
1	2	3	4	5	6	7	8	9	10	11	12	13	14	15	16	17	18	19	20	21	22	23	24	25	26	27	28	29	30

附表 A2　各类森林、林木面积蓄积统计表　单位：株、立方米、公顷

统计单位	林木使用权	面积合计	蓄积量总计	四旁树散生木株数合计	有林地						疏林		四旁树		散生木	
					面积合计	乔木林		红树林	竹林		面积	蓄积	株数株	蓄积	株数株	蓄积
						面积	蓄积	面积	面积	株数株						
1	2	3	4	5	6	7	8	9	10	11	12	13	14	15	16	17

附表 A3　林种统计表　　单位：株、立方米、公顷

统计单位	林种	亚林种	面积合计	蓄积合计	有林地																疏林		灌木林		
					小计	乔木林												红树林	竹林				小计	特灌林	其他灌木
						小计		幼龄林		中龄林		近熟林		成熟林		过熟林									
					面积	面积	蓄积	面积	蓄积	面积	蓄积	面积	蓄积	面积	蓄积	面积	蓄积	面积	面积	株数株	面积	蓄积	面积	面积	面积
1	2	3	4	5	6	7	8	9	10	11	12	13	14	15	16	17	18	19	20	21	22	23	24	25	26

附表 A4　乔木林面积蓄积按起源、优势树种、龄组统计表

单位：立方米、公顷

统计单位	起源	优势树种	小计		幼龄林		中龄林		近熟林		成熟林		过熟林	
			面积	蓄积	面积	蓄积	面积	蓄积	面积	蓄积	面积	蓄积	面积	蓄积
1	2	3	4	5	6	7	8	9	10	11	12	13	14	15

附表 A5　生态公益林统计表　　单位：公顷

统计单位	总面积	工程类型	事权等级	合计	有林地				疏林地	灌木林地			未成林早林地			苗圃地	无立木林地				宜林地			
					小计	乔木林	红树林	竹林		小计	特灌林	其他灌木	小计	人工造未成林	封育未成林		小计	采伐迹地	火烧迹地	其他无立木林地	小计	宜林荒山荒地	宜林沙荒地	其他宜林地
1	2	3	4	5	6	7	8	9	10	11	12	13	14	15	16	17	18	19	20	21	22	23	24	25

附表 A6　红树林资源统计表　　单位：公顷

统计单位	林地使用权	树种或群落类型	地类								林种				郁闭度等级			
			合计	有林地	未成林造林地			宜林地			合计	自然保护区林	护岸林	其他特种用途林	合计	高	中	低
					小计	人工造未成林	封育未成林	小计	规划造林地	其他宜林地						≥0.7	0.4～0.69	0.2～0.39
1	2	3	4	5	6	7	8	9	10	11	12	13	14	15	16	17	18	19

附表 B1　用材林面积蓄积按龄级统计表

统计单位	林木使用权	亚林种	合计		Ⅰ龄级		Ⅱ龄级		Ⅲ龄级		Ⅳ龄级		Ⅴ龄级		Ⅵ龄级		Ⅶ龄级		Ⅷ以上龄级	
			面积	蓄积	面积	蓄积	面积	蓄积	面积	蓄积	面积	蓄积	面积	蓄积	面积	蓄积	面积	蓄积	面积	蓄积
1	2	3	4	5	6	7	8	9	10	11	12	13	14	15	16	17	18	19	20	21

附表 B2　用材林近成过熟林面积蓄积按可及度、出材等级统计表

单位：立方米、公顷

统计单位	起源	优势树种	可及度								出材等级							
			合计		即可及		将可及		不可及		合计		Ⅰ		Ⅱ		Ⅲ	
			面积	蓄积	面积	蓄积	面积	蓄积	面积	蓄积	面积	蓄积	面积	蓄积	面积	蓄积	面积	蓄积
1	2	3	4	5	6	7	8	9	10	11	12	13	14	15	16	17	18	19

附表 B3　用材林近成过熟林各树种株数、材积按径级组、林木质量统计表

单位：百株、立方米

统计单位	起源	龄组	树种	径级组										林木质量							
				合计		小径级		中径级		大径级		特大径级		合计		商品用材树		半商品用材树		薪材树	
				株数	材积	株数	材积	株数	材积	株数	材积	株数	材积	株数	材积	株数	材积	株数	材积	株数	材积
1	2	3	4	5	6	7	8	9	10	11	12	13	14	15	16	17	18	19	20	21	22

附表 B4　用材林、一般生态公益林异龄林面积蓄积按大径木比等级统计表

单位：立方米、公顷

统计单位	起源	优势树种	合计		大径比＜30%		大径比 30%~70%		大径比＞70%	
			面积	蓄积	面积	蓄积	面积	蓄积	面积	蓄积
1	2	3	4	5	6	7	8	9	10	11

附表 B5 经济林统计表

单位：百株、公顷

统计单位	林木使用权	起源	树种	乔木										灌木				
				合计		产前期		初产期		盛产期		衰产期		合计	产前期	初产期	盛产期	衰产期
				面积	株数	面积	株数	面积	株数	面积	株数	面积	株数					
1	2	3	4	5	6	7	8	9	10	11	12	13	14	15	16	17	18	19

附表 B6 竹林统计表

单位：百株、公顷

统计单位	起源	林种	合计		毛竹林					杂竹		散生毛竹
			面积	株数	面积	株数				面积	株数	株数
						小计	幼龄竹	壮龄竹	老龄竹			
1	2	3	4	5	6	7	8	9	10	11	12	13

附表 B7 灌木林统计表

单位：公顷

统计单位	使用权	起源	优势树种	合计				特灌林				其他灌木林			
				合计	疏	中	密	小计	疏	中	密	小计	疏	中	密
1	2	3	4	5	6	7	8	9	10	11	12	13	14	15	16